JN271595

朝倉 電気電子工学大系

1

気体放電論

原　雅則・酒井洋輔
【著】

朝倉書店

編集委員

桂井　　誠（東京大学名誉教授）

仁田旦三（東京大学名誉教授）

原　　雅則（九州大学名誉教授）

関根慶太郎（東京理科大学名誉教授）

塚本修巳（横浜国立大学教授）

大西公平（慶應義塾大学教授）

#　まえがき

　気体放電は，雷やエルモの火として有史以来人類の関心事であり，電気エネルギーの流通路である誘電体の絶縁破壊や電力システムのスイッチ操作に付随してアーク放電が発生することから，電気工学における古くからの重要なテーマであった．近年は，環境・電力・エネルギー，材料加工・新物質創製，半導体微細加工，照明，化学反応，生物・医療などの分野で放電の新しい応用が進み，また，プラズマやレーザなどの放電応用の発展とともに，常に興味あるテーマを提供している．

　現象は，種々のエネルギー状態の電子，イオン，中性粒子の電磁界中における運動と相互の衝突，ならびにそれらの電極や壁との相互作用からなっている．それらは，印加電圧の波形や極性などの電圧条件，電極のサイズと形状などの電極条件，気体の種類と密度などの気体条件，放電管径などの周囲を取り巻く境界条件などに複雑に影響される．放電現象の理解に必要な学問は，物理学・量子力学・統計力学・電磁気学・熱力学・流体力学・化学・材料科学など広範な分野にまたがり，時には難解である．

　気体放電現象の研究は，気体中の荷電粒子の衝突を伴った運動と移動度や導電率のような集団としての振舞いを関係づける「基礎過程」の面，放電の形成過程や内部状態の推定などの「放電物理」の面，絶縁破壊やアーク放電などの電気エネルギーのシステム設計に必要な放電機構と特性の解明などの「電気工学における放電理工学」の面，プラズマやレーザの発生ならびにそれらの応用に関連する「放電応用」の面から，あるいはそれらを複合させて進められてきた．近年は，それぞれにおいて計算機援用の放電シミュレーション，高速データ処理能力を備えた超高速観測技術による放電・プラズマ計測，極低温・超臨

界・超微細空間などの極限状態における放電の発生と応用，新しい分野における放電応用の発展と深化が目覚しく，その展開において放電の基礎をしっかり理解することが望まれている．

本書は，主に大学で電力エネルギー工学，プラズマ理工学，放電プラズマ応用，高電圧パルスパワー工学，環境や材料科学などの分野を学ぶ学部高学年と大学院生用のテキスト，ならびに放電プラズマ現象を取り扱う研究者や技術者の気体放電現象の入門書として書いた．記述に当たっては，放電の基礎過程から出発して放電の機構・特性・形態を理解できるように，放電現象における各過程のモデリングを丁寧に説明するとともに，最近の放電応用に出てくる基礎的事項の説明に心がけた．また，内容の補完と理解を深めるために，関連事項の用語の解説を脚注で行った．数式は国際（SI）単位系に統一したが，各種の放電特性の表記には従来 SI 単位以外の単位も広く使用されており，その場合には本書でもそのままとした．

内容は，電極間における直流，交流，パルス電圧による放電を取り扱い，高周波コイルを使用した無電極放電やマイクロ波放電は対象外とした．放電現象は複雑であるがゆえに，それらのモデルによって種々の理論が提案されている．本書では，多様な現象を理解する基礎になる理論を選択して記述した．構成は，次の 7 章よりなる．

第 1 章は，気体を構成する粒子の速度分布と状態方程式を扱う．多くは理想気体と見なして取り扱えるが，分子量が大きい気体や，低温または高圧の気体では理想気体の性質から外れる．これらの性質についても論じる．

第 2 章は，電子と気体粒子が衝突したときに起こる電子の運動量を変換する過程，気体粒子の内部エネルギーを変える電離・励起・電子付着・再結合の過程，および電子なだれに対するボルツマン方程式解析法について示す．また，低速イオンや励起原子が電極から二次電子を放出する機構を解説する．

第 3 章は，平等電界ギャップにおける気体中の電子増殖過程である火花放電を取り扱っている．ここでは，1 個の初期電子からアークが形成されるまでの過程を，理論に重点を置いて説明するとともに，放電空間における荷電粒子の運動とそれに伴う外部回路電流ならびに外部から供給するエネルギーとの関係を取り扱っている．

第4章は，不平等電界ギャップにおける火花放電を取り扱っている．不平等電界ギャップでは，コロナ放電と呼ばれる放電空間の一部に局在した放電が安定に出現し，残りの空間はイオン流場になる．また，コロナ放電では放電路が加熱されることなく多量の荷電粒子・電子励起粒子・活性粒子が生成される．それらは，温度の異なる荷電粒子群の生成源にもなり，種々の放電応用に繋がるので，それらの基礎にも触れている．また，放電間隙が 1 m 程度以上の長ギャップ放電の機構と特性は高密度大電力輸送路の設計の基本テーマであるので，その放電のモデリングと特性を取り扱っている．

　第5章は，グロー放電を扱っている．低圧気体中で印加電圧を上昇させると，電流の上昇に伴って放電による空間電荷の作用で，グロー放電と呼ばれる放電が形成される．放電は，陰極領域，陽極領域，それらに挟まれた陽光柱からなり，それぞれの領域のモデリングと特性，ならびに陽光柱で生成される低温プラズマの安定性と工学的応用を取り扱っている．

　第6章は，アーク放電を取り扱っている．放電電流を増加させると，放電の最終形態であるアーク放電にいたる．ここでは，陰極における電子放出機構，1気圧程度の気体中における高気圧アークと真空アークのモデリングと特性，ならびにアーク放電による安定な熱プラズマの発生と応用を取り扱っている．

　第7章は，放電の計算機シミュレーションの基礎と最新の適用例を取り扱っている．

　巻末には，便利のために，SI基本単位および本書でよく出てくる単位間の換算表とベクトル算法の記号を載せている．

　執筆に当たって，内外の著書，論文を参照させて頂いた．それらは巻末に参考文献としてリストし，本文中に引用箇所を示した．これらの著者に敬意と感謝の意を表します．

2011 年 8 月

著　　　者

執筆担当：
　原　雅則　　3, 4, 5, 6 章
　酒井洋輔　　1, 2, 7 章

目　　次

1　気　体　論　　1
1.1　理想気体の状態方程式 ……………………………………………… 1
　1.1.1　気体定数　1
　1.1.2　理想気体の分子運動と状態方程式　2
1.2　実在気体の状態方程式 ……………………………………………… 2
1.3　気体粒子の速度分布 ………………………………………………… 4
　1.3.1　マクスウェル分布　4
　1.3.2　密度および速度の最確値，平均値，二乗平均値　8
　1.3.3　圧　力　8

2　放電基礎過程　　10
2.1　放電基礎量 …………………………………………………………… 10
　2.1.1　衝突の巨視的取り扱い　10
　2.1.2　電離係数，電子付着係数，再結合係数　12
　2.1.3　移動と拡散　12
2.2　衝突過程と衝突断面積 ……………………………………………… 15
　2.2.1　弾性衝突とその断面積　15
　2.2.2　励起衝突過程　19
　2.2.3　電子の生成（電離）過程　23
　2.2.4　電子の消滅過程　27
2.3　ボルツマン方程式による電子スオームの解析 …………………… 29
　2.3.1　ボルツマン方程式　30

2.3.2　電子スオームに対するボルツマン方程式　31
        2.3.3　平均値と輸送方程式　33
        2.3.4　ボルツマン方程式の球関数展開　36
        2.3.5　ボルツマン方程式による電子スオームパラメータの解析例　40
    2.4　電極からの電子放出機構 …………………………………… 44
        2.4.1　オージェ中和　44
        2.4.2　その他の機構による電子放出　48

3　平等電界ギャップの火花放電　49
    3.1　連続の式 ……………………………………………………… 49
        3.1.1　連続の式　49
        3.1.2　発生項　51
        3.1.3　連続の式の平等電界ギャップへの適用　52
    3.2　電界の式 ……………………………………………………… 53
    3.3　空間電荷の運動と外部回路における電流・電力 …………… 54
        3.3.1　三次元空間における電荷の運動と外部回路における電流・電力　54
        3.3.2　平等電界ギャップにおける荷電粒子の運動と外部回路電流　56
        3.3.3　外部回路電流の計測　57
    3.4　電子なだれ …………………………………………………… 60
        3.4.1　単一電子なだれ　60
        3.4.2　継続電子なだれ　68
    3.5　タウンゼント放電とパッシェンの法則 ……………………… 70
        3.5.1　タウンゼント機構とストリーマ機構　70
        3.5.2　暗　流　71
        3.5.3　タウンゼント放電　73
        3.5.4　タウンゼント放電の自続条件（火花条件）とグロー放電への転移　80

　　　　3.5.5　パッシェンの法則と相似則　84
　3.6　ストリーマ放電……………………………………………………92
　　　　3.6.1　概　説　92
　　　　3.6.2　ミークとレープの理論　94
　　　　3.6.3　レータの理論　99
　　　　3.6.4　タウンゼント放電とストリーマ放電の間の遷移　100
　3.7　火花放電理論の応用………………………………………………103
　　　　3.7.1　準平等電界ギャップへの応用　103
　　　　3.7.2　シューマンの条件式による火花電圧の推定　108
　3.8　パルス電圧による火花放電………………………………………115
　　　　3.8.1　パルス電圧　116
　　　　3.8.2　火花遅れ　119
　　　　3.8.3　放電路の加熱過程　129
　　　　3.8.4　火花破壊特性　130

4　不平等電界ギャップの火花放電　　133

　4.1　放電外観の観測と放電パラメータの計測法………………………133
　　　　4.1.1　電流，電界，イオン流場の計測　133
　　　　4.1.2　空間電荷の計測　135
　　　　4.1.3　放電発光の計測　136
　　　　4.1.4　分光計測　137
　4.2　コロナ放電…………………………………………………………141
　　　　4.2.1　コロナ放電の概要　142
　　　　4.2.2　コロナ放電機構　144
　　　　4.2.3　コロナ放電特性　153
　　　　4.2.4　活性領域における衝突過程と放電化学　165
　　　　4.2.5　イオン流場　175
　4.3　長ギャップのフラッシオーバ………………………………………186
　　　　4.3.1　フラッシオーバ特性　188
　　　　4.3.2　フラッシオーバ過程と放電の物理量　192

4.3.3　長ギャップ放電のモデリング　198

5　グロー放電　　223
5.1　放電を含む電気回路の電流 ……………………………………… 223
5.2　グロー放電の構成と特性 …………………………………………… 225
5.3　陰極降下領域 ………………………………………………………… 229
　　　5.3.1　陰極降下領域の理論　229
　　　5.3.2　陰極降下領域の特性　231
　　　5.3.3　ホロー陰極放電と陰極スパッタリング　235
5.4　陽　光　柱 …………………………………………………………… 237
　　　5.4.1　放電機構と基礎式　237
　　　5.4.2　ショットキーの理論　239
　　　5.4.3　陽光柱の特性　243
5.5　陽極領域 ……………………………………………………………… 245
　　　5.5.1　陽極領域の理論　245
　　　5.5.2　陽極領域の特性　247
5.6　グロー放電の不安定性と安定化法 ………………………………… 248
　　　5.6.1　陰極降下部の不安定性と安定化法　249
　　　5.6.2　陽光柱の不安定性と安定化法　253
5.7　グロー放電と低温プラズマ ………………………………………… 259
　　　5.7.1　グロー放電と低温プラズマの応用　259
　　　5.7.2　低温プラズマの生成法　261

6　アーク放電　　264
6.1　アーク放電の定義と構成 …………………………………………… 264
　　　6.1.1　アーク放電の定義　264
　　　6.1.2　電圧・電流特性　265
　　　6.1.3　アーク放電の構成　266
6.2　アーク放電の分類 …………………………………………………… 269
6.3　アーク放電の発生と消滅 …………………………………………… 270

6.4　陰極降下領域の現象 …………………………………………… 272
　　　　6.4.1　陰極降下領域の機能，構成，特性　272
　　　　6.4.2　陰極からの電子放出機構　275
　　　　6.4.3　陰極降下領域の理論　280
　　　　6.4.4　外部加熱陰極を有するアークの陰極現象　283
　　6.5　陽　光　柱 ……………………………………………………… 285
　　　　6.5.1　安定化法　286
　　　　6.5.2　特　　性　287
　　　　6.5.3　理　　論　292
　　6.6　陽極降下領域の現象 …………………………………………… 300
　　　　6.6.1　陽極降下領域の機能，構成，特性　300
　　　　6.6.2　真空中の陽極現象　301
　　　　6.6.3　気体中の陽極現象　304
　　6.7　動的アーク ……………………………………………………… 306
　　　　6.7.1　交流アーク　306
　　　　6.7.2　遮断アーク　309
　　　　6.7.3　溶接アーク　311
　　　　6.7.4　走行アーク　311
　　6.8　アーク放電の応用と熱プラズマ流の生成 …………………… 312
　　　　6.8.1　アーク放電の形態と応用　312
　　　　6.8.2　熱プラズマ流の生成　313

7　放電のシミュレーション　　**316**

　　7.1　放電のモデリングとシミュレーション概要 ………………… 316
　　7.2　放電進展過程のシミュレーション …………………………… 318
　　　　7.2.1　平行平板モデル　318
　　　　7.2.2　針-平板モデル　321
　　7.3　大気圧バリア放電のシミュレーション ……………………… 322

付　　録……………………………………………………………………327
　　1. SI 基本単位と 10 の整数乗倍を表す SI 接頭語　　327
　　2. 物理定数　　328
　　3. 単位の換算　　328
　　4. ベクトル算法の記号　　329

参考文献……………………………………………………………………332
索　　引……………………………………………………………………344

1

気 体 論

本章は，気体の状態方程式を理想気体と実在気体の立場から論じる．また，理想気体を仮定した場合における粒子の速度分布，マクスウェル分布について示す．

1.1 理想気体の状態方程式

圧力 p と体積 V との間に $pV=nRT$ （ここで，n：ガスのモル数，R：気体定数，T：気体温度）の関係が厳密に適用できる気体を理想気体という．しかし，実在の気体では，厳密にはこの関係を満たさない．この方程式を適用するに当たっては以下の点を考慮する必要がある．

理想気体は互いに弾性衝突する以外には相互作用しない多数の質点から構成される希薄気体をいう．しかし，実際の気体においては，分子同士が互いに接近すればファン・デル・ワールス力と呼ばれる分子間力が働く．また，電気双極子をもつ分子間では電気的な引力や斥力が働く．

したがって，気体分子が平均して互いに十分遠く離れ，分子間の相互作用が無視できる条件下に限り理想気体としての挙動を示す．

1.1.1 気体定数

気体定数 R は，理想気体の式 $pV=nRT$ によって定義される定数で，標準状態（0℃ =273.15 K，1気圧）下では（参考までに，圧力の単位 atm，体積の単位 l を用いたもので示す），

$$R = \frac{pV}{T} = \frac{1[\mathrm{atm}] \times 22.41[\mathrm{l/mol}]}{273.15[\mathrm{K}]} = 0.0820578 \left[\frac{\mathrm{atm} \cdot \mathrm{l}}{\mathrm{mol} \cdot \mathrm{K}}\right] = 8.3145 \left[\frac{\mathrm{J}}{\mathrm{mol} \cdot \mathrm{K}}\right] \quad (1.1)$$

となる．

また，粒子1個あたりの気体定数（R/N_A）はボルツマン定数 k と呼ばれ，アボガドロ定数 N_A（$=6.02214\times10^{23}\mathrm{mol}^{-1}$）を用いて，$k=R/N_A=1.380658\times10^{-23}\mathrm{J}\cdot\mathrm{K}^{-1}$ と与えられる．

1.1.2 理想気体の分子運動と状態方程式

気体分子運動論によると，質量 m，速度の二乗平均 $\langle v^2 \rangle$ の気体分子 N 個を体積 V の容器に入れると，圧力 p は次式で表される．

$$p = \frac{1}{3}\frac{Nm}{V}\langle v^2 \rangle = \frac{2}{3}\frac{N}{V}\left(\frac{1}{2}m\langle v^2 \rangle\right) \tag{1.2}$$

したがって，p は粒子の濃度 N/V と分子の運動エネルギーに比例する．

一方，気体分子の $\langle v^2 \rangle = 3kT/m$ と $k = R/N_A$ の関係を用いれば，分子の平均運動エネルギーは，

$$\frac{1}{2}m\langle v^2 \rangle = \frac{1}{2}m\left(\frac{3kT}{m}\right) = \frac{3}{2}kT = \frac{3}{2}\frac{R}{N_A}T \tag{1.3}$$

となる．

(1.2) 式と (1.3) 式から次に示す理想気体の状態方程式が与えられる．

$$p = \frac{2}{3}\frac{nN_A}{V}\left(\frac{3}{2}\frac{R}{N_A}T\right) = \frac{nRT}{V}, \qquad n = \frac{N}{N_A} \tag{1.4}$$

1.2 実在気体の状態方程式

モル数 n と温度 T が与えられた理想気体では (1.4) 式に示すように pV は一定値をとる．しかし，実在気体では低圧，高温状態で理想気体の性質を示しても，分子間力が存在するため，圧力 p を増加し温度 T を下げていくとその一部は液体になる．すなわち，同一分子からなる系においても異なる状態を示すことになる（液相と気相の共存）．実際，多くの実在気体では，p が高くなるほど理想気体からのずれが増し，そのずれ方は気体の種類に大きく依存する．特に二酸化炭素の場合は理想気体からのずれが大きい．一般に，沸点の低い酸素・窒素・水素・ヘリウムなどは，室温以上の温度で $p < 10$ atm では理想気体に近い特性を示す．実在気体の状態方程式は理想気体との違いを考慮して取り扱う必要がある（徳永ら，2002）．

いま，体積 V の容器中に n mol の気体が存在するとき，分子が自由に動くことのできる体積は，分子自身の体積が無視できる場合（p が十分に低いとき）には V に等しいと考えてよいが，分子の大きさが無視できない条件では，$pV = nRT$ において V の代わりに $(V - nb)$ とおく必要がある．ここで，b は 1 mol の気体が占める体積である．すなわち状態方程式は次のように変更されることになる．

$$p(V - nb) = nRT \tag{1.5}$$

b の値は，気体分子の種類によって異なる定数である．

また，分子間に働く引力のために，分子同士は互いに近づこうとする．1 個の分子が他の分子に及ぼす引力は，単位体積中の分子数に比例するので，いま体積 V 中

表 1.1 各種気体の a と b の値

気体	空気	He	H$_2$	O$_2$	N$_2$	CO$_2$	CH$_4$	C$_2$H$_2$	C$_6$H$_6$
a [atm·l^2·mol^{-2}]	1.33	0.034	0.245	1.36	1.39	3.60	2.26	4.47	18.0
$b \times 10^3$ [l·mol^{-1}]	36.6	23.8	26.7	31.9	39.2	42.8	43.0	57.3	115

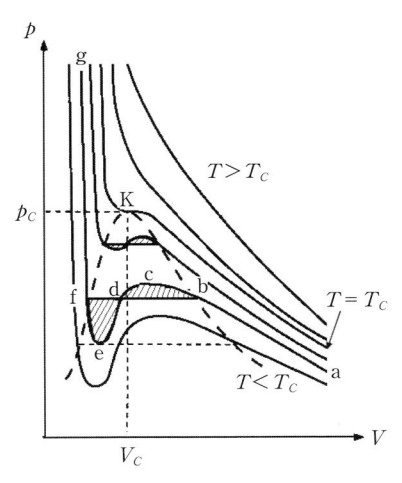

図 1.1 ファン・デル・ワールス曲線

に n mol の気体があるとすると，n/V に比例することになる．隣の分子はまたその隣の分子によって同様の力を受けるので，結局，気体分子が全体として感ずる引力は $(n/V)^2$ に比例する．このような考察からファン・デル・ワールス (Van der Waals) は，(1.5) 式に分子間力による補正を加えて，次式を与えた．

$$\left\{p + a\left(\frac{n}{V}\right)^2\right\}(V - nb) = nRT \tag{1.6}$$

この式を，実在気体に適応されるファン・デル・ワールスの式と呼んでいる．定数 a と b は気体の臨界温度 T_C と臨界圧力 p_C に依存し，次の関係で与えられる．

$$a = \frac{27R^2 T_C^2}{64 p_C}, \qquad b = \frac{RT_C}{8 p_C}$$

定数 a と b 値はガス種に依存し，その値は表 1.1 のように報告されている（徳永ら，2002）．

T をパラメータとして p-V 曲線を与えると図 1.1 のようになる．ここで，K は臨界点である．$T > T_C$ ではすべての領域で気相を示すが，$T < T_C$ では臨界圧力 p_C 以下の臨界状態（図中の破線内）では p は不変のまま体積のみが減じ液相に転移する．この領域では気相と液相が混在することになる．

ここで，$T<T_c$ の状態を考える．ギブスの自由エネルギー G は p と T の関数である．したがって，ファン・デル・ワールス状態方程式の $T=$ 一定の下では p の変化（dp）により G は $dG=Vdp$ だけ変化する．低圧側の点 a（$G=G_a, p=p_a$）から圧力 p の状態まで dG を積分すると，

$$G(p)-G_a=\int_{p_a}^{p}Vdp$$

となる．G を p の関数として与えると，G の値は a(p_a)→c(p_c) が作る曲線の左側面積に対応する．c(p_c)→e(p_e) では同様に左側の面積は $-$ 符号で対応し G は減少する．e(p_e) から再び増加するが，V の値が a→c 間より小さくなっているので，G の増加割合は a→c に比べて小さい．p と T が一定の下では，G の最小が平衡状態なので，準静的変化でとられるルートは a→b(=f)→g となる．b と f の点は積分値が等しくなるところなので，図 1.1 の斜線域の上部と下部域が互いに等しくなる $p=$ 一定の線と曲線の交点が b と f に対応することになる．

1.3 気体粒子の速度分布

1.3.1 マクスウェル分布

気体を構成している粒子はランダムな熱運動を行い，決して確定した軌道をとらない．したがって，粒子群の運動を確定的に取り扱うことは不可能で意味がない．このような系に対しては，統計的に取り扱い，その平均量を議論することになる．いま，ある時刻 t において，速度 $\vec{v}$ の x, y, z 方向成分，(v_x, v_x+dv_x)，(v_y, v_y+dv_y)，(v_z, v_z+dv_z) なる速度空間内に存在するすべての粒子を考える（図 1.2 参照）．

すなわち，この体積中に含まれる粒子数 dn を数えると体積 $dv_x dv_y dv_z$ に比例し，

$$dn=f(v_x, v_y, v_z)dv_x dv_y dv_z \tag{1.7}$$

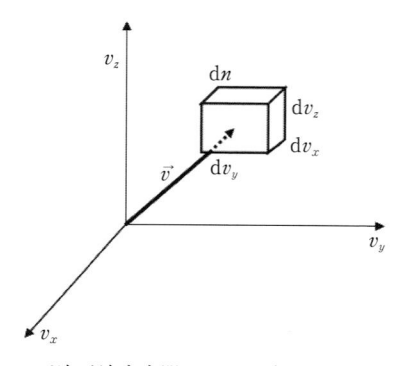

図 1.2 三次元速度空間における速度 $\vec{v}$ をもつ粒子数

となる．ここで，$f(v_x, v_y, v_z)$ は速度分布関数と呼ばれ，速度 $\vec{v}$ （$v = \sqrt{v_x^2 + v_y^2 + v_z^2}$）をもつ気体分子の存在確率を与える．したがって，位置 $\vec{r}$ と時間 t に依存する場合には $f(\vec{v}, \vec{r}, t)$ と書け，(1.7) 式は，

$$dn = f(\vec{v}, \vec{r}, t) d\vec{v} \tag{1.8}$$

となる．ここで，$d\vec{v} = dv_x dv_y dv_z$．

　気体分子が完全な熱平衡状態に達した場合には，分子の速度分布はマクスウェル分布に従う．この分布は熱平衡状態にはない電離気体中の電子を取り扱う場合にも，一次近似として用いられる場合が多い．

　ここで，マクスウェル分布の導出法について考える（Chang ら，1982；奥田，1970）．単位体積中に n 個の粒子が存在し，速度 $\vec{v}$ の x-成分が v_x と $v_x + dv_x$ の間にある確率は dn_{v_x}/n で，これは dv_x に比例する．その比例定数を $f(v_x)$ とすれば，

$$dn_{v_x}/n = f(v_x) dv_x$$

となる．速度の y, z-成分に対しても同様な関係が成り立つ．したがって，分子が速度空間 $(v_x, v_x + dv_x)$，$(v_y, v_y + dv_y)$，$(v_z, v_z + dv_z)$ に存在する割合 $dn_{v_x, v_y, v_z}/n$ は，これらの事象が独立であると仮定すれば，それぞれの積となる．すなわち，次式で表せる．

$$dn_{v_x, v_y, v_z}/n = f(v_x) f(v_y) f(v_z) dv_x dv_y dv_z \tag{1.9}$$

　いま，分布の等方性を考えれば，$\vec{v}$ の向きによらず原点から $dv_x dv_y dv_z$ までの距離 v にのみ依存する．そこで，$f(v_x) f(v_y) f(v_z)$ は，

$$f(v_x) f(v_y) f(v_z) = g(v^2), \quad v^2 = v_x^2 + v_y^2 + v_z^2 \tag{1.10}$$

とおける．(1.10) 式の左辺と右辺をそれぞれ v_x, v_y, v_z で微分したものを同式で除し，

$$\frac{1}{2v_x} \frac{f'(v_x)}{f(v_x)} = \frac{g'(v^2)}{g(v^2)}$$

$$\frac{1}{2v_y} \frac{f'(v_y)}{f(v_y)} = \frac{g'(v^2)}{g(v^2)} \tag{1.11}$$

$$\frac{1}{2v_z} \frac{f'(v_z)}{f(v_z)} = \frac{g'(v^2)}{g(v^2)}$$

を得る．ここで，それぞれの右辺は同じ形になっていることがわかる．これらが成立するためには，v が増加すると $f(v)$ は減少するという性質を考慮し，(1.11) 式の右辺に負の定数（$-\beta$）を想定しなくてはならない．すなわち，

$$\frac{1}{2v_x} \frac{f'(v_x)}{f(v_x)} = \frac{1}{2v_y} \frac{f'(v_y)}{f(v_y)} = \frac{1}{2v_z} \frac{f'(v_z)}{f(v_z)} = -\beta \tag{1.12}$$

となる．これらを積分すれば，

$$f(v_x) = A \exp(-\beta v_x^2), \quad f(v_y) = A \exp(-\beta v_y^2), \quad f(v_z) = A \exp(-\beta v_z^2) \tag{1.13}$$

を得る．(1.13) 式を (1.9) 式に代入すれば，

$$dn_{v_x, v_y, v_z}/n = A^3 \exp\{-\beta(v_x^2 + v_y^2 + v_z^2)\} dv_x dv_y dv_z \tag{1.14}$$

となる。ここで、定数 A と β を決定しなければならない。(1.13) 式の v_x 成分について、全 v_x 空間にわたって積分すれば、

$$\int_0^n \frac{n_{v_x}}{n} = \int_{-\infty}^{+\infty} A \exp(-\beta v_x^2) dv_x = 2A \int_0^\infty \exp(-\beta v_x^2) dv_x = A \left(\frac{\pi}{\beta}\right)^{1/2} = 1$$

すなわち、$A = (\beta/\pi)^{1/2}$ となる。

また、(1.10) 式において速度が v と $v+dv$ の球面内にある粒子数 dn' は、

$$dn' = 4\pi v^2 dv n f(v) \tag{1.15}$$

と与えられるので、

$$dn' = 4\pi v^2 n dv \left(\frac{\beta}{\pi}\right)^{3/2} e^{-\beta v^2} = 4\beta^{3/2} \pi^{-1/2} v^2 n e^{-\beta v^2} dv \tag{1.16}$$

となる。ここで、二乗平均速度 $\langle v^2 \rangle$ は、(1.16) 式を用いて以下となる。

$$\langle v^2 \rangle = \frac{3}{2\beta}$$

一方、$\frac{1}{2} m \langle v^2 \rangle = \frac{3}{2} kT$ であるから、β は以下となる。

$$\beta = \frac{m}{2kT}$$

以上のようにして決定された A および β を用いて、x-方向の速度分布関数は次式で表される。

$$f(v_x) = n \left(\frac{m}{2\pi kT}\right)^{1/2} e^{-\frac{m v_x^2}{2kT}}$$

また、三次元空間では

$$f(v) = n \left(\frac{m}{2\pi kT}\right)^{3/2} e^{-\frac{m v^2}{2kT}} \tag{1.17}$$

となる。すなわち、気体を構成する分子の速度ベクトル $\vec{v}$ は、その成分を v_x, v_y, v_z とすると、次式に従って分布する。

$$f(v) = \left(\frac{m}{2\pi kT}\right)^{3/2} \exp\left(\frac{-m(v_x^2 + v_y^2 + v_z^2)}{2kT}\right) \tag{1.18}$$

ここで、m は分子の質量、k はボルツマン定数、T は温度である。この速度分布は、最初に見出したイギリスの物理学者ジェームズ・クラーク・マクスウェルにちなんで、マクスウェル分布と呼ばれる。

ところで、速度が v と $v+dv$ の球面内にある粒子数 dn を与える (1.16) 式は、

$$dn = 4\pi v^2 n \left(\frac{m}{2\pi kT}\right)^{3/2} e^{-\frac{m v^2}{2kT}} dv = nF(v) dv \tag{1.19}$$

となり、分布関数 $F(v)$ が定義できる。

また、速度 v をエネルギー ε で表すと、$\varepsilon = \frac{1}{2} m v^2$ および $d\varepsilon = mv dv$ の関係を用い、

1.3 気体粒子の速度分布

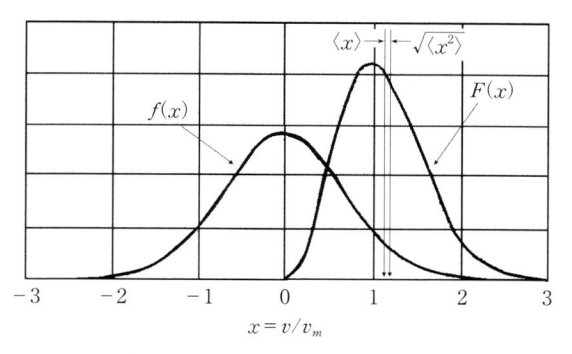

図 1.3 マクスウェル速度分布
最確速度 v_m で規格化した速度 x ($=v/v_m$) に対する $f(x)$ と $F(x)$,ならびに平均速度 $\langle x \rangle$ と二乗平均速度 $\sqrt{\langle x^2 \rangle}$.

dn は

$$dn = \frac{2n}{\pi^{1/2}} \frac{\varepsilon^{1/2}}{(kT)^{3/2}} e^{-\frac{\varepsilon}{kT}} d\varepsilon = nF(\varepsilon) d\varepsilon \tag{1.20}$$

となり,エネルギー分布関数 $F(\varepsilon)$ は,

$$F(\varepsilon) = \frac{2}{\pi^{1/2}} \frac{\varepsilon^{1/2}}{(kT)^{3/2}} e^{-\frac{\varepsilon}{kT}} \tag{1.21}$$

となる.

ここで,速度分布の変数を v に代わり最確値 $v_m = \sqrt{2kT/m}$ で規格化した x ($=v/v_m$) を採用し,x の関数とした $f(x)$ ならびに $F(x)$ を図 1.3 に示す.$f(x)$ は $x=0$ に対称で,$f(0)$ は粒子質量が大きく温度が低いほど大きくなる.また,1.3.2 項で与える平均速度 $\langle v \rangle$,二乗平均速度 $\sqrt{\langle v^2 \rangle}$ ならびに最確速度 v_m の間には,図に示すように $v_m < \langle v \rangle < \sqrt{\langle v^2 \rangle}$ なる関係がある.

このような中,強電界下の電子を考えた場合,ドリュベステン(Druyvesteyn)分布が取り上げられる.ドリュベステンは一定電界中での電子運動をガス分子との非弾性衝突を無視,弾性衝突断面積を電子速度に依存しないという仮定の下に電子エネルギー分布を次のように導いた(Druyvesteyn et al., 1940).

$$F(\varepsilon) = C\varepsilon^{1/2} \exp\left(-\frac{3\delta\varepsilon^2}{2\lambda^2 e^2 E^2}\right) \tag{1.22}$$

ここで,C は定数,$\delta = 2me/M$,λ は電子の自由行程であり電子エネルギー ε には依存しないと仮定した.

以上のように $f(v)$ や $F(\varepsilon)$ が決まれば,粒子のもつ物理量の平均値は 1.3.2 項に示すように得られる.

1.3.2 密度および速度の最確値，平均値，二乗平均値

一般に分布関数 $f(\vec{v}, \vec{r}, t)$ に対して任意の関数 $Q(\vec{v})$ の平均値 Q_{av} は，

$$Q(\vec{r}, t)_{av} = \frac{\int Q(\vec{v}) f(\vec{v}, \vec{r}, t) \mathrm{d}\vec{v}}{\int f(\vec{v}, \vec{r}, t) \mathrm{d}\vec{v}} \tag{1.23}$$

として与えられる．このとき (1.23) 式の分母は粒子数密度 n となる．すなわち，

$$n(\vec{r}, t) = \int f(\vec{v}, \vec{r}, t) \mathrm{d}\vec{v}$$

となる．

いま，x, y, z 方向成分の平均速度を $f(v_x), f(v_y), f(v_z)$ を用いて計算すると，

$$v_{x, av} = v_{y, av} = v_{z, av} = 0$$

となるが，速度空間における平均速度 v_{av} ($=\langle v \rangle$) は，$f(v)$ の代わりに $F(v)$ ($=f(v) 4\pi v^2$) を用いて，次式で表せる．

$$v_{av} = \langle v \rangle = \int_0^\infty v f(v) 4\pi v^2 \mathrm{d}v = \left(\frac{8kT}{\pi m}\right)^{1/2} = 2\pi^{-1/2} v_m \tag{1.24}$$

ここで，v_m ($=\sqrt{2kT/m}$) は最確速度である．同様に二乗平均速度 $\sqrt{(v^2)_{av}}$ ($=\sqrt{\langle v^2 \rangle}$) は，

$$\sqrt{(v^2)_{av}} = \sqrt{\langle v^2 \rangle} = \sqrt{\int_0^\infty v^2 f(v) 4\pi v^2 \mathrm{d}v} = \left(\frac{3kT}{m}\right)^{1/2} = \sqrt{\frac{3}{2}} v_m \tag{1.25}$$

と与えられる．

1.3.3 圧 力

容器にガス分子を封入すると，その分子のもつエネルギーに依存した確率で器壁や他の分子と衝突し反動力を与える．単位壁あたりに与える巨視的反動力を圧力と定義する．

y-z 平面上の壁を取り上げ，面上の単位面積を考える．壁に衝突する粒子のもつ運動量の垂直成分は mv_x (m は分子の質量）であり，これは同じ大きさの速度をもって跳ね返ってくるので，衝突前後の運動量変化は $2mv_x$ になる．$(v_x, v_x + \mathrm{d}v_x)$ 内の速度をもつ分子数は，密度を $n(v_x)$ とすれば $n(v_x) \mathrm{d}v_x$ となる．したがって，単位時間あたりに壁を打つ全分子数は，$n(v_x) v_x \mathrm{d}v_x$ となる．これらによって壁が受ける運動量変化は $2mv_x n(v_x) v_x \mathrm{d}v_x$ であり，壁が単位面積あたり受ける圧力 p は，

$$p = \int_0^\infty 2m n(v_x) v_x^2 \mathrm{d}v_x \tag{1.26}$$

である．$n(v_x)$ がマクスウェル分布とすれば，(1.25) 式を用いて，

$$p = nm \langle v_x \rangle^2 = \frac{1}{3} nm \langle v \rangle^2 \tag{1.27}$$

ここで，$\langle v_x \rangle^2 + \langle v_y \rangle^2 + \langle v_z \rangle^2 = \langle v \rangle^2$ である．もし，気体が等方的であれば，$P_x = P_y = $

P_z である.また,v_x, v_y および v_z は対称であるから,$\langle v_x \rangle^2 = \langle v \rangle^2/3$.

容器に複数の気体を封じたときには,圧力 p はそれぞれの種の分圧 p_k と次の関係が成り立つ.

$$p = \sum_k \frac{1}{3} n_k m_k \langle v_k \rangle^2 = \sum_k p_k \tag{1.28}$$

圧力を表示する単位は,SI 単位系では Pa(パスカル)を用い,$1\,\mathrm{Pa} = 1\,\mathrm{N/m^2} = 7.5\,\mathrm{mTorr}$ である.

2

放 電 基 礎 過 程

　本章では，気体中の電子衝突現象と陰極表面における電子放出機構について述べる．電子放出の巨視的取り扱いについては第6章で行う．衝突現象で重要なことは，まず微視的観点から電子と原子・分子間の衝突過程を理解し，その確率を衝突断面積として与えること，次にこの衝突を確率現象として捉え系内の電子のもつ速度（エネルギー）分布を知ることである．その結果得られた電子衝突断面積と電子速度分布関数をもとに，電子のもつ物理量の平均値が決定される．これら平均値は放電現象を取り扱う際に，放電基礎パラメータとして観測されるものと対応する．本章では，まず放電技術者にとって理解しやすい放電基礎量を示し，その後電子の衝突過程とそれら衝突を繰り返しながら電界中を移動する電子の速度分布関数の導出と巨視的物理量を与える方法について述べる．

　放電現象においてイオンの動きは電子の運動に比べ無視できるので，本章では電子の生成・消滅反応（再結合や電子分離）にかかわるイオン過程を除き，他については触れないことにする[*1]．

2.1　放 電 基 礎 量

2.1.1　衝突の巨視的取り扱い

　放電中の電子（イオン）は，電磁界中で互いに衝突を繰り返しながら，ランダム運動とドリフト運動を行う．このとき，衝突から次の衝突までの飛行距離（飛行時間）を自由行程（自由時間）といい，これの平均を平均自由行程（平均自由時間）という．

　衝突の際，標的粒子が運動量の変化のみを起こす場合を弾性衝突，また内部エネルギーに変化をもたらす場合を非弾性衝突という．放電中に生じる衝突過程の微視的立場からの議論は，2.2節以降で行う．

[*1]　イオンの輸送については MacDaniel et al. (1973)；Mason et al. (1988) に詳述されている．また，個々のデータについては，Ellis et al. (1976, 1978, 1984)；Viehland et al. (1995) などを参考にされたい．

2.1 放電基礎量

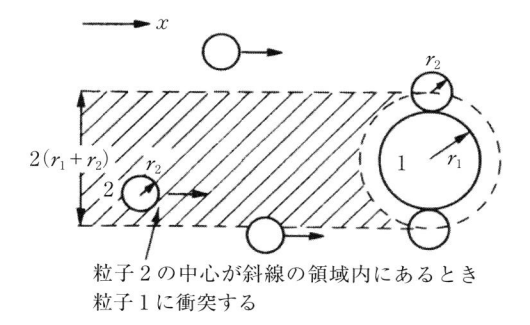

図 2.1 古典論による粒子間の衝突モデル

いま,古典モデルにおける衝突断面積と平均自由行程の関係について考える.図2.1に示すように粒子1と2が各々半径 r_1 と r_2 をもつ剛体球であるとすると,衝突は粒子間距離が r_1+r_2 以内に接近したときに起こる.したがって,粒子2が直進をさえぎられる(運動量を移行する)面積は,$\sigma = \pi(r_1+r_2)^2$ となる.これを粒子1に対する粒子2のミクロ衝突断面積,粒子1の数密度が n であるとき,$n\sigma = \Sigma$ をマクロ衝突断面積と区別して呼ぶこともある.後者は粒子2が単位距離進行する間に衝突する回数を与える.

図2.1のように,x 方向に直進する粒子2群を考えると,途中で粒子1と衝突して進行方向が変わり,x 方向に進む粒子数が減少する.衝突を経験しなかった $n(x)$ 個の粒子2が dx 間に衝突する数 dn は

$$\mathrm{d}n = -n\Sigma\mathrm{d}x \tag{2.1}$$

となる.$x=0$ で $n=n_0$ であるとすると,

$$n = n_0 \exp(-\Sigma x) \tag{2.2}$$

である.したがって,$x=0$ を出発した粒子が衝突することなく x に到達できる割合 f は

$$f = \frac{n}{n_0} = \exp(-\Sigma x) \tag{2.3}$$

であり,粒子2の平均自由行程 λ は (1.23) 式より

$$\lambda = \langle x \rangle = \frac{\int_0^\infty x f \mathrm{d}x}{\int_0^\infty f \mathrm{d}x} = \frac{1}{\Sigma} \tag{2.4}$$

となる.すなわち,平均自由行程はマクロ衝突断面積の逆数で,気体の状態式を考慮すると $\lambda \propto 1/p$ となる.

2.1.2 電離係数,電子付着係数,再結合係数

1個の電子が電界方向に単位距離ドリフトする間に中性粒子と衝突して電離する回数を電離係数あるいはタウンゼントの第一電離係数といい,α [m^{-1}] で表す.この衝突電離による電子増倍を α 作用と呼ぶ.α 値は電子エネルギーの関数である.電子が平均自由行程間に得るエネルギーは λE ($\propto E/p$) となるので,$\alpha/p = f(E/p)$ で表される.ここで,E/p は換算電界(電界/気圧).α は古くから多数の研究者によって多くのガスに対して測定され,同時に α 値を与える実験式も提案されている(電気学会,1974).その例が後述の (3.142) 式と (3.143) 式である.

電子が中性粒子と結びついて負イオンを形成することを電子付着,電子付着を起こすことを η 作用という.このとき負イオンは中性状態よりエネルギー的に安定である.中性粒子と負イオンの内部エネルギーの差を電子親和力といい,電子親和力が大きく負イオンを形成しやすい粒子からなる気体を電気的負性気体,あるいは単に負性気体という.

1個の電子が電界方向に単位距離移動する間に負イオンを形成する割合を電子付着係数といい,通常 η [m^{-1}] で表す.η も多数の研究者によって多くのガスに対して測定され,実験式が E/p の関数として与えられている(電気学会,1974).$\bar{\alpha} = \alpha - \eta$ を実効電離係数と呼び,工学分野では放電開始電圧や火花電圧の推定にこの係数を使用する場合が多い(第3章参照).

正と負の荷電粒子が結合して中和することを再結合という.再結合には,空間で起こる場合と物体表面で起こる場合があり,前者を体積再結合,後者を表面再結合という.再結合による電子とイオン密度の減少率は,次式のように表される.

電子-イオン再結合の場合:

$$\frac{dn_-}{dt} = \frac{dn_+}{dt} = -\alpha_{i-} n_- n_+ \tag{2.5}$$

イオン-イオン再結合の場合:

$$\frac{dn_+}{dt} = \frac{dn_n}{dt} = -\alpha_{ii} n_+ n_n \tag{2.6}$$

ここに,α_{i-}:電子-イオン再結合係数 [m^{3}s^{-1}],α_{ii}:イオン-イオン再結合係数,n_-:電子密度,n_+:正イオン密度,n_n:負イオン密度である.

2.1.3 移動と拡散

電子は通常電界 $\vec{E}$ と磁界 $\vec{B}$ からの力を受けて運動する.同時に周囲の気体粒子と衝突し単位時間あたり運動量 $m\vec{v}\nu_m$ を失いつつ運動しているとする(緩和項近似).これらの過程を運動方程式で表せば,

$$m\frac{\mathrm{d}\vec{v}}{\mathrm{d}t} = -e(\vec{E} + \vec{v}\times\vec{B}) - m\vec{v}\nu_m \qquad (2.7)$$

ここで，m：電子の質量，e：電子の電荷，$\vec{v}$：電子の速度，ν_m：運動量変換衝突周波数である．これをランジュバン（Langevin）の方程式という．

電子はランジュバンの式に従って気体中をランダムな運動を繰り返しながら平均して電界と逆方向に移動する．このとき，移動速度 $\vec{v}_d$ は電界 $\vec{E}$ を用いて，

$$\vec{v}_d = \mu\vec{E} \qquad (2.8)$$

と書け，μ を移動度 $[\mathrm{m}^2/\mathrm{Vs}]$ という．一般には μ は E に依存するが，特に $E=0$ における μ を零電界移動度と呼び，その値は媒質中で電子の移動しやすさを示す重要な量である．

(2.7) 式で $\vec{B}=0$ とおいて，定常時の速度を求めると

$$\vec{v}_d = \frac{e}{m\nu_m}\vec{E} \qquad (2.9)$$

となり，移動度は次式で与えられる．

$$\mu = \frac{e}{m\nu_m} \qquad (2.10)$$

電子が空間的に密度分布をもつ場合，相互の衝突によって巨視的にみれば密度の高いところから低い方に流れ，密度が一様になる．このような現象を拡散という．図 2.2 のような極座標系で密度 $n(r,\theta,\varphi)$，ランダム運動速度 $\vec{v}$ であるとき，電子は体積 $\mathrm{d}V$ 内でマクロ衝突断面積 Σ の標的粒子に衝突し等方散乱するとする．このとき，原点

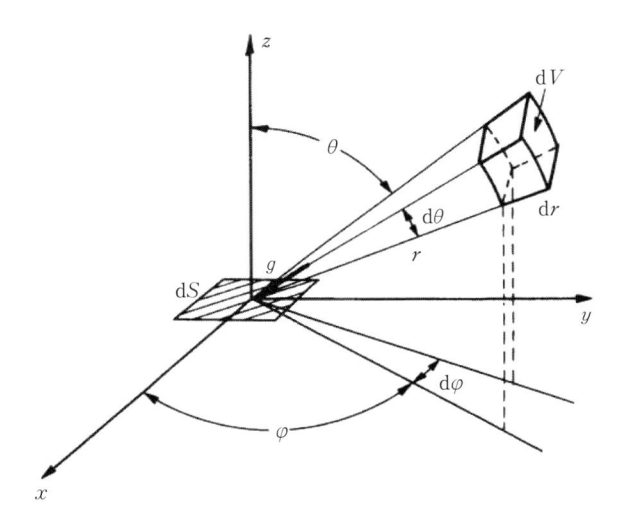

図 2.2 散乱と電子の流れ

にある面 dS を上方から下方に通り抜ける電子数 $g = G_- dS$ は，次式で与えられる．

$$g = G_- dS = \frac{dS}{4\pi} \iiint_{z>0} \Sigma nve^{-\Sigma r} \cos\theta \sin\theta \, d\theta d\varphi dr \tag{2.11}$$

ゆえに，原点を下方に単位面積あたり毎秒通過する電子数 G_- は次式となる．

$$G_- = \frac{1}{4} n\langle v \rangle + \frac{1}{6\Sigma} \langle v \rangle \frac{\partial n}{\partial z} \tag{2.12}$$

同様に，$z<0$ の領域から原点を上方に通り抜ける粒子数 G_+ は次式となる．

$$G_+ = \frac{1}{4} n\langle v \rangle - \frac{1}{6\Sigma} \langle v \rangle \frac{\partial n}{\partial z} \tag{2.13}$$

したがって，原点を z 方向に流れる正味の粒子（拡散）数 G_z は，

$$G_z = G_+ - G_- = -D \frac{\partial n}{\partial z} \tag{2.14}$$

となる．ただし，$D = \langle v \rangle / 3\Sigma = \lambda \langle v \rangle / 3$ で，これを拡散係数という．ここで，$\langle v \rangle$ は v の平均値．

z 方向の拡散による密度変化 $\partial n/\partial t$ は，

$$\frac{\partial n}{\partial t} dz = G_z - G_{z+dz} = D \frac{\partial^2 n}{\partial z^2} dz \tag{2.15}$$

より

$$\frac{\partial n}{\partial t} = D \frac{\partial^2 n}{\partial z^2} \tag{2.16}$$

となる．x, y 方向の拡散も考慮すると，密度変化は，次式で表される．

$$\frac{\partial n}{\partial t} = D \left(\frac{\partial^2 n}{\partial x^2} + \frac{\partial^2 n}{\partial y^2} + \frac{\partial^2 n}{\partial z^2} \right) = D \vec{\nabla}^2 n \tag{2.17}$$

これを拡散方程式という．

ここで，電子が電界中で平衡状態にある場合を考える．いま，x 方向のみに密度変化があると仮定すると，単位体積あたりの電子に働くクーロン力と拡散力はつり合い，荷電粒子がマクスウェル分布をとる場合には，

$$neE = \frac{dp}{dx} = kT \frac{dn}{dx} \tag{2.18}$$

また，電子の流れの平衡より

$$nv_d = n\mu E = D \frac{dn}{dx} \tag{2.19}$$

が成立する．両式より

$$\frac{D}{\mu} = \frac{kT}{e} \tag{2.20}$$

の関係を得る．これをアインシュタインの関係という．

2.2 衝突過程と衝突断面積

本節では，衝突現象を微視的観点から記述する．すなわち，気体粒子との多様な衝突反応による電子の発生，消滅，および電子エネルギー（運動量等）の変換などの衝突過程と衝突断面積について述べ，次節の電子速度分布関数を与えるボルツマン方程式の解析方法へとつなげる．

2.2.1 弾性衝突とその断面積

先にも述べたとおり，電子が標的粒子と衝突する際には，その運動エネルギーに変化をもたらす．粒子の内部エネルギーを変化させない衝突を弾性衝突，電子が衝突する際に粒子の内部エネルギーを変化させる衝突を非弾性衝突と呼ぶ．

a． 2粒子間の衝突（偏向角と相互ポテンシャル）

いま，2個の粒子がそれらの入射速度ベクトルが作る平面内で衝突・散乱する場合を考える．その重心の運動が本平面上にあるときの2個の粒子のとる運動軌跡を図2.3に示す．ここで，2粒子が十分離れているとき，その延長線上の間隔 b は相互作用がないときの最近接距離であり，衝突パラメータと呼ばれる．いま，質量が m_1 と m_2 の2個の粒子が距離 $\vec{r}\,(=\vec{r}_1+\vec{r}_2)$ だけ離れている状態を考え，P点は重心，$\vec{r}_1$ と $\vec{r}_2$

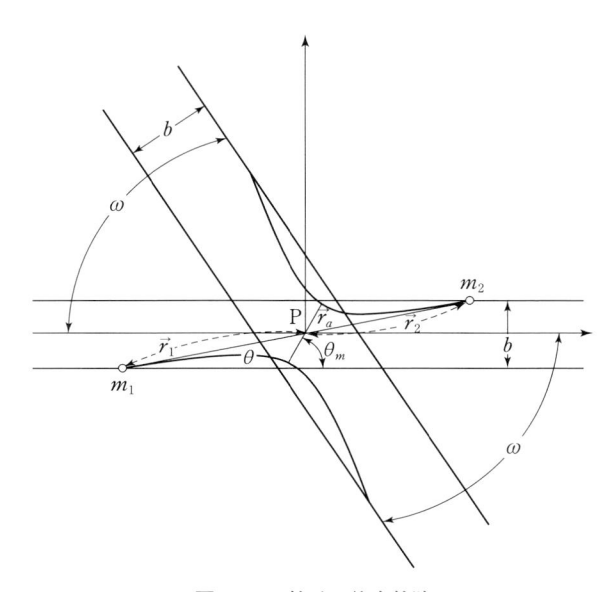

図 2.3 2粒子の衝突軌跡

はP点からの位置ベクトルを示す．また，θは十分離れているときの粒子の運動方向と2粒子間のベクトル$\vec{r}_{12}$のなす角度であり，θ_mは2粒子が最も接近したときのθ値である．ωは重心系における偏向角を示す．2粒子の運動の軌跡は，それらが最も接近した位置を結ぶ直線（$\vec{r}_a$に対応）に対して対称となる．衝突前の相対速度を$\vec{v}_0$とすれば，衝突前後の全エネルギーと角運動量が保存されることを考慮し，

$$\frac{1}{2}\mu v_0^2 = \frac{1}{2}\mu\left\{\left(\frac{dr}{dt}\right)^2 + r^2\left(\frac{d\theta}{dt}\right)^2\right\} + V(r) \tag{2.21}$$

$$J = \mu b v_0 = \mu r^2 \frac{d\theta}{dt} \tag{2.22}$$

が成り立つ．ただし，換算質量$\mu = m_1 m_2/(m_1 + m_2)$，$V(r)$は相互ポテンシャル関数である．(2.21)式と(2.22)式を用い，

$$\frac{1}{2}\mu v_0^2 = \frac{1}{2}\mu\left(\frac{dr}{dt}\right)^2 + \frac{\mu b^2 v_0^2}{2r^2} + V(r) = \frac{1}{2}\mu\left(\frac{dr}{dt}\right)^2 + V_{\mathit{eff}}(r) \tag{2.23}$$

を得る．2粒子の運動は質量μの粒子が$V_{\mathit{eff}}(r)$で示される有効ポテンシャル内で，全エネルギー$\mu v_0^2/2$をもつ1粒子の運動に等しくなる．

偏向角ωは2粒子が最も接近したときになす角θ_mを用いて次式で表せる．

$$\omega = \pi - 2\theta_m \tag{2.24}$$

ここで，上式のθ_mは，$d\theta/dr$について2粒子が十分離れた距離から最も接近した距離r_aまで積分して得られる．すなわち，

$$\theta_m = -\int_\infty^{r_a} \frac{d\theta}{dr} dr \tag{2.25}$$

である．上式中の$d\theta/dr$は，(2.22)式と(2.23)式を用い，

$$\frac{dr}{d\theta} = \pm \frac{r^2}{b}\left\{1 - \frac{V(r)}{\mu v_0^2/2} - \frac{b^2}{r^2}\right\}^{1/2} \tag{2.26}$$

となる．ここで，右辺の負符号は2粒子が接近するとき，また正符号は離れていくときに対応する．したがって，$dr/d\theta = 0$を満足するrはr_aとなる．

さて，(2.26)式の$dr/d\theta$を(2.25)式に代入して整理すれば，

$$\theta_m = -\int_\infty^{r_a} \frac{d\theta}{dr} dr = -\int_\infty^{r_a} \frac{b/r^2}{\left\{1 - \dfrac{V(r)}{\mu v_0^2/2} - \dfrac{b^2}{r^2}\right\}^{1/2}} dr \tag{2.27}$$

(2.27)式を(2.24)式に代入すれば偏向角ωが，

$$\omega = \pi - 2b\int_{r_a}^\infty \frac{dr/r^2}{\left\{1 - \dfrac{V(r)}{\mu v_0^2/2} - \dfrac{b^2}{r^2}\right\}^{1/2}} \tag{2.28}$$

と得られる．

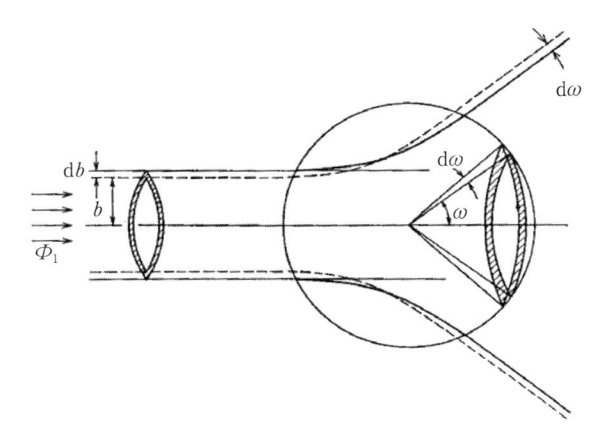

図 2.4 散乱と偏向角

b. 微分断面積

いま，標的粒子に対し，図 2.4 に示すように左から流入する入射粒子を考える．入射粒子方向に対し散乱方向の偏向角 ω，方位角 ϕ とすれば，ω と ϕ は衝突パラメータ b および入射粒子の速度（運動エネルギー）に依存する．ここでは，簡単のため散乱は方位角に依存しない場合を取り扱う．

いま，入射粒子が単位断面積あたり単位時間に通過する粒子数，すなわち流束を Φ_1 とし，このうち衝突パラメータが b と $b+\mathrm{d}b$ に入る流束を考えれば，その流束は $\Phi_1 2\pi b \mathrm{d}b$ となる．偏向角 ω と $\omega+\mathrm{d}\omega$ への散乱は，

$$\Phi_1 2\pi b \mathrm{d}b = \Phi_1 2\pi b \frac{\mathrm{d}b}{\mathrm{d}\omega}\mathrm{d}\omega = \Phi_1 \mathrm{d}\sigma(\omega) \tag{2.29}$$

となる．偏向角 ω を望む立体角 $\mathrm{d}\Omega$ は，(2.29) 式から

$$\mathrm{d}\Omega = 2\pi \sin\omega\, \mathrm{d}\omega$$

と書けるので，$\sigma(\omega)$ は以下となる．

$$\sigma(\omega) = \frac{\mathrm{d}\sigma(\omega)}{\mathrm{d}\Omega} = \frac{b}{\sin\omega}\frac{\mathrm{d}b}{\mathrm{d}\omega} \tag{2.30}$$

これが偏向角 ω に対する微分断面積である．

具体例として，クーロン散乱による微分断面積を取り上げる（Chang ら，1982）．クーロン相互作用による相互ポテンシャル関数は，$V(r) = q_1 q_2/4\pi\varepsilon_0 r$ で与えられるから，これを (2.28) 式に代入し，偏向角 ω を求めると，次式のようになる．

$$\omega = \pi - 2b\int_{r_a}^{\infty} \frac{\mathrm{d}r/r^2}{\left\{1 - \dfrac{q_1 q_2}{2\pi\varepsilon_0 \mu v_0^2}\dfrac{1}{r} - \dfrac{b^2}{r^2}\right\}^{1/2}} \tag{2.31}$$

ここで,$q_1q_2/2\pi\varepsilon_0\mu v_0^2 b = y$,$b/r = u$ と変数変換すれば,上式は

$$\omega = \pi - 2b\int_0^{b/u_a} \frac{du}{(1-uy-u^2)^{1/2}} \tag{2.32}$$

となる.ここで,u_a については,(2.26) 式を零とおき,得られた根の正の方をとれば,

$$u_a = -\frac{y}{2} + \left(\frac{y^2}{4}+1\right)^{1/2}$$

となる.この値を (2.32) 式の積分上限値として解けば,

$$\omega = \pi - 2\cos^{-1}\frac{y}{(y^2+4)^{1/2}} \tag{2.33}$$

となる.(2.33) 式より y を求め,それから b について解けば,

$$b = \frac{q_1q_2}{4\pi\varepsilon_0\mu v_0^2 \tan(\omega/2)}$$

となる.上式より,$db/d\omega$ を求めて,微分断面積は

$$\frac{d\sigma(\omega)}{d\Omega} = \frac{b}{\sin\omega}\frac{db}{d\omega} = \frac{(q_1q_2)^2}{(4\pi\varepsilon_0)^2 4\mu^2 v_0^2 \sin^4(\omega/2)} \tag{2.34}$$

となる.本式はラザフォードの式とも呼ばれる.

c. 全断面積と運動量変換断面積

電子の衝突における微分断面積 $\sigma(\varepsilon, \omega)$ は,入射エネルギー ε と偏向角 ω の関数として与えられ,ω に関して積分すれば,その衝突の全断面積 $\sigma_t(\varepsilon)$ が次式のように定義される.

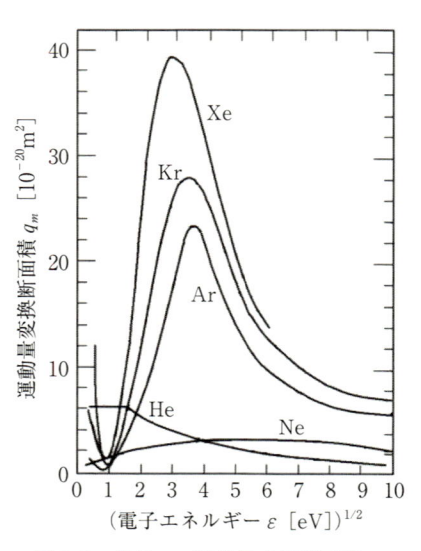

図 2.5 希ガスの運動量変換断面積 q_m

$$\sigma_t(\varepsilon) = \int \sigma(\varepsilon, \omega)\,d\Omega = 2\pi \int_0^\pi \sigma(\varepsilon, \omega) \sin \omega\, d\omega \qquad (2.35)$$

いま，入射電子のもつエネルギーが十分低く非弾性過程が起こらないと考える．重心系において，これらの粒子の換算質量を μ，相対速度を v_0 とすれば，運動量は μv_0 である．衝突によって，粒子の偏向角 ω 方向に散乱させるものとすれば，衝突前の方向に対して $\mu v_0 (1-\cos\omega)$ だけの運動量変化を起こすことになる．そこで，運動量変換断面積 $q_m(\varepsilon)$ は $\sigma(\varepsilon, \omega)$ を用いて次式のように定義される．

$$q_m(\varepsilon) = \int \sigma(\varepsilon, \omega)(1-\cos\omega)\,d\Omega = 2\pi \int_0^\pi \sigma(\varepsilon, \omega)(1-\cos\omega)\sin\omega\,d\omega \qquad (2.36)$$

一例として，希ガスの運動量変換断面積 q_m を図 2.5 に示す．原子量が大きい Ar，Kr，Xe では 1 eV よりわずかに小さいところで q_m に深い谷を示す．これはラムザウア効果（または，ラムザウア-タウンゼント効果）と呼ばれる．この現象が生じる理由の説明には，入射電子に対して量子力学における波動的取り扱いが必要になるため，詳細は他の文献（高柳，1972）に譲る．

その他の原子・分子に対する q_m については，Massey et al.（1969）；電気学会（1998b）；電気学会（2001）；Sakai（2002）などを参照されたい．

2.2.2　励起衝突過程
a.　原子の励起

電子（e）が衝突により，X 原子を励起する反応を次式で表す．

$$\mathrm{X + e \rightarrow X^* + e}$$

ここで，$\mathrm{X^*}$ は励起状態にある X を示す．励起確率は入射電子のエネルギー ε の関数とした励起断面積 $\sigma_{ex}(\varepsilon)$ を用いて与えられる．一例として，He の励起準位図と $\sigma_{ex}(\varepsilon)$ を，それぞれ図 2.6 と図 2.7 に示す．He の基底準位 1^1S_0 から電子衝突による励起において，図 2.7(a) は光学的許容遷移帯である 3^1P や 4^1P 準位への励起断面積，また図 2.7(b) は光学的に禁制遷移帯である 3^3D, 4^3D, … 準位への励起断面積である．前者は励起エネルギー値から緩やかに立ち上がりピーク値を越えて緩やかに減少するが，一方後者は励起エネルギー値から急増し，その閾値より若干高エネルギー側にピークをもち，その後エネルギー増加とともに急減するのが特徴である．

準安定励起粒子（$\mathrm{X^m}$）は寿命が長いため，放電現象において，放電開始電圧を低下，低電場中での放電維持，ならびにアフターグロー条件での電子供給において重要な役割を担う．$\mathrm{X^m}$ 生成には，

（ⅰ）　$\mathrm{X + e \rightarrow X^m + e}$
（ⅱ）　$\mathrm{X^* + e \rightarrow X^m + e} + h\nu$
（ⅲ）　$\mathrm{X^* + e \rightarrow X^m + e}$

などの反応も報告されている[*2]．

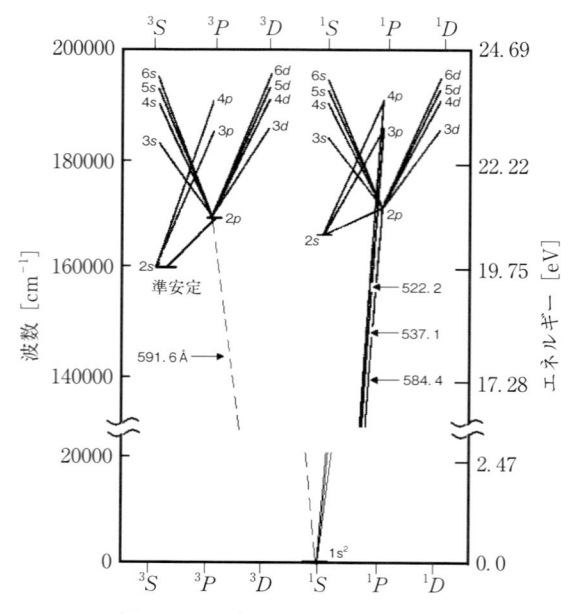

図 2.6 He 希ガスのエネルギー準位

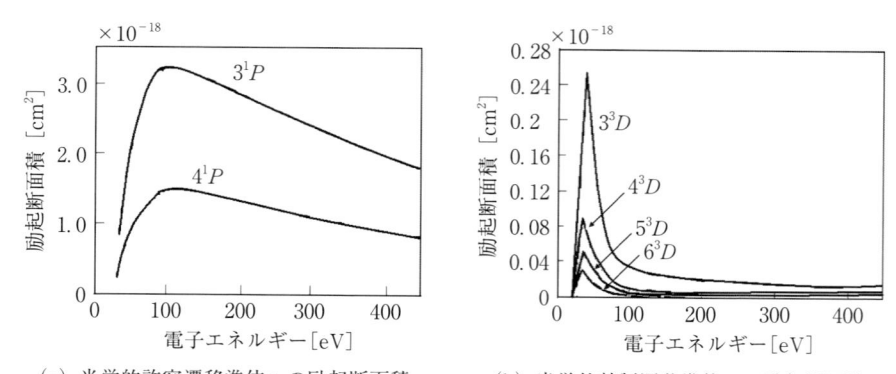

(a) 光学的許容遷移準位への励起断面積

(b) 光学的禁制遷移準位への励起断面積

図 2.7 He 希ガスの励起断面積 σ_{ex}

[*2] 各衝突断面積のデータは多数の研究者によって測定され,多くの種類の気体ごとに一組の断面積がセットとしてデータベース化されている(例えば,電気学会 (1998a, 1998b, 2001);Sakai (2002);Kieffer (1969, 1970);http://gaphyor.lpgp.u-psud.fr;http://physics.nist.gov/;http://dbshino.nifs.ac.jp).また,電子スオームデータと併せて収録されたものもある(例えば,Huxley et al. (1974);Cristophorou et al. (1996);Dutton (1975);Gallagher et al. (1983)).

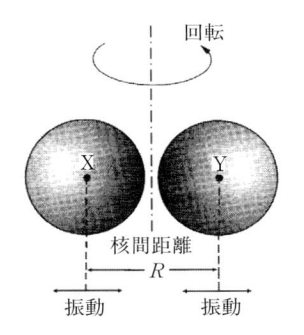

図 2.8 2原子分子の回転と振動

b. 分子の励起とポテンシャル曲線

分子では，原子で議論した電子励起状態に加え，分子を構成する原子核間の振動および重心を中心とした回転運動が存在し，そのエネルギー構造は原子の場合に比べはるかに複雑となる．通常，電子励起エネルギーは $\sim 10\,\mathrm{eV}$，振動励起 $\sim 0.5\,\mathrm{eV}$，回転励起 $\sim 0.01\,\mathrm{eV}$（室温 $\sim 0.025\,\mathrm{eV}$ と同程度）の値をとる．

ここで，図 2.8 に示すような核間の振動や回転状態を (2.37) 式の波動方程式で与える．回転エネルギーの項は通常調和振動子 $U_n(R)$ に比べて十分小さいので無視すると，

$$-\frac{\hbar^2}{2\mu_M}\frac{\mathrm{d}^2\varphi_v}{\mathrm{d}R} + U_n(R)\varphi_v = E\varphi_v \tag{2.37}$$

となる．本式の $U_n(R)$ は，通常モース（Morse）関数によって近似され，次式を得る．

$$U(R) = D_e\{1 - e^{a(R-R_0)}\}^2 \tag{2.38}$$

ここで，D_e は谷の深さ（解離エネルギー），a は曲線を表現する定数である．R が R_0 付近では指数部は展開でき，始めの2項までをとると，

$$U(R) \approx D_e a^2 (R - R_0)^2$$

となり，これは調和振動子のポテンシャルに対応していることがわかる．本ポテンシャル場における波動方程式の解はよく知られており，振動準位のエネルギー E_V は，

$$E_V = h\nu\left(j + \frac{1}{2}\right), \qquad j = 0, 1, 2, \cdots \tag{2.39}$$

となる．ここで，ν は振動数，j は振動量子数である．

次に，回転エネルギーは，2原子分子の回転を検討する場合には，核に対応する二つの質点が，質量をもたない長さ R の棒で結合されている系を考えればよい．古典力学から回転エネルギー E_{rot} は，角運動量 P_a と慣性モーメント I を用いて，

$$E_{rot} = \frac{P_a^2}{2I} \tag{2.40}$$

である．P_a は回転量子数 J を用いて，

$$P_a = \sqrt{J(J+1)}\,\hbar, \qquad J = 0, 1, 2, \cdots \tag{2.41}$$

と表せる．また，$I = \mu_M R^2$ で与えられる．ここで，$\hbar = h/2\pi$（h はプランク定数），μ_M は換算質量．したがって，E_{rot} は

$$E_{rot} = \frac{\hbar^2}{2I} J(J+1) = \frac{\hbar^2}{2\mu_M R^2} J(J+1) \tag{2.42}$$

と書ける．

　一例として図2.9に水素分子のポテンシャル曲線 $U(R)$ を示す．基底状態（ポテンシャル曲線 A）の分子に電子が衝突し，他の状態（B～E）に励起される場合（例えばa, bまたはcに示される過程），この遷移は核の振動運動に比べて非常に短い時間内に起き，遷移の前後で核の位置や速度は変化しない．これをフランク-コンドンの原理（Frank-Condon principle）という．核間距離 R_0 付近にある基底曲線（A）の振動状態 $v=0$ から励起（垂線a～c）されることになる．例えば，aは電離ポテンシャル曲線（D）に遷移される過程で電離エネルギー V_I が必要になる．遷移bは解離曲

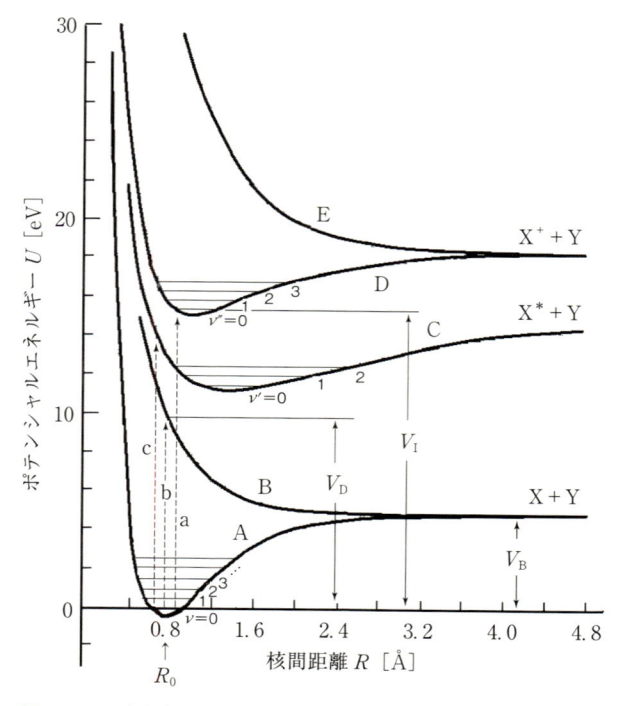

図2.9 2原子分子のポテンシャル曲線とフランク-コンドンの原理

線（B）への励起となり，この励起エネルギー V_D は結合エネルギー V_B の二倍以上になる．したがって，この余剰エネルギー（$V_D - V_B$）は解離した水素原子の運動エネルギーとして放出される．

2.2.3 電子の生成（電離）過程

原子（X）あるいは分子（XY）に外部から何らかの方法で電離エネルギー以上のエネルギーを与えると，それらの粒子は電子を放出し正イオンとなることがある．この現象を電離という．通常，最も電離エネルギーの小さい最外殻電子が電離し一価イオンを形成するが，加えられたエネルギーが十分大きいと内殻電子のいくつかも合わせて電離し，多価イオンを形成する．電子（e）は中性粒子との弾性衝突ではほとんど運動エネルギーを失わないために，電場により容易に加速され，非弾性衝突の主役を演じることになる．

a. 直接電離

直接電離過程は大きく分けると，

① 電子衝突による直接電離

$$X + e \rightarrow X^+ + e + e$$

② イオン衝突による電離

$$X + Y^+ \rightarrow X^+ + Y^+ + e$$

③ 中性粒子衝突による電離

$$X + Y(\text{fast}) \rightarrow X^+ + Y(\text{slow}) + e$$

④ 光子による電離

$$X + h\nu \rightarrow X^+ + h\nu' + e$$

分子 XY の場合には，

⑤ 解離電離

$$XY + e \rightarrow X^+ + Y + e + e$$

等が，基底状態の原子や分子からの直接電離過程として取り上げられる．

b. 自動電離

これまで述べてきた電子，イオンや光子が衝突し粒子を直接電離するもののほかに，自動電離と呼ばれる過程が存在する．

いま，二つ以上の軌道に複数の電子をもつ原子（X）を考える．通常は最外殻電子が励起される（図 2.10 の過程（a））が，入射電子のもつエネルギーが十分大きい場合には，内殻の電子が励起されることも起こりうる．この場合の励起準位 X'^*（図 2.10 の過程（b））は，最外殻電子の電離エネルギー（X^+）より高いことが普通である．この状態は非常に不安定であるため，次に示すいずれかの過程を経て安定な状態に移る．

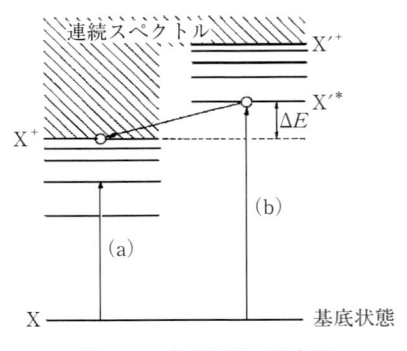

図 2.10　自動電離の概念図

（i）　$X'^* \to X^+ + e + \Delta E$
（ii）　$X'^* \to X^* + h\nu$
　　　　$\to X + h\nu$

このときの過程（i）を自動電離（auto-ionization）と呼び，これは光放射により安定状態に戻る過程（ii）に比べて大きな確率で生じる．両過程に対する平均寿命 τ は（ii）が $\tau_b \geq 10^{-8}$ [s] であるのに対し，（i）は $\tau_a \sim 10^{-14}$ [s] となることが知られている．すなわち，（i）の過程が支配的であることがわかる（Chang ら，1982）．

c. 光 電 離

入射光エネルギー $h\nu$ が電離を起こすためには，粒子の電離エネルギー E_i と，$h\nu \geq E_i$ なる関係を満足しなくてはならない．これから，光電離のための必要な光の周波数 ν あるいは波長 λ（$=c/\nu$）の条件は，

$$\nu \geq E_i/h, \quad \lambda \leq hc/E_i$$

となる．図 2.11 はガス中を通過する光が電離により単位長あたり吸収される割合（吸収係数 μ_0 [cm^{-1}]）ならびに次式で与えられる光電離断面積 $\sigma_{pi}(\varepsilon)$ の光波長 λ（光子エネルギー $h\nu$）依存性を示す．

$$\sigma_{pi} = f\mu_0/N$$

ここで，N はロシュミット数（$=2.69 \times 10^{19}$ [cm^{-3}]），f は光電離効率である．

光による励起は，その励起エネルギー（ΔE_e）に等しいエネルギー（$h\nu = \Delta E_e$）を満足する条件でのみ可能になるが，電離の場合には $h\nu \geq E_i$ であれば可能になる．その結果，$\sigma_{pi}(\varepsilon)$ は閾値 E_i よりエネルギーの高い側へ延びることになる．

d. 準安定励起原子による電離

準安定励起原子 X^m は，それ自身大きな内部エネルギー E_m をもち，かつ寿命が長いので，次のような衝突過程をとおして電子供給（電離）に寄与する．すなわち，

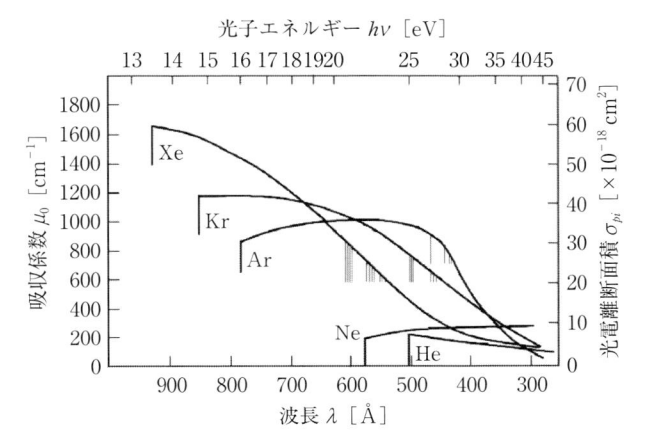

図 2.11 希ガスの光電離断面積 σ_{pi} と吸収係数 μ_0

① 累積電離
$$X^m + e \rightarrow X^+ + e + e$$
② ペニング電離
$$X^m + Y \rightarrow X + Y^+ + e$$
③ 準安定励起粒子同士の衝突による電離
$$X^m + X^m \rightarrow X^+ + X + e$$

等が存在する.

①累積電離過程では,電離の閾値が直接電離の E_i よりも $(E_i - E_m)$ へと大きく低下し,またその断面積は直接電離のものに比べ1桁〜2桁程度大きいのが一般である.グロー放電のような弱電離プラズマ中では電子温度がたかだか数eVであり,直接電離を引き起こす高エネルギー電子は非常に少ない.このような状況下では本過程による電子供給が重要になる.

②ペニング電離とは,X^m の内部エネルギー E_{X^m} がそれより低い電離電圧 E_{Y^+} をもつ粒子Yと衝突し,Yを電離する過程をいう.本反応における過剰エネルギーは電子の運動エネルギーとして放出される.Yが中性分子の場合,解離を伴うことがある.一例として,X^m が $He(2^3S)$ でYが CH_4 である場合,次の反応が生じる.

$$He(2^3S) + CH_4 \rightarrow CH_4^+ + e$$
$$\rightarrow CH_3^+ + H + e$$
$$\rightarrow CH_2^+ + H_2 + e$$

このとき,X^m の内部エネルギーは解離にも使われる.

③過程では,$2E_m > E_i$ なる準安定励起粒子 X^m 同士が衝突した場合に,高い確率で

電離が生じる．再結合により速やかに電子が消滅するアフターグロー領域では，寿命の長い X^m による本反応は主要な電子供給過程となる．

①〜③過程を考慮した放電諸特性が Hg/Ar や希ガス同士の混合ガス中でボルツマン方程式により定量的に検討されている（Sakai et al., 1989；Sawada et al., 1989）．

e. 電子離脱

負イオンが電子や原子・分子または光子と衝突し，電子を放出し中性化する反応を電子離脱と呼び，次の反応が報告されている．

① 協合離脱
$$X^- + Y \rightarrow XY + e$$

② 光離脱
$$X^- + h\nu \rightarrow X + e$$

③ 衝突離脱
$$XY^- + M \rightarrow XY + e + M$$
$$X^- + e \rightarrow X + 2e$$
$$X^- + Y^* \rightarrow X + Y + e$$
$$X^- + Y^+ \rightarrow X + Y^+ + e$$

図 2.12 に負イオンの作るポテンシャル曲線の概念図を示す．XY^-，XY^{-*} ならびに XY^-_{rep} を考えると，XY^{-*} の場合には相互作用は吸引的であり，これが XY のポテンシャル曲線と交差するときに協合離脱が起こる．つまり，

$$X^- + Y \rightarrow [XY^-]^* \rightarrow XY + e$$

なる反応である．ここでは，協合離脱反応時間は衝突時間より十分小さいと仮定している．

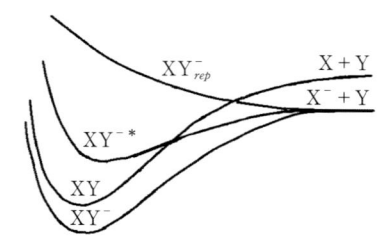

図 2.12 XY^- のポテンシャル曲線

XY^{-*} の曲線は自動離脱に向かい短寿命，XY^-_{rep} の曲線は反発状態であり速やかに解離に向かう．XY^- は安定なポテンシャル曲線上にありその電子親和力は $EA(XY) > 0$.

2.2.4 電子の消滅過程
a. 電 子 付 着

原子（X）・分子（XY）に衝突した電子は負イオンを形成することがある．この過程を電子付着という．一般にハロゲン原子や電子親和力 EA が大きい分子においては，容易に負イオンを形成する．電子付着反応過程において，電子の運動エネルギーは放射または解離のかたちで放出され，その放出形式により次のように分類される．

$$X + e \rightarrow X^- + h\nu \qquad \text{（放射付着）}$$
$$X + e + M \rightarrow X^- + M + \Delta KE \qquad \text{（三体付着）}$$
$$XY + e \rightarrow [XY^-]^*$$
$$[XY^-]^* + M \rightarrow XY^- + \Delta KE + \Delta PE \qquad \text{（衝突付着）}$$
$$XY + e \rightarrow [XY^-]^* \rightarrow X^- + Y \qquad \text{（解離付着）}$$
$$X + Y + e \rightarrow X^- + Y^+ + e \qquad \text{（イオン対生成）}$$

ここで，M は第三の粒子，$*$ は励起状態，ΔKE と ΔPE はそれぞれ運動エネルギーとポテンシャルエネルギー変化分を示す．

電子親和力 EA とは，基底状態の負イオンより電子を離脱させて，基底状態の中性原子（分子）を生成するのに必要な最低エネルギーをいう．したがって，電子が強く結合しているものほど，EA は大きく，負イオンを形成しやすい．詳細データは文献（Chang ら，1982）を参考にしてほしいが，例えば，SF_6 は $\sim 3.4\,\mathrm{eV}$，酸素原子は $1.5\,\mathrm{eV}$ である．酸素は分子 O_2 になると $0.44\,\mathrm{eV}$ に低下することが報告されている．

酸素ガスにおいては次に示す三体付着過程，

$$e + O_2 \rightarrow O_2^{-*} \Rightarrow O_2^{-*} + O_2 \rightarrow O_2^- + O_2$$

が報告されている．この付着反応断面積 Q_{a3} はガス数密度に比例し（Spence et al., 1972），$Q_{a3} \propto N$ となる．一例として示すが，本特性の下に電子付着係数をボルツマン方程式によって解析すると，結果は図 2.13 に示すように測定値のガス数密度依存性と合理的に一致する（Taniguchi et al., 1978a）．すなわち，低 E/N 領域では，三体付着が主たる電子付着過程であるといえる．

b. 再 結 合

ガス中に存在する正イオンと電子あるいは負イオンが中和し安定化する過程を再結合といい，荷電粒子の消滅の主たる過程となっている．代表的な再結合過程として次のものが挙げられる．

（1） 放射再結合：

$$A^+ + e \rightarrow A + h\nu$$

図 2.14 に放射再結合過程を示す概略図を示す．電子は原子イオン A^+ に捕獲されフリーバンド遷移を起こす．その結果，励起状態 A^* の中性原子が生じ，余分のエネルギーは $h\nu$ の形で放出する．本反応の断面積は非常に小さく，原子に対しておおよ

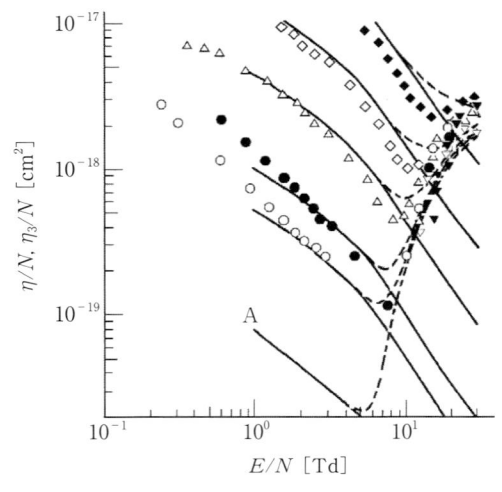

図 2.13 電子付着係数 η/N

解離付着 η_d/N（破線，低 E/N においては実線と重なる）と三体付着 η_3/N（実線）は解析結果．測定値が報告されている．ガス数密度 $N = 3.54 \times 10^{16} \mathrm{cm}^{-3}$（A），$2.45 \times 10^{17}$（○），$4.83 \times 10^{17}$（●），$2.17 \times 10^{18}$（△），$7.24 \times 10^{18}$（◇），$2.90 \times 10^{19}$（◆）に対して計算（測定データの詳細は Taniguchi et al. (1978a) を参照）．

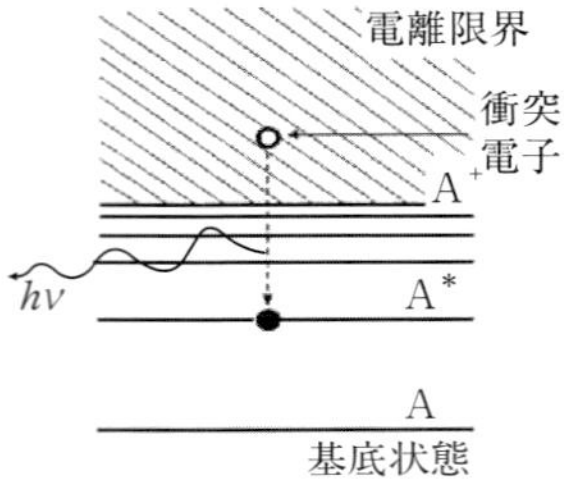

図 2.14 放射再結合のエネルギー準位図

そ 10^{-19} [cm^2] 程度である．

再結合確率を評価するに当たっては，断面積よりも反応速度定数を用いるのが普通である．これを再結合係数 α_r と呼んでいる．α_r は $\langle \sigma v \rangle$ で与えられ，例えば，二体衝突再結合による荷電粒子の減少割合は，$dn = \alpha_r n_- n_+ dt$ として表され，α_r の次元は [cm^{3}s^{-1}] となる．また，三体衝突に対しては，$dn = \alpha_r n_- n_+ n_3 dt$ となり，α_r の次元は [cm^{6}s^{-1}] となる．

正負イオン間の再結合，

$$A^+ + B^- \to AB + h\nu$$

では，再結合と同時に光子を放出し安定な分子を生成する．再結合係数としては非常に小さい．

(2) 二重電子再結合： この過程は自動電離の逆過程であり，一般に次のように書くことができる．

$$A^+ + e \leftrightarrow A_j'' \to A_j' + h\nu$$

最初，電子は A_j'' 準位（内殻電子が電離した場合，普通のイオン A_i^+ よりも大きなエ

ネルギーをもつことができる)に捕獲される.そこで,もし選択則が満たされるならば連続エネルギー状態へ移行する放射のない遷移が起こる.このとき A_i'' 状態において,系が第一電離ポテンシャルよりも下にある準位 A_i' へ移行することによって安定化される.

(3) 解離再結合: Bates et al. (1943) によれば,
$$XY^+ + e \leftrightarrow XY^* \rightarrow X' + Y'$$
が電離層で観測された.まず,入射電子が XY^+ に捕獲され過渡的に安定な中性分子 XY^* を形成する.その分子が電子を放出し再び元のイオン状態に戻る前に解離を達成して中性原子に分離する.

(4) イオン-イオン再結合: 負イオンと正イオンが衝突することによって電荷を失う過程であって,次の過程が報告されている.
$$X^+ + Y^- \rightarrow XY + h\nu \quad \text{(放射再結合)}$$
$$X^+ + Y^- \rightarrow X^* + Y^* \quad \text{(電荷交換再結合)}$$
$$X^+ + Y^- + M \rightarrow XY + M + KE \quad \text{(三体再結合)}$$
一般に放射再結合反応は非常に小さい.

(5) 三体再結合: 電子による三体再結合,
$$X^+ + e + e \rightarrow A^* + e$$
は三体電子再結合と呼ばれ,一般に非常に大きい反応速度をもつ.一方,第三体が原子または分子の場合には,
$$X^+ + e + M \rightarrow X^* + M$$
で表され,ガス圧力に依存することになる.その反応速度はトムソン(Thomson)の理論(Thomson et al., 1933)によると $\alpha_r = p\,[\text{Torr}] \times 10^{-11}\,[\text{cm}^3\text{s}^{-1}]$ 程度と遅い反応である.

2.3　ボルツマン方程式による電子スオームの解析

電界が印加された気体中で衝突を繰り返しながら進む電子あるいはイオンの群(スオーム)集団としての性質を与えるスオームパラメータを微視的観点から求める方法に,モンテカルロシミュレーション(Monte Carlo simulation)法とボルツマン方程式(Boltzmann equation)法がある.前者においては,衝突の発生ならびに散乱による運動量(エネルギー)の変化といった確率的に決まる事象を計算機中で発生させた擬似乱数と衝突断面積のデータをもとに決めながら,個々の電子を追跡し,スオーム全体にわたって必要とする量をサンプルし,スオームの有する巨視的物理量を決定する.後者では,電子スオームの振舞いを時空と速度の空間で成立させるボルツマン方程式を用いてモデル化し,これを適切な手法(解析的解法は困難なため,近似あるい

は数値的に）で解き，電子スオームのもつ巨視量を与えることになる．この場合，電子数の ① 位置変化に伴う収支，② 電界による速度変化に伴う収支，③ 衝突による速度変化に伴う収支を考慮する．また，モンテカルロ法は電子運動を直感的に捉え思考実験的でもあるため理解も容易である．一方，ボルツマン方程式ではスオームの運動を方程式に対応させるモデル化の過程と方程式の解法により深い理解が必要となる．本節では後者のボルツマン方程式による方法を説明する（電気学会，1983；奥田，1970）．

2.3.1 ボルツマン方程式

弱電離気体中における電子衝突過程は，荷電粒子密度が十分に低いため，① 荷電粒子間のクーロン相互作用が無視でき，② 衝突に際しては相互作用の時間幅と空間領域は零（質点の運動），として取り扱うことができる．

電場 $\vec{E}$ が印加された電離気体中での電子数密度 n は場所 $\vec{r}$ と時間 t に依存して変化するものとすれば，$n=n(\vec{r},t)$ と書ける．したがって，$\vec{r}$ に中心をおく微小体積 $d\vec{r}$ で速度 $\vec{v}$ を中心とする微小体積 $d\vec{v}$ に存在する電子数 dn は $f(\vec{v},\vec{r},t)$ を導入し，

$$dn = f(\vec{v}, \vec{r}, t) d\vec{r} d\vec{v} \tag{2.43}$$

となる．$t+dt$ における dn' も同様にして，

$$dn' = f(\vec{v}+\vec{\alpha}dt, \vec{r}+d\vec{r}, t+dt) d\vec{r} d\vec{v} \tag{2.44}$$

となる．ここで，$\vec{\alpha}=-e\vec{E}/m$（e は電子の素電荷量，m は電子質量）．dt 間における電子数の変化は (2.44) 式をテーラ展開して一次の項まで考慮すると，

$$dn'-dn = \{f(\vec{v}+d\vec{v}, \vec{r}+d\vec{r}, t+dt) - f(\vec{v}, \vec{r}, t)\} d\vec{r} d\vec{v}$$

$$\approx \left(\frac{\partial}{\partial t} + \vec{v}\cdot\frac{\partial}{\partial \vec{r}} + \vec{\alpha}\cdot\frac{\partial}{\partial \vec{v}}\right) f(\vec{v}, \vec{r}, t) d\vec{r} d\vec{v} dt \tag{2.45}$$

と書ける．もし，衝突がなければ，(2.45) 式は零となるが，実際には電子は気体を構成する粒子と衝突を繰り返しながら電界と逆方向に移動する．衝突項に気体粒子の速度分布 $g(\vec{V}_g, \vec{r}, t)$ と f に依存する $J(f, g)$ を導入し，(2.45) 式は，

$$\frac{\partial}{\partial t}f + \vec{v}\cdot\frac{\partial}{\partial \vec{r}}f + \vec{\alpha}\cdot\frac{\partial}{\partial \vec{v}}f = J(f, g) \tag{2.46}$$

と書ける．これをボルツマン（Boltzmann）方程式と呼ぶ．左辺の第 1 項は分布関数の時間変化，第 2 項は粒子運動による拡散，第 3 項は外力の効果を表す．

次に，衝突項 $J(f, g)$ について検討する．空間 $d\vec{r}d\vec{v}$ に存在する電子が dt 間に角 ω で散乱し速度空間の微小立体角 $d\Omega$ に入射する確率は $T(v, \omega, dt, d\Omega) = Nv\sigma(v, \omega) d\Omega dt$ と書ける．ここで，$v=|\vec{v}-\vec{V}_g|$（$\vec{v}$ と $\vec{V}_g$ は電子と気体粒子の速度），$N=\int_{V_g} g(\vec{V}_g, \vec{r}, t) d\vec{V}_g$，$\sigma(v,\omega)$ は微分散乱断面積である．したがって，k-種の衝突により空間 $d\vec{r}d\vec{v}$ に流入する電子は，衝突前に気体粒子との相対速度 $v'=|\vec{v}'-\vec{V}_g'|$ をもち

ω で散乱し速度空間の原点から $\mathrm{d}\vec{v}$ が張る微小立体積 $\mathrm{d}\Omega$ に流入する必要があり，その数は

$$N\int_{\vec{v}'} f(\vec{v}',\vec{r},t)\,v'\sigma_k(v',\omega)\mathrm{d}\Omega\mathrm{d}\vec{v}'\mathrm{d}\vec{r}\mathrm{d}t \tag{2.47}$$

と書ける．同様に，時間 $\mathrm{d}t$ に $\mathrm{d}\vec{r}\mathrm{d}\vec{v}$ から $\mathrm{d}\Omega'$ に向けて流出する電子数は衝突後の相対速度を $v=|\vec{v}-\vec{V}_g|$ で表し，

$$N\int_{\vec{v}} f(\vec{v},\vec{r},t)\,v\sigma_k(v,\omega)\mathrm{d}\Omega'\mathrm{d}\vec{v}\mathrm{d}\vec{r}\mathrm{d}t \tag{2.48}$$

となる．したがって，すべての衝突種を考慮したとき $\mathrm{d}t$ 間に空間 $\mathrm{d}\vec{r}\mathrm{d}\vec{v}$ での電子数の変化量は，

$$J(f,g)\mathrm{d}\vec{r}\mathrm{d}\vec{v}\mathrm{d}t = \sum_k N\Big\{\int_{\vec{v}'} f(\vec{v}',\vec{r},t)\,v'\sigma_k(v',\omega)\mathrm{d}\Omega\mathrm{d}\vec{r}\mathrm{d}\vec{v}'\mathrm{d}t \\ -\int_{\vec{v}} f(\vec{v},\vec{r},t)\,v\sigma_k(v,\omega)\mathrm{d}\Omega'\mathrm{d}\vec{r}\mathrm{d}\vec{v}\mathrm{d}t\Big\} \tag{2.49}$$

となる (Holstein, 1946)．

2.3.2　電子スオームに対するボルツマン方程式

ここでは低電離気体中の電子スオームを扱うので，電子（質量 m，速度 $\vec{v}$）は中性ガス粒子（質量 M，速度 $\vec{V}_g$，基底状態の数密度 N）との間で二体衝突のみを考慮すればよい．一般に，$m/M \ll 1$ であるから，$v/V_g \gg 1$ となり，V_g は v に比べて無視でき，気体粒子は事実上静止していると見なすことができる．したがって，

$$\vec{v}-\vec{V}_g \cong \vec{v}$$

$$g(\vec{V}_g,\vec{r},t) \cong N(\vec{r},t)\int \delta(\vec{V}_g-\vec{V}_{0g})\mathrm{d}\vec{V}_g = N(\vec{r},t) \tag{2.50}$$

と書ける．

次に，電子と気体粒子間の衝突項について，位置 $\vec{r}$ を固定して考える．衝突により $\mathrm{d}t$ 間に微小空間 $\mathrm{d}\vec{r}\mathrm{d}\vec{v}$ 内の電子数が変化する量 $J(f)\mathrm{d}\vec{r}\mathrm{d}\vec{v}$ は，$\mathrm{d}\vec{r}\mathrm{d}\vec{v}'$ から $\mathrm{d}\vec{r}\mathrm{d}\vec{v}$ へ流入する電子数 $J_{in}(f)\mathrm{d}\vec{r}\mathrm{d}\vec{v}'$ から $\mathrm{d}\vec{r}\mathrm{d}\vec{v}$ から $\mathrm{d}\vec{r}\mathrm{d}\vec{v}'$ へ流出する電子数 $J_{out}(f)\mathrm{d}\vec{r}\mathrm{d}\vec{v}$ を差し引いたものになる．$J_{out}(f)\mathrm{d}\vec{r}\mathrm{d}\vec{v}$ は $\mathrm{d}\vec{v}'$ を見込む立体角 $\mathrm{d}\Omega'$ に流出する電子数で

$$J_{out}(f)\mathrm{d}\vec{r}\mathrm{d}\vec{v}\mathrm{d}t = \sum_k N\int_{\vec{v}} f(\vec{r},\vec{v},t)\,v\sigma_k(v,\omega)\mathrm{d}\Omega'\mathrm{d}t\mathrm{d}\vec{r}\mathrm{d}\vec{v} \tag{2.51}$$

と与えられる．一方，$\mathrm{d}\vec{r}\mathrm{d}\vec{v}'$ から $\mathrm{d}\vec{r}\mathrm{d}\vec{v}$ へ流入する電子は，$\mathrm{d}\vec{v}$ を見込む立体角 $\mathrm{d}\Omega$ へ散乱し，かつ v' が衝突後には v になる関係を満足するものでなければならない．すなわち，$J_{in}(f)\mathrm{d}\vec{r}\mathrm{d}\vec{v}$ は，k-種の衝突過程を反映した v' と v の関係 $v=\zeta(v',\omega)$ を δ-関数を用いて，

$$J_{in}(f)\mathrm{d}\vec{r}\mathrm{d}\vec{v}\mathrm{d}t = \sum_k N\int_{\vec{v}'} f(\vec{r},\vec{v}',t)\,v'\sigma_k(v',\omega)\mathrm{d}\Omega\mathrm{d}t\delta(v-\zeta(v',\omega))\mathrm{d}v\mathrm{d}\vec{r}\mathrm{d}\vec{v}' \tag{2.52}$$

と書ける．ここで，体積要素 $\mathrm{d}\vec{v}=v^2\mathrm{d}\Omega\mathrm{d}v$ と $\mathrm{d}\vec{v}'=v'^2\mathrm{d}\Omega'\mathrm{d}v'$，ならびに

$$\int \delta(x-x_0) f(x)\,\mathrm{d}x = f(x_0)$$

の関係を用いれば，$J_{in}(f)\,\mathrm{d}\vec{r}\,\mathrm{d}\vec{v}\,\mathrm{d}t$ は

$$J_{in}(f)\,\mathrm{d}\vec{r}\,\mathrm{d}\vec{v}\,\mathrm{d}t = \sum_k N \left(\frac{v'}{v}\right)^2 \mathrm{d}\vec{v}\,\mathrm{d}\vec{r}\,\mathrm{d}t \int f(\vec{r},\vec{v}',t)\,v'\sigma_k(v',\omega) \left(\frac{\partial \zeta}{\partial v'}\right)^{-1} \mathrm{d}\Omega' \quad (2.53)$$

となる（詳細は Holstein, 1946 参照）．結局，衝突の種類によって $(\partial \zeta/\partial v')^{-1}$ の取り扱いが異なるが，$J(f)$ は，

$$J(f) = J_{in}(f) - J_{out}(f)$$
$$= \sum_k N \left\{ \left(\frac{v'}{v}\right)^2 \int f(\vec{r},\vec{v}',t)\,v'\sigma_k(v',\omega) \left(\frac{\partial \zeta}{\partial v'}\right)^{-1} \mathrm{d}\Omega' - \int f(\vec{r},\vec{v},t)\,v\sigma_k(v,\omega)\,\mathrm{d}\Omega' \right\} \quad (2.54)$$

となる．

次に衝突の種類（k-種の衝突）に対応する $\zeta(v',\omega)$，$(\partial \zeta/\partial v)^{-1}$，$J_k(f)$ を考える．

(1) 弾性衝突： 電子と分子の質量をそれぞれ m，M として，

$$v = \zeta(v',\omega) = v' \left\{ 1 - \frac{m}{M}(1-\cos\omega) \right\} \quad (2.55)$$

となる．本関係から，

$$\left(\frac{\partial \zeta}{\partial v'}\right)^{-1} = \frac{v'}{v} \quad (2.56)$$

を得る．したがって，(2.54) 式に対する弾性衝突項 $J_{el}(f)$ は

$$J_{el}(f) = N \int f(\vec{r},\vec{v}',t)\,v' \left(\frac{v'}{v}\right)^3 \sigma_{el}(v',\omega)\,\mathrm{d}\Omega - Nvf(\vec{r},\vec{v},t)\int \sigma_{el}(v,\omega)\,\mathrm{d}\Omega \quad (2.57)$$

となる．

(2) 励起衝突： j-準位への励起エネルギーを ε_{ex}^j とすると，衝突後の速度は $v = (v'^2 - 2\varepsilon_{ex}^j/m)^{1/2}$ であり，

$$v = \zeta(v',\omega) = \left(v'^2 - \frac{2\varepsilon_{ex}^j}{m}\right)^{1/2} \quad (2.58)$$

となる．本関係から，

$$\left(\frac{\partial \zeta}{\partial v'}\right)^{-1} = \frac{v}{v'} \quad (2.59)$$

を得る．したがって，励起衝突項 $J_{ex}^j(f)$ は，

$$J_{ex}^j(f) = N \sum_j \left\{ \int f(\vec{r},\vec{v}',t) \frac{v'^2}{v} \sigma_{ex}^j(v',\omega)\,\mathrm{d}\Omega - vf(\vec{r},\vec{v},t) \int \sigma_{ex}^j(v,\omega)\,\mathrm{d}\Omega \right\} \quad (2.60)$$

となる．

(3) 電離衝突： 電離エネルギーを ε_i とし，衝突後の運動エネルギーが電離で生じた電子を含め二つの電子に Δ と $(1-\Delta)$ の比で配分されたとすれば，

$$v = \zeta(v',\omega) = \left\{ \Delta \left(v'^2 - \frac{2\varepsilon_i}{m}\right) \right\}^{1/2} \quad (2.61)$$

または，
$$v = \zeta(v', \omega) = \left\{(1-\Delta)\left(v'^2 - \frac{2\varepsilon_i}{m}\right)\right\}^{1/2} \tag{2.62}$$

ここで，$0 \leq \Delta \leq 1$ である．本関係から，

$$\left(\frac{\partial \zeta}{\partial v'}\right)^{-1} = \frac{1}{\Delta}\frac{v}{v'} \quad \text{または} \quad \left(\frac{\partial \zeta}{\partial v'}\right)^{-1} = \frac{1}{1-\Delta}\frac{v}{v'} \tag{2.63}$$

を得る．したがって，電離衝突項 $J_i(f)$ は

$$J_i(f) = N\frac{1}{\Delta}\int f(\vec{r}, \vec{v}', t)\frac{v'^2}{v}\sigma_i(v', \omega)\,\mathrm{d}\Omega + N\frac{1}{1-\Delta}\int f(\vec{r}, \vec{v}', t)\frac{v'^2}{v}\sigma_i(v', \omega)\,\mathrm{d}\Omega$$
$$- Nvf(\vec{r}, \vec{v}, t)\int \sigma_i(v, \omega)\,\mathrm{d}\Omega \tag{2.64}$$

となる．

(4) 電子付着衝突： 電子付着衝突においては，負イオンが形成し電子が消滅するので，

$$v = \left(\frac{\partial \zeta}{\partial v_a}\right)^{-1} = 0 \tag{2.65}$$

となり，電子付着項 $J_a(f)$ としては流出項のみを考えればよいことになる．

2.3.3 平均値と輸送方程式

$f(\vec{r}, \vec{v}, t)$ が得られると，電子数密度 $n(\vec{r}, t)$ は (2.43) 式より，

$$n(\vec{r}, t) = \int_{-\infty}^{\infty} f(\vec{r}, \vec{v}, t)\,\mathrm{d}\vec{v} \tag{2.66}$$

で与えられる．一般に，種々の物理量 $\vec{Q}(\vec{r}, \vec{v}, t)$ の平均値 $\langle \vec{Q}(\vec{r}, t)\rangle$ を求めることができ，$\langle \vec{Q}(\vec{r}, t)\rangle$ は，

$$\langle \vec{Q}(\vec{r}, t)\rangle = \frac{1}{n(\vec{r}, t)}\int_{-\infty}^{\infty} Q(\vec{r}, \vec{v}, t)f(\vec{r}, \vec{v}, t)\,\mathrm{d}\vec{v} \tag{2.67}$$

と与えられる．電子の平均速度 $\langle v \rangle$ は $\vec{Q}(\vec{r}, \vec{v}, t) = \vec{v}$ とし，

$$\langle \vec{v} \rangle = \frac{1}{n(\vec{r}, t)}\int_{-\infty}^{\infty} \vec{v}f(\vec{r}, \vec{v}, t)\,\mathrm{d}\vec{v} \tag{2.68}$$

となる．同様にして，平均運動エネルギーは二乗平均速度 $\langle v^2 \rangle$ を用いて，

$$\frac{1}{2}m\langle v^2 \rangle = \frac{1}{2}\frac{m}{n(\vec{r}, t)}\int_{-\infty}^{\infty} v^2 f(\vec{r}, \vec{v}, t)\,\mathrm{d}\vec{v} \tag{2.69}$$

となる．

ここで，(2.46) 式のボルツマン方程式から電子輸送方程式を導出してみる．(2.46) 式に $m\vec{Q}(\vec{r}, \vec{v}, t)$ を乗じ $\vec{v}$ 空間に対し積分すると，

$$\int_{\vec{v}} m\vec{Q}(\vec{r},\vec{v},t)\frac{\partial f}{\partial t}d\vec{v} + \int_{\vec{v}} m\vec{Q}(\vec{r},\vec{v},t)\vec{v}\cdot\vec{\nabla}_r f d\vec{v} + \int_{\vec{v}} \vec{Q}(\vec{r},\vec{v},t)\vec{F}\cdot\vec{\nabla}_v f d\vec{v}$$
$$= \int_{\vec{v}} m\vec{Q}(\vec{r},\vec{v},t)J(f)d\vec{v} \tag{2.70}$$

と書ける[*3]．ここで，外力を $\vec{F}=-e(\vec{E}+\vec{v}\times\vec{B})$ と与える（$\vec{B}$ は磁束密度）．

(2.70) 式の左辺の第1項は (2.67) 式を用い，

$$\int_{\vec{v}} m\vec{Q}(\vec{r},\vec{v},t)\frac{\partial f}{\partial t}d\vec{v} = \frac{\partial}{\partial t}\int_{\vec{v}} m\vec{Q}(\vec{r},\vec{v},t)f d\vec{v} - \int_{\vec{v}} m\frac{\partial \vec{Q}(\vec{r},\vec{v},t)}{\partial t}f d\vec{v}$$
$$= \frac{\partial}{\partial t}\{mn(\vec{r},t)\langle\vec{Q}(\vec{r},t)\rangle\} - mn(\vec{r},t)\left\langle\frac{\partial \vec{Q}(\vec{r},t)}{\partial t}\right\rangle. \tag{2.71}$$

第2項の α-成分について，

$$\int_{\vec{v}} m\vec{Q}(\vec{r},\vec{v},t)v_\alpha\left(\frac{\partial f}{\partial x_\alpha}\right)d\vec{v} = \frac{\partial}{\partial x_\alpha}\int_{\vec{v}} m\vec{Q}(\vec{r},\vec{v},t)v_\alpha f d\vec{v} - \int_{\vec{v}} m\frac{\partial \vec{Q}(\vec{r},\vec{v},t)}{\partial x_\alpha}v_\alpha f d\vec{v}$$
$$= m\frac{\partial}{\partial x_\alpha}\{n(\vec{r},t)\langle v_\alpha\vec{Q}(\vec{r},\vec{v},t)\rangle\} - mn(\vec{r},t)\left\langle v_\alpha\frac{\partial \vec{Q}(\vec{r},\vec{v},t)}{\partial x_\alpha}\right\rangle. \tag{2.72}$$

第3項の α-成分については同様に，

$$\int_{\vec{v}} \vec{Q}(\vec{r},\vec{v},t)F_\alpha\left(\frac{\partial f}{\partial v_\alpha}\right)d\vec{v}$$
$$= \int dv_\beta \int dv_\gamma \left\{[\vec{Q}(\vec{r},\vec{v},t)F_\alpha f]_{v_\alpha=-\infty}^{v_\alpha=+\infty} - \int_{-\infty}^{+\infty} f\frac{\partial}{\partial v_\alpha}[\vec{Q}(\vec{r},\vec{v},t)F_\alpha]dv_\alpha\right\} \tag{2.73}$$

と書ける．ここで，現実の物理量 $\vec{Q}(\vec{r},\vec{v},t)$ については，上式の右辺第1項は両極限で零となるものであるから，結局以下となる．

$$\int_{\vec{v}} \vec{Q}(\vec{r},\vec{v},t)F_\alpha\left(\frac{\partial f}{\partial v_\alpha}\right)d\vec{v} = -\int dv_\beta \int dv_\gamma \int_{-\infty}^{+\infty} f\frac{\partial}{\partial v_\alpha}\{\vec{Q}(\vec{r},\vec{v},t)F_\alpha(\vec{r},\vec{v},t)\}dv_\alpha$$
$$= -n(\vec{r},t)\left\langle\frac{\partial}{\partial v_\alpha}\{F_\alpha(\vec{r},\vec{v},t)\vec{Q}(\vec{r},\vec{v},t)\}\right\rangle$$
$$= -n(\vec{r},t)\left\langle F_\alpha(\vec{r},\vec{v},t)\frac{\partial}{\partial v_\alpha}\vec{Q}(\vec{r},\vec{v},t)\right\rangle$$
$$\quad -n(\vec{r},t)\left\langle\vec{Q}(\vec{r},\vec{v},t)\frac{\partial}{\partial v_\alpha}F_\alpha(\vec{r},\vec{v},t)\right\rangle \tag{2.74}$$

ここで，$F_\alpha=-e\{E_\alpha+(\vec{v}\times\vec{B})_\alpha\}$ で表される力は v_α によらず，$\partial F_\alpha/\partial v_\alpha=0$ であるから，(2.74) 式の右辺第2項は零となり，

$$\int_{\vec{v}} \vec{Q}(\vec{r},\vec{v},t)F_\alpha\frac{\partial f}{\partial v_\alpha}d\vec{v} = -n(\vec{r},t)\left\langle F_\alpha(\vec{r},\vec{v},t)\frac{\partial}{\partial v_\alpha}\vec{Q}(\vec{r},\vec{v},t)\right\rangle \tag{2.75}$$

[*3] $\vec{\nabla}_r$ ならびに $\vec{\nabla}_v$ は，それぞれ実空間と速度空間における演算子 $\vec{\nabla}$ で，
$$\vec{\nabla}_r = \vec{i}\frac{\partial}{\partial x} + \vec{j}\frac{\partial}{\partial y} + \vec{k}\frac{\partial}{\partial z} \quad \text{ならびに} \quad \vec{\nabla}_v = \vec{i}\frac{\partial}{\partial v_x} + \vec{j}\frac{\partial}{\partial v_y} + \vec{k}\frac{\partial}{\partial v_z} \quad \text{である．}$$

となる.

以上をまとめると (2.70) 式は,

$$m\frac{\partial}{\partial t}\{n(\vec{r},t)\langle \vec{Q}(\vec{r},\vec{v},t)\rangle\} - mn(\vec{r},t)\left\langle\frac{\partial \vec{Q}(\vec{r},\vec{v},t)}{\partial t}\right\rangle + m\vec{\nabla}_r \cdot n(\vec{r},t)\langle \vec{v}\cdot \vec{Q}(\vec{r},\vec{v},t)\rangle$$
$$- mn(\vec{r},t)\langle \vec{\nabla}_r \cdot \vec{v}\vec{Q}(\vec{r},\vec{v},t)\rangle - n(\vec{r},t)\langle \vec{F}(\vec{r},\vec{v},t)\vec{\nabla}_v \vec{Q}(\vec{r},\vec{v},t)\rangle$$
$$= \int_{\vec{v}} m\vec{Q}(\vec{r},\vec{v},t) J \mathrm{d}\vec{v} \tag{2.76}$$

となる (詳細は, 奥田 (1970) を参照). 以下に, (2.76) 式から (a) 電子数密度連続の式, (b) 運動量保存の式, および (c) エネルギー保存の式を導出する.

a. 電子数密度連続の式

数密度連続の式は (2.76) 式で $m\vec{Q}(\vec{r},\vec{v},t)=1$ とおいて,

$$\frac{\partial n(\vec{r},t)}{\partial t} + \vec{\nabla}_r \cdot \{n(\vec{r},t)\langle \vec{v}\rangle\} = \int_{\vec{v}} J \mathrm{d}\vec{v} = G \tag{2.77}$$

と表せる. 右辺の積分は, 電子の発生と消滅割合が同じであれば零である. 実際の放電中であれば電離, 付着, 再結合反応が存在し, それらの衝突周波数をそれぞれ, ν_i, ν_a ならびに ν_r とすれば,

$$G = (\nu_i - \nu_a - \nu_r)n(\vec{r},t) \tag{2.78}$$

となる. いま, (2.77) 式を次のように書き直せば,

$$\frac{\partial n(\vec{r},t)}{\partial t} + \vec{\nabla}_r \cdot \vec{\Gamma}(\vec{r},t) = G \tag{2.79}$$

$\vec{\Gamma}(\vec{r},t) = n(\vec{r},t)\langle \vec{v}\rangle = n(\vec{r},t)\vec{v}_d$ は電子流を示し, 電子密度 $n(\vec{r},t)$ と移動速度 $\vec{v}_d$ の積として与えられる.

b. 運動量保存の式

(2.76) 式の $\vec{Q}=\vec{v}$ とおくと運動量保存式が得られる. その α-成分をとると, 第2項および第4項は零であるから,

$$m\frac{\partial}{\partial t}\{n(\vec{r},t)\langle v_\alpha\rangle\} + m\sum_\beta \frac{\partial}{\partial x_\beta}\{n(\vec{r},t)\langle v_\beta v_\alpha\rangle\} - n(\vec{r},t)\langle F_\alpha(\vec{r},t)\rangle$$
$$= \int_{\vec{v}} m v_\alpha J \mathrm{d}\vec{v} \tag{2.80}$$

と書ける. 上式の左辺第1項は電子の運動量密度の時間変化, 第2項は体積素片を囲む面を通過する正味の運動量輸送, 第3項は外力で作られる運動量密度の変化の割合を示す. 右辺の積分は衝突による単位時間あたりの全運動量利得である. 同一粒子同士の衝突であれば, 各衝突で運動量が保存され, この積分は零となるが, 電子と原子・分子間の衝突の場合には, 零にはならない.

一般に, 電子速度 $\vec{v}$ は

$$\vec{v} = \langle \vec{v}(\vec{r},t)\rangle + \vec{v}_r \tag{2.81}$$

となり，移動速度 $\vec{v}_d = \langle \vec{v}(\vec{r}, t) \rangle$ とランダム速度 $\vec{v}_r$ の和として書ける．ここで，$\langle \vec{v}_r \rangle = 0$ である．

(2.81) 式を用いて (2.80) 式を整理し，ベクトル形式で書き直すと（詳細は，奥田 (1970) を参照），

$$mn(\vec{r}, t)\left(\frac{\partial}{\partial t} + \vec{v}_d \cdot \vec{\nabla}_r\right)\vec{v}_d = n(\vec{r}, t)\vec{F}(\vec{r}, \vec{v}, t) - \vec{\nabla}_r \cdot [P] - m\int_{\vec{v}} \vec{v} J d\vec{v} - m\vec{v}_d \int_{\vec{v}} J d\vec{v} \tag{2.82}$$

ここで，$[P]$ は圧力テンソル（$[P]_{\alpha\beta} = m\int f v_{r\alpha} v_{r\beta} d\vec{v} = mn\langle v_{r\alpha} v_{r\beta}\rangle$）を表し，もし電子の熱速度が等方的であれば，$\vec{\nabla}_r[P] = \vec{\nabla}_r p$ となる．

c. エネルギー保存の式

エネルギー保存の式を与えるには，(2.76) 式に $Q = v^2/2$ を代入すればよい．このとき，本式の第2項と第4項は零であり，第5項に現れる $\vec{F} \cdot \vec{\nabla}_v(v^2/2)$ は簡単化のため $\vec{F} = -e\vec{E}$ とすれば，

$$\vec{F} \cdot \vec{\nabla}_v(v^2/2) = -e\vec{E} \cdot \vec{v}$$

である．したがって，(2.76) 式は

$$\frac{\partial}{\partial t}\left\{\frac{m}{2}n(\vec{r}, t)\langle v^2\rangle\right\} + \vec{\nabla}_r \cdot \left\{\frac{m}{2}n(\vec{r}, t)\langle \vec{v}v^2\rangle\right\} + e\vec{E} \cdot \vec{\Gamma}(\vec{r}, t)$$

$$= \int_{\vec{v}} \frac{m}{2} v^2 J d\vec{v} \tag{2.83}$$

となる．(2.83) 式の左辺の第1項はエネルギー密度の時間的変化，第2項は考えている体積を囲む表面からのエネルギーの散逸，第3項は電界が電子に対してした仕事であり，右辺は衝突によるエネルギー利得を与える．

前述bのように，$\vec{v} = \langle \vec{v}(\vec{r}, t)\rangle + \vec{v}_r = \vec{v}_d + \vec{v}_r$ で置き換えて取り扱いを整理すると，

$$mn\vec{v}_d \frac{\partial \vec{v}_d}{\partial t} + \frac{1}{2}m\vec{v}_d^2 \frac{\partial n(\vec{r}, t)}{\partial t} + \frac{3}{2}\frac{\partial P}{\partial t} + \frac{m}{2}\vec{v}_d^2 \vec{\nabla}_r \cdot \{n(\vec{r}, t)\vec{v}_d\} + \frac{m}{2}n(\vec{r}, t)\vec{v}_d \cdot \vec{\nabla}_r \vec{v}_d^2$$

$$+ \frac{5}{2}\vec{v}_d \cdot (\vec{\nabla}_r \cdot P) + \frac{5}{2}P\vec{\nabla}_r \cdot \vec{v}_d = e\vec{\Gamma}(\vec{r}, t) \cdot \vec{E} + \int_{\vec{v}} \frac{m}{2} v^2 J d\vec{v} \tag{2.84}$$

となる．ここで，$P = n(r, t)m\langle v_r^3\rangle/3$（詳細は，奥田 (1970) を参照）．

2.3.4 ボルツマン方程式の球関数展開

ボルツマン方程式の解析解を直接得ることは困難なため，速度分布関数をルジャンドルの多項式（Legendre polynomial）で展開する近似法が一般に用いられる[*4]．

[*4] 空間が極座標（現在の場合，$\vec{v}$ 空間）におけるラプラス（Laplace）の方程式に変数分離を適用するとき，その結果生じる方程式の一つ（現在の $f(v)$ に対応する方程式）が，ルジャンドルの方程式である．したがってその解はルジャンドルの多項式をもって与えることができる（ワイリー，1964）．

2.3 ボルツマン方程式による電子スオームの解析

簡単のため電子の密度変化が電界 $\vec{E}$ の方向 (これを z 軸にとる) にのみあり，分布関数は回転対称性をもつと仮定して扱う．すなわち，$f(\vec{v}, \vec{r}, t)$ を

$$f(\vec{v}, \vec{r}, t) = \sum_l P_l(\cos\theta) f_l(v, z, t) \tag{2.85}$$

同様にして，衝突前の電子に対しては，

$$f(\vec{v}', \vec{r}, t) = \sum_l P_l(\cos\theta') f_l(v', z, t) \tag{2.86}$$

と展開する．ここで，θ は対称軸に対する $\vec{v}$ の角度であり，$f_l(v, z, t)$ は θ に依存しない．(2.85) 式と (2.86) 式に現れる θ' と θ は散乱角 ω と方位角 χ を用い，

$$\cos\theta' = \cos\theta\cos\omega + \sin\omega\cos\chi\sin\theta \tag{2.87}$$

なる関係で結びつけられる (奥田，1970)．$P_l(\cos\theta)$ と $P_l(\cos\theta')$ は球関数の加法定理によって

$$P_l(\cos\theta') = P_l(\cos\theta) P_l(\cos\omega) + 2\sum_{m=1}^{l} \frac{(l-m)!}{(l+m)!} P_l^m(\cos\theta) P_l^m(\cos\omega) \cos(m\chi) \tag{2.88}$$

となる．また，ルジャンドル多項式の漸化式 ($\mu = \cos\theta$ 表示を考慮)

$$(2l+1)\mu P_l(\mu) = (l+1) P_{l+1}(\mu) + l P_{l-1}(\mu) \tag{2.89}$$

および

$$(2l+1)(1-\mu^2)\frac{\mathrm{d}P_l(\mu)}{\mathrm{d}\mu} = l(l+1)\{P_{l-1}(\mu) - P_{l+1}(\mu)\} \tag{2.90}$$

を用いる (森口ら，1960)．

以下に，(2.85)〜(2.90) 式を用いて (2.46) 式のボルツマン方程式を展開する．

(1) 時間項： (2.46) 式の左辺第1項は，

$$\frac{\partial}{\partial t} f(\vec{v}, \vec{r}, t) = \sum_l P_l(\mu) \frac{\partial}{\partial t} f_l(v, z, t) \tag{2.91}$$

(2) 拡散の項： (2.46) 式の第2項は，

$$\vec{v} \cdot \frac{\partial}{\partial \vec{r}} f(\vec{v}, \vec{r}, t) = \sum_l v\mu P_l(\mu) \frac{\partial}{\partial z} f_l(v, z, t)$$

$$= \sum_l v \frac{1}{2l+1}\left[\{(l+1)P_{l+1}(\mu) + lP_{l-1}(\mu)\}\frac{\partial}{\partial z} f_l\right]$$

$$= v\sum_l P_l(\mu)\left\{\frac{l}{2l-1}\frac{\partial}{\partial z}f_{l-1} + \frac{l+1}{2l+3}\frac{\partial}{\partial z}f_{l+1}\right\} \tag{2.92}$$

(3) 外力の項： (2.46) 式の第3項について考える．さて，$\vec{v}$ と z 軸のなす角が θ であるから，$v_z = v\cos\theta$ ($v^2 = v_x^2 + v_y^2 + v_z^2$) と書け，$\partial v/\partial v_z = v_z/v = \cos\theta$ となる．また，$\partial\cos\theta/\partial v_z = \partial(v_z/v)/\partial v_z = \partial\{v_z/(v_x^2 + v_y^2 + v_z^2)^{1/2}\}/\partial v_z = (v^2 - v_z^2)/v^3 = \sin^2\theta/v$．これらの関係のもとに $\partial/\partial v_z$ は，

$$\frac{\partial}{\partial v_z} = \cos\theta\frac{\partial}{\partial v} + \frac{\sin^2\theta}{v}\frac{\partial}{\partial\cos\theta}$$

となる．したがって，$\mu = \cos\theta$ を考慮し，$\vec{\alpha}\cdot\partial f_l(\vec{v}, \vec{r}, t)/\partial\vec{v}$ の l 番目の項に対する z 成分は，

$$\alpha\frac{\partial}{\partial v_z}P_l(\mu)f_l(v, z, t) = \alpha\left\{\mu P_l(\mu)\frac{\partial f_l}{\partial v} + \frac{f_l}{v}(1-\mu^2)\frac{\partial P_l(\mu)}{\partial\mu}\right\}$$

$$= \alpha\left[\left\{\frac{l+1}{2l+1}P_{l+1}(\mu) + \frac{l}{2l+1}P_{l-1}\right\}\frac{\partial f_l}{\partial v} + \frac{f_l}{v}\frac{l(l+1)}{2l+1}\{P_{l-1} - P_{l+1}\}\right] \quad (2.93)$$

となる．ここで，(2.93) 式で $P_l(\mu)$ の係数に寄与するものを集め整理すると，

$$\alpha\left[\frac{l}{2l-1}\left\{\frac{\partial f_{l-1}}{\partial v} - \frac{l-1}{v}f_{l-1}\right\} + \frac{l+1}{2l+3}\left\{\frac{\partial f_{l+1}}{\partial v} + \frac{l+2}{v}f_{l+1}\right\}\right]P_l(\mu). \quad (2.94)$$

したがって，外力の項は，

$$\vec{\alpha}\cdot\frac{\partial}{\partial\vec{v}}f(\vec{v}, \vec{r}, t) = \alpha\sum_l\left\{\frac{l}{2l-1}v^{l-1}\frac{\partial}{\partial v}\left(\frac{f_{l-1}}{v^{l-1}}\right) + \frac{l+1}{2l+3}\frac{1}{v^{l+2}}\frac{\partial}{\partial v}(v^{l+2}f_{l+1})\right\}P_l(\mu) \quad (2.95)$$

と書ける．

(4) 衝突項： k-種の衝突での流入流出項 J_k は，(2.88) 式の第2項目が $\mathrm{d}\Omega$ に関する積分で零になることを考慮し，

$$J_k = N\sum_l\left\{\int_\Omega P_l(\mu')f_l(v', z, t)v'\left(\frac{v'}{v}\right)^2\left(\frac{\partial\zeta}{\partial v'}\right)^{-1}\sigma_k(v', \omega)\,\mathrm{d}\Omega\right.$$

$$\left. - N\int_\Omega P_l(\mu)f_l(v, z, t)v\sigma_k(v, \omega)\,\mathrm{d}\Omega\right\}$$

$$= N\sum_l NP_l(\mu)\left\{\int_\Omega f_l(v', z, t)\left(\frac{v'}{v}\right)^2 v'\left(\frac{\partial\zeta}{\partial v'}\right)^{-1}\sigma_k(v', \omega)P_l(\cos\omega)\,\mathrm{d}\Omega\right.$$

$$\left. - \int_\Omega f_l(v, z, t)v\sigma_k(v, \omega)\,\mathrm{d}\Omega\right\} \quad (2.96)$$

となる．

ここで，弾性衝突の場合を考えてみる．(2.55) 式の関係で $m/M \ll 1$ であることから，v と v' の差はきわめて小さく，

$$\Delta v \approx v\frac{m}{M}(1-\cos\omega)$$

の程度である．したがって，v' を含む項は v のまわりでテーラ展開でき，始めの数項をとると，

$$f_l(v')v'^4\sigma_{el}(v', \omega) \approx f_l(v)v^4\sigma_{el}(v, \omega) + \Delta v\frac{\partial}{\partial v}\{f_l(v)v^4\sigma_{el}(v, \omega)\} + O(\Delta v)^2 \quad (2.97)$$

となる．この関係を用いて (2.96) 式を書き直すと，弾性衝突項 J_{el} は，

$$J_{el} = Nv\sum_l P(\mu)\left[\int_\Omega f_l(v, z, t)\sigma_{el}(v, \omega)\{P_l(\cos\omega) - 1\}\right]\mathrm{d}\Omega$$

$$+ \frac{m}{Mv^2}\frac{\partial}{\partial v}\left\{\int_\Omega (v, z, t)\sigma_{el}(v, \omega)(1-\cos\omega)v^4 P_l(\cos\omega)\,\mathrm{d}\Omega\right\} \quad (2.98)$$

と書ける．

励起 $J_{ex,j}$, 電離 J_i, 付着の衝突項 J_a についても同様に $P_l(\mu)$ で展開され，その結果をまとめると球関数で展開されたボルツマン方程式は次式となる．

$$\sum_l P_l(\mu) \Big[\frac{\partial}{\partial t} f_l(v, z, t) + v\Big\{ \frac{l}{2l-1} \frac{\partial}{\partial z} f_{l-1}(v, z, t) + \frac{l+1}{2l+3} \frac{\partial}{\partial z} f_{l+1}(v, z, t) \Big\}$$
$$+ \alpha \Big\{ \frac{l}{2l-1} v^{l-1} \frac{\partial}{\partial v} \Big(\frac{f_{l-1}(v, z, t)}{v^{l-1}} \Big) + \frac{l+1}{2l+3} \frac{1}{v^{l+2}} \frac{\partial}{\partial v} (v^{l+2} f_{l+1}(v, z, t)) \Big\} \Big]$$
$$= \sum_l P_l(\mu) N \Big[\int_\Omega f_l(v, z, t) v \sigma_{el}(v, \omega) \{ P_l(\cos \omega) - 1 \} \mathrm{d}\Omega$$
$$+ \frac{m}{Mv^2} \frac{\partial}{\partial v} \Big\{ \int_\Omega f_l(v, z, t) \sigma_{el}(v, \omega) (1 - \cos \omega) v^4 P_l(\cos \omega) \mathrm{d}\Omega \Big\}$$
$$+ \sum_j \Big\{ \int_\Omega f_l(v', z, t) \frac{v'^2}{v} \sigma_{ex}{}^j(v', \omega) P_l(\cos \omega) \mathrm{d}\Omega - \int_\Omega f_l(v, z, t) v \sigma_{ex}{}^j(v, \omega) \mathrm{d}\Omega \Big\}$$
$$+ \int_0^1 P(\varDelta) \Big\{ \frac{1}{1-\varDelta} \int_\Omega f_l(v', z, t) \frac{v'^2}{v} \sigma_i(v', \omega) P_l(\cos \omega) \mathrm{d}\Omega$$
$$+ \frac{1}{\varDelta} \int_\Omega f_l(v', z, t) \frac{v'^2}{v} \sigma_i(v', \omega) P_l(\cos \omega) \mathrm{d}\Omega \Big\} \mathrm{d}\varDelta - \int_\Omega f_l(v, z, t) v \sigma_i(v, \omega) \mathrm{d}\Omega$$
$$- \int_\Omega f_l(v, z, t) v \sigma_a(v, \omega) \mathrm{d}\Omega \Big] \tag{2.99}$$

ここで，$P(\varDelta)$ は電離衝突後に生じた 2 個の電子にエネルギーが $\varDelta : 1-\varDelta$ の割合で配分される確率を示す．また，励起衝突ならびに電離衝突における衝突前後の速度 v' と v は (2.58)〜(2.63) 式で与えられたものである．

ローレンツ近似

さて，比較的低い電場においては電子の熱運動速度が移動速度に比べて圧倒的に大きいので，$l=0$ と 1 のみを考慮した近似（ローレンツ近似）が成り立つ．すなわち，

$$f(v, z, t) = f_0(v, z, t) + \mu f_1(v, z, t) \qquad (f_0, f_1 \geq f_2) \tag{2.100}$$

とおける．また，$P_0(\mu) = 1$, $P_1(\mu) = \mu$ であるから，(2.99) 式を $\mathrm{d}\Omega$ で積分したものは，$l=0$ に対して，

$$\frac{\partial}{\partial t} f_0(v, z, t) + \frac{1}{3} v \frac{\partial}{\partial z} f_1(v, z, t) + \frac{1}{3} \alpha \frac{1}{v^2} \frac{\partial}{\partial v} \{ v^2 f_1(v, z, t) \}$$
$$= \frac{m}{M} \frac{1}{v^2} \frac{\partial}{\partial v} \{ N q_m(v) v^4 f_0(v, z, t) \}$$
$$+ \sum_j \Big\{ f_0(v', z, t) \frac{v'^2}{v} N q_{ex}{}^j(v') - f_0(v, z, t) v N q_{ex}{}^j(v) \Big\}$$
$$+ \int_0^1 P(v, \varDelta) \Big\{ \frac{1}{1-\varDelta} f_0(v', z, t) \frac{v'^2}{v} N q_i(v') + \frac{1}{\varDelta} f_0(v', z, t) \frac{v'^2}{v} N q_i(v') \Big\} \mathrm{d}\varDelta$$
$$- f_0(v, z, t) v N q_i(v) - f_0(v, z, t) v N q_a(v) \tag{2.101}$$

$l=1$ に対しては，$\int_\Omega P_l(\cos \omega) \mathrm{d}\Omega = \int_\Omega \cos \omega \mathrm{d}\Omega = 0$ となることを考慮して，

$$\frac{\partial}{\partial t}f_1(v,z,t) + v\frac{\partial}{\partial z}f_0(v,z,t) + \alpha\frac{\partial}{\partial v}f_0(v,z,t)$$
$$= -f_1(v,z,t)vN\left\{q_m(v) + \sum_j q_{ex}^{\ j}(v) + q_i(v) + q_a(v)\right\} \quad (2.102)$$

が得られる．ここで，$q_m(v)$，$q_{ex}^{\ j}(v)$，$q_i(v)$，$q_a(v)$ は，それぞれ運動量変換断面積，j 準位への励起断面積，電離断面積，付着断面積を表し，以下のとおりに与えられる．

$$q_m(v) = \int_\Omega \sigma_{el}(v,\omega)(1-\cos\omega)\,d\Omega$$
$$q_{ex}^{\ j}(v) = \int_\Omega \sigma_{ex}^{\ j}(v,\omega)\,d\Omega$$
$$q_i(v) = \int_\Omega \sigma_i(v,\omega)\,d\Omega$$
$$q_a(v) = \int_\Omega \sigma_a(v,\omega)\,d\Omega \quad (2.103)$$

上記断面積の総和を全衝突断面積 $q_\Sigma(v)$ として，

$$q_\Sigma(v) = q_m(v) + \sum_j q_{ex}^{\ j}(v) + q_i(v) + q_a(v) \quad (2.104)$$

を用いれば (2.102) 式は

$$\frac{\partial}{\partial t}f_1(v,z,t) + v\frac{\partial}{\partial z}f_0(v,z,t) + \alpha\frac{\partial}{\partial v}f_0(v,z,t) = -f_1(v,z,t)vNq_\Sigma(v)$$

と書ける．定常状態（$\partial f_1(v,z,t)/\partial t = 0$）においては，

$$f_1(v,z,t) = -\frac{1}{Nvq_\Sigma(v)}\left\{v\frac{\partial}{\partial z}f_0(v,z,t) + \alpha\frac{\partial}{\partial v}f_0(v,z,t)\right\} \quad (2.105)$$

となる．したがって，(2.101) 式と (2.105) 式をもとにして，$f_0(v,z,t)$ ならびに $f_1(v,z,t)$ が決定される．

2.3.5 ボルツマン方程式による電子スオームパラメータの解析例

気体原子・分子の衝突断面積が，速度の揃った入射電子を用い測定されるとともに，量子力学的手法による理論計算から決定されてきた（例えば，電気学会（1998a, 1998b, 2001）；高柳（1972））．これらの取り扱いは，ビーム法と呼ばれる．一方，巨視量であるスオームパラメータを測定し，このデータと電子衝突断面積を用いボルツマン方程式により算出したスオーム平均量が一致するよう断面積を推定する方法をスオーム法と呼ぶ．原子・分子には，電子に対する衝突種は無数に存在するにもかかわらず，ビーム法は限られた種類の断面積しか与えることができない．この短所を補い原子・分子のもつ一組の断面積を近似的にでも決定するためには，スオーム法が必須になる．すなわち，ボルツマン方程式解析から得た電子スオームパラメータ値が広い範囲の換算電界（電界/粒子数密度）において実測値と合致するよう，ビーム法から与えられた断面積を調整しつつ，原子・分子に対する一組の断面積データを与えることが，放電プラズマ工学にとって重要となっている．

2.3 ボルツマン方程式による電子スオームの解析

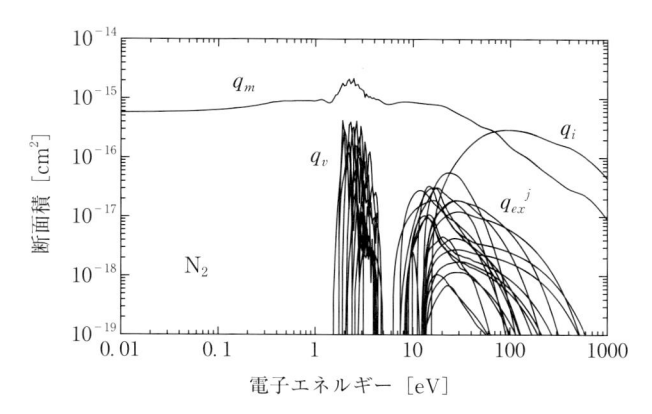

図 2.15 窒素分子（N_2）の電子衝突断面積の一セット
q_m は運動量変換断面積，q_v は振動励起断面積，q_{ev} は各種準位への電子励起断面積，q_i は電離断面積．2 eV 付近に大きな振動励起断面をもつこと，またその結果全衝突断面積 $q_\Sigma(\varepsilon)$ が大きくなるのが特徴（Sakai, 2002 ; Ohmori et al., 1988）．

また，気体原子・分子の衝突断面積の一組が与えられれば，これまでに述べたボルツマン方程式解析により任意の混合気体のスオームパラメータも得ることが可能になる．放電プラズマ技術の分野では，空気をはじめとした混合気体を利用する場合が多いので，ボルツマン方程式によるスオームパラメータの解析はきわめて有用である．

以下に，一例として窒素ガスについて述べる．

図 2.15 は窒素分子の電子衝突断面積を示す．振動励起断面積 q_v^j は現在報告されている振動準位のものを別個（$j=0, 1, 2, \cdots$）に示している．2 eV 付近にピーク値をもつのが特徴である．その結果，運動量変換断面積 q_m にも 2 eV 付近で突起が現れる．電子励起断面積については q_{ex}^j で多くのカーブを示してあるが，それぞれ特定の励起準位に対応したものである．

この一組の電子衝突断面積を用いボルツマン方程式解析を行うと，図 2.16 に示す電子エネルギー分布関数 $F(\varepsilon)$，図 2.17 に示す電離係数，また図 2.18 に示す電子の移動速度と拡散係数等が得られる．図 2.16 に示す $F(\varepsilon)$ は低 E/N では，$\varepsilon = 2$ eV 付近で突起が目立つことが特徴である．これは図 2.15 の電子衝突断面積に現れた $q_v(\varepsilon)$ が $\varepsilon = 2$ eV 付近に選択的に大きな値をもち，その結果 q_m にも山が現れることと一致する．この性質は $F(\varepsilon)$ に見られるが，スオーム量にも影響を与える（Nakamura, 1995）．しかし，E/N が大きくなるに従い，数 eV 程度の低エネルギーをもつ電子数は相対的に減り，この特徴は見られなくなる．定常状態タウンゼント放電における $F_S(\varepsilon)$ とパルスタウンゼント放電における $F_P(\varepsilon)$ を示すが，電離による子電子供給

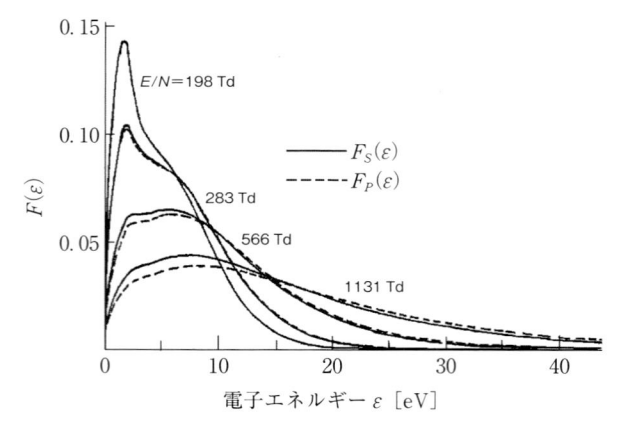

図 2.16 電子エネルギー分布関数 $F(\varepsilon)$
$F_S(\varepsilon)$ は定常タウンゼント放電に対応（(2.99) 式において，$\partial/\partial t=0$），$F_P(\varepsilon)$ はパルスタウンゼント放電に対応（(2.99) 式の $\vec{r}$ 空間に対して積分したもの）（Taniguchi et al., 1978b）．

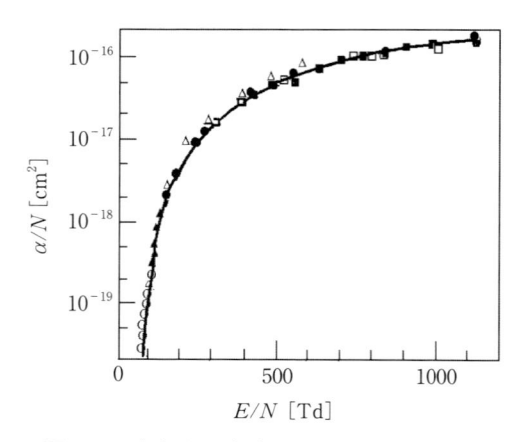

図 2.17 窒素分子（N_2）の電離係数（α/N）の E/N 依存性
実線はボルツマン方程式の解，記号は実測値または計算値（Taniguchi et al., 1978b）．

が顕著になるほど，その差が大きくなることがわかる．

図 2.17 は電離係数をガス数密度で換算した α/N の換算電界 E/N 依存性を示す．多くの測定値や計算値と広い E/N の範囲でよく一致していることがわかる．図 2.18 は電子の移動速度と拡散係数を示す．図には四種の移動速度 W_r, W_s, W_p, V_d が取り

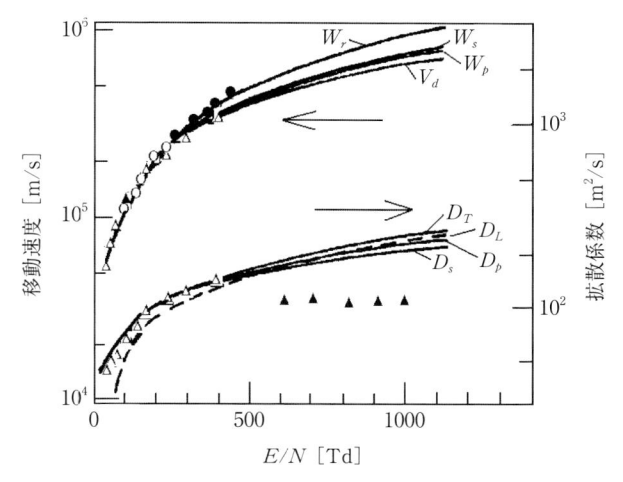

図 2.18 電子の移動速度と拡散係数の E/N 依存性
実線はボルツマン方程式の解，記号は実測値または計算値
(Taniguchi et al., 1978b).

上げられている．図からわかるとおり，電離による子電子の供給が少ない低 E/N 領域では，四者の値に顕著な差は見られないが，電離が盛んになる高 $E/N \geq 400$ Td になると，明確に $W_r > W_s \approx W_p > V_d$ なる関係が現れる．これは，電子なだれ内での電離がなだれ前方でより頻繁に起こることから説明される（Sakai et al., 1977；Tagashira et al., 1977）．W_s と W_p の違いは，電子エネルギー分布関数 $F_S(\varepsilon)$ と $F_P(\varepsilon)$ の違いから現れることは容易にわかる．また，電子流を取り上げる際には，拡散の影響を考慮しなくてはならず流速は $V_d \, (= W_s - \alpha D_s)$ となる．窒素分子では電子付着過程は存在しないが，酸素や六フッ化硫黄のような電気的負性気体において実効電離係数 $(\alpha - \eta)$ が負になる E/N 領域では，なだれのサイズが減少するために，これら移動速度の大小関係はこの限りではないことに注意する必要がある（Yoshizawa et al., 1979）[*5]．

拡散係数に対しても，time of flight 法で定義される縦方向（電界方向）拡散係数 D_L と横方向（電界と直交）拡散係数 D_T，ならびに定常タウンゼント法での D_s とパルスタウンゼント法での D_p が定義される．解析においては拡散係数は展開の高次の項が関与すること（Tagashira et al., 1977），また測定法にも移動速度測定以上に困

[*5] 電子移動速度には，なだれの時空間 $(\vec{r}, t)$ に依存した進展を観測される time of flight 法によりなだれの重心速度 W_r，定常タウンゼント法（(2.46) 式において，$\partial/\partial t = 0$）により観測される W_s と $V_d \, (= W_s - \alpha D_s)$，ならびにパルスタウンゼント法（(2.46) 式の $\vec{r}$ 空間に対して積分したもの）により観測される W_p が定義される（電気学会，1982；Tagashira et al., 1977）．

難を伴うため，α/NやWほど，測定値とよい一致は見られない．

2.4　電極からの電子放出機構

電極からの二次電子放出に関しては，その係数としてイオンによるものγ_i，光子によるものγ_{ph}，励起粒子によるものγ_mが知られており，これらの値を知ることは放電プラズマの生成・維持を定量的に理解する上で重要である[*6]．

このような巨視的にみた電子放出は 6.4.2 項で述べることにして，本節では主として低速（＜10 eV）イオンが電極面に近づいたときのポテンシャル放出機構について論ずる．

一方，ここでは取り扱わないが，イオンの運動エネルギーにより金属表面原子に束縛された電子を放出する場合には，一般には 1 keV 以上のエネルギーが必要であると報告されている．ただし，最もイオン化電圧の高い He^+ では，入射イオンのエネルギーが 400 eV 程度で電子放出が観測されている（Hagstrum, 1954a；1954b）．この場合には，次の三段階過程により電子放出が可能であるとされている．すなわち，① 金属中の準自由電子を加速，② 局部加熱による熱電子放出，③ 金属の表面または内部原子と結合している電子の放出，が考えられている．

2.4.1　オージェ中和

Hagstrum（1954b）は，金属表面近傍に到達した希ガス原子の低速（＜10 eV）イオンや励起原子が，そこから電子を引き出す二次過程をオージェ遷移（Auger transition：励起状態にある原子が特性 X 線を放出せず，原子の励起エネルギーを軌道電子に与えてその原子を電離する現象）により説明した．このとき入射粒子の運動エネルギーは直接的には関与しない．電極近傍にあるイオンまたは励起原子は，共鳴とオージェ型の過程により電子的変化をもたらす．具体的には，① イオンの共鳴中和，② 原子の共鳴電離，③ イオンのオージェ中和，④ 励起粒子のオージェ脱励起，なる四つの電子過程に区別される．

いま，原子レベルで清浄なタングステン表面に低速 He イオンが近づいた場合を考える．ここでは，運動エネルギーによらない金属からの二次電子放出確率が生じる．この確率を説明するために金属表面とイオン原子のポテンシャル分布を図 2.19 に示す．電極近傍 s に電離電圧 E_i をもつイオンが近づいたとき，電離電圧の値は金属内電子ポテンシャルとの相互作用により一般には減少し，それを実効電離電圧 E_i' で表

[*6] 粒子が陰極に衝突して電子を放出する効果をγ作用と呼び，イオンによるγ_i，光子によるγ_{ph}，励起原子によるγ_mが分離して測定されていないときには，これらの複合値としてγで表す．これらの値は，他文献を参考にするとよい（例えば，電気学会（1998a））．

す.

　低速イオンX^+が電極表面からsの距離まで近づくと高い確率でオージェ中和（金属伝導体中の電子1がイオンと結合）過程が生じ，その際の過剰エネルギー$E_i' - \alpha$を電子2が受け取り，E_k（$= E_i' - \alpha - \beta$）状態へ励起される．金属の伝導帯にある電子1と2のエネルギーをそれぞれε'とε''ならびに励起状態のエネルギーε_kを伝導体の底ε_0を基準として与えると，

$$\varepsilon' = \varepsilon_0 - \alpha \tag{2.106}$$

$$\varepsilon'' = \varepsilon_0 - \beta \tag{2.107}$$

$$\varepsilon_k = \varepsilon_0 + E_k \tag{2.108}$$

と書ける．エネルギーε'とε''をもつ伝導帯中の2個の電子は，全エネルギーが保存された状態で$X^+ + e_M^-(\varepsilon') + e_M^-(\varepsilon'')$から電子1個が放出された$X + e^-(\varepsilon_k)$へと，変換される．すなわち，この遷移過程は

$$X^+ + e_M^-(\varepsilon') + e_M^-(\varepsilon'') \rightarrow X + e^-(\varepsilon_k)$$

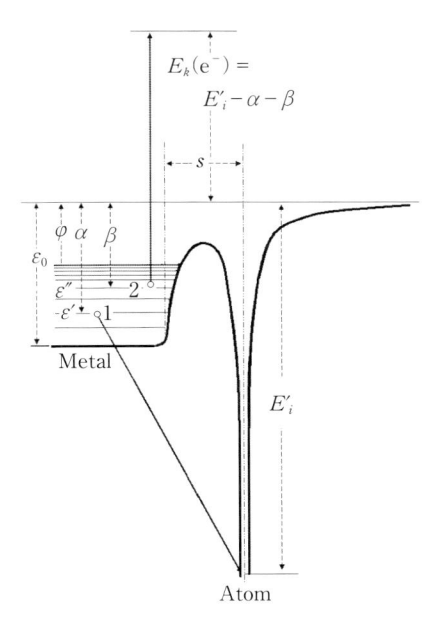

図 2.19 オージェ中和過程を示す金属表面とイオンの
　　　　　ポテンシャル概略図

　金属外に放出された励起電子$E_k(e^-)$は，$E_k(e^-)_{max} = E_i' - 2\varphi$；$E_k(e^-)_{min} = E_i' - 2\varepsilon_0$（0もし$E_i' < 2\varepsilon_0$）．したがって，二次電子が放出されるためには，$E_i' > 2\varphi$でなければならない．ここで，$\varepsilon_0$は真空準位から金属伝導体の底までのエネルギー，$\varphi$は仕事関数．

と書ける．

また，電子エネルギー保存から，
$$\varepsilon' + \varepsilon'' = 2\varepsilon = 2\varepsilon_0 - (\alpha + \beta) = \varepsilon_k + \varepsilon_0 - E_i'(s) = E_k + 2\varepsilon_0 - E_i'(s). \quad (2.109)$$
すなわち，金属表面から距離 s 離れた点における実効電離電圧 $E_i'(s)$ は上式の関係から定義され，図 2.20 に示すように s に依存する．

以下に，二次電子放出に関わる過程を図 2.20 をもとにして考える．イオンが電極表面からの距離 s まで近づいたときオージェ中和を含むすべての遷移レート $R_t(s)$ は，金属の伝導帯状態密度 $N_C(\varepsilon')$ と $N_C(\varepsilon'')$，ならびに励起状態の空いている状態密度等に関係して決まる．

ここで，金属内で E_k に励起された電子の分布を $N_i(\varepsilon_k)$ とし，またこの励起電子 E_k が金属面を逃れ出る確率 $P_e(\varepsilon_k)$ が得られれば，放出二次電子 $\mathrm{e}^-(E_k)$ のエネルギー分布 $N_0(E_k)$ は

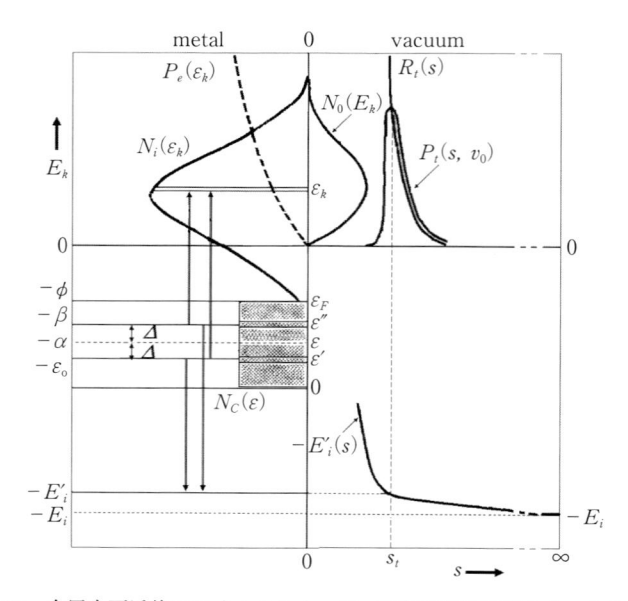

図 2.20 金属表面近傍でのイオンのオージェ中和過程に関係するエネルギー準位，エネルギー分布関数，ならびにその他の物理量のプロット図　水平線 (0-0) は真空エネルギー準位 (0 eV)，垂直線 (0-0) は金属表面 (左側：金属，右側：気体) を示す．金属内の点描部 ($0 < \varepsilon < \varepsilon_F$) は伝導帯．$N_C(\varepsilon)$ は伝導帯中の状態密度．$N_i(\varepsilon_k)$ は金属内における励起電子のエネルギー分布．$P_e(\varepsilon_k)$：励起電子 ($\varepsilon_k = E_k + \varepsilon_0$) が金属面から放出される確率．$N_0(E_k)$：二次電子のエネルギー分布．$R_t(s)$；全遷移レート．$P_t(s, v_0)$：$s = \infty$ から速度 v_0 で入射してきたイオンが位置 s でオージェ遷移を起こす確率密度．

2.4 電極からの電子放出機構

表 2.1 希ガス原子の電離電圧 E_i と準安定励起電圧 E_x，およびタングステン仕事関数 φ，真空準位と伝導体の底のエネルギー差 ε_0 またフェルミー準位 ε_F との差

Atom	\multicolumn{5}{c}{Tungusten ($\varphi=4.5$ eV, $\varepsilon_F=6.4$ eV, $\varepsilon_0=10.9$ eV)}
	E_i	E_x	$E_i - E_x$	$E_i - 2\varphi$	$E_x - \varphi$
He	24.58	19.81	4.77	15.58	15.31
Ne	21.56	16.61	4.95	12.56	12.11
Ar	15.76	11.55	4.21	6.67	7.05
Kr	14	9.91	4.09	5	5.41
Xe	12.13	8.31	3.82	3.13	3.81

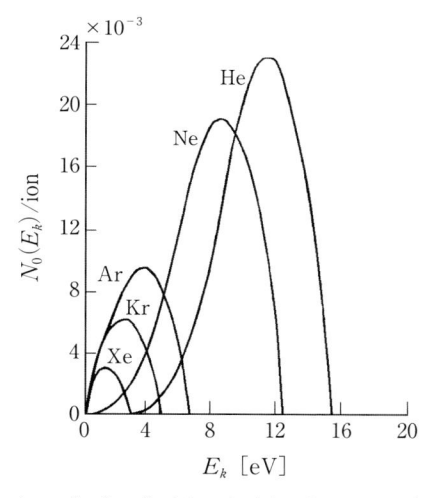

図 2.21 (2.110) 式に基づく二次電子エネルギー分布の概念図

$$N_0(E_k) = N_i(E_k) P_e(E_k) \tag{2.110}$$

として与えられる．タングステン電極に希ガスイオンが反応した際に真空中に放出される電子の $N_0(E_k)$ を，表 2.1 のデータを用い，図 2.21 に示す．電離電圧の高い原子ほど $N_0(E_k)$ の平均エネルギーとピーク値は増加していることがわかる．

したがって，通常巨視的に与えられる二次電子放出係数 γ_N は，

$$\gamma_N = \int_0^\infty N_0(E_k) \, dE_k \tag{2.111}$$

として与えられる．

準安定励起準位に励起された原子は寿命が長いため拡散により電極に到達する確率も大きい．このとき，それらによる二次電子放出は，オージェ励起解消により電子を放出する (Hagstrum, 1954b)．

電極が誘電体であった場合にも同様な議論ができ，ダイヤモンド型半導体

（Hagstrum, 1961）やPDPに使用されるMgO電極に対して報告（Motoyama et al., 2001；2004）がなされている．

2.4.2　その他の機構による電子放出

（1）　光電効果：

物質が光を吸収して自由電子を生じる現象，あるいはそれに伴って電気伝導度の増加や起電力が現れる効果を光電効果という．このとき生じた自由電子を光電子と呼ぶ．特に，固体表面から光電子が放出されることを外部光電効果といい，この現象は光電子放出とも呼ばれる．

金属表面からの光電子放出は，1888年にW. L. F. Hallwachsによって発見された．光の振動数が限界振動数 ν_0 以上，したがって波長は λ_0 以下の場合，光電子放出が現れることを示した．すなわち

$$\nu_0 = c/\lambda_0 = e\varphi/h. \tag{2.112}$$

ここで，c は真空中における光速，e は電子の電荷，φ は仕事関数，h はプランク定数．この事実はA. Einsteinにより，光の粒子性を示すものとして説明された（玉虫ら，1971）．

近年，レーザの発達とともに，多光子光電効果（2個以上の光子が同時に作用し1個の光電子を放出する作用）や光強度との関連が論じられている．

（2）　電界放出，熱電子放出，ショットキー放出：

電極近傍で電子またはイオンがある密度以上になると，陰極表面には空間電荷電界による高電界が生じ，電界放出が現れる．また，多数の高速電子やイオンが衝突すると電極表面が加熱され，熱電子を放出する．電界放出と熱電子放出が同時に生じると，大量の二次電子が放出される．これをショットキー効果という．これらの二次電子放出は，巨視的な現象でもあるため，詳細は6.4.2項で述べる．

3

平等電界ギャップの火花放電

　陰極と陽極間に存在する気体が高電界により絶縁性を失って，両電極間に導電性の高い放電路が形成される現象を火花放電という．本章では，本章と第4章に共通する火花放電の基礎を述べた後，電子なだれ，タウンゼント放電，ストリーマ放電，ならびに火花放電理論の応用を説明する．

3.1　連　続　の　式

3.1.1　連続の式

　図 3.1 の放電ギャップ内の点 $P(x, y, z)$ における荷電粒子（電子，正イオン，負イオン）の運動を考える．印加電界 $\vec{E}_g$ の下で放電が起こっているとき，荷電粒子は空間電荷電界 $\vec{E}_\rho$ を発生するので，荷電粒子は $\vec{E}_g$ と $\vec{E}_\rho$ の合成電界 $\vec{E}_t$ の下で他の粒子と種々の衝突を繰り返しながら運動する．

　荷電粒子は他の荷電粒子や中性粒子と衝突して新たな荷電粒子を生成あるいは消滅

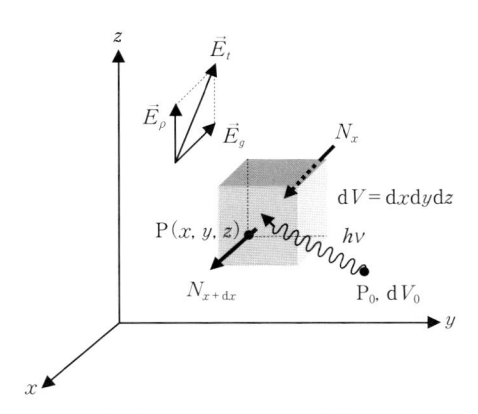

図 3.1　荷電粒子の流れによる体積素 dV 中の粒子数の変化

するが，その主要な衝突過程は次のとおりである．
(1) 電子衝突による気体分子の電離（α 作用）
(2) 電子衝突によって生成された励起分子からの光子による気体分子の光電離
(3) 気体分子との衝突による負イオンからの電子離脱
(4) 電子の気体分子（電気的負性気体分子）への付着（η 作用）
(5) 正，負荷電粒子間の衝突による再結合

いま，ある荷電粒子が，上記の衝突をしつつ電界によるドリフトと熱拡散を伴って運動している状態を考えて，ある点Pにおける荷電粒子の密度変化を調べる．

まず，荷電粒子の密度と運動速度をそれぞれ $n(\mathrm{P})$, $\vec{v}(\mathrm{P})$ とすると，密度変化によって体積素 $dV = dxdydz$ 内で単位時間に増加する粒子数 dN_0 は

$$dN_0 = \frac{\partial n}{\partial t} dV \tag{3.1}$$

次に，ドリフトと熱拡散によって dV 内に単位時間に溜まる粒子数 dN_1 を求める．点Pにおいて x 方向に対して直角な面 $dydz$ を単位時間に通過する粒子数 N_x は，次式で表される．

$$N_x = \left(-D\frac{\partial n}{\partial x} + v_x n\right) dydz \tag{3.2}$$

ここで，D は拡散係数，v_x はドリフト速度 $\vec{v}(\mathrm{P})$ の x 方向成分である．したがって，x 方向のドリフトと熱拡散によって dV 内に単位時間に溜まる粒子数 dN_x は，

$$\begin{aligned}dN_x &= N_x dydz - N_{x+dx} dydz \\ &= -\frac{\partial}{\partial x}\left(-D\frac{\partial n}{\partial x} + v_x n\right) dxdydz\end{aligned} \tag{3.3}$$

y, z 方向の運動に対しても同様に考えて，単位時間に dV 内に溜まる粒子の総数 dN_1 は，次式となる．

$$\begin{aligned}dN_1 &= dN_x + dN_y + dN_z \\ &= \{D\vec{\nabla}^2 n - \vec{\nabla}\cdot(n\vec{v})\}dxdydz \\ &= \{D\vec{\nabla}^2 n - \vec{v}\cdot(\vec{\nabla}n) - n(\vec{\nabla}\cdot\vec{v})\}dV\end{aligned} \tag{3.4}$$

ところで，上記(1)〜(5)の衝突過程によって点Pで単位時間に生成される粒子の密度を n_g とすると，dV 内に単位時間に生成される粒子数 dN_2 は，次式となる．

$$dN_2 = n_g dV \tag{3.5}$$

dV 内の密度変化は，上記の粒子のドリフト，熱拡散，衝突による生成・消滅によって起きるから，

$$dN_0 = dN_1 + dN_2 \tag{3.6}$$

ゆえに

$$\frac{\partial n}{\partial t} - D\vec{\nabla}^2 n + \vec{v} \cdot (\vec{\nabla} n) + n(\vec{\nabla} \cdot \vec{v}) = n_g \tag{3.7}$$

この式を，拡散と発生・消滅があるときの荷電粒子の連続の式という．

3.1.2 発 生 項

上記 (1)～(5) の衝突過程によって点 P で単位時間に生成される粒子の密度 n_g は，次のようになる．ただし，電子，正イオン，負イオンに対する密度 n とドリフト速度 v を，それぞれ添え字 $-$，$+$，n で表している．まず，電子の発生項は

$$n_{g-} = (\alpha - \eta)n_- v_- + \frac{n_\mathrm{n}}{\tau_\mathrm{n}} + \frac{\mathrm{d}n_{phi}}{\mathrm{d}t} - \alpha_{+-} n_+ n_- \tag{3.8}$$

ただし，α：電離係数，η：付着係数，τ_n：負イオンの衝突時の寿命，α_{+-}：電子-イオン再結合係数，$\mathrm{d}n_{phi}/\mathrm{d}t$：光電離による電子（光電子）密度の増加である．

正イオンと負イオンの発生項は，

$$n_{g+} = \alpha n_- v_- - \alpha_{+-} n_+ n_- - \alpha_{+\mathrm{n}} n_+ n_\mathrm{n} + \frac{\mathrm{d}n_{phi}}{\mathrm{d}t} \tag{3.9}$$

$$n_{g\mathrm{n}} = \eta n_- v_- - \frac{n_\mathrm{n}}{\tau_\mathrm{n}} - \alpha_{+\mathrm{n}} n_+ n_\mathrm{n} \tag{3.10}$$

ただし，$\alpha_{+\mathrm{n}}$：イオン-イオン再結合係数である．

(3.8) 式の光電子の項 $\mathrm{d}n_{phi}/\mathrm{d}t$ は，点 P の周囲で形成された励起分子が放出した光子 $h\nu_i$ による光電離数を数えることによって求まる．i-レベルのエネルギー準位に励起された分子の密度を n_i^* とすると，次式が成立する．

$$\frac{\partial n_i^*}{\partial t} = \delta_{-i} n_- v_- + \delta_{\mathrm{n}i} n_\mathrm{n} v_\mathrm{n} + \delta_{+i} n_+ v_+ - \frac{n_i^*}{\tau_i^*} - \frac{n_i^*}{\tau_{qi}} \tag{3.11}$$

ここで，τ_i^*：放射緩和の寿命，τ_{qi}：非放射緩和の寿命，δ_i：種々の粒子との衝突による i-レベルの励起係数である．

点 P の周囲の任意の点 P_0 における体積素 $\mathrm{d}V_0$ から単位時間に放出される光子 $h\nu_i$ の数が $n_i^*(\mathrm{P}_0)\mathrm{d}V_0/\tau_i^*$ で与えられるから，この光子が等方放射されると仮定すると，$\mathrm{d}V_0$ から i-レベルの励起粒子によって点 P に生成される光電子密度は，次式で与えられる．

$$\mu_i \eta_i \frac{n_i^*(\mathrm{P}_0)\mathrm{d}V_0}{\tau_i^*} \frac{\exp(-\mu_i|\overline{\mathrm{P}-\mathrm{P}_0}|)}{4\pi|\overline{\mathrm{P}-\mathrm{P}_0}|^2} \tag{3.12}$$

ここで，μ_i：吸収係数，η_i：光子 $h\nu_i$ の衝突電離係数である．したがって，点 P における単位時間の光電子密度の増加は，(3.12)式を $\mathrm{d}V_0$ につき全空間にわたって積分し，i に関する和をとればよい．

$$\frac{\mathrm{d}n_{phi}(\mathrm{P})}{\mathrm{d}t} = \sum_{i=1}^{\infty} \iiint \mu_i \eta_i \frac{n_i^*(\mathrm{P}_0)\exp(-\mu_i|\overline{\mathrm{P}-\mathrm{P}_0}|)}{4\pi \tau_i^*|\overline{\mathrm{P}-\mathrm{P}_0}|^2} \mathrm{d}V_0 \tag{3.13}$$

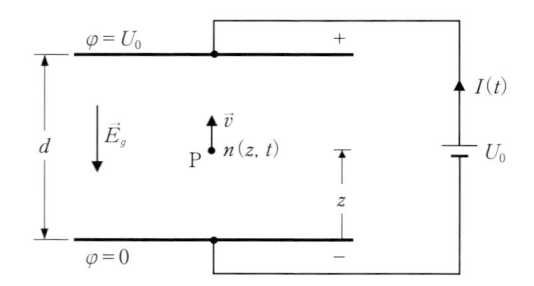

図 3.2 平行平板ギャップ中の荷電粒子の運動と外部回路電流

3.1.3 連続の式の平等電界ギャップへの適用

図 3.2 の平行平板ギャップ中で放電による空間電荷電界を無視でき，α, η 作用が活発な場合を考える．実際の実験系では直列抵抗を入れるが，ここではギャップに一定電圧が印加されていることを示すために抵抗を省略している．直列抵抗の働きは，タウンゼント放電とグロー放電の項で触れる．

ギャップ中の電界は平等であるので，α, η, $\vec{v}$ は一定となる．このとき，(3.7) 式は次のようになる．$n = n(z, t)$ は点 P における粒子密度であり，電子，正イオン，負イオンに対する諸量を，それぞれ添え字 $-$, $+$, n で表している．

$$\left.\begin{aligned}\frac{\partial n_-}{\partial t} - D_- \vec{\nabla}^2 n_- + v_- \frac{\partial n_-}{\partial z} &= (\alpha - \eta) v_- n_- \\ \frac{\partial n_+}{\partial t} - D_+ \vec{\nabla}^2 n_+ - v_+ \frac{\partial n_+}{\partial z} &= \alpha v_- n_- \\ \frac{\partial n_\mathrm{n}}{\partial t} - D_\mathrm{n} \vec{\nabla}^2 n_\mathrm{n} + v_\mathrm{n} \frac{\partial n_\mathrm{n}}{\partial z} &= \eta v_- n_- \end{aligned}\right\} \quad (3.14)$$

後に述べるタウンゼント放電では拡散を無視できるので，連続の式は次式となる．

$$\left.\begin{aligned}\frac{\partial n_-}{\partial t} + v_- \frac{\partial n_-}{\partial z} &= (\alpha - \eta) v_- n_- \\ \frac{\partial n_+}{\partial t} - v_+ \frac{\partial n_+}{\partial z} &= \alpha v_- n_- \\ \frac{\partial n_\mathrm{n}}{\partial t} + v_\mathrm{n} \frac{\partial n_\mathrm{n}}{\partial z} &= \eta v_- n_- \end{aligned}\right\} \quad (3.15)$$

図の点 P おいて荷電粒子が z 軸に直角な面積 F の面を通してドリフトしているとすると，この荷電粒子による電流（外部回路で測定した電流ではない）$i(z, t)$ は，次式で与えられる．

$$i(z, t) = e v(z, t) n(z, t) F \quad (3.16)$$

ただし，e：電子の素電荷である．これを（3.15）式に代入すると，タウンゼント放電における電流連続の式が得られる．以降，（3.17）と（3.18）式をタウンゼントの方程式と呼ぶ．

$$\left.\begin{aligned}\frac{1}{v_-}\frac{\partial i_-}{\partial t} &= -\frac{\partial i_-}{\partial z} + (\alpha - \eta)i_- \\ \frac{1}{v_+}\frac{\partial i_+}{\partial t} &= \frac{\partial i_+}{\partial z} + \alpha i_- \\ \frac{1}{v_n}\frac{\partial i_n}{\partial t} &= -\frac{\partial i_n}{\partial z} + \eta i_-\end{aligned}\right\} \tag{3.17}$$

電子付着がない場合は，$\eta = 0$, $i_n = 0$ とおいて，

$$\left.\begin{aligned}\frac{1}{v_-}\frac{\partial i_-}{\partial t} &= -\frac{\partial i_-}{\partial z} + \alpha i_- \\ \frac{1}{v_+}\frac{\partial i_+}{\partial t} &= \frac{\partial i_+}{\partial z} + \alpha i_-\end{aligned}\right\} \tag{3.18}$$

3.2 電 界 の 式

連続の式に含まれるパラメータ（α, η, v など）の多くは，考えている点Pにおける電界の関数である．連続の式のところで述べたように，印加電界 $\vec{E}_g$ の下で放電が起きているとき空間電荷電界 $\vec{E}_\rho$ を発生するので，荷電粒子は $\vec{E}_g$ と $\vec{E}_\rho$ の合成電界 $\vec{E}_t$ の作用の下で他の粒子と種々の衝突を繰り返しながら運動する．このときの合成電界は，次のポアソンの方程式に従う．

$$\vec{\nabla} \cdot \vec{E}_t(\mathrm{P}) = \frac{n_+(\mathrm{P}) - n_-(\mathrm{P}) - n_n(\mathrm{P})}{\varepsilon_0} e \tag{3.19}$$

先にも述べたように，放電空間では荷電粒子の発生があるので，式中の $\{n_+(\mathrm{P}) - n_-(\mathrm{P}) - n_n(\mathrm{P})\}$ は $\vec{E}_t$ の複雑な関数になり，(3.19) 式を解くのは容易でない．

後に述べるようにコロナ放電空間のイオン流場の場合のように，放電空間内で電離が起きている活性領域が空間的に限定されている場合は，いくつかの仮定をおいてポアソンの式を解くことができるが，活性領域を議論する場合は，$\vec{E}_t$ を $\vec{E}_g$ と $\vec{E}_\rho$ の和として，次式によって電界を計算することが多い．

$$\vec{E}_t(\mathrm{P}) = \vec{E}_g(\mathrm{P}) + \vec{E}_\rho(\mathrm{P}) = \vec{E}_g + \iiint \frac{e\{n_+(\mathrm{P}_0) - n_n(\mathrm{P}_0) - n_-(\mathrm{P}_0)\}}{4\pi\varepsilon_0} \frac{\overrightarrow{(\mathrm{P}-\mathrm{P}_0)}}{|\mathrm{P}-\mathrm{P}_0|^3} dV_0 \tag{3.20}$$

ここで，$n_+(\mathrm{P})$, $n_-(\mathrm{P})$, $n_n(\mathrm{P})$ は放電空間内の粒子とそれらの電極面での映像電荷に対応する粒子を含んでいる．

$\vec{E}_g$ の計算は，具体的には $\vec{\nabla} \cdot \vec{E}_g = -\vec{\nabla}^2 \varphi = 0$ のラプラスの方程式を電極表面の電位を境界条件として解く．ここで，φ は印加電圧によるギャップ内の電位である．解法と

しては，解析的方法と数値電界解析法があり，専門書があるので参考にするとよい（例えば，河野ら（1980））．$\vec{E}_p$ の計算には荷電粒子の分布を知る必要がある．荷電粒子分布の正確な計測には困難を伴うので，放電からの発光，後に述べる霧箱によるイオンに付着した液滴の観測などより推定して分布を仮定（モデル化）し，電界計算を進める場合が多い．

3.3 空間電荷の運動と外部回路における電流・電力

3.3.1 三次元空間における電荷の運動と外部回路における電流・電力

ギャップ内の荷電粒子は，電極表面に電荷を誘導し，粒子の運動は誘導電荷の変化をもたらすので外部回路に電流を誘起する．いま，図 3.3 に示すように，ギャップが電圧 U_0 の電源に接続され，ギャップ内の点 P で電荷 q_p [C] が速度 $\vec{v}$ [m/s] で運動しているとする．点 P における電位が U，電界が $\vec{E}$ であるとする．このとき，外部回路を流れる電流を I [A] とすると，dt [s] 間に電源が供給するエネルギー $U_0 I dt$ [J] と電荷が電界から得るエネルギー $q_p \vec{v} \cdot \vec{E} dt$ [J] は等しいので，次式が成立する．

$$U_0 I dt = q_p \vec{v} \cdot \vec{E} dt \tag{3.21}$$

ゆえに

$$I = \frac{q_p \vec{v} \cdot \vec{E}}{U_0} \tag{3.22}$$

となる．

また，q_p によって電極 0, 1 の表面に誘導される電荷 q_0, q_1 は次のようになる．いま，

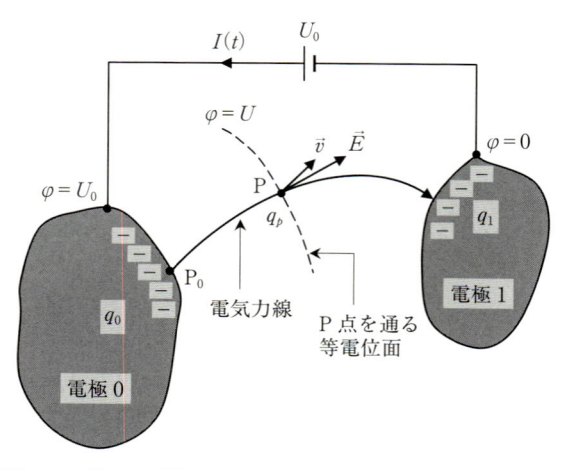

図 3.3 ギャップ中における荷電粒子の運動と外部回路電流

一定電圧 U_0 の下で電荷 q_p を点 P を通る電気力線の出発点 P_0 から点 P まで運ぶことを考える．(3.21) 式を変形すると

$$U_0 dq = q_p E\, dr_{\parallel} = -q_p dU \tag{3.23}$$

ただし，$dr_{\parallel}$ は dt 時間に電荷が移動する距離の電界方向成分で，$E dr_{\parallel} = -dU$ である．電荷 q_p が点 P_0 を出発した直後に電極 0 に誘導される電荷は明らかに $-q_p$ であり，電極 0 の電位は U_0 であるから，これを考慮して (3.23) 式を点 P_0 から点 P まで積分すると，

$$\int_{-q_p}^{q_0} U_0 dq = -\int_{U_0}^{U} q_p dU \tag{3.24}$$

ゆえに

$$U_0(q_0 + q_p) = -q_p(U - U_0)$$
$$= U_0 q_p(1-f) \tag{3.25}$$

ただし，$f = U/U_0$，となる．したがって，

$$q_0 = -f q_p \tag{3.26}$$

また，$q_0 + q_1 = -q_p$ であるので

$$q_1 = -q_p(1-f) \tag{3.27}$$

となる．ここでは，q_0, q_1 が誘導される機構を理解するために上記のような手続きで誘導電荷を求めたが，グリーンの相反定理を使用すると (3.26)，(3.27) 式が直接得られる．

次に，図 3.4 に示すように点 P における電離現象によって $\pm q_p$ の電子と正イオン

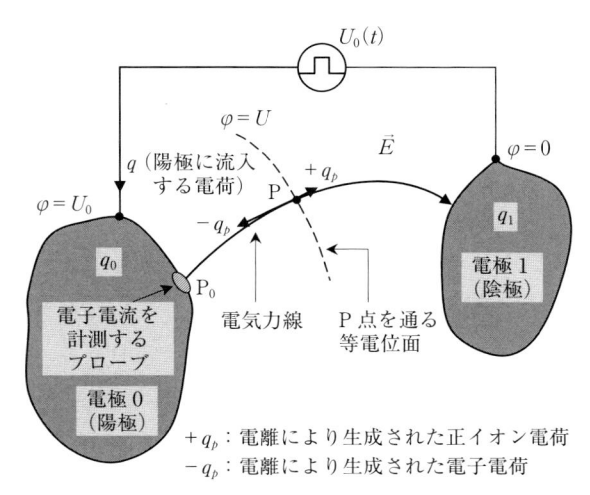

図 3.4 電離によって生成された荷電粒子の運動に伴って誘導される電極上の電荷

が生成され，電子が高速で陽極に流入した後に正イオンがゆっくりドリフトしている状態を考える．このとき，電源から陽極に流入する電荷 q は，電子の流入に対する q_p とギャップ中の正イオン電荷による誘導電荷 $-fq_p$ の和であるから，次式となる．

$$q = q_p(1-f) \tag{3.28}$$

ここで，電源電圧 $U_0(t)$ によって上記のような電離現象が起こっているときの電源がギャップに供給する電力を調べる．この場合,陽極上に設けた小さい面積のプローブによって電子の電荷 $-q_p$ を計測できる[*1]と仮定する．

正イオンの移動に伴って (3.28) 式中の f は変化するが，正イオンがゆっくり運動している場合は電子の運動中 $f=$ 一定とおけるので，電源から供給される電力 $P_1(t)$ は

$$P_1(t) = U_0(t)\frac{\mathrm{d}q(t)}{\mathrm{d}t} = \frac{\mathrm{d}q_p(t)}{\mathrm{d}t}(1-f)U_0(t) \tag{3.29}$$

となる．プローブで測定した電荷 q_p を使った見かけの電力 $P_{app}(t)$ は

$$P_{app}(t) = U_0(t)\frac{\mathrm{d}q_p(t)}{\mathrm{d}t} \geq P_1(t) \tag{3.30}$$

となり，実際に電源が供給した電力より大きい．

次に，電離点が移動している場合を考える．実際の放電で，放電チャネルが高速で成長してその先端の電離領域が移動している場合は，ここで考えている状況に対応する．このときは $f = U/U_0$ が変化するので，電源電圧 U_0 も変化しているとすると，電源から供給される電力 $P_2(t)$ は

$$\begin{aligned}P_2(t) &= U_0(t)\frac{\mathrm{d}q(t)}{\mathrm{d}t} \\ &= U_0(t)\left\{\frac{\mathrm{d}q_p(t)}{\mathrm{d}t}(1-f(t)) - q_p(t)\left(\frac{U_0(t)\dfrac{\mathrm{d}U(t)}{\mathrm{d}t} - U(t)\dfrac{\mathrm{d}U_0(t)}{\mathrm{d}t}}{U_0^2(t)}\right)\right\}\end{aligned} \tag{3.31}$$

となる．

電源からギャップ中に供給されるエネルギーは，(3.30)，(3.31) 式を時間積分して求められる．そのエネルギーは，ギャップ中の電離，励起，中性ガス分子の加速（加熱）ならびに空間電荷の維持などに消費される．

3.3.2 平等電界ギャップにおける荷電粒子の運動と外部回路電流

図 3.2 の点 P において密度 $n(z, t)$，素電荷 e の荷電粒子が z 軸に直角な面積 F の面を通してドリフトしているとすると，z と $z+\mathrm{d}z$ 間の電荷 $\mathrm{d}q = Fen\mathrm{d}z$ による外部回路電流 $\mathrm{d}I(z, t)$ は，(3.22) 式で $\vec{v}$ と $\vec{E}_0$ が同方向であることを考慮して

[*1] 放電が正電極を起点としてチャネル状に成長し，その先端で電離現象が活発に生じているとき，チャネルの根元の部分が小さい面積のプローブになっていれば，電子による電荷を計測できる．

3.3 空間電荷の運動と外部回路における電流・電力

$$dI(t) = \frac{dqvE_0}{U_0} = \frac{Fevn(z,t)dz}{d} \tag{3.32}$$

となる．荷電粒子が分布している場合の外部回路電流 $I(t)$ は

$$I(t) = \frac{Fev}{d}\int_0^d n(z,t)dz \tag{3.33}$$

となり，ギャップ中の全荷電粒子数が $N(t) = F\int_0^d n(z,t)dz$ であれば，

$$I(t) = \frac{evN(t)}{d} = \frac{eN(t)}{T} \tag{3.34}$$

となる．ただし，$T = d/v$ は考えている荷電粒子がギャップを横断する時間である．また，z の断面におけるドリフト電流を $i(z,t) = Fevn(z,t)$ とすると，

$$I(t) = \frac{1}{d}\int_0^d i(z,t)dz \tag{3.35}$$

となる．

3.3.3 外部回路電流の計測

上記のように，放電によって荷電粒子の運動が生じ，これによって外部回路電流 $I_{dis}(t)$ が誘導される．放電現象の研究においては，多くの場合，$I_{dis}(t)$ を測定してギャップ内の荷電粒子の挙動を推定し，放電機構を論ずる．$I_{dis}(t)$ の測定は，図 3.5 のように，放電ギャップの直列抵抗 R における電圧降下 $U_R(t)$ を増幅器とオシロスコープで計測することによって行われる．ここでは，検出信号 $U_R(t)$ に対する検出回路の回路定数の影響を述べる．

図で，R_0，C_0 は電源の回路定数で，ここでは電源を直流とし，C_0 の端子電圧 U_0 が一定に保持されていると仮定する．放電ギャップは電極間に気体絶縁物が介在している構造であるから，回路計算においてはキャパシタになるので，その静電容量を C_g

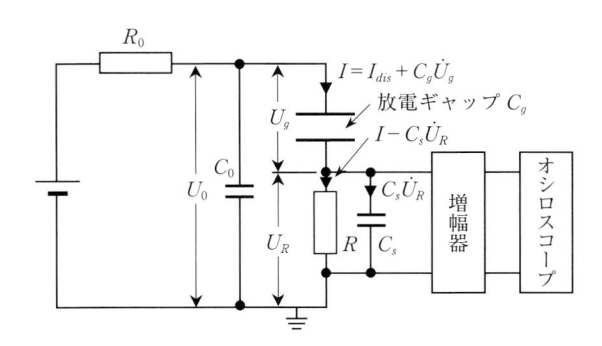

図 3.5 放電電流 I_{dis} の測定回路

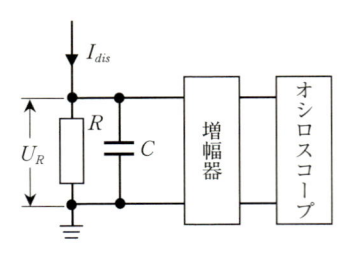

図 3.6 放電電流検出の等価回路

とおく．また，増幅器の入力容量を C_s とおく．

このような回路の放電ギャップで放電が発生して電流 $I_{dis}(t)$ が誘導されると，抵抗 R の端子電圧 $U_R(t)$ が変動し，これに伴ってギャップの端子電圧 $U_g(t)$ も変化するので，電極の充電電流 $C_g \dot{U}_g$ が流れる．このとき，ギャップに流入する全電流を $I(t)$ とすると，次式が成立する．

$$I(t) = I_{dis}(t) + C_g \dot{U}_g \tag{3.36}$$

$$U_0 = U_R(t) + U_g(t) = 一定 \tag{3.37}$$

したがって，$U_R(t)$ は

$$\begin{aligned} U_R(t) &= R\{I(t) - C_s \dot{U}_R(t)\} \\ &= R\{I_{dis}(t) - (C_g + C_s)\dot{U}_R(t)\} \\ &= R\{I_{dis}(t) - C\dot{U}_R(t)\} \end{aligned} \tag{3.38}$$

ただし，

$$C = C_g + C_s \tag{3.39}$$

この $U_R(t)$ は，R, C の並列回路に放電電流 $I_{dis}(t)$ が流入したときの R の端子電圧であり，図3.5の $I_{dis}(t)$ 検出の等価回路は図3.6となる．

放電現象はギャップ中の電界強度と放電機構によって定まるので，$U_g(t)$ がほぼ一定であれば，$I_{dis}(t)$ は R, C の値に独立に決まり，回路上では電流源と考えてよい．

後に述べるように，放電が電子なだれの場合は，$I_{dis}(t)$ を理論的に求めることができるので，$I_{dis}(t)$ と $U_R(t)$ の関係を詳しく論じることができるが，一般には，$U_R(t)$ を測定して $I_R(t) = U_R(t)/R$ を見かけの放電電流の測定値とする場合が多い．そこで，$I_R(t)$ と $I_{dis}(t)$ の関係をあらかじめ知っておくことが大切になる．

放電電流 $I_{dis}(t)$ を次式のようなパルス電流と仮定して，$I_R(t)$ に対する R, C の影響を調べる．

$$I_{dis}(t) = I_0 \exp(-\lambda t) \tag{3.40}$$

図3.6の過渡現象解析より

$$U_R(t) = \frac{I_0 R}{1 - \lambda RC}\left\{\exp(-\lambda t) - \exp\left(-\frac{t}{RC}\right)\right\} \tag{3.41}$$

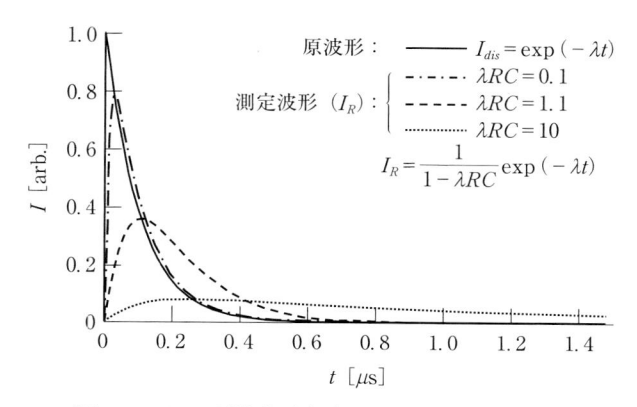

図3.7 パルス電流計測波形に及ぼす回路定数の影響

となる．また，$I_{dis}(t)$ の見かけの測定値は

$$I_R(t) = \frac{U_R(t)}{R} \tag{3.42}$$

RC が $1/\lambda$ に比べて十分に小さいときは，(3.41)式の右辺第2項を無視できるので，$I_R(t)$ は原波形 $I_{dis}(t)$ に近いが，RC が大きくなると $I_R(t)$ は原波形から大きくずれる．

例として，$\lambda RC = 1$ とすると，$I_R(t)$ の最大値は $I_{R\max} = I_0/e = 0.386 I_0$ となり，最大値までの時間 $T_{R\max}$ は $T_{R\max} = RC$ となる．後のコロナ放電のところで述べるトリチェルパルスの場合，$1/\lambda \approx 10^{-7}$ [s] であるので，原波形 $I_{dis}(t) = I_0 \exp(-\lambda t)$ と $\lambda RC = 10$，$\lambda RC = 1.1$，$\lambda RC = 0.1$ の場合の $I_R(t)$ を $I_0 = 1$ とおいて描くと図3.7のようになる．この場合，RC を原波形の減衰時定数の1/10程度にすると $I_R(t)$ の波形は原波形に近くなっている．このようにパルス性の放電電流の計測時には，測定回路の時定数 RC と増幅器などの計測装置の周波数応答特性の選択に注意を払わなければならない．

以上のように，放電の初期過程においては，電極間電圧を一定とし，放電電流 $I_{dis}(t)$ はギャップ間の放電機構によって定まると考えてよいが，放電が低インピーダンスのプラズマに転移した後の放電電流は，3.8.3項および5.1節で述べるように，電源電圧，電源の内部インピーダンス，ならびに放電機構から定まる放電のインピーダンス（グローとアークの定常放電ではインピーダンスが電流の関数になる）の直列回路の回路計算により求める場合が多い．

3.4 電 子 な だ れ

3.4.1 単一電子なだれ
a. 電子とイオンの空間分布

図3.8に示すような一定電圧が印加されたギャップ長 d の平行平板電極の陰極上に座標軸の原点をとり，$z=0$ で $t=0$ に1個の電子が供給されて，α 作用によって電離過程が進行している状態を考える．電離が z の位置まで進んで電子数が $N_-(z, t)$ になったとすると，この電子がさらに z から $z+dz$ まで進む間に α 作用によって増加する電子数 dN_- は，

$$dN_- = \alpha N_- dz \tag{3.43}$$

となる．初期条件 $N_-(0, 0) = 1$ を考慮して上式を積分すると，

$$N_- = \exp(\alpha z) = \exp(\alpha v_- t) \tag{3.44}$$

となり，電子数は初期電子のドリフト時間，ドリフト距離とともに指数関数的に増加する．これを電子なだれと呼ぶ．電子なだれが陽極に入るときの電子数は $N_- = \exp(\alpha d)$ となる．この指数 αd を電離指数と呼ぶ．気体放電現象を論ずるとき，電子なだれは一つの基本単位と考えられる基礎現象であるので，本節でやや詳しく述べる．

拡散作用があるときは，電子なだれの進路が広がりを伴うようになる．このときの電子と正イオン密度は，いまは α 作用のみを考慮しているので，(3.14) 式の負イオンに関する項を無視した次式より求められる．

$$\left. \begin{array}{l} \dfrac{\partial n_-}{\partial t} - D_- \vec{\nabla}^2 n_- + v_- \dfrac{\partial n_-}{\partial z} = \alpha v_- n_- \\[2mm] \dfrac{\partial n_+}{\partial t} - D_+ \vec{\nabla}^2 n_+ - v_+ \dfrac{\partial n_+}{\partial z} = \alpha v_- n_- \end{array} \right\} \tag{3.45}$$

一般に，$D_+ \ll D_-$，$v_+ \ll v_-$ であるので，正イオンの式の左辺2, 3項は無視でき，このときの近似解は次のようになる．

$$\left. \begin{array}{l} n_- = \dfrac{1}{(4\pi D_- t)^{3/2}} \exp\left\{ \alpha v_- t - \dfrac{x^2 + y^2 + (z - v_- t)^2}{4 D_- t} \right\} \\[2mm] n_+ = \alpha v_- \displaystyle\int_0^t \dfrac{1}{(4\pi D_- \tau)^{3/2}} \exp\left\{ \alpha v_- \tau - \dfrac{x^2 + y^2 + (z - v_- \tau)^2}{4 D_- \tau} \right\} d\tau \end{array} \right\} \tag{3.46}$$

図3.8は，上式の電子と正イオンの分布を概念的に表した図（初期電子数：$N(0, 0) = N_0 = 1$）で，電子は電子なだれ先端近傍に集中して分布し，正イオンは電離によって生成された付近に留まって分布するが，なだれ先端部の電子密度が高いので正イオンの大部分もなだれ先端付近に分布する．

レータ (Raether) は，第4章で説明する霧箱と呼ばれる装置を使って，電子な

3.4 電子なだれ

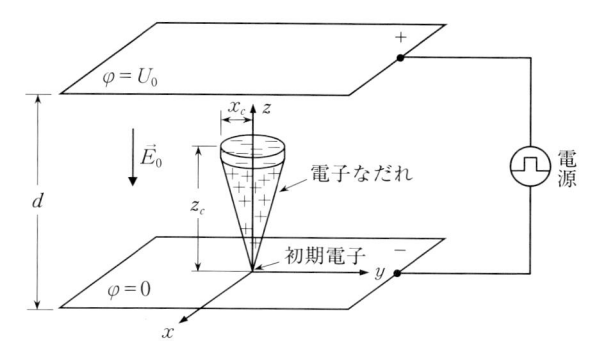

図 3.8 電子なだれの進展長 z_c と熱拡散半径 x_c

れ中の正イオン分布を観測し，初期の電子なだれが（3.46）式に従って成長することを実験で確認した（Raether, 1964）．電子なだれが成長すると，電子なだれ先端領域の電子群や正イオン群によるそれぞれの空間電荷電界による効果で，(3.46) 式の分布から外れるようになる．ここでは証明を省略するが，長く成長した電子なだれを図の y 方向から霧箱で観測したとき，$z=z_c$ においてイオン密度が z 軸上の値の $1/e$ 倍に低下する点の $x=x_c$ は，空間電荷効果を無視すると，

$$x_c = \sqrt{\frac{8\alpha U_{th}}{3E_0}} z_c \left\{ \sqrt{1 - \frac{1}{\alpha z_c} \ln A \frac{8\pi U_{th} z_c}{3E_0}} \right\} \tag{3.47}$$

で与えられる．上式の { } 内の値は，z_c が小さい領域を除くとほぼ 1 になる．ここで，$A = \Delta n/\Delta x \Delta z$ は y 方向から見たイオン密度，E_0 は印加電界，U_{th} は電子の熱エネルギーで $eU_{th} = m_- v_{th}^2/2$ である．4.1.2 項で述べる霧箱による x_c と z_c の測定から，空気，CO_2, N_2, O_2 中で成長する電子なだれの U_{th} は 1.2〜3.9［V］の範囲にある．

b. 電子なだれ電流

前項では，陰極から 1 個の電子が出発するときの単一電子なだれの成長過程を述べた．図 3.9(a) の初期電子が 1 個でなしに，同図 (b) のように多数の初期電子のときは，電子なだれが並列に多数成長する．これを多重電子なだれと呼ぶ．また，電子なだれには，電子なだれ先端が陽極に接して，なだれ先端の電離と励起が活発な領域から放出された光子 $h\nu$ の γ_{ph} 作用によって二次電子なだれ（子なだれ）が発生する場合（図 (c)），正イオンによる γ_i 作用によって二次電子なだれ（子なだれ）が発生する場合（図 (d)），さらには，初期電子の発生が時間・空間的に変化する場合などがある．どのような電子なだれ現象になるかは，気体の種類や電極材料，印加電界の大きさ，初期電子供給源などに依存する．多重電子なだれの電流は，単一電子なだれの電流の式を初期電子個数倍すればよいので，本項では多重電子なだれについて述べる．

図 3.10 で示す時刻 $t=0$ に陰極から出発した N_0 個の電子が，α 作用によって電子

3. 平等電界ギャップの火花放電

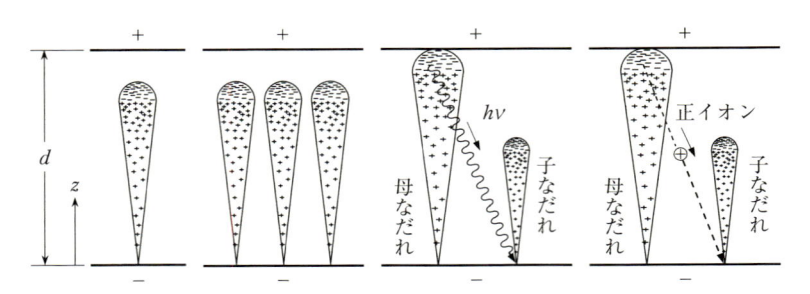

(a) 単一電子なだれ　(b) 多重電子なだれ　(c) γ_{ph} 作用による電子なだれの成長　(d) γ_i 作用による電子なだれの成長

図 3.9 種々の電子なだれ

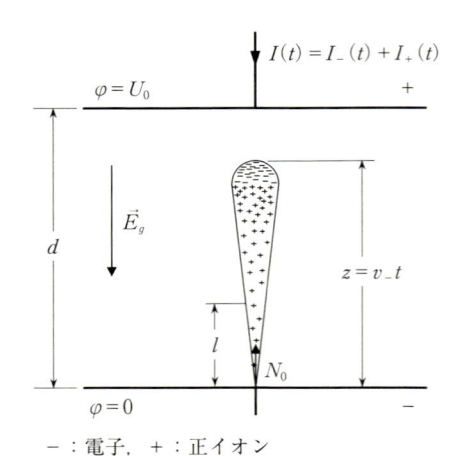

−：電子，＋：正イオン

図 3.10 α 作用によって成長した電子なだれによる外部回路電流

なだれを形成しているときの外部回路電流 $I(t)$ を調べる．原理的には (3.18) 式と (3.35) 式より得られるが，ここでは，(3.34) 式を使って簡単に次のように求める．時刻 t におけるギャップ中の電子数 $N_-(t)$ は (3.44) 式と同様に考えて

$$N_- = N_0 \exp(\alpha v_- t) \tag{3.48}$$

これを (3.34) 式に代入することにより

$$I_-(t) = \frac{eN_0 \exp(\alpha v_- t)}{T_-}, \quad 0 \leq t \leq T_- \tag{3.49}$$

$$I_-(t) = 0, \quad T_- < t \tag{3.50}$$

$0 \leq t \leq T_-$ における電子電流の増加の時定数は

3.4 電子なだれ

$$\tau_- = \frac{1}{\alpha v_-} \tag{3.51}$$

正イオン電流は，ギャップ中に残留する正イオン数 $N_+(t)$ を計算することにより求まる．電子なだれが図 3.10 のようにギャップの途中まで成長している間に $N_{+z} = N_0\{\exp(\alpha v_- t) - 1\}$ 個の正イオンが生成され，初期の段階で生成された正イオンの一部は陰極に流入する．いま，電子なだれが距離 z だけ成長する間に図中の l の部分にある正イオンが陰極に流入していると仮定すると，電子なだれの成長時間 $t = z/v_-$ は，電子が l 間でドリフトする時間 l/v_- と $z = l$ で作られた正イオンが陰極に到着するための時間 l/v_+ の和であるから，次式が成立する．

$$t = \frac{z}{v_-} = l\left(\frac{1}{v_+} + \frac{1}{v_-}\right) \tag{3.52}$$

したがって

$$l = \frac{t}{\left(\dfrac{1}{v_+} + \dfrac{1}{v_-}\right)} = Vt \tag{3.53}$$

ただし，

$$\frac{1}{V} = \frac{1}{v_+} + \frac{1}{v_-} \tag{3.54}$$

したがって，陰極に流入した正イオン数は

$$N_{+l} = N_0\{\exp(\alpha l) - 1\} = N_0\{\exp(\alpha V t) - 1\} \tag{3.55}$$

ゆえに，ギャップ中に残留している正イオン数は

$$\begin{aligned} N_+(t) &= N_{+z} - N_{+l} \\ &= N_0\{\exp(\alpha v_- t) - \exp(\alpha V t)\} \end{aligned} \tag{3.56}$$

となる．したがって，外部回路電流の正イオン電流成分は，次式のようになる．

$$\begin{aligned} I_+(t) &= \frac{eN_0}{T_+}\{\exp(\alpha v_- t) - \exp(\alpha V t)\}, \quad 0 \le t \le T_- \\ I_+(t) &= \frac{eN_0}{T_+}\{\exp(\alpha d) - \exp(\alpha V t)\}, \quad T_- < t \le T_- + T_+ \end{aligned} \tag{3.57}$$

$T_+ \gg T_-$ であるので，$0 \le t \le T_-$ における外部回路電流は電子電流が支配的である．また，$v_+ \ll v_-$ を考慮すると，$T_- < t \le T_- + T_+$ における電流は

$$I_+(t) \approx \frac{eN_0}{T_+}\{\exp(\alpha d) - \exp(\alpha v_+ t)\}, \quad T_- < t \le T_- + T_+ \tag{3.58}$$

となる．

以上により，陰極を $t = 0$ に出発した N_0 個の電子による電子なだれの電流は，

$$I(t) = I_-(t) + I_+(t) \tag{3.59}$$

$I_-(t), I_+(t)$ を分離してそれぞれの概念図を示すと，図 3.11 のようになる (Raether,

1964).

　上記の電子なだれ電流の測定から，電子なだれが起こっている気体と電界に対する電子と正イオンのドリフト速度，および電離係数 α を，次のようにして求めることができる．図 3.11(a) の電子電流から電子のドリフト時間 T_- を測定できるので，電子のドリフト速度は $v_- = d/T_-$ として求まる．また，イオン電流から正イオンのドリフト時間 T_+ を測定できるので，正イオンのドリフト速度は $v_+ = d/T_+$ として求まる．さらに $\log\{I_-(t)\}$ 対 t のグラフを描くと，その傾きが $1/\alpha v_-$ となるので，α が求まる．

　次に，時刻 $t=0$ に陰極を出発した N_0 個の電子が α, η 作用により電子なだれを形成しているときの電子電流を求めよう．α, η の定義より，dz で作られる電子数 dN_- は

$$dN_- = dN_+ - dN_n = (\alpha - \eta) N_- dz \tag{3.60}$$

ゆえに，z まで成長した電子なだれ中の電子数は，

$$N_- = N_0 \exp(\alpha - \eta)z \tag{3.61}$$

また，正イオン数は，$dN_+ = \alpha N_- dz$, $N_+(0) = 0$ より

$$N_+ = \frac{\alpha}{\alpha - \eta} N_0 \{\exp(\alpha - \eta)z - 1\} \tag{3.62}$$

同様に，負イオン数は，$dN_n = \eta N_- dz$, $N_n(0) = 0$ より

$$N_n = \frac{\eta}{\alpha - \eta} N_0 \{\exp(\alpha - \eta)z - 1\} \tag{3.63}$$

$0 \leq t \leq T_-$ における外部回路電流の電子電流は，(3.49) 式と同様に考えて

$$I_-(t) = \frac{eN_0}{T_-} \exp(\alpha - \eta) v_- t, \quad 0 \leq t \leq T_- \tag{3.64}$$

また，イオン電流は電子電流に比べて無視できる．

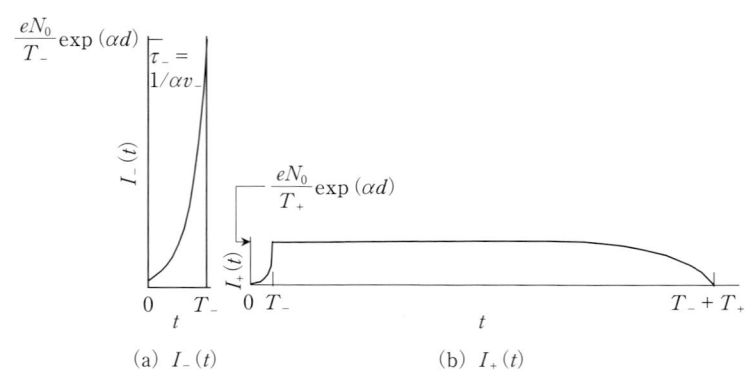

図 3.11 α 作用によって成長した電子なだれによる電子電流と正イオン電流

3.4 電子なだれ

$T_-<t\leq T_-+T_+$ における正イオン電流は,(3.58)式と同様に考えて

$$I_+(t) \approx \frac{eN_0}{T_+}\frac{\alpha}{\alpha-\eta}\{\exp(\alpha-\eta)d - \exp(\alpha-\mu)v_+t\}, \quad T_-<t\leq T_-+T_+ \quad (3.65)$$

となる.

一方,負イオンの場合,$T_-\leq t\leq T_-+T_n$ の時間帯にギャップ中に滞留している負イオン数は,次のように求められる.$v_-\gg v_n$ であるので,負イオンは電子なだれがギャップを橋絡した後に速度 v_n でドリフトしはじめると仮定する.このとき,時間 t の後には図3.12の $v_n t$ の部分が陽極に流入するので,ギャップに残留する負イオンは図の $d-v_n t$ の部分になり,負イオン数は次式となる.

$$N_n \approx \frac{\eta}{\alpha-\eta}N_0\{\exp(\alpha-\eta)(d-v_n t)-1\}, \quad T_-<t\leq T_-+T_n \quad (3.66)$$

ゆえに,負イオン電流成分は

$$I_n(t) \approx \frac{eN_0}{T_n}\frac{\eta}{\alpha-\eta}\{\exp(\alpha-\eta)(d-v_n t)-1\}, \quad T_-<t\leq T_-+T_n \quad (3.67)$$

となり,減衰時定数は次式で与えられる.

$$\tau_n = \frac{1}{(\alpha-\eta)v_n} \quad (3.68)$$

また,(3.64),(3.65),(3.68)式より,$v_- \gg v_+$ を考慮して $t=T_-$ における各電流成分の比をとると,次の関係式が得られる.

$$\frac{I_+(T_-)}{I_-(T_-)} = \frac{T_-}{T_+}\frac{\alpha}{\alpha-\eta} \quad (3.69)$$

図 3.12 α, η 作用によって成長した電子なだれによる外部回路電流

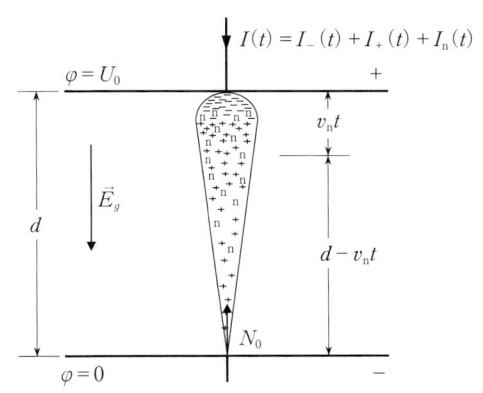

−:電子, +:正イオン, n:負イオン

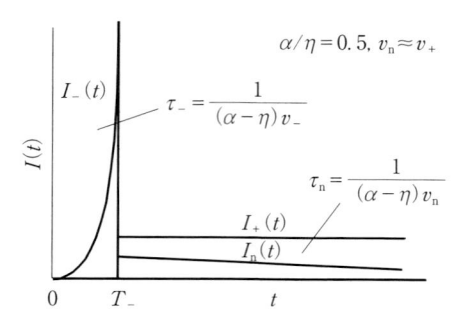

図中:
$\alpha/\eta = 0.5, v_n \approx v_+$
$I_-(t)$
$\tau_- = \dfrac{1}{(\alpha-\eta)v_-}$
$\tau_n = \dfrac{1}{(\alpha-\eta)v_n}$
$I_+(t)$
$I_n(t)$

図 3.13 α, η 作用によって成長した電子なだれによる電子電流とイオン電流

$$\frac{I_n(T_-)}{I_+(T_-)} = \frac{T_+}{T_n}\frac{\eta}{\alpha} \tag{3.70}$$

$I_-(t)$, $I_+(t)$, $I_n(t)$ の概念図を示すと，図 3.13 のようになる（Raether, 1964）．$T_- \gg T_+$, $T_- \gg T_n$ であるので，図ではイオン電流の途中までを描いている．

電子付着がある場合の電子とイオンのドリフト速度および電離係数と付着係数は，電子なだれ電流の計測より，次のようにして求まる．一般に $T_+ \approx T_n$ であるので，電子とイオンの電流成分の継続時間より，電子とイオンのドリフト時間 T_-, $T_+ \approx T_n$ を計測できるので，電子のドリフト速度は $v_- = d/T_-$ より，また，イオンのドリフト速度は $v_+ = d/T_+ \approx v_n$ より求まる．さらに，(3.69)，(3.70) 式に，$I_-(T_-)$, $I_+(T_-)$, $I_n(T_-)$, T_- および $T_+ \approx T_n$ の測定値を代入すると，α, η が求まる．α, η, v_-, v_+, v_n の測定法には他にもある（電気学会，1974）．

ところで，上記のように電子なだれ電流は正確に計算できるので，α 作用による電子なだれ電流の計算値と 3.3.3 項で述べた方法による測定値の関係をここで述べよう．図 3.6 の $I_{dis}(t)$ は，ここでは (3.59) 式の $I(t)$ が対応する．これを (3.38) 式に代入すると，

$$\frac{dU_R(t)}{dt} + \frac{1}{CR}U_R(t) = \frac{1}{C}I(t) \tag{3.71}$$

となり，$U_R(t)$ について解くと，次式となる．

$$U_R(t) = \frac{1}{C}\exp(-t/RC)\left\{\int_0^t \exp(\tau/RC)I(\tau)d\tau + CU_C(0)\right\} \tag{3.72}$$

(1) $RC \ll \tau_- = 1/\alpha v_-$ のとき，充電電流を無視すると，

$$U_R(t) = RI(t) \tag{3.73}$$

となり，測定値 $U_R(t)$ は電子なだれ電流 $I(t)$ に比例する．実験では，$RC \ll \tau_-$ の条件は R を小さくすることによって満たされる．例えば，$C = 40$ pF のとき，$\tau_- \approx 10$ ns

とすると，$R \ll 250\,\Omega$ でなければならない．

(2) $RC = \tau_- = 1/\alpha v_-$ のとき，

$$U_R(t) = \frac{1}{2}\frac{1}{\alpha d}\frac{eN_0}{C}[\exp(\alpha v_- t) - \exp(-\alpha v_- t)]$$

$$\approx \frac{1}{2}\frac{1}{\alpha d}\frac{eN_0}{C}\exp(\alpha v_- t), \qquad 0 \leq t < T_- \tag{3.74}$$

$$U_R(t) = \frac{1}{2}\frac{1}{\alpha d}\frac{eN_0}{C}\exp(\alpha d), \qquad t = T_- \tag{3.75}$$

$$U_R(t) = U_R(T_-)\exp[-(t-T_-)\alpha v_-], \qquad T_- < t \tag{3.76}$$

これらを概念的に描くと図 3.14 のようになり，イオン電流成分はほとんど見られない（Raether, 1964）．

(3) $RC \gg \tau_+ = 1/\alpha v_+$ のとき，(3.71) 式の左辺第 2 項を無視できるので，

$$U_R(t) = \frac{1}{C}\int_0^t I(\tau)\,d\tau \tag{3.77}$$

となり，(3.49) 式を使って電子電流に対する $U_R(t)$ を求めると，

$$U_R(t) = \frac{1}{\alpha d}\frac{eN_0}{C}[\exp(\alpha v_- t) - 1], \qquad 0 \leq t \leq T_- \tag{3.78}$$

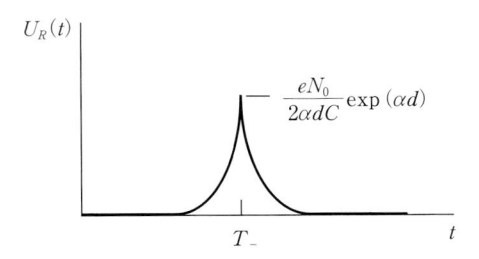

図 3.14 電子なだれ電流の $RC = \tau_- = 1/\alpha v_-$ の回路による検出電圧信号

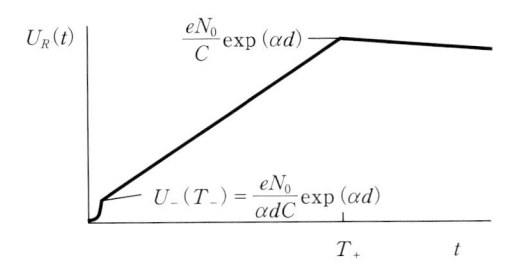

図 3.15 電子なだれ電流の $RC \gg \tau_+ = 1/av_+$ の回路による検出電圧信号

(3.58) 式で $\exp(\alpha v_+ t)$ を無視して正イオン電流に対する $U_R(t)$ を求めると,

$$U_R(t) = \frac{eN_0}{C}[\exp(\alpha d)]\frac{t}{T_+}, \qquad T_- < t < T_+ \tag{3.79}$$

充電電流成分は,

$$U_R(t) = U_R(T_+)\exp\left(-\frac{t-T_+}{RC}\right), \qquad T_+ < t \tag{3.80}$$

これらを概念的に描くと図 3.15 のようになり，図から T_-, T_+ の情報は得られるが，電子なだれ電流の原波形を見出すのは困難である (Raether, 1964).

3.4.2 継続電子なだれ

図 3.9(c)(d) の場合を考える．すなわち，α 作用による一次電子なだれ (母なだれ) で発生する光子とイオンによる陰極での γ_{ph}, γ_i 作用によって，二次以降の電子なだれが継続して出現する場合の継続電子なだれ電流を調べる．一次電子なだれが単一電子なだれであるとき，一次電子なだれによって作られる二次電子数 μ は，それぞれ次式で表される．

$$\mu = \gamma_{ph}[\exp(\alpha d) - 1] \qquad \text{(図 3.9(c) の場合)} \tag{3.81}$$
$$\mu = \gamma_i[\exp(\alpha d) - 1] \qquad \text{(図 3.9(d) の場合)} \tag{3.82}$$

ただし，一次電子なだれ中の 1 回の電離あたりに生成された光子と正イオンによる二次電子数をそれぞれ γ_{ph}, γ_i とおいている．光子によって陰極から放出あるいは放電空間の光電離によって発生する二次電子数は，一次電子なだれ成長中に生成される励起分子数，励起分子から放射される光子数，放射された光子が陰極に衝突する割合，ならびに 1 個の光子が陰極から放出する二次電子数の積である．また，励起分子数は電離回数に比例するので，光子による二次電子数は (3.81) 式のように書ける．

実験によると，図 3.9(d) の機構は希ガス中に裸電極を置いた場合に現れやすく，その他の場合は図 3.9(c) の機構になりやすい．

a. γ_{ph} 作用が支配的な場合の継続電子なだれ電流

いま，(3.81) 式で与えられる二次電子が，一次電子なだれ先端が陽極に到達したときに発生すると仮定すると，図 3.9(c) の場合の一次電子なだれと二次電子なだれの発生間隔 T_g は，

$$T_g = T_- = d/v_- \tag{3.83}$$

また，電子なだれが成長する電界においては，$T_-/T_+ = 10^2 \sim 10^3$ の範囲にあるので，一次電子なだれ中のイオン電流と二次電子なだれ中の電子電流が重なる $t = T_- \sim 2T_-$ 間におけるイオン電流は無視できる．いま，電子なだれが γ_{ph} 作用で継続的に現れているとして，$\mu = 1$ の場合の電流を概念的に描くと，図 3.16 の破線のようになる．実際には，一次電子なだれが成長する途中で放出される光子によって二次電子が陰極で

3.4 電子なだれ

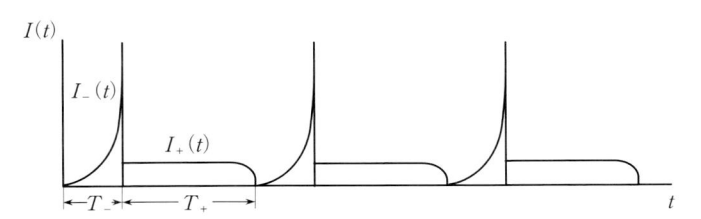

図 3.16 γ_{ph} 作用による二次電子でトリガーされた継続電子なだれ電流

（$\mu=1$, ────：電子なだれが成長途中に γ_{ph} 作用が出現する場合

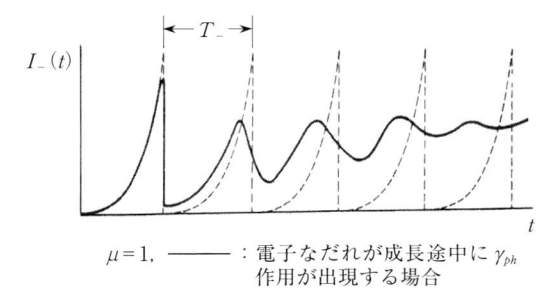

------：電子なだれが陽極に達したときに γ_{ph} 作用が出現する場合）

図 3.17 γ_i 作用による二次電子でトリガーされた継続電子なだれ電流

生成されるので，電子電流は実線のようになる（Raether, 1964）．

b. γ_i 作用が支配的な場合の継続電子なだれ電流

図 3.9(d) で一次電子なだれ先端が陽極に到達したとき生成された正イオンが陰極に衝突して二次電子が発生すると仮定すると，一次電子なだれと二次電子なだれの発生間隔 T_g は，電子と正イオンのギャップ横断時間の和になるので，

$$T_g = T_- + T_+ = d/v_- + d/v_+ \approx d/v_+ \tag{3.84}$$

上記の仮定の下で，γ_i 作用によって継続的に電子なだれが現れているとして，$\mu=1$ の場合の電流を概念的に描くと，図 3.17 のようになる（Raether, 1964）．

実際には，一次電子なだれが成長する途中でも陰極に衝突する正イオンによって二次電子が発生する．この二次電子を考慮した電子なだれ現象の陰極における電子数は

$$N(0, t) = \delta(t) + \gamma_i N_+(0, t) \tag{3.85}$$

となる．ただし，$\delta(t)$ は母なだれの初期電子を表すデルタ関数である．このような一次電子なだれ成長中に陰極に衝突する正イオンによる二次電子を考慮したときの，一次電子なだれの正イオン電流 I_+^{prim}，二次電子なだれの電子電流 I_-^{sec}，正イオン電流 I_+^{sec} の各成分の例を示すと図 3.18 のようになる．図では，一次電子なだれ電流の

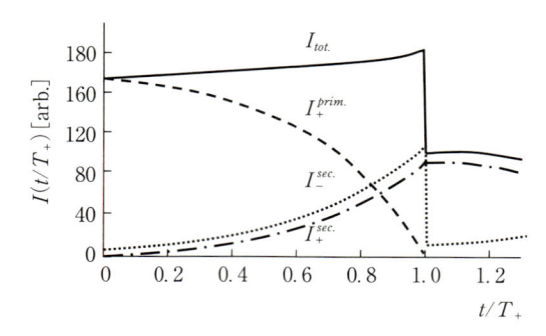

図 3.18 δ 関数状に放出された初期電子および γ_i 作用による二次電子でトリガーされた電子なだれ電流 $\alpha d = 3$, $\gamma_i = 2.6 \times 10^{-2}$, $\mu = 0.5$. 一次電子なだれの電子電流は示していない.

$0 \leq t \leq T_-$ における電子電流成分 $I_-^{prim} = \{eN_0 \exp(\alpha v_- t)\}/T_-$ は記していない (Raether, 1964).

3.5 タウンゼント放電とパッシェンの法則

3.5.1 タウンゼント機構とストリーマ機構

気体は，元来絶縁物であるが，図 3.19(a) に示すように，気体中に平行平板電極を置いて，印加電圧 U_0 を上昇させつつ外部回路電流 I を測定すると，同図 (b) のような U_0-I 特性が得られる．U_0 が低い場合は，(b) の 0-a 領域におけるように，I は U_0 にほぼ比例して上昇し，U_0 がある値に達すると図の a-b 領域の曲線で示すように飽和して一定値に落ち着く．この電流を飽和電流という．0-a-b の領域では，ギャップ中で発光が見られないので，この領域の電流を暗流と呼ぶ．b 点から U_0 を上昇すると，ギャップ中で電子衝突による電離が始まり，気体の導電率が急に上昇し，図の c-d 領域に示したように外部回路電流が急増する．導電率の上昇速度は，気体の種類と圧力，電極材料，電源電圧の値と上昇速度などの種々の因子に影響される．一般に，電源には内部インピーダンスがあるので，気体の導電率上昇の時定数が，電源によるギャップの静電容量の充電時定数より小さくなると，電極間の電圧が崩壊する．このように，気体が絶縁物から導電体に遷移する現象を絶縁破壊，または火花破壊と呼び，電圧崩壊に注目する場合には電圧破壊と呼ぶ．この電圧破壊が起きるときの電圧を，火花電圧，破壊電圧，フラッシオーバ電圧などと呼ぶ．

ところで，実験によると，図 3.19(b) の c-d 領域の気体の導電率は，正イオンがギャップを横断する時間 T_+ よりはるかに長くかかってゆっくり上昇する場合と，

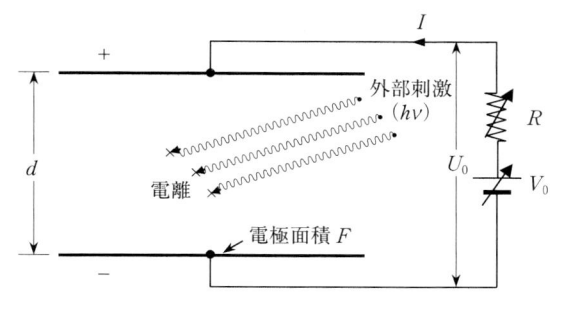

3.5 タウンゼント放電とパッシェンの法則　　71

(a) 平行平板ギャップ

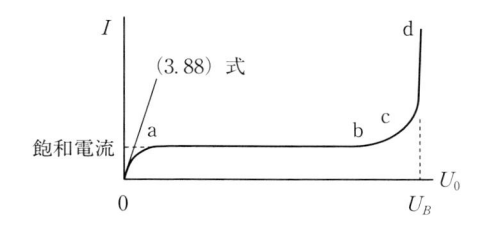

(b) 外部回路電流対印加電圧特性

図 3.19 平行平板ギャップに印加された直流電圧を
徐々に上昇したときの電圧-電流特性

T_+ より短い時間内に高速に上昇する場合に大別される．これは，放電の確立を支配する機構が異なるためで，前者をタウンゼント（Townsend）機構[*2]，後者をストリーマ（streamer）機構という．

3.5.2 暗　　流

気体中には，自然状態でも放射線や宇宙線によってわずかではあるが電離が生じている．発生した電子は，短時間内に電気的負性気体分子，例えば空気中の酸素に付着して負イオンになる．一方，正イオンと負イオンは再結合によって消滅する．したがっ

[*2] タウンゼント（J.S.E. Townsend：1868-1957）は，オックスフォード大学教授で，平行平板ギャップの暗流から火花破壊に至る過程の外部回路電流を精密に測定し，U_0-I 特性を初めて定式化した．比較的低い気圧の気体中に置かれた小ギャップの放電は，導電率の上昇速度が遅く，タウンゼントの開発した理論がよく当てはまるので，このような放電をタウンゼント放電，理論をタウンゼントの放電理論と呼ぶ．現在，タウンゼント放電に適用できる理論はタウンゼントの原理論とは異なることがわかっているが，タウンゼント放電に適用できる理論を広くタウンゼントの放電理論と呼んでいる．タウンゼント放電は，電子なだれの多数の世代を経て確立されるので，タウンゼント機構を世代機構ともいう．

て，電界が印加されていないギャップ中では，正イオンと負イオンの発生と消滅の割合がほぼ等しいので，次式が成立する．

$$n_+ \approx n_\mathrm{n} \equiv n \tag{3.86}$$

ただし，n_+：正イオン密度，n_n：負イオン密度である．

また，宇宙線などの外部刺激による単位時間・単位体積あたりの電離回数を g とすると，電界が印加されていないギャップ中の n の値は，イオンの電離による発生と再結合による消滅の平衡より，次式により決まる．

$$g = \alpha_{+\mathrm{n}} n^2 \tag{3.87}$$

ただし，$\alpha_{+\mathrm{n}}$：イオン-イオン再結合係数である．

したがって，図 3.19(b) の原点付近における外部回路電流は，電極面積を F とすると (3.34) 式より，

$$I = Fe(n_+ v_+ + n_\mathrm{n} v_\mathrm{n}) = \frac{FU_0 en}{d}(\mu_+ + \mu_\mathrm{n}) = \frac{FU_0 e}{d}\left(\frac{g}{\alpha_{+\mathrm{n}}}\right)^{1/2}(\mu_+ + \mu_\mathrm{n}) \tag{3.88}$$

となり，印加電圧に比例して増加する．ただし，μ_+：正イオンの移動度，μ_n：負イオンの移動度である．

電圧の上昇に伴って，イオンはギャップ中で再結合をすると同時に電極に運び去られる．このために，外部回路電流は (3.88) 式で与えられるより小さくなる．

さらに U_0 を上昇すると，イオンは再結合する前に発生したすべてがドリフトによって電極に流入するようになる．このような状態における外部回路電流を求める場合は，(3.28) 式の考え方に基づかなければならない．いま，$f = U/U_0$ の位置で電離によって $+q_p$，$-q_p$ の正，負イオンが生成されたとする．これらの電荷のうちまず負イオンが陽極に流入したときに，電源から陽極に流入する電荷 q は，(3.28) 式より $q = q_p(1-f)$ である．したがって，負イオンの運動とその後に正イオンが陰極に到達することによって電源から陽極に流入する全電荷は

$$q = \lim_{f \to 0} q_p(1-f) = q_p \tag{3.89}$$

となる．すなわち，電離によってギャップ中の任意の位置に正と負の電荷が発生してそれぞれ異極の電極に流入するときに電源から電極に供給される電荷量は，発生した電荷量に等しい．図 3.19(a) の場合は，ギャップ中で毎秒生成される電荷の個数は Fdg であるから，外部回路電流は

$$I = Fdge \tag{3.90}$$

となる[*3]．この電流が図 3.19(b) に示した飽和電流である

[*3] ここでは，放電によるギャップ中の電荷の移動による外部回路電流を電極上の誘導電流の考え方から求めたが，暗流領域のようにギャップ中の電荷の運動が定常状態に達している場合は，誘導電流の考え方でなく，ギャップ中の任意の断面を単位時間にドリフトする荷電粒子のもつ電荷量から計算してもよい．

3.5.3 タウンゼント放電

ギャップ長 d が 1 cm のオーダで，ギャップ長と気体圧力 p の積が $pd=1$〜200 mmHg・cm 程度の平行平板ギャップで直流電圧による放電が起こっている場合，次に述べる仮定がよく当てはまり，後述することからわかるようにタウンゼント放電になる．

(1) 放電路は，電界に垂直方向にほぼ一様に拡がっているとみてよく，拡散作用を考慮しなくてよい．
(2) 放電電流密度が低く，空間電荷による電界のひずみを無視してよい．

これらの仮定の成立により，3.1.3 項で述べた連続の式で拡散項を無視できるので，(3.17) または (3.18) 式のタウンゼントの方程式を適用できる．すなわち，タウンゼント機構による放電の過渡電流は，タウンゼントの方程式を与えられた境界条件と初期条件の下で解くことによって得られる．ここでは，まずギャップ中で起こっている電子の衝突電離現象と電流形成過程の関係を理解しやすくするために，直流電圧印加の直後から，時間を追って現象を記述して，外部回路電流の定常値を求める．その後，タウンゼントの方程式を解いて，放電電流を求めるとともにタウンゼント機構による火花電圧の特性を論じる．

ところで，図 3.19 に示した外部刺激によって供給される電流，気体の種類，陰極材料などによってタウンゼントの方程式中の定数や境界条件が変わるので，その解である放電電流もこれらに依存する．これまで多くの研究者によって種々の条件下でタウンゼントの方程式が解かれている（Engel et al., 1934；Auer, 1958；Davidson, 1953；Miyoshi, 1956；Noguchi et al., 1969）が，以下では実用的で代表的な例を説明する．

a. タウンゼント放電電流の確立過程と定常電流

α, η, γ_i 作用が支配的なタウンゼント放電を考える．いま，図 3.20 に示すように陰極から単位時間に N_0 個の電子が外部刺激によって放出されているとする．このときの放電電流は，(3.18) 式を解くことによって求めることができるが，それは次項 b で述べることとする．ここでは，電流を電子の衝突電離過程と結びつけて理解する観点から，陰極からの初期電子放出から時間を進めつつ，ギャップ中の電子電流と正イオン電流の変化を追跡してタウンゼント放電電流を求める．

初期電子が電子なだれ（第一世代の電子なだれ）を形成しつつ z まで進んだときに生成される電子数，正イオン数，負イオン数は (3.61)〜(3.63) 式より，それぞれ

$$N_- = N_0 \exp(\alpha-\eta)z \tag{3.91}$$

$$N_+ = \frac{\alpha}{\alpha-\eta} N_0 \{\exp(\alpha-\eta)z - 1\} \tag{3.92}$$

3. 平等電界ギャップの火花放電

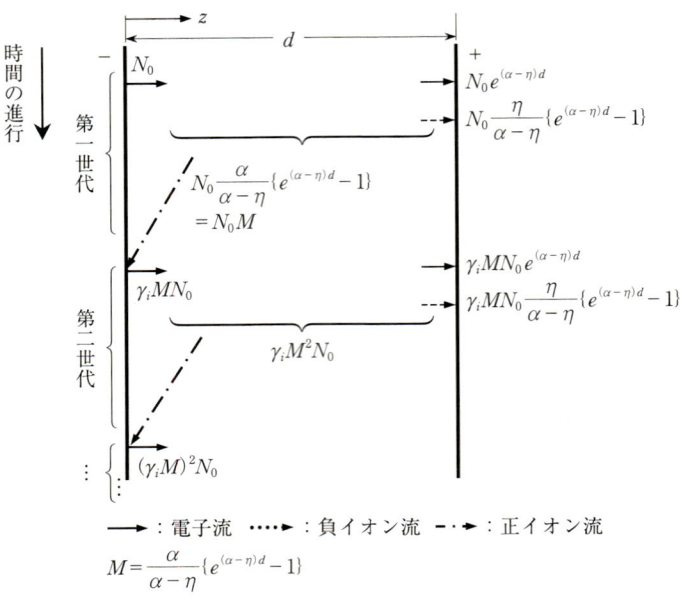

図 3.20 α, η, γ_i 作用が支配的なタウンゼント放電の確立過程

図中:
- 時間の進行
- 第一世代: N_0 → $N_0 e^{(\alpha-\eta)d}$, $N_0 \dfrac{\eta}{\alpha-\eta}\{e^{(\alpha-\eta)d}-1\}$, $N_0 \dfrac{\alpha}{\alpha-\eta}\{e^{(\alpha-\eta)d}-1\} = N_0 M$
- 第二世代: $\gamma_i M N_0$ → $\gamma_i M N_0 e^{(\alpha-\eta)d}$, $\gamma_i M N_0 \dfrac{\eta}{\alpha-\eta}\{e^{(\alpha-\eta)d}-1\}$, $\gamma_i M^2 N_0$
- $(\gamma_i M)^2 N_0$

凡例: ⟶ : 電子流　⋯▶ : 負イオン流　-・▶ : 正イオン流

$$M = \dfrac{\alpha}{\alpha-\eta}\{e^{(\alpha-\eta)d}-1\}$$

$$N_n = \dfrac{\eta}{\alpha-\eta} N_0 \{\exp(\alpha-\eta)z - 1\} \tag{3.93}$$

ゆえに，第一世代の電子なだれが陽極まで成長したとき，陽極に流入する電子と負イオン数の和 N_{neg_1} は

$$N_{neg1} = N_-(z=d) + N_n(z=d) = N_0 \dfrac{1}{\alpha-\eta}\{\alpha \exp(\alpha-\eta)d - \eta\} \tag{3.94}$$

また，第一世代の電子なだれによって作られた正イオンの陰極に流入する数 N_{+1} は

$$N_{+1} = N_+(z=d) = N_0 \dfrac{\alpha}{\alpha-\eta}\{\exp(\alpha-\eta)d - 1\} \tag{3.95}$$

この正イオンが陰極に衝突するとき，γ_i 作用によって次式で表される数の二次電子が放出される

$$\gamma_i N_0 \dfrac{\alpha}{\alpha-\eta}\{\exp(\alpha-\eta)d - 1\} = \gamma_i M N_0 \tag{3.96}$$

ただし，

$$M = \dfrac{\alpha}{\alpha-\eta}\{\exp(\alpha-\eta)d - 1\} \tag{3.97}$$

この二次電子によって第二世代の電子なだれが成長し，次式で示される電子と負イオ

ンが陽極に流入する．

$$N_{neg2} = \gamma_i M N_0 \frac{1}{\alpha - \eta} \{\alpha \exp(\alpha - \eta)d - \eta\} \tag{3.98}$$

以下，同様に第三世代以降の電子なだれによる電子と負イオンが次々に陽極に流入する．

もし外部刺激による初期電子 N_0 が連続に供給されていれば，陽極に単位時間に流入する電子と負イオンの総数 N_{negt} は，

$$N_{negt} = N_{neg1} + N_{neg2} + N_{neg3} + \cdots$$
$$= N_0 \frac{1}{\alpha - \eta} \{\alpha \exp(\alpha - \eta)d - \eta\} \{1 + \gamma_i M + (\gamma_i M)^2 + \cdots\} \tag{3.99}$$

$\gamma_i M < 1$ の場合は，上式が収斂するので

$$N_{negt} = N_0 \frac{\dfrac{1}{\alpha - \eta}\{\alpha \exp(\alpha - \eta)d - \eta\}}{1 - \gamma_i M} = N_0 \frac{\dfrac{1}{\alpha - \eta}\{\alpha \exp(\alpha - \eta)d - \eta\}}{1 - \dfrac{\gamma_i \alpha}{\alpha - \eta}\{\exp(\alpha - \eta)d - 1\}} \tag{3.100}$$

となる．電源電圧を低い値から上昇してゆく場合は，必ず $\gamma_i M < 1$ の条件が満たされるので，図 3.19(b) の c-d 領域では (3.100) 式が成立する．

脚注 3 で述べたように，放電ギャップ中で上記の例のように定常的に荷電粒子がドリフトしている場合の外部回路電流 I は，ギャップ内の任意の断面を単位時間に通過する電荷量を計算することによって求まる．いま，陽極表面で考えると，正イオンの流れはないので

$$I = eN_{negt} = I_0 \frac{\dfrac{1}{\alpha - \eta}\{\alpha \exp(\alpha - \eta)d - \eta\}}{1 - \dfrac{\gamma_i \alpha}{\alpha - \eta}\{\exp(\alpha - \eta)d - 1\}} \tag{3.101}$$

ただし，$I_0 = N_0 e$ である．

電子付着がない場合は，$\eta = 0$ とおいて

$$I = I_0 \frac{\exp(\alpha d)}{1 - \gamma_i \{\exp(\alpha d) - 1\}} \tag{3.102}$$

3.5.3 項の最初のところで，放電空間において荷電粒子の拡散と荷電粒子による電界ひずみを無視できるとする二つの仮定が成立すれば，放電はタウンゼント機構になると述べた．上記の議論では式の中に時間の項を含めなかったが，初期電子が陰極を出発して二次電子が放出されるまでには，少なくとも電子と正イオンがギャップを横断する時間 $(T_- + T_+)$ が必要であるので，(3.101)，(3.102) 式で示される電流が確立するにはそれ以上の時間が必要であり，上記の放電がタウンゼント機構になっていることが，改めて確かめられた．

b. タウンゼント放電電流

　タウンゼント放電電流は，先にも述べたようにタウンゼントの方程式を与えられた境界条件の下で解き，その解を外部回路電流に換算することによって求めることができる．ここでは，方程式の解の求め方を理解する観点から，最初に α, γ_i 作用がある場合を述べ，後に γ_{ph}, η 作用を付加する．

定常解　　定常状態におけるタウンゼントの方程式は，(3.18) 式の時間微分項を零とおいて，

$$\frac{di_-}{dz} = \alpha i_- \left. \begin{array}{l} \\ \\ \end{array} \right\}$$
$$\frac{di_+}{dz} = -\alpha i_-$$

(3.103)

ここで，i_-, i_+ は位置 z における電子電流と正イオン電流で，全電流 i は

$$i = i_- + i_+ = 一定$$

(3.104)

境界条件は，陰極では

$$i_-(z=0) = \gamma_i i_+(z=0) = \frac{\gamma_i}{\gamma_i + 1} i$$

(3.105)

陽極では

$$i_+(z=d) = 0, \quad i_-(z=d) = i$$

(3.106)

となる．タウンゼント放電中は空間電荷による電界ひずみが小さいので α を一定と仮定し，陰極における境界条件を考慮して (3.103) 式を積分すると，

$$i_- = \frac{i\gamma_i}{\gamma_i + 1} \exp(\alpha z) \left. \begin{array}{l} \\ \\ \end{array} \right\}$$
$$i_+ = i \left\{ 1 - \frac{\gamma_i}{\gamma_i + 1} \exp(\alpha z) \right\}$$

(3.107)

この式は，陰極における境界条件を満たさなければならないので，α と γ_i の間に次式が成立しなければならない．

$$\alpha d = \ln \frac{\gamma_i + 1}{\gamma_i}$$

(3.108)

これは後述する (3.135) 式のタウンゼント放電の火花条件（自続条件）である．自続条件を考慮して各電流成分を書き換えると，

$$i_- = i \exp\{-\alpha(d-z)\}, \quad i_+ = i[1 - \exp\{-\alpha(d-z)\}], \quad \frac{i_+}{i_-} = \exp\alpha(d-z) - 1$$

(3.109)

　タウンゼント放電中は，一般に $\gamma_i \ll 1$ であるので，$\exp(\alpha d) = \gamma_i + 1/\gamma_i \gg 1$ となり，タウンゼント放電電流は図 3.21(a) の概念図のように，ギャップの広い範囲で正イオン電流が支配的である．いま，$\alpha d = 4.6$, $\gamma_i = 0.01$ とすると，$i_+ = i_-$ となる位置は

(a) 電流分布　　　　　(b) 荷電粒子密度分布

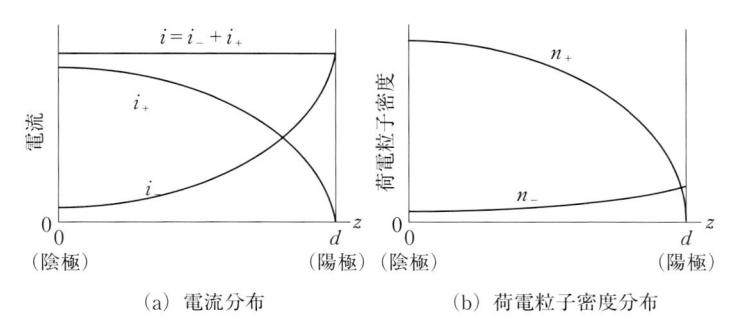

図 3.21 定常タウンゼント放電におけるギャップ中の電流密度と荷電粒子密度分布

$z = 0.85d$ で，陽極に近い．また，正イオン密度と電子密度が等しくなる位置は，

$$1 = \frac{n_+}{n_-} = \frac{\mu_- i_+}{\mu_+ i_-} = \frac{\mu_-}{\mu_+}\{\exp\alpha(d-z) - 1\} \tag{3.110}$$

より，$\mu_-/\mu_+ = 100$ と仮定すると，$z = 0.998d$ となり，ギャップ中で正イオンが支配的になる（図 3.21(b)）．しかし，タウンゼント放電は，空間電荷電界を無視できる領域を対象にしているので，正イオン密度の絶対値は小さい．

定常状態であるので，外部回路電流 I は i に等しい．

過渡解　　次に α, γ_i, γ_{ph} 作用があるときの過渡解を考えよう．図 3.19(a) で直流電圧が印加されている状態で，時刻 $t = 0$ に外部からの刺激によって，陰極から電子が放出されているときの放電電流の過渡状態を考える．これは，外部からの刺激の下でステップ状の電圧を印加した状態と同じであるが，パルス電圧印加時に電極を充電する電流が放電電流に重畳されるので，実験で得られた外部回路電流を理論値と比較するときには注意しなければならない．

タウンゼント放電の過渡電流は，先にも述べたようにタウンゼントの方程式を与えられた境界条件の下で解き，その解を外部回路電流に換算することによって求めることができる．

過渡状態に対する方程式は，(3.18) 式より

$$\left. \begin{array}{l} \dfrac{1}{v_-}\dfrac{\partial i_-}{\partial t} = -\dfrac{\partial i_-}{\partial z} + \alpha i_- \\[2mm] \dfrac{1}{v_+}\dfrac{\partial i_+}{\partial t} = \dfrac{\partial i_+}{\partial z} + \alpha i_- \end{array} \right\} \tag{3.111}$$

境界条件は

$$i_-(0, t) = 0, \qquad\qquad\qquad\qquad t < 0$$
$$i_-(0, t) = i_0(t) + \gamma_i i_+(0, t) + \int_0^d \alpha\gamma_{ph} i_-(z, t)\,\mathrm{d}z = f(t), \qquad t \geq 0 \tag{3.112}$$

ここで，$i_0(t)$：外部刺激による陰極からの電子電流，$\gamma_i i_+(0, t)$：γ_i作用による二次電子電流，$\int_0^d \alpha \gamma_{ph} i_-(z, t) dz$：光子による二次電子電流，$f(t)$：陰極における電子電流である．なお，$\gamma_{ph}$は，（3.81）式のところで説明したように，電子なだれ中の1回の電離あたりに生成された光子による二次電子数である．

上式の電子電流の解は，次のようになる．

$$\left.\begin{array}{ll} i_-(z, t) = i_-(0, t-z/v_-) \exp(\alpha z), & t \geq z/v_- \\ i_-(0, t-z/v_-) = 0 & t < z/v_- \end{array}\right\} \quad (3.113)$$

これらの解は，$i_-(z, t) = y(t) i_-(t)$と変数分離し，αがギャップ中で一定とおいて（3.111）式の第一番目の式を直接に解いて求めることができる．しかし，方程式を直接に解かなくても次のようにして解は得られ，そのほうが，解の物理的意味を理解するのに便利である．

図3.22に示すように，場所zの時刻tにおける電子電流は，tよりz/v_-時間前に陰極（$z=0$）を出発した電子が電子なだれによって$\exp(\alpha z)$倍に増殖された電子による電流に等しい．これを式に表すと（3.113）式となる．

次に，正イオン電流の解は，次式のようになる．

$$i_+(z, t) = \alpha V \int_{t-d/V+z/v_+}^{t-z/v_-} f(\theta) \exp\left\{\alpha V\left(t + \frac{z}{v_+} - \theta\right)\right\} d\theta \quad (3.114)$$

ただし，θ, y, Vは後で定義する．

この正イオン電流の解も方程式を直接解くことなく，電子電流の場合と同様に物理過程を考えつつ次のようにして求める．図3.23の場所zを時刻tに通過する正イオンは，ある場所yを$(y-z)/v_+$時間前に出発した正イオンである．yにおける正イオンは，それよりもさらにy/v_-時間前に陰極を出発した電子によって生成される．したがって，場所yを経由して時刻tに場所zを通過する正イオンは，$(t-(y-z)/v_+ - y/v_-) = (t - y/V + z/v_+)$時間前に陰極を出発した電子によって作られている．ただし，$1/V = 1/v_- + 1/v_+$である．電子が陰極からyに到達するまでには，電子なだ

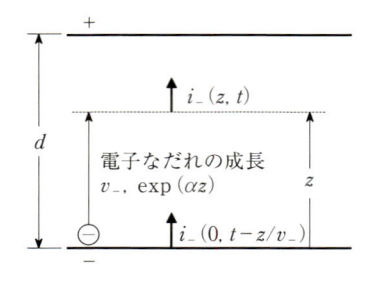

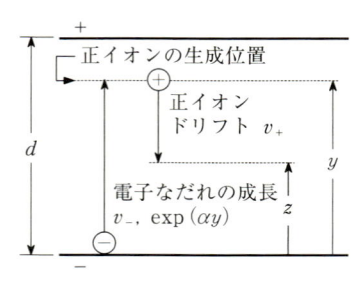

図3.22　電子電流の求め方

図3.23　正イオン電流の求め方

れによって電子数は $\exp(\alpha y)$ 倍に増殖されるから，これらの関係を式に表すと次のようになる．

まず，時刻 $(t-(y-z)/v_+ - y/v_-)$ に陰極を出発した電子が y に作る電子電流は，(3.113) 式より

$$i_-\left(y, t-\frac{y}{v_-}\right) = i_-\left(0, t-\frac{y-z}{v_+}-\frac{y}{v_-}\right)\exp(\alpha y) = i_-\left(0, t-\frac{y}{V}+\frac{z}{v_+}\right)\exp(\alpha y) \quad (3.115)$$

ところで，この電子電流中の1個の電子は，dy 進む間に αdy 個の正イオンを生成するので，この間に生成される正イオン電流は

$$\Delta i_+\left(y, t-\frac{y}{v_-}\right) = \alpha i_-\left(0, t-\frac{y}{V}+\frac{z}{v_+}\right)\exp(\alpha y)\,dy \quad (3.116)$$

この正イオン電流は増幅されることなく，時間 $(y-z)/v_+$ だけ遅れて位置 z を通過するから，dy で生成された正イオンによる z における正イオン電流は

$$\Delta i_+\left(z, t-\frac{y}{v_-}-\frac{y-z}{v_+}\right) = \alpha i_-\left(0, t-\frac{y}{V}+\frac{z}{v_+}\right)\exp(\alpha y)\,dy \quad (3.117)$$

となる．位置 z における正イオン電流は，上式を z から d の間で積分した値であるから

$$i_+(z, t) = \int_z^d \alpha i_-\left(0, t-\frac{y}{V}+\frac{z}{v_+}\right)\exp(\alpha y)\,dy \quad (3.118)$$

となる．上式は明らかに正イオンに対する境界条件 $i_+(d, t)=0$ を満たしている．いま

$$\theta = t-\frac{y}{V}+\frac{z}{v_+} \quad (3.119)$$

$$\left.\begin{array}{ll} i_-(0, t) = 0, & t<0 \\ i_-(0, t) = f(t), & t\geq 0 \end{array}\right\} \quad (3.120)$$

とおいて (3.118) 式の右辺を書き換えると (3.114) 式と同形の次式を得る．

$$i_+(z, t) = \alpha V \int_{t-d/V+z/v_+}^{t-z/v_+} f(\theta)\exp\left\{\alpha V\left(t+\frac{z}{v_+}-\theta\right)\right\}d\theta \quad (3.121)$$

したがって，タウンゼント放電の外部回路電流における電子と正イオン電流成分は

$$I_\pm(t) = \frac{1}{d}\int_0^d i_\pm(z, t)\,dz \quad (3.122)$$

となり，全外部回路電流は次式より求まる．

$$I(t) = I_-(t) + I_+(t) \quad (3.123)$$

実際のタウンゼント放電電流を求めるには，$f(t), \gamma_i, \gamma_{ph}$ などを与えて，具体的に積分を実行しなければならない．

次に，$\alpha, \eta, \gamma_i, \gamma_{ph}$ 作用がある場合を考えよう．このときのタウンゼントの方程式は，

$$\left.\begin{aligned}\frac{1}{v_-}\frac{\partial i_-}{\partial t} &= -\frac{\partial i_-}{\partial z} + (\alpha-\eta)i_- \\ \frac{1}{v_+}\frac{\partial i_+}{\partial t} &= \frac{\partial i_+}{\partial z} + \alpha i_- \\ \frac{1}{v_n}\frac{\partial i_n}{\partial t} &= -\frac{\partial i_n}{\partial z} + \eta i_-\end{aligned}\right\} \tag{3.124}$$

境界条件は，(3.112) 式と同様に

$$i_-(0, t) = i_0(t) + \gamma_i i_+(0, t) + \int_0^d \alpha\gamma_{ph} i_-(z, t)\,\mathrm{d}z = f(t), \qquad t \geq 0 \tag{3.125}$$

$$i_+(d, t) = 0 \tag{3.126}$$

$$i_n(0, t) = 0 \tag{3.127}$$

である．電子電流，正イオン電流，負イオン電流密度は，$\alpha, \gamma_i, \gamma_{ph}$ 作用がある場合と同様に考えて，

$$\begin{aligned}i_-(z, t) &= 0, & t &< z/v_- \\ &= i_-(0, t-z/v_-)\exp\{(\alpha-\eta)z\}, & t &\geq z/v_-\end{aligned} \tag{3.128}$$

$$i_+(z, t) = \alpha V \int_{t-d/V+z/v_+}^{t-z/v_-} f(\theta) \exp\left\{(\alpha-\eta)V\left(t+\frac{z}{v_+}-\theta\right)\right\}\mathrm{d}\theta \tag{3.129}$$

$$i_n(z, t) = \eta W \int_{t-z/v_n}^{t-z/v_-} f(\theta) \exp\left\{(\alpha-\eta)W\left(\theta-t+\frac{z}{v_n}\right)\right\}\mathrm{d}\theta \tag{3.130}$$

となる．ただし

$$\frac{1}{V} = \frac{1}{v_-} + \frac{1}{v_+}, \quad \frac{1}{W} = \frac{1}{v_n} - \frac{1}{v_-} \tag{3.131}$$

である．したがって，外部回路電流の各成分は

$$I_{\pm n}(t) = \frac{1}{d}\int_0^d i_{\pm n}(z, t)\,\mathrm{d}z \tag{3.132}$$

となり，$\alpha, \eta, \gamma_i, \gamma_{ph}$ 作用がある場合のタウンゼント放電による外部回路電流は次のように与えられる．

$$I(t) = I_-(t) + I_+(t) + I_n(t) \tag{3.133}$$

いま，$i_-(0, t) = I_0$ （一定）で γ_i 作用のみがある場合の $t = \infty$ における電流を求めると次式のようになり，当然に (3.101) 式と一致する (Noguchi et al., 1969)．

$$I(t=\infty) = I_0 \frac{\alpha\exp(\alpha-\eta)d - \eta}{\alpha-\eta+\gamma_i\alpha\{1-\exp(\alpha-\eta)d\}} \tag{3.134}$$

3.5.4　タウンゼント放電の自続条件（火花条件）とグロー放電への転移

a.　火花条件と自続条件

いま，α, γ_i 作用が支配的なタウンゼント放電を例にとって，放電電流の性質を調べる．(3.102) 式の分母で，$\gamma_i\{\exp(\alpha d)-1\} < 1$ であれば，I は有限で，外部刺激を止

めると $I=0$ となり，放電が消えて電流は流れない．そこで，$\gamma_i\{\exp(\alpha d)-1\}<1$ が成立する電圧領域の放電を非自続放電と呼ぶ．一方，電圧を上昇して (3.102) 式の分母が零になると，式の上では I は無限大となる．この意味で，次式をタウンゼント放電の火花条件という．

$$\gamma_i\{\exp(\alpha d)-1\}=1 \tag{3.135}$$

この式を満たす電圧が火花電圧である．この式の $\{\exp(\alpha d)-1\}$ は 1 個の初期電子によってトリガーされた一次電子なだれがギャップを横断する間に生成した正イオン数であり，$\gamma_i\{\exp(\alpha d)-1\}$ はそのイオンが陰極に衝突したときに生成する二次電子数を表している．したがって，(3.135) 式は，初期電子数が二次電子数に等しくなる条件である．この条件が成立すると，放電の途中で外部刺激による初期電子を止めても放電が持続することを意味しており，このときの放電を自続放電といい，(3.135) 式を放電の自続条件とも呼ぶ．

 α, η, γ_i 作用がある場合の火花条件は (3.134) 式の分母を零とおいて，次式で与えられる．

$$\frac{\gamma_i \alpha}{\alpha-\eta}\{\exp(\alpha-\eta)d-1\}=1 \tag{3.136}$$

b. 空間電荷効果

ところで，タウンゼント放電発生の前提条件として，空間電荷電界を無視でき，α, η, γ_i などのパラメータは印加電界のみによって定まるとおいていた．ところが，火花電圧に近づくと放電電流が大きくなり，空間電荷効果を無視できなくなる．ここでは，空間電荷効果を理解するために，放電電流が増加したときに電離指数がどのように影響されるかを調べる．

電子の移動度は正イオンの移動度より 2 桁以上大きいので，タウンゼント放電の第二世代以降の電子なだれはそれより前の世代の電子なだれが残した正イオンによるひずみ電界の中を成長することになる．このとき，陰極を出発して陽極に達するまでの 1 個の電子の増殖は，α がひずみ電界のために場所の関数となるので，$\exp\int_0^d \alpha(z,t)\mathrm{d}z$ 倍となる．すなわち，電離指数は

$$\int_0^d \alpha(z,t)\mathrm{d}z = \alpha_0 d + \Delta\alpha d(t) \tag{3.137}$$

となる．ただし，$\alpha_0 d$ は電界ひずみがないときの電離指数である．正イオンのもたらす電界ひずみによる電離指数の増分 $\Delta\alpha d(t)$ は，次のように推定される．

空間電荷があるときの電界は，ポアソンの方程式より，

$$-\varepsilon_0 \frac{\mathrm{d}E(z,t)}{\mathrm{d}z} = \rho_+(z,t) = \frac{i_+(z,t)}{v_+ F} \tag{3.138}$$

ただし，F は陰極面積であり[*4]，

$$i_+(z, t) = n_+(z, t)ev_+ \tag{3.139}$$

これを積分すると，

$$-\varepsilon_0\{E(d, t) - E(0, t)\} = \frac{I_+(t)}{T_+ F} \tag{3.140}$$

ただし，

$$I_+(t) = \frac{1}{d}\int_0^d i_+(z, t)\,dt \tag{3.141}$$

である．

ところで，気体の α/p は，多くの研究者によって測定され，測定値に適合する次のような実験式が提案されている[*5]．

$$\frac{\alpha}{p} = A\left(\frac{E}{p} - B\right)^2 \tag{3.142}$$

$$\frac{\alpha}{p} = C\exp\left(-D\frac{p}{E}\right) \tag{3.143}$$

ただし，A, B, C, D は定数である．

表3.1 に，種々の気体の定数 C, D の値を示す．なお，これらの定数は気体温度が 293 [K] のときの値である．(3.143) 式を他の温度の気体に適用したい場合，気体温度 T [K] が理想気体の状態方程式を適用できる範囲であれば，p の代わりに，T [K] で同じ平均自由行程を与える等価な気圧 $p_{\mathit{eff}} = 293\, p/T$ を使用するとよい．

いま，印加電圧を一定として (3.140), (3.142) 式を使って (3.137) 式を積分すると，

$$\int_0^d \alpha(z, t)\,dz = \alpha_0 d + KI_+^2(t) \tag{3.144}$$

ただし

$$K = \frac{Apd}{12}\left(\frac{T_+}{\varepsilon_0 p}\right)^2 \frac{C_1}{F^2}, \qquad C_1 = 12\int_0^d \left\{\frac{E(z, t) - E_0}{E(d, t) - E(0, t)}\right\}^2 dz \tag{3.145}$$

[*4] (3.19) 式と (3.138) 式を比べると，一見符合が違っているように見えるが，ここでは $\vec{E}$ と z 軸の向きが逆になっているので，$\vec{\nabla} \cdot \vec{E} = \left(\dfrac{\partial}{\partial x}\vec{i} + \dfrac{\partial}{\partial y}\vec{j} + \dfrac{\partial}{\partial z}\vec{k}\right) \cdot (0 \times \vec{i} + 0 \times \vec{j} - E\vec{k}) = -\dfrac{\partial E}{\partial z}$ となり，(3.138) 式の左辺にマイナスがついている．

[*5] **(3.143) 式の導出**： 電離エネルギー U_i をもった電子は気体分子との衝突ごとに1個の電子を生成すると仮定する．電子が電界 E から U_i のエネルギーを得るためには，衝突することなく λ_i 以上の距離をドリフトすることが必要である．平均自由行程 λ の気体中で自由行程が λ_i 以上である確率 ω_i は，(2.3) 式より $\omega_i = \exp(-\lambda_i/\lambda) = \exp(-U_i/eE\lambda)$ で表されるので，

$$\alpha = \frac{1}{\lambda_i} = \frac{\omega_i}{\lambda} = \frac{\exp(-U_i/eE\lambda)}{\lambda}$$

また，$\lambda \propto 1/p$ であるので，次式が得られる．

$$\frac{\alpha}{p} = C\exp\left(-D\frac{p}{E}\right)$$

表 3.1　各種気体の C と D

気体	C [mmHg^{-1}cm^{-1}]	D [V·mmHg^{-1}cm^{-1}]	E/p [V·mmHg^{-1}cm^{-1}]	U_i [V]
H_2	5	130	150〜600	15.4
N_2	12(8.8)	342(275)	100〜600(27〜200)	15.5
O_2	7.7	203.5	70〜300	12.2
CO_2	20(4.75)	466(182.5)	500〜1000(44〜150)	13.7
空気	15(8.6)	365(254)	100〜800(36〜180)	—
H_2O	13	290	150〜1000	12.6
HCl	25	380	200〜1000	—
He	3(3)	34(25)	20〜150(3〜10)	24.5
Ne	4	100	100〜400	21.5
Ar	14	180	100〜600	15.7
Kr	17	240	100〜1000	14.0
Xe	26	350	200〜800	12.1
Hg	20	370	200〜600	10.4

各気体の（ ）内の値は，（ ）なしの値と別な定数表現と適用領域を示す．

C_1 は正イオンの分布によって定まり，ほぼ 1 である（Raether, 1964）．E_0 は印加電界である．

したがって，タウンゼント放電の正イオン電流成分が大きくなると，電離指数が印加電界のみの場合より大きくなり，空間電荷電界を考慮しない場合より放電電流の増加率が大きくなる．実際には，火花電圧に近づいたときの電流上昇率が高いので，空間電荷を考慮したときの火花電圧は考慮しないときの値に近い．

c. タウンゼント放電からグロー放電への転移

火花条件が満たされると，(3.102) 式の放電電流は無限大になる．実際には，図 3.19 に示したように直列抵抗 R を入れるので，5.1 節で述べる原理によって放電電流はある一定値に落ち着く．

前述のように放電電流が大きくなると，ギャップ中の電界は正イオンによって乱され，タウンゼント放電の前提であった「空間電荷による電界ひずみが無視できる」の仮定が成立しなくなり，次章で述べるグロー放電に転移する．ここでは，3.5.3 項 b で述べた定常状態のタウンゼント放電電流の解析結果を使って，タウンゼント放電成立の限界を調べる．

定常状態におけるポアソンの式は，

$$\frac{dE(z)}{dz} = -\frac{e}{\varepsilon_0}\{n_+(z) - n_-(z)\} \tag{3.146}$$

いま，図 3.21(b) を参考にして，$n_-(z) - n_+(z) \approx -n_+ = -\dfrac{i_+}{Fe\mu_+ E(z)} \approx -\dfrac{i}{Fe\mu_+ E(z)}$ とおくと，

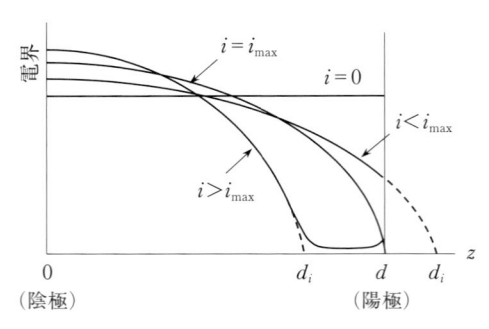

図 3.24 定常タウンゼント放電時の放電電流によるギャップ中の電界変化

$$E(z) = E_C\sqrt{1 - \frac{z}{d_i}}, \qquad d_i = \frac{F\varepsilon_0\mu_+ E_C^2}{2i} \tag{3.147}$$

ただし，$E_C = E(z=0)$：陰極表面の電界，d_i：$E=0$となる仮想的な位置である．

i を変えて $E(z)$ を概念的に描くと図 3.24 のようになる．$d_i > d$ なら $E(z) > 0$ であるが，i が大きくなって $d_i < d$ になるとギャップ中の電界を維持できなくなり，タウンゼント放電状態を維持できなくなる．その臨界の電流 i_{max} は，$d_i = d$ になるときの値で，次式で与えられる．

$$i_{max} = \frac{F\varepsilon_0\mu_+ E_C^2}{2d} \tag{3.148}$$

この電流が，タウンゼント放電からグロー放電への遷移領域における電流である．

N_2 ガス中で，$p = 10$ mmHg，$d = 10$ cm，電極面積 100 cm^2，$\gamma = 0.01$ として電流を求めると，$i_{max} = 3 \times 10^{-5}$ A となり，第 5 章で述べる図 5.2 の遷移領域から前期グロー放電領域の値になる．

3.5.5　パッシェンの法則と相似則
a.　パッシェンの法則

次のタウンゼントの火花条件式を使って，火花電圧の特性を調べる．

$$\gamma_i\{\exp(\alpha d) - 1\} = 1 \tag{3.149}$$

一般にタウンゼント放電が発生するような気体の状態と電界では，(3.142)，(3.143) 式で示したように，電離係数 α，電界 E，気体圧力 p の間に次の関係が成立する．

$$\frac{\alpha}{p} = f\left(\frac{E}{p}\right) \tag{3.150}$$

これを (3.149) 式に代入すると，

$$f\left(\frac{E}{p}\right)pd = \ln\left(1 + \frac{1}{\gamma_i}\right) \tag{3.151}$$

平行平板ギャップでは，印加電圧を U_0 とすると，$U_0 = Ed$ であるから上式は次のように書き換えられる．ここで，火花条件を満たす印加電圧は火花電圧であるので U_B と記した．

$$f\left(\frac{U_B}{pd}\right)pd = \ln\left(1 + \frac{1}{\gamma_i}\right) \tag{3.152}$$

これを U_B について解くと

$$U_B = F_1(pd) \tag{3.153}$$

が得られ，火花電圧は pd の関数になることがわかる．すなわち，タウンゼント放電の火花電圧は，気体の圧力 p とギャップ長 d の積の関数になる．これは，ドイツの実験物理学者パッシェン (Paschen) が実験で最初に見出したのでパッシェンの法則と呼ばれる．(3.150) 式は，気体温度が一定の条件で成立する関係式で，温度が変化するときは，気圧 p の代わりに気体密度 ρ あるいは気体分子の個数密度 N に置き換えなければならない．このとき，パッシェンの法則は一般化して次のように書く．

$$U_B = F_2(\rho d) \quad \text{あるいは} \quad U_B = F_3(Nd) \tag{3.154}$$

先にも述べたように，α/p の実験式としていくつかの式が提案されているが，ここでは (3.143) 式を採用して具体的に火花電圧を求めると

$$U_B = \frac{Dpd}{\ln\dfrac{Cpd}{\ln(1 + 1/\gamma_i)}} \tag{3.155}$$

となり，pd が大きくなると，U_B は pd にほぼ比例して上昇することがわかる．

ところで，よく知られているように，関数 $y = x/\ln x$ は，$x = e$ で最小値 $y = e$ をもつ．(3.155) 式はこれと同じ形をしており，U_B が pd に対して極小値をもつ．そこで，$dU_B/d(pd) = 0$ より，極小値 $(U_B)_{\min}$ と対応する $(pd)_{\min}$ を求めると，次のようになる．

$$(U_B)_{\min} = \frac{2.718D}{C}\ln\left(1 + \frac{1}{\gamma_i}\right) \tag{3.156}$$

$$(pd)_{\min} = \frac{2.718}{C}\ln\left(1 + \frac{1}{\gamma_i}\right) \tag{3.157}$$

具体的に，数種類の気体の実験で得られたパッシェン曲線を $U_B = F_1(pd)$，$U_B = F_3(Nd)$，$U_B = F_4(d, T = 沸点)$ の形で整理すると，図 3.25 のようになる (Gerhold, 1987)．同じ pd あるいは Nd において U_B を比較すると，気体の種類によって U_B に大きな差があるが，$U_B = F_4(d, T = 沸点)$ にすると，同図 (c) のように与えられたギャップ長 d に対する U_B の気体間の差が小さくなる．

表 3.2 に，各種気体の $(U_B)_{\min}$，$(pd)_{\min}$ の測定例を示す．ただし，パッシェン曲線の極小値は，電極の材料，電極表面の清浄度，気体に含まれるわずかな不純物に敏感

(a) $U_B = F_1(pd)$ 特性

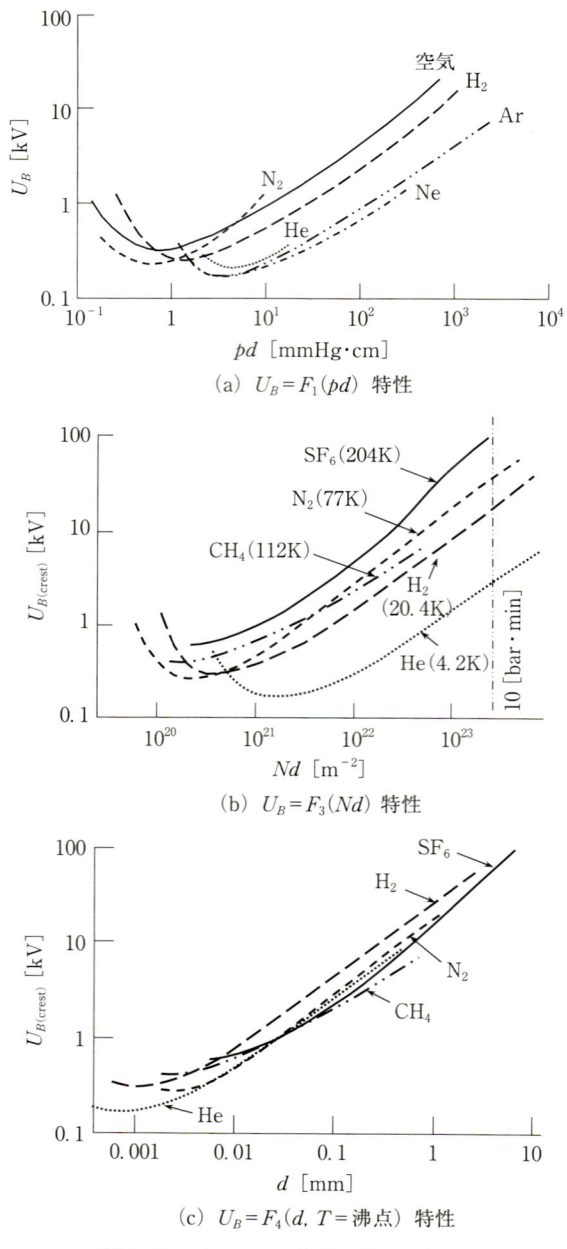

(b) $U_B = F_3(Nd)$ 特性

(c) $U_B = F_4(d, T=沸点)$ 特性

図 3.25 パッシェン曲線の種々の表現

3.5 タウンゼント放電とパッシェンの法則

表 3.2 最小火花電圧

気体	$(U_B)_{\min}$ [V]	$(pd)_{\min}$ [mmHg·cm]
空気	330	0.57
He	155	4.0
Ne	244	3.0
H_2	230	1.05
N_2	240	0.65
CO_2	420	0.57
SF_6	507	0.26

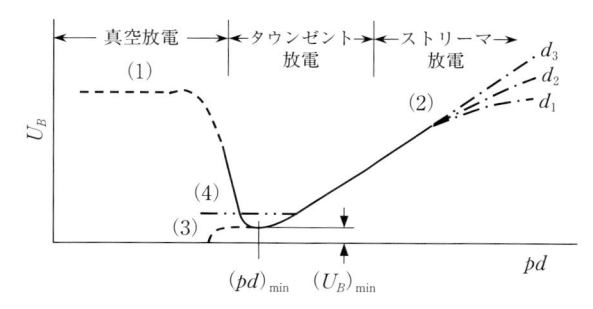

図 3.26 pd を広い範囲で変化させたときの U_B-pd 特性
(1)：p 変化，d 一定；(2)：p 変化，d 一定，$d_1<d_2<d_3$；(3)：d 変化，p 一定；(4)：$B\neq0$（交差磁界あり）．

に影響されるので，しばしば研究者間のデータに違いが見られる．

ところで，ギャップ長と気体圧力を広い範囲で変化させて測定した U_B-pd 特性を概念的に示すと，図 3.26 のようになる．実線は上記のパッシェンの法則が成立するタウンゼント放電領域の特性である．気体圧力が 10^{-2} mmHg 以下の真空放電領域では，圧力を下げてゆくと U_B は一度緩やかな極大値を示した後，ほぼ一定の値に落ち着き，図の曲線 (1) の特性となる．また，圧力が高くなると，曲線 (2) で示したように U_B が pd だけでなく d にも依存するようになる．

先にも述べたようにパッシェンの法則成立の背景には，(3.150) 式の必要条件がついている．すなわち，平均自由行程間にエネルギーを得た電子が衝突電離を起こしたとき，発生する電子数 ($\alpha\lambda \propto \alpha/p$) は電子エネルギー ($E\lambda\varepsilon \propto E/p$) によって決まる．後に述べるストリーマ放電の場合も，ここで述べた機構が火花破壊を支配するときにはパッシェンの法則が成立する．

逆に，この機構を含まない電子生成機構が起こり始めるとパッシェンの法則は成立しなくなる．パッシェンの法則は，放電応用においてしばしば利用されるので，その成立限界の実験例を挙げておく．

(1) $(pd)_{\min}$ 近傍で p を一定にして d を減じると,ギャップ長が電子の平均自由行程より小さくなり,破壊前に陰極からの電子放出が活発になり,U_B は図 3.26 の曲線 (3) のようになる.図 3.27 は,大気圧空気中で d を減じたときの実験値で,$d<1\,\mu\mathrm{m}$ で U_B が急に表 3.2 の値より低くなっている (Germer, 1959).この現象は大気中でスイッチを閉じるときの電極間で,いつも起こっている.また,$(U_B)_{\min}$ の左側の実験において,実際の電極系の最短ギャップで $(pd)_1$ になるように電極をセットしたとしても電極の端部では $pd>(pd)_1$ の部分が必ず現れ,$(pd)_{\min}$ を満たす pd が存在することになる.このとき,d を一定にして p を減じても,電極の端部で火花が発生しない工夫がないと $(U_B)_{\min}$ の左側における火花電圧の上昇が見られなくなる.さらに,$(U_B)_{\min}$ の左側では,電極表面状態,ギャップ長などに影響されやすい.例えば,電極に付着した粒子が電圧印加によって電極から離れて対向電極に衝突し,ガスを放出して局所的に気体密度を上昇させ,U_B の低下を招く.図 3.28 は $(U_B)_{\min}$ の左側の

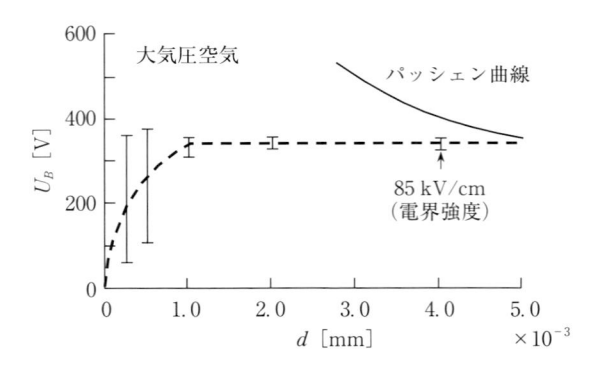

図 3.27 d の小さい領域の U_B-d ($p=$ 一定) 特性

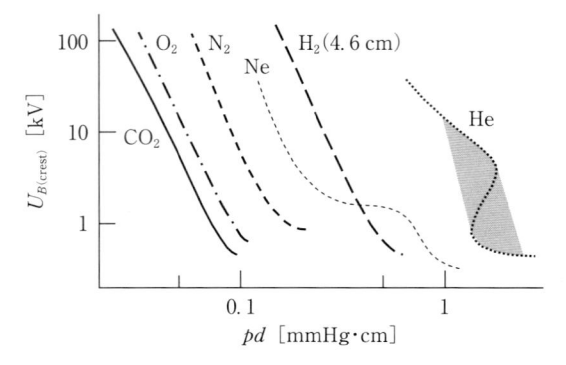

図 3.28 パッシェン曲線の極小値の左側の特性

特性例である（Korolev et al., 1998）.

（2）　電界に交差する磁界が印加されると，電子はラーマ運動し，電子の平均自由行程間に得るエネルギーと気体分子との衝突周波数が磁界の影響を受け，U_B は図 3.26 の曲線（4）のようになる．図 3.29 は交差磁界がかかっているときの電子の運動と電子エネルギーの関係を示す概念図，図 3.30 は U_B の測定例である．気圧が高いとき（図 3.29(a)）は，電子の運動が電界方向からずれるので $E\lambda > E\lambda_e$ となり，火花電圧は磁界がないときより高くなる．一方，気圧が低くなる（図(b)）と，磁界印加時には電子が衝突間にラーマ運動で完全なサイクロイド曲線を描けるようになり，電子の気体分子との衝突周波数は増える．このとき，電子は容易に電離エネルギーを獲得で

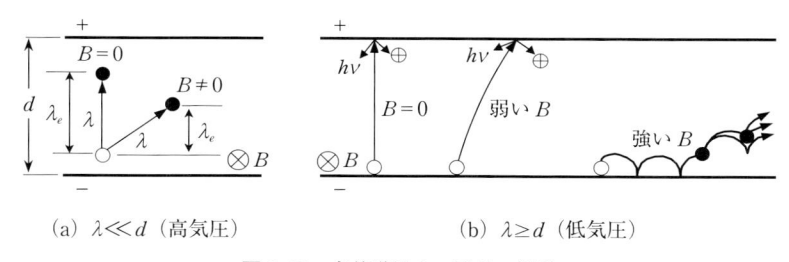

(a) $\lambda \ll d$（高気圧）　　　　(b) $\lambda \geq d$（低気圧）

図 3.29　交差磁界中の電子の運動
○：電子，●：気体分子，⊕：正イオン，λ：平均自由行程，λ_e：自由行程の電界方向成分．

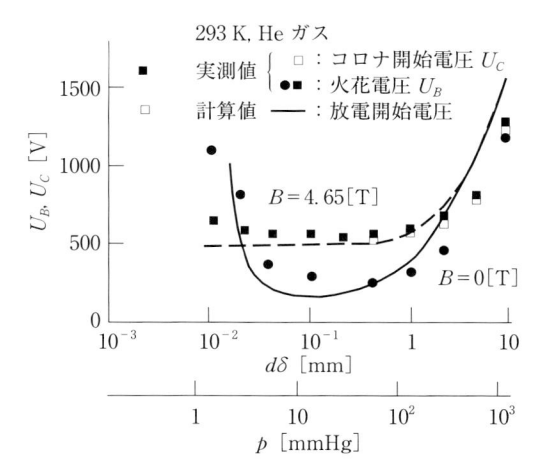

図 3.30　交差磁界があるときのパッシェン特性
同軸円筒電極（内円筒：正，8 mmφ；外円筒 17 mmφ），δ：相対気体密度．

きる．このために気圧が低いとき，火花電圧は磁界がないときより低くなる．これは，低圧気体絶縁系の火花電圧が電気機器の負荷電流に影響されることを意味する．特に，超電導機器の場合は，絶縁系に真空または低圧気体層を含むとともに大電流が流れて磁界が大きくなるので，その絶縁強度に対する負荷電流の影響に注意しなければならない（Hara et al., 1989）．

(3) d を一定にして p を著しく高くすると，気体の破壊電圧が上昇して，電子の衝突電離より先に陰極からの電子放出が起こるようになり，U_B は図 3.26 の曲線 (2) のようになる．例えば，CO_2 の臨界温度 T_c と圧力 p_c はそれぞれ 31.1℃，73.8 MPa であるので，気体温度が $T>T_c$ の領域で圧力を上昇すると，CO_2 の状態は，気体，亜臨界，超臨界と変化し，常温付近の温度で密度を連続に変えつつ火花電圧を測定できる．そのようにして測定した $U_B(\rho)$ が図 3.31 で，図中には $\rho d=$ 一定の U_B も破線で示してある．破線が水平であることは，パッシェンの法則が成立していることを意味しており，ρ と d がある値以上になるとパッシェンの法則が成立しないことがわかる．この図の解析から，高密度領域における $U_B=F_2(\rho d)$ の成立限界が，図 3.32 のように分析されている．ρd が小さい領域（図の領域 B）では，パッシェンの法則が成立する．ρd が大きくなって，気体が理想気体から外れ，火花発生以前に陰極からの電界放出が起こり始めると，d が大きい間（領域 A）はパッシェンの法則が成立するが，小さい d（領域 C）ではパッシェンの法則が成立しなくなる．さらに ρd が大きくなると，陰極からの電界放出が活発になり，大きい d（領域 D）でもパッシェンの法則が成立しなくなる（Young, 1950）．

(4) p が高くなると，後の図 3.47 に示すように電極表面の微小突起により破壊電圧が低下するために，パッシェンの法則が成立しなくなる．これは，微小突起による

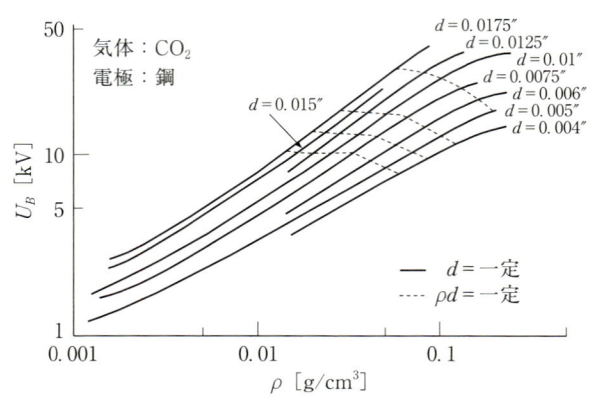

図 3.31 CO_2 の U_B-ρ 特性

3.5 タウンゼント放電とパッシェンの法則

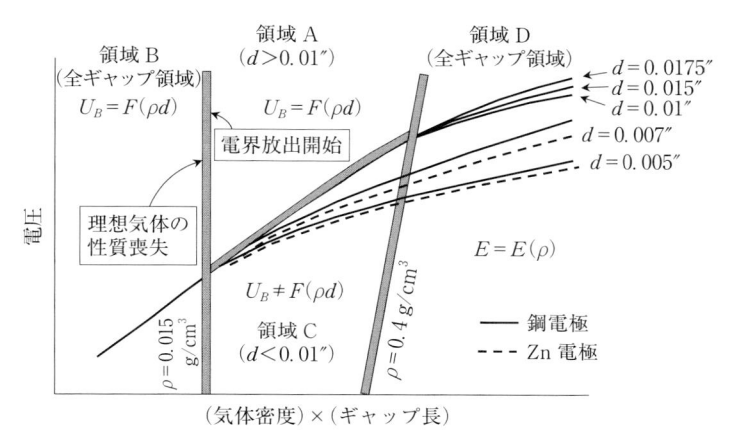

図 3.32 パッシェンの法則の成立限界
(CO_2, 0.25 インチ直径の球対球電極)

電界増強作用で突起先端での電離が活発になり，パッシェンの法則の前提条件である平等電界ギャップの破壊から突起先端からの不平等電界における破壊に移行するためである．p が高く，かつ $d\bar{\alpha}/dE$ の値が大きい気体ほど電極表面粗さの影響を受けやすい．ただし，$\bar{\alpha}=\alpha-\eta$ である（図 3.46 に関する記述を参照のこと）．

b. 相 似 則

異なる条件下の放電パラメータを他の基礎パラメータを使って一つの式で表現できるとき，放電パラメータには相似則が成立しているといい，基礎パラメータを相似パラメータという．先に述べたように，タウンゼント放電の火花電圧 U_B は，pd を相似パラメータとして相似であり，α/p も E/p を相似パラメータとして相似である．タウンゼント放電の放電電流 I も pd を相似パラメータとして相似であることが，次のようにしてわかる．

電極材料と気体の種類が同じで相似形の 2 つの電極系で，ギャップ長の比が "a" の二つの放電ギャップに同一電圧 U を印加したときの放電電流を考える．

二つのギャップ 1, 2 のパラメータを，添え字 1, 2 を付して表す．いま，ギャップ長の条件を

$$d_2 = a d_1 \tag{3.158}$$

気体圧力を

$$p_2 = \frac{p_1}{a} \tag{3.159}$$

と仮定すると，

$$p_2 d_2 = p_1 d_1 \tag{3.160}$$

であるから，(3.150) 式を使って

$$\alpha_2 d_2 = \frac{\alpha_2}{p_2} p_2 d_2 = f\left(\frac{U}{p_2 d_2}\right) p_2 d_2 = f\left(\frac{U}{p_1 d_1}\right) p_1 d_1 = \alpha_1 d_1 \tag{3.161}$$

ゆえに，放電電流は (3.102) 式より

$$I_1 = I_0 \frac{\exp(\alpha_1 d_1)}{1 - \gamma_i \{\exp(\alpha_1 d_1) - 1\}} = I_0 \frac{\exp(\alpha_2 d_2)}{1 - \gamma_i \{\exp(\alpha_2 d_2) - 1\}} = I_2 \tag{3.162}$$

となり，pd を相似パラメータとして相似である．

相似則は，ある状態下で得られた放電の諸量を他の状態下における値と比較するときに有用な法則である．第5章で述べるグロー放電においても，累積電離や電子-イオン再結合のような非線形衝突過程が含まれなければ相似則が成立し，相似パラメータを使って放電特性パラメータを整理することが多い．

3.6 ストリーマ放電

3.6.1 概　　説

p, d を大きくしたとき，火花破壊を起こすまでの時間が T_+ よりはるかに短くなり，放電の外観がチャネル状になって，p, d が小さいときに現れたタウンゼント機構でなくなることが，実験に基づいて指摘された．当初は，気体の速い導電率上昇現象を正イオン空間電荷効果によって説明しようとしたが，成功しなかった．1939年にレータ (Raether) が霧箱を使って紡錘状の電子なだれ図形の観測に成功するとともに，電子なだれから導電性のプラズマチャネルが成長することを確かめ，これをきっかけとして p, d の大きい領域の現象を説明できる火花放電理論が登場した (Raether, 1937b；1939)．

高速に成長するプラズマチャネルをストリーマ (streamer) と呼び，ストリーマが火花破壊を導く放電をストリーマ放電，その理論をストリーマ理論と呼ぶ．

3.4節で電子なだれについて論じたが，ストリーマ理論を理解する基礎として，電子なだれの性質をここで簡単に述べておく．図3.8で，電子なだれは電子の熱拡散によって紡錘状に広がりつつ成長することを述べたが，(3.2) 式の拡散係数と気体の圧力の間に $D_- \propto \lambda_- \propto 1/p$ の関係があるので，電子なだれの成長距離を一定とすると，p が大きくなるほど図3.8に示す電子なだれ頭部の拡散半径 x_c が小さくなる．

ところで，(3.44) 式で示した電子なだれの電子分布を具体的に調べると，次のようになる．陰極を出発した1個の電子による電子なだれが $z-h$ まで進展した後，さらに距離 h だけ成長する間に生成される電子数 ΔN_{-h} は，(3.44) 式より

$$\begin{aligned}\Delta N_{-h} &= N_-(z) - N_-(z-h) \\ &= \{1 - \exp(-\alpha h)\} N_-(z)\end{aligned} \tag{3.163}$$

となる.すなわち,全電子数の半分が生成される距離 h は $\Delta N_{-h}/N_-(z) = 1/2$ より,$h = 0.693/\alpha$ となる.具体的に,空気中で,$p = 760$ mmHg,$d = 1$ cm の平行平板ギャップの火花電圧の測定値 31.6 kV に対する α の値は $\alpha \approx 17$ cm^{-1} であるので,$h = 0.693/\alpha = 0.041$ cm となり,ギャップ長に対する比は $h/d \approx 1/25$ となる.すなわち,電子なだれ中の電子の大部分は,電子なだれ頭部に集中している.

また,電子が距離 $1/\alpha$ 進むと 1 回の電離を起こし,電子と同じ個数の正イオンを生成するので,電子なだれ中の正イオンの大部分も電子なだれ頭部に分布することになる.そこで,電子なだれ先端領域の電子群と正イオン群がそれぞれ球形に分布するとしてモデル化すると,図 3.33 のようになる.電子群の球の半径 r_D は,電子が陰極から出発して z まで成長する間に熱拡散によって拡がった拡散半径であるが,先にも述べたように,$1/\alpha$ の距離ごとに電離を起こすので,正イオン群の球の半径 r'_D は r_D にほぼ等しい.ところで,電子なだれが成長する過程でなだれ頭部が拡がる原因には,熱拡散のほかに静電反発力が考えられるが,電子なだれ中の電子個数が $\exp(\alpha z) \approx 10^6$ 程度になるまでは静電反発力の効果は小さい.

先に述べたように,p の上昇に伴って D_- は小さくなるので,図 3.33 の電子と正イオン群の球表面における空間電荷電界 E_ρ は p とともに大きくなり,タウンゼント放電で無視できた空間電荷電界を無視できなくなる.

ストリーマ理論は,1940 年頃に多数の研究者によって提案されたが,いずれも図 3.33 に示す電子なだれ頭部に形成される空間電荷電界 $E_{\rho+-}$ の作用によって電子なだれがストリーマに転換することを前提としている.すなわち,ストリーマの発生には

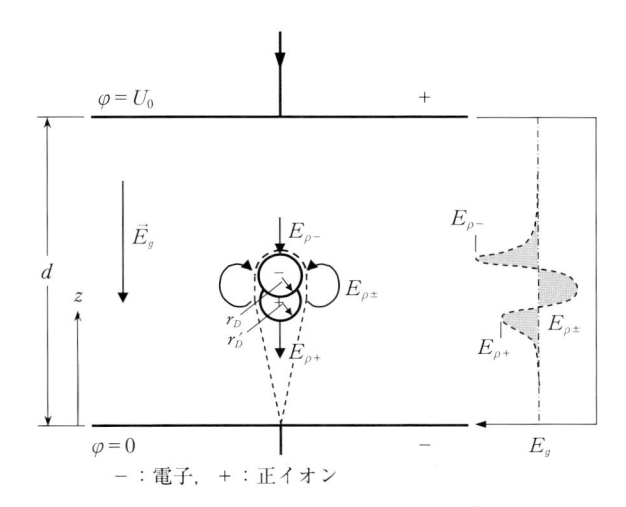

図 3.33 電子なだれ頭部の電界分布

電子なだれに先行する放電現象は必要なく，また，一度ストリーマが発生すると，ストリーマ先端部の電界が強められ，そこの電離作用が強化されるのでストリーマが高速度で成長して火花破壊を招くという実験事実を基礎にしている．

電子なだれからストリーマへの転換条件を記述する場合，① 電子なだれ頭部の正イオン空間電荷電界 E_{p+} を重視する理論系，② 電子空間電荷電界 E_{p-} を重視する理論系，③ 正イオンと電子の両方の空間電荷電界を取り扱う理論系などがある（三好，1957）．また，電子なだれからストリーマに転換するときに必要な多量の電子と正イオンの供給源として，気体中の光電離作用により発生した電子が電子なだれ（母なだれ）に引き込まれる際にできる子なだれの電子と正イオンに求める場合と，空間電荷電界による強い電離作用を重視する考え方がある．ここでは，工学分野で火花電圧の推定に広く利用されている，上記の ① の範疇に入るミーク（Meek），レープ（Loeb）による理論と，② の範疇のレータによる理論を説明する．

3.6.2 ミークとレープの理論

次に述べるようにミーク，レープ，Gallimberti は電子なだれ中の正イオン群による E_{p+} を重視した理論を展開しているので，同じ理論系列といえる．

(1) ミークの原理論では，母なだれから放出された光子の光電離作用による電子がトリガーとなって子なだれが成長し，$E_{p+} = E_g$ になると子なだれが母なだれに引き込まれてストリーマに転換するとしている．

(2) レープとミークは，ミークの原理論で推定した火花電圧が実測値といくぶん異なるので，$E_{p+} = E_g$ の代わりに $E_{p+} = KE_g$ とおき，$K = 0.1 \sim 1$ の補正係数を導入した．さらに，ギャップ長 d が大きくなると，ミークの原理論で推定される火花電圧が常に実測値より低くなるので，電子なだれからストリーマへの転換条件に，正イオン密度 n_+ がある臨界値 n_{+c} より大きくなることが必要であるとする，$n_+ \geq n_{+c}$ の条件を付加した．

(3) Gallimberti は，4.3節の長ギャップ放電の項で述べるように，ストリーマが発生する条件を次のように考えている．単一電子なだれから放出された光子により多数の子なだれが生成されるが，これらの子なだれを等価な単一の電子なだれに置き換え，母なだれと等価単一電子なだれの正イオン総数と拡散半径をそれぞれ N_+, N'_+, r_D, r'_D とすると，$N_+ = N'_+$ と $r_D = r'_D$ を満たすとき，ストリーマが開始するとしている．

以下では，ミークの原理論（Meek, 1940b）と，ミークとレープの修正理論を説明する．

図3.33に示す直流電圧を印加した平行平板ギャップの陰極（$z = 0$）を時刻 $t = 0$ に出発した1個の電子が電子なだれを形成して $z = z_0$ まで成長した状態を考える．球内の正イオン密度を n_+，正電荷量を Q とすると，球表面の空間電荷電界 E_{p+} は

$$E_{\rho+} = \frac{Q}{4\pi\varepsilon_0 r_D^2} = \frac{n_+ e}{3\varepsilon_0} r_D \tag{3.164}$$

となる．$z=z_0$ まで電子なだれが成長しているときの電子なだれ先端の電子総数 N_- は $N_- = \exp(\alpha z_0)$ であるから，z_0 から dz だけ電子なだれが成長する間に生成される正イオン数 ΔN_+ は，生成される電子数に等しいので

$$\Delta N_+ = \alpha \exp(\alpha z_0) dz \tag{3.165}$$

となる．これらの正イオンが電子の拡散半径 r_D の円柱内に一様に分布すると仮定すると，z_0 における正イオン密度は，次式で与えられる．

$$n_+ = \frac{\alpha \exp(\alpha z_0) dz}{\pi r_D^2 dz} = \frac{\alpha \exp(\alpha z_0)}{\pi r_D^2} \tag{3.166}$$

r_D は電子の拡散半径であるので，ミークの原理論のとおりに一次元拡散を考えると

$$r_D = \sqrt{2D_- t} = \sqrt{2D_- z_0/v_-} = \sqrt{2D_- z_0/\mu_- E_g} \tag{3.167}$$

となる[*6]．ただし，D_-：電子の拡散係数，μ_-：電子の移動度である．

(3.166)，(3.167) 式を (3.164) 式に代入すると

$$E_{\rho+} = \frac{\alpha \exp(\alpha z_0)}{3\pi\varepsilon_0 r_D} e = \frac{\alpha \exp(\alpha z_0)}{3\pi\varepsilon_0 \sqrt{2D_- z_0/\mu_- E_g}} e \tag{3.168}$$

となる．ところで，

$$\frac{D_-}{\mu_-} = \frac{kT_-}{e} = \frac{p_-}{n_- e} = \frac{pT_-}{neT} = \frac{pm_- c_-^2}{enmc^2} \tag{3.169}$$

$$\therefore p_- = n_- m_- c_-^2/3 = n_- kT_-,$$
$$p = nmc^2/3 = nkT$$

の関係があるので（ただし，T_-：電子温度，T：気体温度，p_-：電子群による圧力，p：気体圧力，n_-：電子数密度，n：気体分子数密度，m_-：電子質量，m：気体分子質量，c_-：電子の熱運動速度，c：気体分子の熱運動速度，k：ボルツマン定数である），c_-^2 に対して Compton の近似式を使い，考えている E_g/p の領域で電子衝突ごとのエネルギー損失割合が一定であると仮定すると

$$E_{\rho+} = 5.28 \times 10^{-7} \frac{\alpha \exp(\alpha z_0)}{(z_0/p)^{1/2}} \ [\text{V/cm}] \tag{3.170}$$

となる．ただし，p の単位は mmHg である．

ところで，ミークは電子なだれがストリーマに転換する条件を

$$E_{\rho+} = E_g \tag{3.171}$$

とおいた．この $E_{\rho+}$ が最大になるのは，図 3.34(a) に示すように電子なだれが陽極に到達する直前であり，ストリーマが発生すると図 3.34(b)，(c) の過程を経て自動的に火花破壊に至るので，火花が発生するための最低の電圧，すなわち直流火花電圧

[*6] 拡散半径として三次元拡散を考えるべきであるが，研究者によって種々の次元の拡散係数が使用されている．二，三次元拡散の場合は式中の係数の 2 がそれぞれ 4, 6 となる．

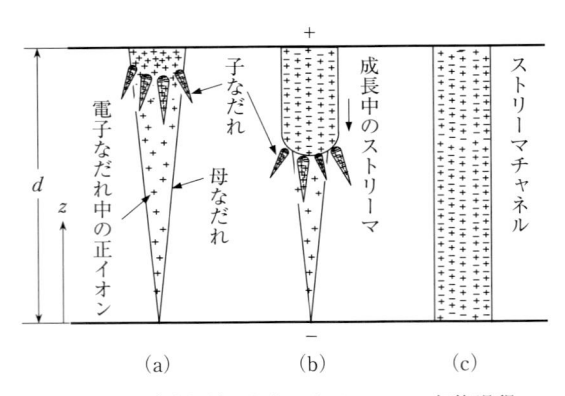

図中テキスト(右から): ストリーマチャネル / 成長中のストリーマ / 子なだれ / 母なだれ / 電子なだれ中の正イオン

図 3.34 電子なだれからストリーマへの転換過程

は

$$E_{\rho+}(z_0 = d) = E_g \tag{3.172}$$

より求められる．

(3.170) 式を (3.172) 式に代入して対数をとると,

$$\frac{\alpha}{p}pd + \ln\frac{\alpha}{p} = 14.46 + \ln\frac{E_g}{p} - \frac{1}{2}\ln pd + \ln d \tag{3.173}$$

となり，これを満たす印加電圧 $U_B = E_g d$ が直流火花電圧である．α/p は (3.142), (3.143) 式からわかるように pd の関数であり，火花条件に対する (3.173) 式の右辺第4項の寄与は小さいので，U_B は pd の関数になる．したがって，ストリーマ放電のときもパッシェンの法則が成立する．

後に，ミークとレープは，(3.172) 式による理論値と実験値の不一致があるために

$$E_{\rho+}(z_0 = d) = KE_g, \qquad K = 0.1 \sim 1 \tag{3.174}$$

なる補正係数 K を導入した (Loeb et al., 1940a ; 1940b)．

図 3.35 は，ミークの原理論に Sanders による α/p の実測値 (Sanders, 1933) を代入して求めた U_B の計算値と実験値の比較で，$pd \geq 200$ mmHg・cm で両者はよく一致している．

なお，空気中で $0.1 < d < 16$ [cm] の平等電界ギャップの直流および商用周波交流電圧に対する U_B は，次の実験式で表される．

$$U_B = 24.05 d\delta\left(1 + \frac{0.328}{\sqrt{d\delta}}\right) \text{ [kV]} \tag{3.175}$$

ただし，δ は相対空気密度で，気圧を p [mmHg]，気温を T [℃] とすると，次式で表される．

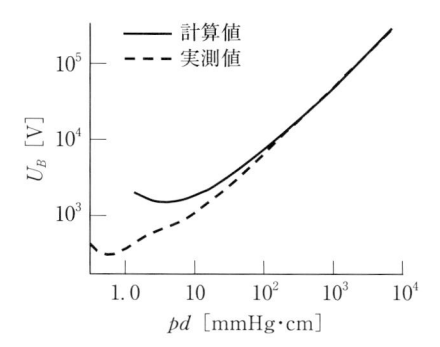

図 3.35 ミークのストリーマ理論による平等電界ギャップの破壊電圧の計算値と実測値の比較

$$\delta = \frac{0.386\,p}{273 + T} \tag{3.176}$$

ミークの原理論の適用範囲の下限である $pd = 200$ mmHg・cm における U_B に対する正イオン密度 n_+ を求めると，

$$n_+ \cong 7 \times 10^{11}\ [\mathrm{cm}^{-3}] \tag{3.177}$$

である．

いま大気圧空気中の火花破壊を考えると，$E_g/p \cong 40$ V/mmHg・cm となるので，電子なだれの成長速度は電子のドリフト速度である $v_- = 1.25 \times 10^7$ cm/s となる．ストリーマに転換後はストリーマ先端部で電界が強化されるために電離作用が強められ，ストリーマの成長速度は 10^8 cm/s 以上になる．したがって，火花破壊までの時間は電子のギャップ横断時間 $T_- = d/v_-$ のオーダとなる．

ところで，d がある値 d_c より大きくなると，火花電圧の実測値がミークの原理論による推定値より常に高くなる．例えば，大気圧空気中では $d_c = 15$ cm である．レープとミークは，$d \geq d_c$ でもミーク理論を適用できるように，ストリーマの進展条件に $n_+ \geq n_{+c}$ の条件を付加した．大気圧空気の場合，(3.177) 式の値をとり

$$n_{+c} \cong 7 \times 10^{11}\ [\mathrm{cm}^{-3}] \tag{3.178}$$

とした．

ストリーマ理論においては，$d \geq d_c$ のギャップを長ギャップと呼び，この領域では図 3.36 に示すようにギャップの途中で電子なだれがストリーマに転換し，ストリーマは陰極と陽極の両方に向かって成長しうるようになる．ギャップの途中で発生したストリーマを中間ストリーマ，陰極に向かうストリーマを陰極向けストリーマ，陽極に向かうストリーマを陽極向けストリーマと呼ぶ．

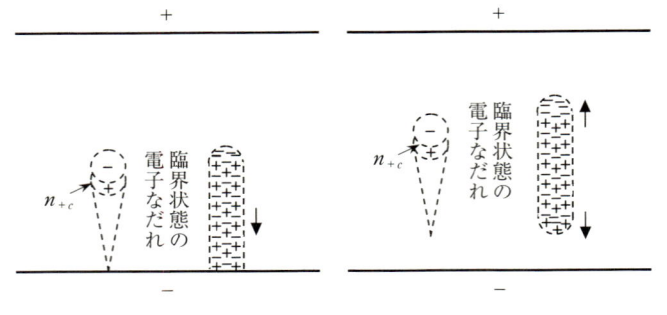

(a) 陰極向けストリーマ　　(b) 中間ストリーマ（陰極向け
　　　　　　　　　　　　　　　と陽極向けストリーマ）

図3.36 長ギャップにおける電子なだれからストリーマへの転換

　以上は，直流電圧印加時の火花破壊であったが，ギャップに直流の火花電圧より高いパルス電圧を印加すると，ギャップが短くても中間ストリーマによって火花破壊が起きるようになる．

　ところで，ミークとレーブのストリーマ理論では，E_{p+} の導出に多くの仮定が含まれており，また，電子なだれがストリーマに転換するために $E_{p+} = E_g$ および $n_+ \geq n_{+c}$ の条件が必要であることの明確な証明はない．しかし，第7章で述べるように，1970年代以降に実施されたコンピュータシミュレーションによって，結果としてこれらの取り扱いの正しいことが確認されている．

　気体が電気的負性気体であるとき，電子なだれ中のモデル化した荷電粒子分布は，図3.37のようになる．ところで，電子なだれのところで述べたように陽極直前の電子なだれ頭部の荷電粒子総数はそれぞれ次式で与えられる．

$$N_- = \exp(\alpha - \eta)d \tag{3.179}$$

$$N_+ \approx \frac{\alpha}{\alpha - \eta} \exp(\alpha - \eta)d \tag{3.180}$$

$$N_n \approx \frac{\eta}{\alpha - \eta} \exp(\alpha - \eta)d \tag{3.181}$$

例えば，$\eta = 0.9\alpha$ とすると，電子個数は負イオンの1/9になり，負イオン数と正イオン数がほぼ等しくなる．電子は短時間内に陽極に流入するので，後に残った正イオンの空間電荷電界は負イオンによって打ち消される．しかし，負イオンは短時間で陽極へ流入して消滅するので，正イオンの空間電荷電界が回復して，ストリーマが発生しうるようになる．負イオンのドリフト速度は電子に比べて2桁以上遅く $v_n \approx 10^5$ cm/s であるので，電気的負性気体中のストリーマ出現時間は10 μs にも及ぶ．すなわち，電気的負性気体の場合も，ミークの原理論のように E_{p+} の作用で電子な

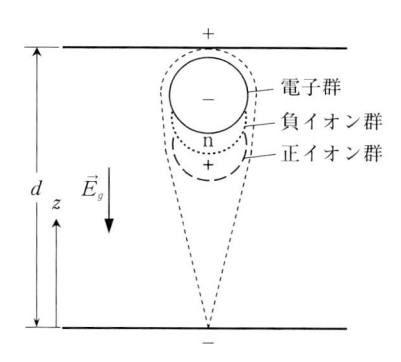

図 3.37 α, η 作用によって成長した電子なだれのモデル

だれがストリーマに転換する．これらの現象は，電子なだれ電流の観測によって確かめられている．

3.6.3 レータの理論 (Reather, 1937a；1941a；1941b)

レータは，霧箱による単一電子なだれの観測となだれ電流の計測から，次の結果を得ている．

① 陰極から出発した1個の電子による電子なだれ中の電子個数は，進展距離 z とともに $N_- = \exp(\alpha_{e\!f\!f} z)$ の式に従って増えるが，$N_- < \sim 10^6$ では，$\alpha_{e\!f\!f} = \alpha_0$ である．ただし，$\alpha_{e\!f\!f}$ は空間電荷電界 E_ρ を考慮した実効電離係数，α_0 は E_g における電離係数である．

② $\sim 10^6 < N_- < \sim 10^8$ 程度になると，正イオンによる空間電荷電界 $E_{\rho+}$ の効果により電子なだれ先端領域の電子の運動速度が減じられて $\alpha_{e\!f\!f} < \alpha_0$ となり，電子なだれの成長が E_g だけの場合より抑制される．

③ $N_- > 10^8$ になると，電子なだれ先端領域の電離に対する $E_{\rho-}$ の効果が支配的となり，$\alpha_{e\!f\!f} > \alpha_0$ となる．

以上のような観測結果をもとにして，電子なだれからストリーマへの転換条件を

$$\alpha z_{crit} = 20 \tag{3.182}$$

とおいた．すなわち，(3.182) 式を満たす距離 $z = z_{crit}$ だけ電子なだれが成長すると，電子なだれがストリーマに転換する．z_{crit} を電子なだれの臨界長という．いま，ギャップ長を d とすると

① $z_{crit} < d$ の場合は，ギャップ途中から陽極向けストリーマが進展する．

② $z_{crit} = d$ の場合は，陽極向けストリーマは現れず，陰極向けストリーマが陽極から成長し，このときの印加電圧は電子なだれがストリーマに転換するための最

低値である.

③ $z_{crit} > d$ のときは,ストリーマは発生せず,この電圧条件では放電がタウンゼント機構になる.

レータは,(3.182)式の条件は,空間電荷電界で表現すると

$$E_{\rho-} = E_g \tag{3.183}$$

であるとしている.

すなわち,z_{crit} まで進展した電子なだれ中の電子が半径 r_D の球内に均一に分布すると仮定すると,球表面の空間電荷電界は

$$E_{\rho-} = \frac{e \exp(\alpha z_{crit})}{4\pi\varepsilon_0 r_D^2} \tag{3.184}$$

となる.また,拡散半径 r_D は,ミークの原理論のように Compton の経験式を使わずに,

$$r_D^2 = 4D_- t = 4D_- z_{crit}/\mu_- E_g \tag{3.185}$$

$$D_-/\mu_- = kT_-/e \quad (アインシュタインの関係) \tag{3.186}$$

$$3kT_-/2 = eU_{th} \tag{3.187}$$

の関係式を使って求めた.これらを (3.183) 式に代入すると,

$$\exp(\alpha z_{crit}) = 6 \times 10^7 U_{th} z_{crit} \tag{3.188}$$

となる.U_{th} は (3.47) 式のところで述べたように 1.2〜3.9 [V] の範囲にあるので,$U_{th} = 1.5$ [V] であるとすると,

$$\exp(\alpha z_{crit}) \approx 10^8 z_{crit} \tag{3.189}$$

となる.ただし,U_{th} は電子の熱エネルギーである.$z_{crit} = d = 1$ cm とおくと,(3.189) 式は (3.182) 式にほぼ等しい.

また,火花形成時間 T_{br} は

$$T_{br} \approx \frac{z_{crit}}{v_-} = \frac{20}{\alpha v_-} \tag{3.190}$$

で与えられる.

上記の $\alpha z_{crit} = 20$ と $z_{crit} = d$ の条件で求まる火花電圧は,ミークの原理論による値と同じであり,空間電荷電界としてレータは $E_{\rho-}$ を,ミークは $E_{\rho+}$ を使用しているが,工学的興味の対象となる火花電圧の推定の観点からすれば,両理論は同じ結果を与える.また,(3.189) 式は,タウンゼントの火花条件である (3.136) 式で γ_i を一定とおくと同じ形になり,レータの理論からもストリーマ放電においてパッシェンの法則の成立することがわかる.

3.6.4 タウンゼント放電とストリーマ放電の間の遷移

前節で述べた α と γ 作用が主要な機構のタウンゼント放電とストリーマ放電の火花条件を簡単にまとめると,次のようになる.

① p, d が小さいときは，荷電粒子の拡散と空間電荷電界の効果を無視でき，火花放電は電子なだれの多数の世代を経て確立される．火花条件は，次式で与えられる．

$$1 - \gamma \{\exp(\alpha d) - 1\} = 0 \quad \text{または} \quad \alpha d = \ln\left(1 + \frac{1}{\gamma}\right) \tag{3.191}$$

ただし，$\gamma = \gamma_i + \gamma_{ph}$ である．

② p, d が大きいときは，火花は単一電子なだれからストリーマに転換することによって起こり，その転換条件は，

$$E_{\rho+}（または E_{\rho-}) = E_g \quad \text{または} \quad \alpha d = 20 \tag{3.192}$$

である．

3.5 節と 3.6 節では，p, d が小さい場合と大きい場合のタウンゼント放電とストリーマ放電が単独に出現する場合の理論を述べたが，p, d が中間の値の場合には，図 3.38 に示すように，放電確立途中でタウンゼント放電からストリーマ放電に遷移する場合がある（Raether, 1953）．すなわち，一次電子なだれはストリーマに転換するに十分な空間電荷電界を発生できない（図(a)）が，励起分子からの光子によって多重電子なだれを生成し（図(b)），これらの電子なだれが陽極前面に正イオン群を残してギャップ間の電界を増強し（図(c)），後続の電子なだれの成長を助長してストリーマを発生させる（図(d, e)）．

ところで，火花条件式に含まれる α, γ は，気体の種類と圧力，電極材料，印加電圧の過電圧率（$= 100(U_0 - U_{BS})/U_{BS}$，ただし，$U_0$：印加電圧，$U_{BS}$：直流破壊電圧）に依存する．ある実験系で電圧を上昇させたとき，(3.191) 式と (3.192) 式の火花条件のうち先にこれらの一つを満たした放電機構によって火花破壊が起きる．したがって，放電機構は，p, d だけでなく，これらの放電条件にも依存する．次に，放電

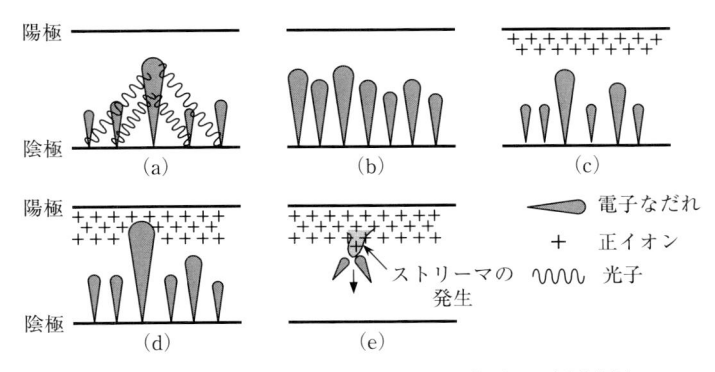

図 3.38 タウンゼント放電からストリーマ放電への遷移領域における破壊機構

条件と放電機構の関係を述べる.

(1) γ_{ph} が小さい放電条件では (3.191) の第二の式の右辺が大きくなるので, (3.192) 式の方が早く満たされ, ストリーマ機構になりやすい. 逆に γ_{ph} が大きいときはタウンゼント機構になりやすい. ところで, 3.4.2項で述べたように, γ_{ph} は電子なだれからの光子によって陰極から放出される二次電子数であり, これは電子なだれ成長中に生成される励起分子数, 励起分子から放射される光子数, 放射された光子が陰極に衝突する割合, および1個の光子が陰極から放出する二次電子数の積である.

(2) γ_i が小さい電極, すなわち仕事関数が大きい電極材料のときは, ストリーマ機構になりやすい.

(3) α 線などを使って陰極表面の狭い領域から多数の初期電子を放出させると, 電子なだれ先端領域の拡散半径内に存在する荷電粒子数が多くなるので, 単一電子なだれのときより空間電荷電界の作用が強化され, ストリーマ機構になりやすい.

(4) 過電圧率を上げるに従って α が大きくなるので, (3.192) 式を満たすための臨界電子なだれ長が短くなり, ストリーマ機構になりやすい. 図3.39は, 過電圧率と pd による大気圧空気中の破壊機構の変化を示す図である (Meek, 1971). なお, ギャップに過電圧を印加するには, 破壊が形成されるより前に電圧を高い値に上昇しなければならないので, パルス電圧を使用することになる. パルス電圧印加時の現象は, 3.8節で詳しく述べる.

(5) 気体圧力 p を上昇させると電子の拡散半径が小さくなるので, 空間電荷電界が大きくなり, ストリーマ機構になりやすい.

(6) ギャップ長 d が大きくなると, レータ理論のところで述べた $z_{crit} < d$ の条件が満たされるので, ストリーマ機構になりやすい.

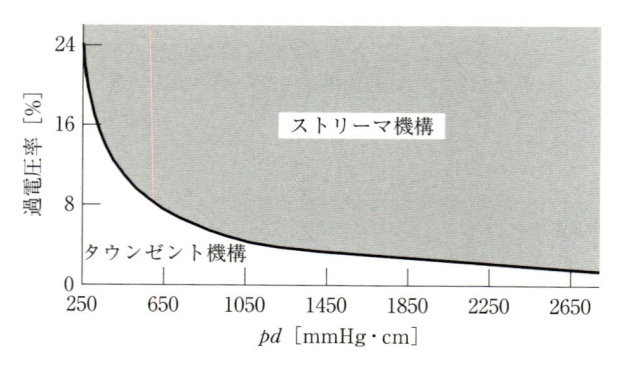

図3.39 過電圧率と pd を変えたときの破壊機構の変化（大気圧空気）

3.7 火花放電理論の応用

これまでのタウンゼントとストリーマの二つの火花放電理論の展開において，次のような前提条件をおいていた．① ギャップは平行平板で，平等電界を形成する，② 印加電圧は放電現象の進行に対して準静的で，いわゆる直流電圧である．ところが，平行平板ギャップは数学的には考えられても，工学的には有限な面積の平行平板ギャップになり，電界はその端部で不均一になる．また，放電現象を工学的に応用したい場合，印加電圧は直流，商用周波交流，落雷時に発生する過渡的パルス電圧，さらにはパルス幅が百 ns オーダのパルスパワー電圧など，種々の継続時間と波形の電圧が考えられる．ここでは，これらの要素を考慮するための火花放電理論の拡張について述べる．

3.7.1 準平等電界ギャップへの応用

有限な面積の２枚の平板を対向させたとき，平板端部の電界は中央部より高くなり，放電はその高電界領域から開始される．平等電界中の放電現象を調べたい場合には，電界がギャップ中央付近で均一で，平板端部に近づくとともに低下するように，平板の端部に丸みをつける．丸みの形状は一定の条件を満たしている必要があり，解析的方法と数値計算法で検討された．古くは Rogowski が，後に Bruce，Harrison が詳しく検討して電極形状を提案しており (Rogowski et al., 1926；Bruce, 1947；Harrison, 1967)，それらはロゴウスキ電極，ブルース電極，ハリソン電極と呼ばれている．しかし，このような電極も実験室で平行にセットすることが容易でない．一方，半径 R の一対の球電極を間隔 d だけ離しておき，R/d を大きくすると，球電極の中心を通る軸上の電界はほぼ均一になり，軸から横方向に離れるに従って電界が徐々に低下し，準平等電界を容易に実現できる．そこで，このような球対球ギャップを使用して，火花放電理論の検証，各種気体のパッシェン特性をはじめとした火花放電特性の評価を行うとともに，標準球ギャップと呼ばれる電極を使って高電圧電源の出力電圧を校正する．特に，定められた球直径 ϕ と間隙 d の火花電圧 U_B を，世界の主要な高電圧研究機関で測定し，それらの測定から大気圧標準状態の空気中における $U_B(\phi, d)$ を IEC（国際電気標準会議：IEC Pub.52（1960））の公認の標準値として，高電圧測定用に供されている．例えば，$\phi = 6.25$ cm, $d = 1$ cm で $p = 760$ mmHg, $T = 20$℃ のとき，直流，交流，標準インパルス電圧（雷を模擬した標準の試験電圧で，波頭長が 1.2 μs, 半値幅が 50 μs の波形の電圧）に対する U_B は 31.9 kV である．

a．タウンゼント理論の準平等電界ギャップへの適用

3.5.3 項 a では，α, η 作用のある気体中に置かれた平行平板ギャップに直流電圧を

印加したときのギャップ中に生成される電子，正イオン，負イオンの個数を計算してタウンゼント放電の定常電流を求めた．ここでは，別な方法で定常電流を求め，それを準平等電界ギャップに拡張することを考える（Pedersen, 1970）．

（3.94）式で示した陽極に流入する第一世代の電子なだれによる電子と負イオン数の和 N_{neg1} は，初期電子 N_0 と第一世代の電子なだれによる電離回数 $N_0 N$ の和であるから

$$N_{neg1} = N_0(1+N) \tag{3.193}$$

と書ける．第二世代の電子なだれによる電子と負イオン個数 N_{neg2} は，$N_0 N$ 個の正イオンの陰極における γ_i 作用による二次電子が第二世代の電子なだれをトリガーするから，次のようになる．

$$\begin{aligned} N_{neg2} &= \gamma_i N_0 N(1+N) \\ &= N_0 M(1+N) \end{aligned} \tag{3.194}$$

ただし，$M = \gamma_i N$ である．したがって，陽極に流入する第一世代以降の電子なだれによる電子と負イオンの総数 N_{negt} は

$$\begin{aligned} N_{negt} &= N_{neg1} + N_{neg2} + N_{neg3} + \cdots \\ &= N_0(1+N)(1+M+M^2+M^3+\cdots) \end{aligned} \tag{3.195}$$

となり，$M<1$ であれば収斂して

$$N_{negt} = \frac{N_0(1+N)}{1-M} \tag{3.196}$$

したがって，定常電流 I は，（3.101）式と同様に考えて，次式となる．

$$I = N_{negt} e = I_0 \frac{(1+N)}{1-M} = I_0 \frac{(1+N)}{1-\gamma_i N} \tag{3.197}$$

ただし，$I_0 = N_0 e$ である．

いま，SF_6 のような電気的負性気体中に不平等電界ギャップが置かれている場合を考えると，α, η が場所の関数になるので，第一世代の電子なだれがギャップ中を横断する間の電離回数 N は，次のようになる．陰極 $z=0$ を出発した N_0 個の電子が z まで進んだとき，電子なだれ中の電子数 N_- は，（3.60）式を積分して，

$$N_- = N_0 \exp\left\{\int_0^z (\alpha - \eta) dz'\right\} \tag{3.198}$$

したがって，第一世代の電子なだれがギャップを横断する間の初期電子1個あたりの電離回数 N は，$d(N_0 N) = \alpha N_- dz$ を積分して

$$N = \int_0^d \alpha \exp\left\{\int_0^z (\alpha - \eta) dz'\right\} dz \tag{3.199}$$

これを（3.197）式に代入して

$$I = I_0 \frac{1 + \int_0^d \alpha \exp\left\{\int_0^z (\alpha - \eta) \mathrm{d}z'\right\} \mathrm{d}z}{1 - \gamma_i \int_0^d \alpha \exp\left\{\int_0^z (\alpha - \eta) \mathrm{d}z'\right\} \mathrm{d}z} \quad (3.200)$$

となる．したがって，α, η 作用が支配的な気体中の準平等電界ギャップにおける火花条件式は，次式となる．

$$\gamma_i \int_0^d \alpha \exp\left\{\int_0^z (\alpha - \eta) \mathrm{d}z'\right\} \mathrm{d}z = 1 \quad (3.201)$$

コロナ放電のところで述べるように，著しい不平等電界ギャップでは，この式が負コロナ開始条件になる．

平等電界ギャップの場合は，α, η が場所に独立になるので，(3.201) 式は (3.136) 式と同じになる．

b. ストリーマ理論の準平等電界ギャップへの適用

ストリーマ理論の不平等電界ギャップへの拡張は，ミーク，Plank, Hutton, Jørgensen (Meek et al., 1953), Pedersen, Nitta らによって検討された．しかし，気体の種類と電界分布を変えたとき，一般的に適用できる拡張理論は確立されていない．工学分野で大切な準平等電界ギャップで，空気，N_2, CO_2, SF_6, 数種のフロンガスならびにそれらの混合気体に関する検討がなされている．ここでは，それらの検討の流れといくつかの適用例を述べる．

ミークは，ストリーマ理論を拡張して大気圧空気中の球対球電極に適用するために，不平等電界中では α が場所の関数になることを考慮して，(3.173) 式を次のように変形した (Meek, 1940a)．

$$\int_R^{R+z_{crit}} \alpha \mathrm{d}z + \ln \frac{\alpha_a}{p} = 14.46 + \ln \frac{E_a}{p} + \frac{1}{2} \ln pd \quad (3.202)$$

ただし，R：球電極半径，z_{crit}：電子なだれ長，添え字 a：電極表面の値である．

一方，Pedersen は，(3.170) 式，(3.171) 式を大気圧空気中の不平等電界ギャップに適用できるとともに，電界分布 $f(E_z)$，気体密度 ρ，電子なだれ進展中の光電離 μ, 湿度 $\%H_2O$ などを考慮する式として，次式を提案した．

$$\alpha_{z_{crit}} \exp\left\{\int_0^{z_{crit}} \alpha \mathrm{d}z\right\} = G\{z_{crit}, \rho, f(E_z), \mu, \%H_2O, \cdots\} \quad (3.203)$$

ここで，$\alpha_{z_{crit}}$ は電子なだれ頭部における α の値，z_{crit} は臨界電子なだれ長（ストリーマに転換する直前の電子なだれ長）である．

具体的に計算を進めるに当たっては，支配的因子として z_{crit} と ρ を採用し，大気圧空気の場合は ρ が既知であるので，(3.203) 式を次のように変形する．

$$\ln (\alpha_{z_{crit}}) + \int_0^{z_{crit}} \alpha \mathrm{d}z = g(z_{crit}) \quad (3.204)$$

平等電界ギャップでは，$z_{crit} = d$ であり，$\alpha = $ 一定であるので

$$\ln(\alpha) + \alpha d = g(d) \tag{3.205}$$

(3.204) 式の $g(z_{crit})$ として，Pedersen は平等電界ギャップの火花電圧から求まる (3.205) 式の $g(d)$ を使用することを提案している (Pedersen, 1967)．すなわち，準平等電界ギャップの火花条件は，

$$\ln(\alpha_{z_{crit}}) + \int_0^{\alpha_{z_{crit}}} \alpha dz = \ln(\alpha) + \alpha d \tag{3.206}$$

(3.202) 式のミークの拡張理論では，電界分布と電離係数のデータがあれば，火花電圧が求まる．ところで，球対球電極の場合，電極の中心を通る軸上の電界分布は，図 3.40 に示すようにギャップ中央で谷をもつ．ギャップ長が短いときは，同図 (a) のように電子なだれが谷を越えて成長し，火花を起こす．この場合の破壊機構を破壊機構 I と呼ぶ．ギャップ長が長くなると，電界の谷の部分の α が小さくなり，電子なだれはギャップの 1/2 だけ成長してストリーマに転換して破壊に至る．この場合の破壊機構を破壊機構 II と呼ぶ (Meek et al., 1953)．

ミークの拡張理論による大気圧空気中の火花電圧の推定値と実験値の比較が図 3.41 で，$d = 7 \sim 8$ cm において破壊機構が I から II に移っている．しかし，本来，破壊は火花電圧の低い機構で起こると考えられるが，ミークの拡張理論では $d > 7 \sim 8$ cm において火花電圧が高い機構に遷移するとする不自然さがある．この理論は，このような不自然さがあるものの，Toepler の不連続と呼ばれる U_B-d 特性で現れる $d = 7 \sim 8$ cm 付近の折れ曲がり現象が破壊機構の遷移に起因することを指摘し，後の理論発展の刺激となった．

Pedersen の拡張理論では，(3.206) 式右辺の値を決めるために平等電界ギャップの火花電圧のデータ（パッシェン曲線）が必要であるが，推定結果を示すと図 3.42 のようになり，ミークの拡張理論における不自然が解消される (Pedersen, 1967)．しかし，電力分野で広く使用されている SF_6 ガス中に置かれた非対称準平等電界

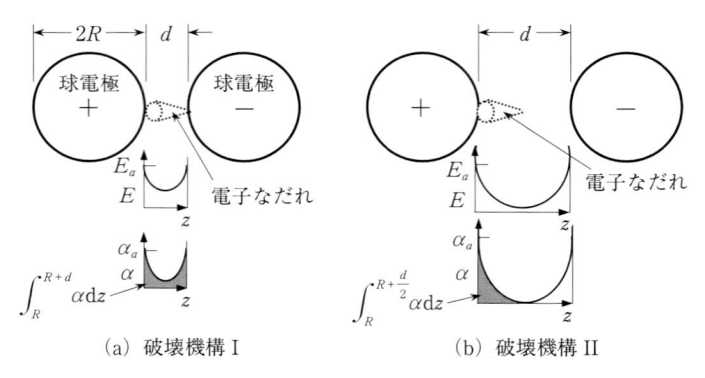

図 3.40 ストリーマ理論の球ギャップへの適用

3.7 火花放電理論の応用

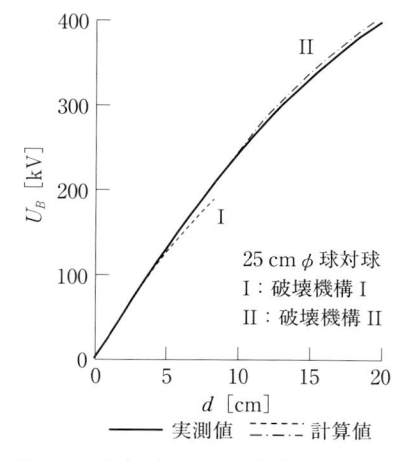

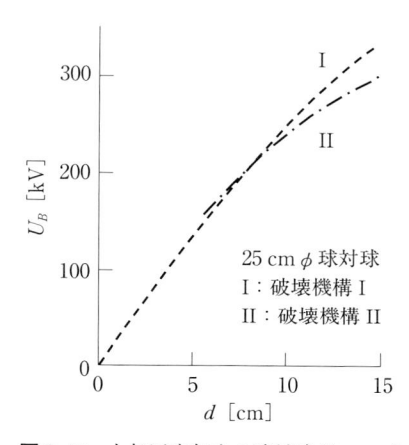

図 3.41 大気圧空気中の球対球ギャップへのストリーマ理論の適用結果（ミーク理論による計算）

図 3.42 大気圧空気中の球対球ギャップへのストリーマ理論の適用結果（Pedersen による計算）

ギャップにこの理論を適用すると，実験結果で得られるより極性効果が顕著に現れることが判明した．その理由は，次のとおりである．なお，極性効果とは，高電界側の電極の極性によって火花電圧が異なる現象である．

(3.203) 式を α, η 作用のある場合に拡張して表現すると

$$(\alpha_{z_{crit}} - \eta_{z_{crit}}) \exp\left\{\int_0^{z_{crit}} (\alpha - \eta) \, dz\right\} = G(z_{crit}, \rho) \tag{3.207}$$

となる．SF_6 ガスの $(\alpha - \eta)/p$ は図 3.43 のようで，E/p に対して大きな変化率を示す．このために電子なだれ頭部が非対称準平等電界ギャップ中のどの位置に現れるかによって (3.207) 式中の $(\alpha_{z_{crit}} - \eta_{z_{crit}})$ の値が大きく変化することになり，結果として推定値に極性効果が現れた．空気の場合は，$(\alpha - \eta)/p$ が E/p に対して緩やかに変化するので，推定値に極性効果が顕著に現れず，実験との不一致は出現しない．Pedersen は，この点を解消するために，放射性イオン-イオン再結合を考慮して，(3.207) 式の代わりに

$$\alpha_{z_{crit}} \exp\left\{2\int_0^{z_{crit}} (\alpha - \eta) \, dz\right\} = F(z_{crit}, \rho) \tag{3.208}$$

の火花条件を導出している（Pedersen, 1970）．ただし，$F(z_{crit}, \rho)$ は平等電界ギャップの破壊電圧測定値より決定する．

一方，Nitta らは，レータの原理に基づいて，SF_6 ガスの電子なだれ中の電子数がある臨界値 N_{crit}（$= 10^8$）になったときにストリーマに転換するとして，不平等電界ギャップの放電開始条件を，次式とおいた（Nitta et al., 1970）．

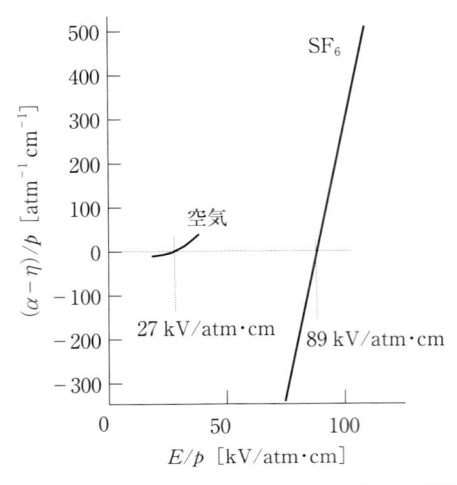

図 3.43 SF$_6$ ガスと空気の $(\alpha-\eta)/p$ 対 E/p 特性

$$\ln N_{crit} = \int_0^{z_{crit}} (\alpha-\eta) dz \tag{3.209}$$

ただし，ここでは，$z=0$ は電極系内で電界が最大になる位置の座標，$z=z_{crit}$ は $\alpha=\eta$ になる位置の座標である．$z=z_{crit}$ は臨界電子なだれ長に等しい．

3.7.2 シューマンの条件式による火花電圧の推定

準平等電界ギャップの火花条件式における支配的な項は，電子なだれ頭部の電子あるいは正イオン数を決める電離指数 $\int_0^{z_{crit}} (\alpha-\eta) dz$ である．そこで，工学の分野では，放電開始条件を次のようにおく．

$$\int_0^{z_{crit}} \bar{\alpha} dz = \bar{\kappa} \tag{3.210}$$

ただし，$\bar{\alpha}=\alpha-\eta$ で実効電離係数と呼ぶ．シューマンによってタウンゼントの火花条件をこのような形に書けることが検討されたので，(3.210) 式をシューマン (Schümann) の条件式ともいう (Schümann, 1923)．

平等電界ギャップの火花条件は

$$\bar{\alpha}d = \bar{\kappa} \tag{3.211}$$

著しい不平等電界ギャップでは，電子なだれがストリーマに転換しても自己の空間電荷電界でストリーマの成長が抑制され，電離領域が高電界部に局在化するコロナ放電と呼ばれる現象が現れる．この場合，(3.210) 式はコロナ開始条件となる．

定数 $\bar{\kappa}$ の値は，レータの原理論から $\bar{\kappa}=18\sim20$ とおかれる場合が多いが，パッシェン曲線から求めた火花電界 E_s を使って火花条件を

3.7 火花放電理論の応用

表 3.3 $\bar{\kappa}$ の値の例

気体	空気	N_2	SF_6	CO_2
$\bar{\kappa}$ の値	13.5〜24.5	5±0.5	10.5±0.5	13〜16

$$\int_0^{z_{crit}} \bar{\alpha} dz = \bar{\alpha}(E_s) d \tag{3.212}$$

とおく場合もある．$d \approx 1$ cm, $p = 100 \sim 400$ kPa に対する E_s から $\bar{\kappa} = \bar{\alpha}(E_s)d$ を求めると表 3.3 のようになる（Malik et al., 1980）．しかし，パッシェン曲線の縦軸は対数目盛りで描かれ，また測定値にばらつきがあるので，パッシェン曲線のグラフの読みから $\bar{\kappa}$ を正確に決めることは難しく，表の値は一つの目安と考えてよい．関連論文の中で使用されている $\bar{\kappa}$ がまちまちであるのは，この理由による．

(3.212) 式より放電開始電圧を求めるのに必要なデータは，

① ギャップの電界分布　（解析的手法あるいは数値電界解析法で求める）
② 気体の実効電離係数　（実験データを実験式に表す）
③ パッシェン曲線

である．また，Nitta らのようにレータの臨界電子数を使用すれば，$\bar{\kappa} = 18 \sim 20$ であるので，③ 項は不要である．ここでは，(3.210) 式と実効電離係数の実験式を使用する方法の適用例を述べる．

空気，CO_2，N_2，H_2　気体の α を (3.143) 式で表したときの平等電界ギャップの火花電圧をタウンゼントの火花条件を使って (3.155) 式のように求めた．実効電離係数の実験式が (3.142) 式の形である次式で表されるとき

$$\frac{\bar{\alpha}}{p} = A \left(\frac{E}{p} - B \right)^2 \tag{3.213}$$

これをシューマンの条件式に代入すると，

$$\bar{\alpha}d = A \left(\frac{E}{p} - B \right)^2 pd = \bar{\kappa} \tag{3.214}$$

これより，火花電圧は

$$U_B = Bpd + \sqrt{\frac{\bar{\kappa}}{A} pd} = Bpd + c\sqrt{pd} \tag{3.215}$$

ただし，$c = \sqrt{\bar{\kappa}/A}$ である．この式は，大きな pd で適用できる．空気，CO_2，N_2，He に対する定数 B, c は，表 3.4 で与えられる．ただし，U_B [kV], p [bar], d [mm] である．

SF_6 ガス　電力・エネルギーの分野では絶縁気体のことを「ガス」と呼ぶことが多いので，この項では気体をガスと記す．図 3.43 の実効電離係数は直線近似され，次式が使用される．

表 3.4 (3.215) 式の定数

気体	$B(=(E/p)_{\lim})$ [kV/(bar·mm)]	c [kV/(bar·mm)$^{1/2}$]
CO_2	3.21	5.88
空気	2.44	2.12
N_2	2.44	4.85
H_2	1.01	2.42

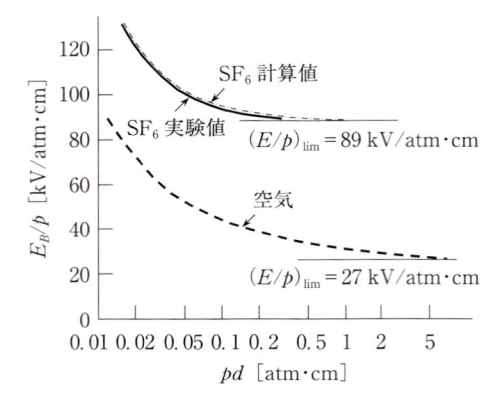

図 3.44 SF_6 ガスと空気中における平等電界ギャップの E_B/p 対 pd 特性（Nitta らによる計算：$N_{crit}=10^8$）

$$\frac{\bar{\alpha}}{p} = S\left(\frac{E}{p} - T\right) \tag{3.216}$$

ただし，p：ガス圧 [atm]，$S \approx 27$ [kV^{-1}]，$T=89$ [kV/atm·cm] である．平等電界ギャップの場合，Nitta らの使用した $\bar{\kappa}=18.4$（$=\ln(10^8)$）とおくと，火花電界 E_B は

$$\frac{E_B}{p} = \frac{18.4}{Spd} + T \quad \text{または} \quad U_B = Tpd + \frac{18.4}{S} \tag{3.217}$$

となる．E_B/p を pd の関数として描くと図 3.44 のようになり，pd が大きくなると E_B/p は $\bar{\alpha}/p=0$ のときの E/p である T の値に漸近する（Nitta et al., 1970）．そこで，T を $T=(E/p)_{\lim}$ と表記する場合が多い．同様な意味で，上記の表 3.4 で $B=(E/p)_{\lim}$ と記した．d が大きくなると，(3.136) 式のタウンゼントの火花条件式が $\alpha/p = \eta/p(1+\gamma)$ に漸近し，γ が 10^{-3} のオーダであるのでこれを無視すると，$\alpha/p = \eta/p$ となり火花電界は $E_B/p = (E/p)_{\lim}$ となる．このことはタウンゼント放電の研究で古くから指摘されていた（Geballe et al., 1953）．表 3.5 は，$\bar{\alpha}/p=0$ より求めた $(E/p)_{\lim}$ [V/mmHg·cm] の推定値と実測値の比較である．

3.7 火花放電理論の応用

表3.5 $\alpha=\eta$ となる電界値 $(E/p)_{\lim}$ と d を大きくしたときの破壊電界の実測値 (E_B/p) の比較

気体	$(E/p)_{\lim}$ 推定値	(E_B/p) 実測値	% 分散	空気に対する相対絶縁強度
CCl_4	305	294	3	6
CF_2SF_6	186	160	15	3
CCl_2F_2	126	110	14	2.4
SF_6	117	103	13	2.2
空気	31.5	36.5	15	1
O_2	35.5	36.5	3	0.95

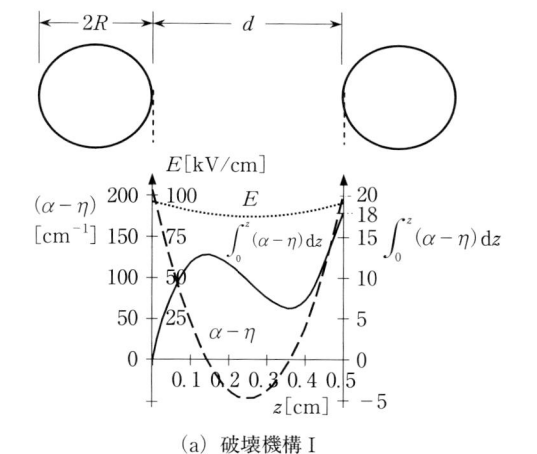

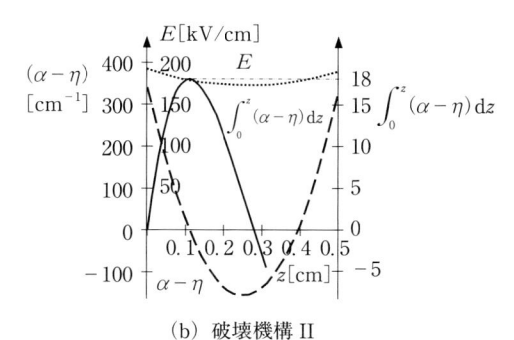

(a) 破壊機構 I

(b) 破壊機構 II

図3.45 SF_6 ガスの球対球ギャップにおける破壊機構 (a) $2R=5$ cm, $d=0.5$ cm, $p=1$ atm; (b) $2R=5$ cm, $d=0.5$ cm, $p=2$ atm (Pedersen による計算).

球対球電極系の一方の球を接地すると，軸上の電界はギャップ中央に対して非対称になる．いま，球直径 $2R=5\,\mathrm{cm}$，ギャップ長 $d=1\,\mathrm{cm}$，ガス圧 $p=1,2\,\mathrm{atm}$ のギャップで，$\bar{\kappa}=18$ として火花電圧を求めるとそれぞれ $45.2\,\mathrm{kV}$，$89.4\,\mathrm{kV}$ となる．実測値は $47.7\,\mathrm{kV}$，$91.0\,\mathrm{kV}$ で，実測値のばらつきを考えるとよい一致といえる．このときのギャップにおける実効電離係数 $(\alpha-\eta)$，電離指数 $\int(\alpha-\eta)\,\mathrm{d}z$ を求めると図 3.45 のようになり，$p=1\,\mathrm{atm}$ では破壊機構 I，$p=2\,\mathrm{atm}$ では電子なだれが $0.11\,\mathrm{cm}$ 成長したときに $\int(\alpha-\eta)\,\mathrm{d}z=18$ となって破壊機構 II で破壊が発生している．このように，破壊機構は d だけでなく p によっても変わる（Pedersen, 1970）．

SF_6 ガスのように $\bar{\alpha}/p$ が E/p に対して大きな変化率をもつ場合，次の理由により火花電圧は電極表面の局所高電界に支配されるようになる．図 3.46 は球電極表面に小さな突起によって電界が実線のように局所的に上昇していることを概念的に示している．この電界上昇によってその領域の $\bar{\alpha}/p$ が著しく大きくなるために小さな突起近傍で（3.210）式が容易に満たされ，突起先端の電子なだれがストリーマに転換すると，図の破線で示した外部電界によってストリーマの進展が維持され，破壊に至る．すなわち，$\bar{\alpha}/p$ が E/p に対して大きな変化率をもつ場合は，火花電圧が電極表面粗さに支配されやすい．

図 3.47 は，SF_6 ガス中の平行平板電極の一方の電極表面に回転楕円体形状の突起を置き，その形状を変えたときの E_B の計算値で，$ph>40\,\mathrm{atm}\cdot\mu\mathrm{m}$ で E_B が突起の影響を受けている．空気の場合は $ph>200\,\mathrm{atm}\cdot\mu\mathrm{m}$ 程度から E_B の低下が始まる．以上のような理由から，SF_6 ガス絶縁電力機器では，機器の製作に当たって電極表面仕上げ精度を高くするとともに，突起と同じ効果をもつ金属微粒子の侵入を防止する処置をとる．

混合ガス（電気学会，1987）　　SF_6 ガスは，優れた絶縁・遮断性能により，1960 年代以降絶縁媒体として広く使用されている．特に，電力分野では，数 kV から 1000 kV 級ガス絶縁開閉装置（GIS：gas insulated switchgear），ガス遮断器（GCB：gas circuit breaker），ガス変圧器，管路気中送電線路（GIL：gas insulated transmission line）に実用され，機器の小型化・軽量化などの経済性，ならびに安全性などの面で高い評価を得ている．一方，1992 年の地球サミットの頃から地球温暖化に関する検討が始まり，1997 年の京都における気候変動枠組条約第 3 回締約国会議（COP3：地球温暖化防止京都会議）で，温室効果ガスの削減目標が決定された．SF_6 ガスは化学的に安定なために，地球温暖化係数（GWP：global warming potential）が CO_2 の 23900 倍ときわめて高く，かつ蓄積されることになり，COP3 で温室効果ガスに指定され，問題視されるようになった．SF_6 ガスの高い GWP と電極表面粗さに火花電圧が敏感であるなどの欠点を克服するとともに，より優れた絶縁ガ

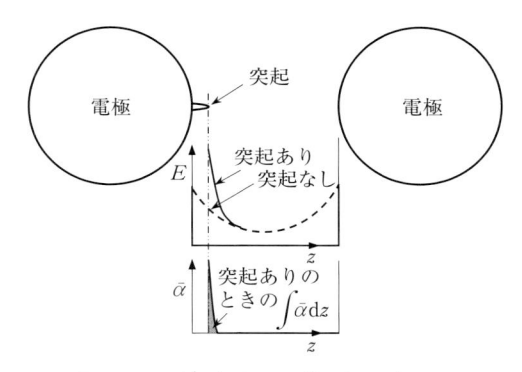

図 3.46 電極表面の局所的電界上昇と $\bar{\alpha}$

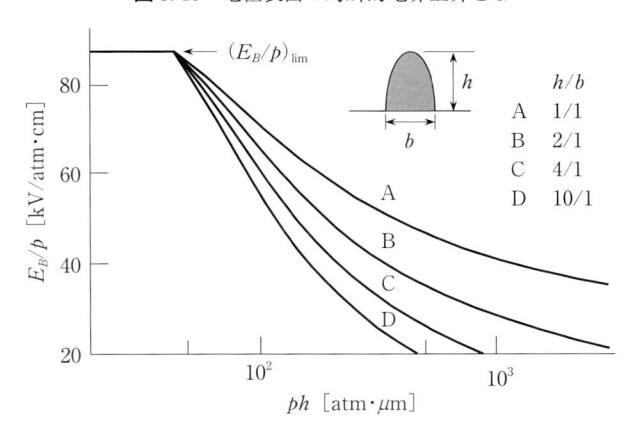

図 3.47 SF$_6$ 中の平行平板ギャップの一方の電極表面に半回転楕円体突起があるときの破壊電界強度（計算値）

スを求めるという底流から，混合ガスの研究が行われるようになった．

混合ガスの火花電圧の評価には，主に次の三つの方法がある．① 成分ガスの火花電圧を利用する方法，② 成分ガスの実効電離係数を利用する方法，③ 気体分子の電子衝突断面積を使ってボルツマン方程式を解き，その結果から求まる混合ガスの実効電離係数を使用する方法．結論からいえば，③ の方法は電子の微視的衝突過程に基づいており，物理的に最も現象に忠実な方法といえるが，計算に手間がかかる．③ の成分気体の電子衝突断面積から混合ガスの実効電離係数を求める方法の基礎は，第 2 章のボルツマン方程式による電子スオーム解析の項で述べたので，ここでは ① と ② の方法を説明する．

① 火花電圧の分圧和

理論的根拠はなしに，混合ガスの火花電圧を成分ガスの値の分圧和として，次式よ

り求める．

$$U_{B\,mix} = (1-r)U_{B1} + rU_{B2} \tag{3.218}$$

ここで，$U_{B\,mix}$：混合ガスの火花電圧，U_{B1}：成分ガス 1 の火花電圧，U_{B2}：成分ガス 2 の火花電圧，r：成分ガス 2 の割合である．

② 実効電離係数の分圧和

混合ガスの実効電離係数は次式のように成分ガスの実効電離係数の分圧和で決まると仮定し，(3.210) 式の火花条件より火花電圧を推定する．

$$(\bar{\alpha}/p_{20})_{mix} = (1-r)(\bar{\alpha}/p_{20})_1 + r(\bar{\alpha}/p_{20})_2 \tag{3.219}$$

ただし，$(\bar{\alpha}/p_{20})_1$：成分ガス 1 の $\bar{\alpha}/p$，$(\bar{\alpha}/p_{20})_2$：成分ガス 2 の $\bar{\alpha}/p$，p_{20}：20℃ に換算

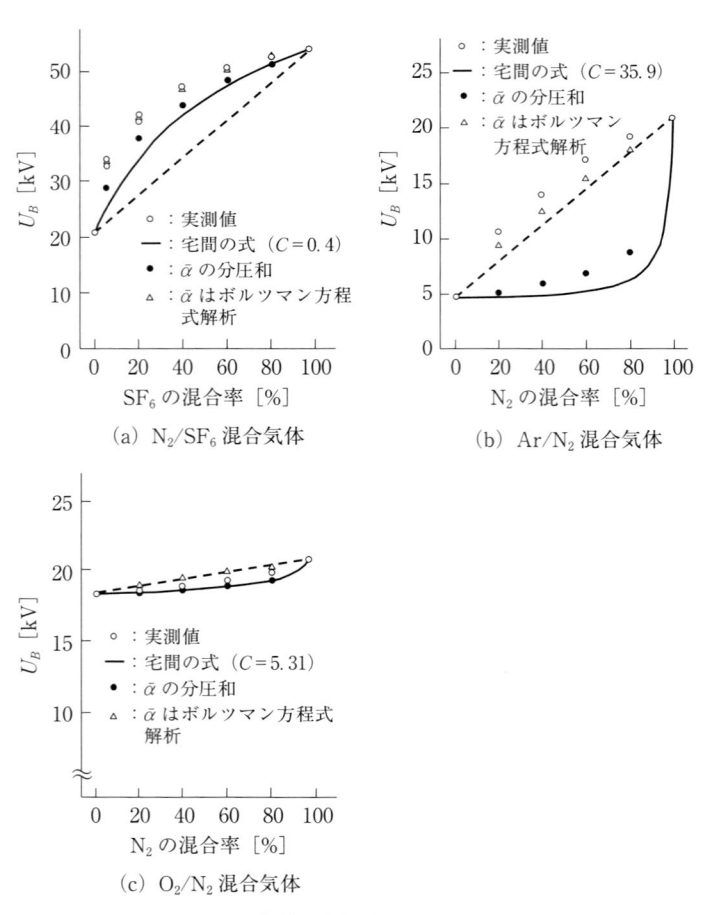

(a) N_2/SF_6 混合気体

(b) Ar/N_2 混合気体

(c) O_2/N_2 混合気体

図 3.48 各種混合気体の U_B-混合率特性

したガス圧である．

なお，宅間は，各成分ガスの $(\bar{\alpha}/p_{20}) - E/p_{20}$ 特性を一次式で近似し，混合ガスの実効電離係数を成分ガスの分圧和とすることを基礎として，次の「宅間の式」を提案している（Takuma et al., 1972；Wieland, 1973）．

$$U_{B\,mix} = U_{B1} + \frac{r}{r + C(1-r)}(U_{B2} - U_{B1}) \tag{3.220}$$

ただし，C は二つの成分ガスの $d(\bar{\alpha}/p_{20})/d(E/p_{20})$ の比，p_{20} は 20℃に換算した圧力である．

図3.48は，3種類の混合ガスの U_B 対混合率特性である（岡部ら，1983；岡部ら，1985）．図中の破線は（3.218）式による値である．Ar/N_2 混合ガスを除けば，推定値は実験値のばらつきを考慮するとよくあっているといえる．しかし，上記①，②の方法には Ar/N_2 の場合のように実験値と推定値に大きな差が見られ，検討の余地がある．

ところで，混合気体，各成分気体 1, 2, 3, … の火花電圧をそれぞれ $U_{B\,mix}$, $U_k(k=1, 2, 3, …)$ で表し，n_k を気体成分 k の割合とすると，実験値は単に成分気体の U_B の分圧和になることは少なく，

$$U_{B\,mix} > \sum_k n_k U_{Bk} \quad \text{あるいは} \quad U_{B\,mix} < \sum_k n_k U_{Bk} \tag{3.221}$$

となる．このように，分圧和にならないことをシナジズムといい，前者の場合を正の η-シナジズム，後者を負の η-シナジズムと呼ぶ．正の η-シナジズムは，電子が成分ガス1の分子に衝突してエネルギーを失い，単一成分気体のときより成分気体2の分子に付着しやすくなるような場合に出現する．このような微視的過程に踏み込んだシナジズムの考察には，ボルツマン方程式解析の過程を理解する必要がある．

3.8 パルス電圧による火花放電

3.5節と3.6節では，印加電圧がきわめて緩やかに上昇するときの火花放電現象を述べた．このときは，火花電圧の推定に当たって，プラズマチャネルを形成するまでの時間を考慮する必要がなかった．ところが，高速度で上昇する電圧をギャップに印加すると，高い導電率のプラズマチャネルを形成するまでの時間が火花破壊時間の中で大きな部分を占めるようになる．内部インピーダンスの小さい電源から高い電圧を印加したときには，タウンゼント放電やストリーマ放電の火花条件が成立した後に空間的に広がった過渡的グロー放電，続いてインピーダンスの低いアーク放電になり，これらが主要な火花破壊過程になる．このようなタウンゼント放電やストリーマ放電以降の空間的に広がった放電は，パルスパワー技術，ガスレーザ，種々の化学リアクタ，パルス大電流遮断のための開閉器などにおいて応用される．電極ならびに気体条

件を広い範囲で変えたときの高速上昇電圧による現象を説明できる統一的放電理論は完成されていないが，以下に述べるように，限定された放電条件の下で種々の現象を定式化する試みがなされている．

3.8.1　パルス電圧

電力・エネルギー分野の高電圧機器で火花破壊故障の原因になる電圧には，直流，商用周波交流の常規電圧のほかに，異常電圧として雷が電力システムに侵入したときに発生する雷サージ，電力システムの回路構成変更や故障電流除去のための開閉器操作に伴って発生する開閉サージ，断路器による無負荷電力システムの開閉に伴って発生する断路器サージ，電力システムの故障時に発生する商用周波交流に近い波形の短時間過電圧などがある．電力システムで発生する異常電圧の波頭と呼ばれる電圧上昇時間の概略値は，表3.6のとおりである．

これらの電圧に対する電力機器の絶縁信頼性確保のために，絶縁試験が実施される．試験電圧波形はJEC規格（Japanese Electrotechnical Committee：電気学会電気企画調査会）やIEC規格（International Electrotechnical Commission：国際電気標準会議）で定められている．

ここで電圧波形と火花形成時間との関係を知るために，電圧印加から火花破壊までの時間の概略値を調べる．タウンゼント放電およびストリーマ放電による直流電圧による破壊の条件は，簡単に次のシューマンの条件式で表された．

$$\bar{\alpha} d = \bar{k} \tag{3.222}$$

この式は，電子なだれ中の電子数がある臨界値に達する条件であるが，この式を成立させる前提として，γ_i作用が二次電子生成機構になるタウンゼント放電の場合は，正イオンがギャップを横断することが必要であり，ストリーマ放電の場合には電子なだれがギャップを横断することが必要である．気体が火花破壊を起こすような電界における電子とイオンのドリフト速度は，それぞれ10^7 cm/s，10^5 cm/sのオーダである．したがって，これらの荷電粒子が5 cm程度のギャップを横断するのに要する時間は，それぞれ$T_- = 0.5$ μs，$T_+ = 50$ μs程度になる．したがって，タウンゼント放電とストリーマ放電による破壊には，少なくともそれぞれ50 μs，0.5 μsの時間が必要になる．

表3.6　電力システム内の異常電圧の波頭特性

異常電圧	波頭の継続時間 [μs]
雷サージ	1～10
開閉サージ	10^2～10^3
断路器サージ	～10^{-1}
短時間過電圧	5×10^3

3.8 パルス電圧による火花放電

(a) 雷インパルス電圧

(b) 開閉インパルス電圧

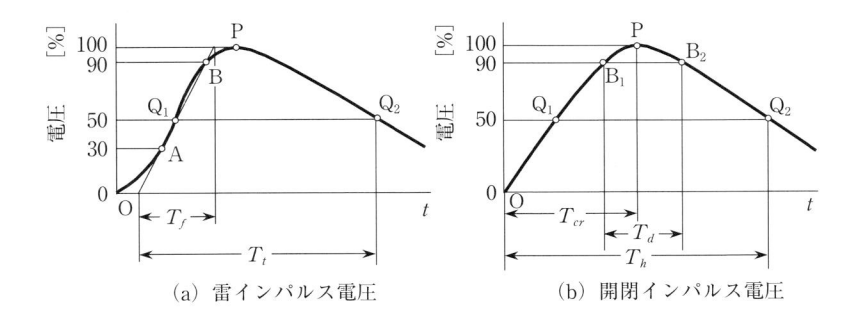

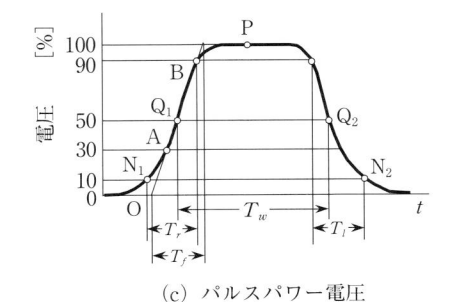

(c) パルスパワー電圧

図 3.49 パルス電圧の定義

これらの時間が電力システムにおけるサージ異常電圧の波頭長程度になるので，サージ異常電圧は放電現象を論じるときには変動電圧として取り扱わなければならない．

パルスパワー工学[*7]で使用される電圧の波頭長は，1～100 ns 程度であるので，放電現象から見て高速変動電圧になる．

電力システムのサージ電圧を模擬した試験電圧をインパルス電圧と呼び，波形の各部を図 3.49(a)(b) のように定義している．

雷インパルス電圧の場合，

 波高点： 電圧波形上の最高点（P 点）
 波高値： 波高点における電圧の瞬時値
 波頭： 波形のうち波高点より前の部分
 波尾： 波形のうち波高点より後の部分
 規約原点：波頭における 30% 波高点（A 点）と 90% 波高点（B 点）とを結ぶ直

[*7] **パルスパワー工学**：　電磁エネルギーを時空的に圧縮して得られる電力をパルスパワーという．荷電粒子ビーム発生，高温高密度プラズマ発生，物体の超高速電磁加速，レーザや X 線の発生，衝撃波の発生，新物質の創成，および生物医療などの分野へパルスパワーを応用する学術研究が展開されており，これらの学問分野をパルスパワー工学という．

線が時間軸と交わる点（O点）
波頭長： 波頭における30%波高点と90%波高点の間の時間を0.6で除した値（T_f）
波尾長： 規約原点と波尾における半波高点（Q_2点）との間の時間（T_t）

波頭長T_f［μs］と波尾長T_t［μs］の電圧波形を簡単に

$$T_f/T_t \; [\mu s] \tag{3.223}$$

の記号で表記する．特に，1.2/50［μs］の雷インパルス電圧を，標準雷インパルス電圧と呼ぶ．

開閉インパルスの場合は電圧波形の始発点をオシログラフ上で認識しやすいので，次のように定義する．

原点： 電圧の始発点
波頭長： 原点と波高点の間の時間（T_{cr}）
波尾長： 原点と波尾の半波高点との間の時間（T_h）

上記の開閉インパルス電圧の波形を次のように表記する．

$$T_{cr}/T_h \; [\mu s] \tag{3.224}$$

250/2500［μs］の開閉インパルス電圧を標準開閉インパルス電圧と呼ぶ．なお，図のT_dを90%継続時間という．

パルスパワー工学で使用する電圧波形は，図3.49(c)のように定義する．

立ち上がり時間： 波頭の10%波高点と90%波高点の間の時間（T_r）
立ち下がり（または減衰）時間： 波尾の90%波高点と10%波高点の間の時間（T_l）
波頭長： 雷インパルス電圧の定義と同じ（T_f）
パルス幅： 50%波高点間の時間（T_w）

本書では，図3.49(a)(b)の電圧をインパルス電圧，立ち上がり時間が100 nsオーダ以下，T_wが1 μsオーダ以下の同図(c)の電圧をパルスパワー電圧と呼び，両方の電圧を一括してパルス電圧と呼ぶことにする．なお，インパルス電圧は，図3.49(a)(b)の電圧波形を正確に実現でき，絶縁試験に使用されるが，パルスパワー電圧はギャップ中で放電が起きると電圧波形が放電に影響されることが多いので，矩形波以外の波形でも，立ち上がり時間が100 nsオーダ以下で，半値幅（パルス幅）がμsオーダの電圧であれば，パルスパワー電圧と呼ぶ．

パルス電圧による放電チャネルの導電率上昇過程を論じるとき，しばしば電源回路が問題になるので，ここで簡単に触れておく．インパルス電圧は，一般にR, L, Cの集中定数回路で発生させ，波形は二つの指数関数の和で表される．一方，パルスパワー電圧は，R, L, Cの集中定数回路網とスイッチならびにパルス伝送線路の組み合わせ，あるいはケーブルとスイッチならびにパルス伝送線路を組み合わせて発生させ，後者

は分布定数回路になる．例えば，3 ns の立ち上がり時間のパルスパワー電圧がパルス伝送回路に侵入したと仮定すると，波頭部分の電圧による電荷は，線路上で約 1 m の間で変化することになる．したがって，短いパルス伝送線路でも分布定数回路として取り扱わなければならない．

3.8.2 火花遅れ
a. 火花遅れ

図 3.50 は，パルス電圧によって火花破壊が起こったときの電極間電圧の概念図である．図で，U_{BS} はタウンゼント理論，あるいはストリーマ理論から推定される火花電圧または直流火花電圧の測定値で，ここではパルス電圧による火花電圧と区別するために直流火花電圧と呼び，添え字を BS としている．

ところで，火花破壊が起こるためには，初期電子が電子なだれをトリガーし，電子なだれが成長して自続条件を満たすかストリーマに転換してプラズマチャネルが形成され，さらにそのチャネルがアークと呼ばれる導電体に転移しなければならない．図 3.50 で時間を追ってこの現象を見ると，初期電子が発生するまでの時間 (t_s)，電子なだれがプラズマチャネルを形成するまでの時間 (t_f)，プラズマチャネルが低抵抗導電路に転移するための時間 (t_{arc}) を経て，ギャップ間は短絡された状態になり，端子電圧が崩壊する．電圧の崩壊は後述の図 3.56 で示すように階段状に起きる．この他に，印加電圧が U_{BS} に達するまでの時間 (t_0) があるが，この値は電源回路とギャップ条件が決まると一意に定まるのでここでは議論しない．それぞれの時間を次のように呼ぶ．

t_s：統計遅れ，t_f：形成遅れ，$t_t = t_s + t_f$：火花遅れ，t_{arc}：電圧崩壊時間（プラズマチャネルが低抵抗アークに転換するまでの時間で，ギャップのコンダクタンス上昇率によって決まるのでコンダクタンス時間ともいう．この期間に，後述の電離電圧波，グロー放電，アーク放電が出現する）．

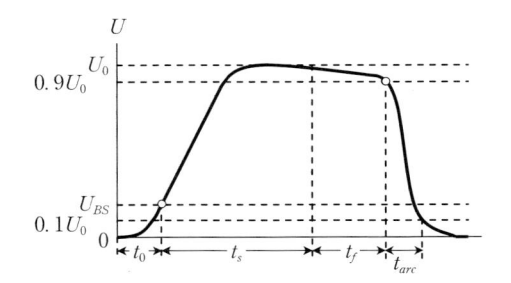

図 3.50 パルス電圧による火花破壊時の電極間電圧

上述のことから明らかなように，火花遅れが存在するために印加電圧の瞬時値が直流火花電圧 U_{BS} になっても火花破壊を起こすとは限らず，図 3.50 のように電圧は U_0 まで上昇する．このとき，

$$S = \frac{U_0 - U_{BS}}{U_{BS}} \times 100 \quad [\%] \tag{3.225}$$

を印加電圧の過電圧率と呼ぶ．

このような過電圧がかかるときの放電現象の解明には，直流電圧破壊では考慮する必要がなかった次のような現象が検討されなければならない．

① 初期電子の生成
② 火花形成過程
③ 火花チャネルにおける導電率の上昇
④ 直流火花破壊時より高い電界における電離現象

なお，電力・エネルギー分野では，送電線路に並列に接続された多数の電力設備にサージ電圧が侵入したとき，絶縁破壊故障を起こすのは火花遅れが小さい設備になる（後述の脚注 9 を参照）ので，火花遅れは工学上大切な特性パラメータになる．それらの詳細は高電圧工学の専門書を参考にするとよい．

b. 初期電子と統計遅れ

ラウエプロット　　火花遅れの項で述べたことから明らかなように，パルス電圧を印加したときには電圧が直流火花電圧以上になっても初期電子の供給がなければ火花破壊は起こらない．したがって火花電圧や火花遅れなどの火花放電特性は，初期電子の出現特性に密接に関係している．ここでは，初期電子の出現確率と統計遅れの関係を論じた後に，ギャップにおける初期電子生成機構を調べる．

平等電界ギャップに矩形波電圧を時刻 $t=0$ に印加することを考える．このとき，電圧印加後ただちに印加電圧は U_{BS} を超えるので，図 3.50 で $t_0=0$ である．いま，ギャップ中に単位時間あたり N_0 個の電子が生成され，そのうちの 1 個の電子が火花を引き起こす確率が W であるとすると[*8]，時刻 t までに破壊しない確率 $p(t)$ は，次のよう

[*8] **W の値**　　衝突電離と陰極における電子放出の両者に対して，統計的変動を考慮すると，1 個の電子から成長した電子なだれが火花破壊につながる確率 W は，次式で表される．

$$W = \begin{cases} 1 - \dfrac{1}{\mu}, & \mu > 1 \\ 0, & \mu \leq 1 \end{cases}$$

ただし，$\mu = \gamma_i \{\exp(\alpha d) - 1\}$ である．$\mu = 1$ は，電子なだれの成長過程の統計的変動を考慮しないときの（3.135）式で示したタウンゼント放電の自続条件である．実際には，電子と気体分子間の衝突過程が統計的現象であるために，$\mu = 1$ の条件が満たされても火花破壊に至るとは限らない．$\mu = 1$ は閾値であるために，μ がわずかに 1 より大きくなると，直流電圧を印加したときには電子なだれの成長が何度でも起こりえるので，W が小さくても必ず火花破壊が起こる（Wijsman, 1949）．

に導かれる.

$p(t+\Delta t)$ は，t まで破壊しない確率と続く Δt 間にも破壊しない確率 $(1-N_0W\Delta t)$ の積であるから，

$$p(t+\Delta t) = p(t)(1-N_0W\Delta t) \tag{3.226}$$

ゆえに，

$$\frac{\mathrm{d}p(t)}{p(t)} = -N_0W\mathrm{d}t \tag{3.227}$$

したがって，

$$\ln p(t) = -N_0Wt + \mathrm{const} \tag{3.228}$$

形成遅れが t_f であるとすると，$p(t)$ は $t=t_f$ で 1 であるので，

$$p(t) = \exp\{-N_0W(t-t_f)\} \tag{3.229}$$

また，$N_0W = 1/t_s$ であるので，

$$p(t) = \exp\left(-\frac{t-t_f}{t_s}\right) \tag{3.230}$$

となる．いま，ギャップに波高値が一定のパルス電圧を n 回印加して火花遅れが t 以上である回数を $n(t)$ とするとき，$n(t)$ は時刻 t まで破壊しなかった回数であるから

$$\frac{n(t)}{n} = p(t) = \exp\left(-\frac{t-t_f}{t_s}\right) \tag{3.231}$$

となる．$n(t)/n$ と t の関係をラウエプロットと呼ぶ（Laue, 1926）．実験では n を 30 程度以下にすることが多いので，$n(t)/n$ の測定値は図 3.51 の実線のように階段状の特性となる．これを破線のように直線近似すると，$n(t)/n = 1$ に対応する t が $t=t_f$，$n(t)/n = 1/e$ に対応する t が $t=t_f+t_s$ になるので，この関係から t_s を求めることがで

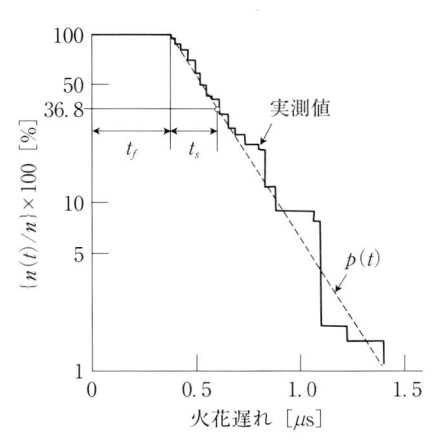

図 3.51 ラウエプロットの例

きる．実際の実験系では，複数の初期電子生成機構や電子なだれから火花への転換機構が絡み合うので，$\ln\{n(t)/n\}$ と t の関係が一つの直線になるとは限らず，折れ線や曲線の特性になることが多い．

準平等電界ギャップでパルス電圧の瞬時値が時間とともに変化する電圧 $U(t)$ の場合は，N_0W がギャップ中で時空的に変化するので，(3.229) 式を次のように近似する．

$$p(t) = \exp\left\{-\bar{n}_0 \int_{t_0}^{t-t_f} V_{cr}\left(1 - \frac{\eta}{\alpha}\right)\mathrm{d}t\right\} \tag{3.232}$$

ただし，$N_0 = \bar{n}_0 V_{cr}$，$W = (1-\eta/\alpha)$ とおいた（Legler, 1961）．ここで，$\bar{n}_0$ は単位時間あたりの平均初期電子生成密度，V_{cr} は $\alpha > \eta$ となるギャップ空間体積，W は V_{cr} 中に生成された電子が臨界電子なだれに成長してストリーマに転換する割合（Legler, 1961）である．V_{cr} と $(1-\eta/\alpha)$ は印加電圧が $U(t)$ であるときの電界計算結果を使って求めることができる．また，破壊までの時間を t とすると，統計遅れは t_0 から $(t-t_f)$ までの期間であるので，これを積分区間としている．

初期電子生成機構　(3.232) 式から明らかなように，統計遅れは単位時間あたりの平均初期電子生成密度 $\bar{n}_0$ に密接に関係している．初期電子の主な生成機構は，表3.7 のとおりである．宇宙線や自然界の放射線は，大気圧空気中で 0.1～10 個/cm³s の自由電子を生成し，数秒後には酸素などの電気的負性気体分子に付着して安定になり，

表 3.7　初期電子生成機構

電子生成機構	生成場所	生成過程を支配する重要な因子	電界依存性
自然電離	気体中	到達宇宙線強度 自然放射能強度	無
外部照射	気体中陰極	照射強度 照射光の波長	無
負イオンからの電子離脱	気体中	負イオン密度	E/p に依存
電界電子放出	陰極	陰極表面電界 陰極表面状態（微小突起，付着粒子，表面汚損） 絶縁膜（酸化膜） 陰極材料	E に依存 Malter 効果 Fowler-Nordheim の式
光電子放出 (γ_{ph})	陰極	照射線源の強度 陰極材料	無
正イオンによる二次電子放出 (γ_i)	陰極	正イオン数 陰極材料	E/p に依存
エキソ (Exo) 電子放出	陰極	陰極材料 表面加工履歴 表面の機械ストレス	無

約 1000 個/cm^3 の負イオンとして存在している．SF$_6$ ガス中では，約 2500 個/cm^3 の SF$_6^-$ イオン密度になっている．パルス電圧を印加したときに自然電離による自由電子が電子なだれをトリガーする確率はきわめて低い．電圧を印加すると，負イオンからの電子離脱が起こり，これによる自由電子が初期電子になりえる．大気圧空気中のコロナ放電開始統計の研究から，大気圧空気中では次の電子離脱反応が主要な初期電子供給源になることがわかっている．

$$O_2^- \rightarrow O_2 + e \tag{3.233}$$

O$_2^-$ の寿命は，

$$\tau = 115 \exp\left(\frac{295}{E}\right) \ [\mu s] \tag{3.234}$$

ただし，E [kV/cm] である（Badaloni et al., 1972）．

また，SF$_6$ ガス中の単位体積あたりの負イオン離脱割合 dn_δ/dt は，δ を衝突電子離脱係数とすると

$$\frac{dn_\delta}{dt} = \delta \mu_n n_n E \tag{3.235}$$

ただし，n_n は負イオン密度，μ_n は負イオンの移動度である．図 3.52 は SF$_6^-$ からの電子離脱係数である．負イオンからの離脱による初期電子を少なくしたい場合は，パルス電圧印加の前に直流電圧を印加するか，パルス電圧に直流バイアス電圧をかけて負イオン密度を下げるとよい（Bluhm, 2006）．

電界が 100 kV/cm 程度以上になると，陰極表面から電界放出により電子が供給される．電子放出は，陰極表面から一様に起こるのではなく，微小突起（ウイスカーと呼ばれる），酸化膜などの絶縁膜，電極を磨いた後に残った誘電物質，水分，ベンゼン等の異物などが電界放出源になる．トンネル効果による金属表面からの電界放出電流密度 $j_{F\text{-}SCH}$ は，次のファウラー–ノルドハイム（Fowler-Nordheim）の式で表される．

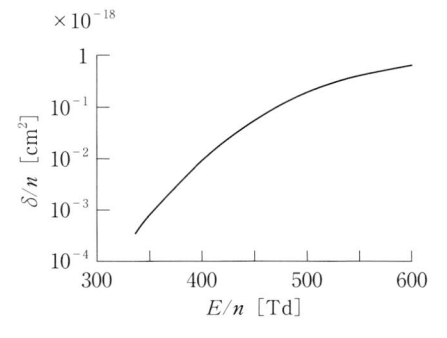

図 3.52　SF$_6^-$ の電子離脱係数

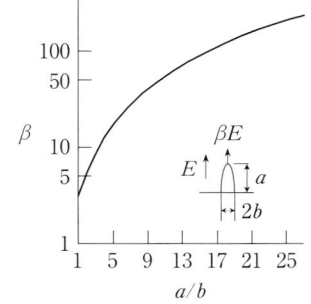

図 3.53　扁長回転楕円体突起による β の値

$$j_{F\text{-}SCH} = \frac{1.54 \times 10^{-6} \beta^2 E^2}{\varphi} \exp\left\{-\frac{6.83 \times 10^{-7} \varphi^{3/2} \theta(y)}{\beta E}\right\} \, [\text{A/cm}^2] \qquad (3.236)$$

ただし
$$\theta(y) = 0.956 - 1.06 y^2$$
$$y = 3.8 \times 10^{-4} \frac{\sqrt{\beta E}}{\varphi}$$

ここで，E［V/cm］は陰極表面の平均電界強度，φ［eV］は陰極材料の仕事関数，βは突起などによる電界増強係数で，突起先端の電界はβEである．詳細は第6章の6.4.2項で説明する．図3.53は扁長回転楕円体の半分が突起として平板電極表面に存在しているときのβの計算値で，細いひげ状突起では容易にβが10^2のオーダになり，電子放出面積は10^{-12}［cm^2］のオーダになる．例えば，$E = 48$［kV/cm］で$\beta = 735$，電界放出面積5×10^{-12}［cm^2］とすると，上式より，$j_{F\text{-}SCH} = 10^{-8}$［A］となり，1［ns］間に$j/e = 50$個の電子放出があることになる．

　紫外線，X線，α線，およびその他の放射線で陰極を照射すると，光電効果で陰極から電子が放出される．パルスパワー応用や種々の放電応用では，別に設けたギャップを放電させて，その放電光により陰極表面を照射したり，ギャップ近傍にCsなどの電離源を設置して初期電子を積極的に供給する場合がある．

　放電ギャップの気体中に水分が含まれていると，水分のために初期電子数が増えることが知られている．

　金属の研磨，破砕のような機械的処理をした後に，熱電子放出を無視できる程度の温度に加熱すると，その表面から電子が放出される．この電子をエキソ電子（exoelectron）という．エキソ電子の放出は，機械処理後の時間とともに減衰するので，最初の火花放電では問題にならないが，繰り返しの放電実験では，前の放電による電極の溶融や機械的ストレスによってエキソ電子が放出され，現象に影響を与えることがある（Korolev et al., 1998）．

　以上のほかに，陰極表面に絶縁膜が形成されていると，絶縁膜表面に正イオンが付着蓄積され，これによって陰極表面の電界が増強されることにより絶縁膜を通して電界放出することが知られている．これをマルタ効果（Malter effect）と呼ぶ．

　上記のように，初期電子生成は陰極表面状態に影響され，繰り返しの放電実験では，前の放電によって陰極表面状態が変化するので，初期電子放出量が破壊回数に影響されるようになる．電極表面の突起，微粒子，吸着ガスなどの初期電子放出源が放電によってつぶされて，破壊回数とともに火花電圧が上昇する現象をコンディショニング（conditioning），放電によって陰極表面にクレータが発生したりエキソ電子発生源が形成されることにより破壊回数とともに火花電圧が低下する現象をデコンディショニング（de-conditioning）という．

高繰返しパルス放電の場合，先行のパルスによる電子やイオンが次のパルス放電の初期電子供給源になることが多い．初期電子供給とは異なるが，第5章のグロー放電で述べるように，外部から電子ビーム（図5.25参照）や強力な紫外光照射によって多量の電子を放電空間に供給して，高気圧グローを安定化することがある．

c. 火花の形成と形成遅れ

直流火花放電現象を論じた3.5節と3.6節においては，火花形成のための時間について触れなかったが，火花破壊には放電機構に対応した火花形成時間が必要である．放電機構はこれまで述べたように気体の種類，p, d，電圧の波形，過電圧率などによって複雑に変化し，高速のパルス電圧印加時にはタウンゼント放電やストリーマ放電で考慮されなかった電離電圧波や電子のランナウェイと呼ばれる新しい現象が電圧崩壊以前に出現するようになる．このような複雑さのために，火花遅れの統一的理論式は完成されていない．

緩やかに変化する電圧の下で γ_i 作用が主要な二次電子生成機構のタウンゼント放電による火花破壊が起こっている場合，形成遅れは

$$t_f \approx \bar{\zeta} \frac{d}{\mu_+ E}$$

$$= \bar{\zeta} \frac{d}{\mu_+ E_B (1 + S/100)} \qquad (3.237)$$

γ_{ph} 作用が主要な二次電子生成機構の場合は

$$t_f \approx \bar{\zeta} \frac{d}{\mu_- E}$$

$$= \bar{\zeta} \frac{d}{\mu_- E_B (1 + S/100)} \qquad (3.238)$$

ただし，$\bar{\zeta}$ は火花破壊までの電子なだれの世代数，μ_+ と μ_- は正イオンと電子の移動度，S は過電圧率，E_B は直流破壊電界である．

また，緩やかに変化する電圧の下でストリーマ放電による破壊が起こっている場合は，(3.190) 式より

$$t_f \approx t_{br} \approx \frac{z_{crit}}{v_-} = \frac{20}{\alpha v_-}$$

$$= \frac{20}{\alpha \mu_- E_B (1 + S/100)} \qquad (3.239)$$

で与えられる．ただし，z_{crit} は電子なだれの臨界長である．

3.6.4項で述べたように，ある pd においてパルス電圧を印加するとき，過電圧率が低い場合はタウンゼント放電であるが，過電圧率が高くなるとストリーマ放電に移行する．このような場合は，破壊機構の遷移時に t_f の急変が起こる．図3.54は，過電圧率を変えたときに破壊機構がタウンゼントからストリーマに遷移して，形成遅れ

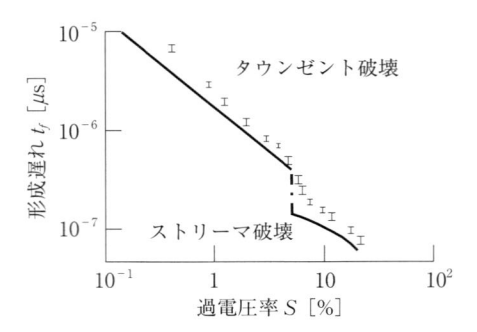

図 3.54 湿潤空気中の形成遅れ対過電圧率特性（$d=2$ cm，空気圧力：494 mmHg，水蒸気圧：6 mmHg，実線：計算値，縦棒：実測値のバラツキ範囲）

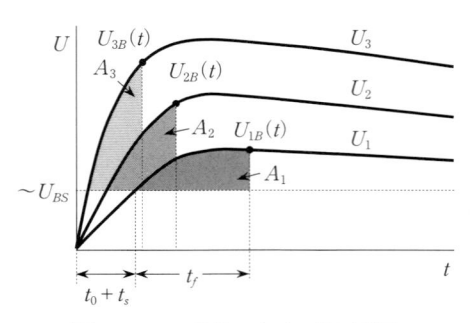

図 3.55 v–t 特性における等面積則

が不連続に変化する実測例である．しかし，このようにはっきりした不連続がいつも観測されるとは限らない（Köhrmann, 1955）．

ところで，準平等電界ギャップにパルス電圧 $U(t)$ が印加されたとき，電子なだれの成長速度 $u(z, t)$ はギャップ形状と破壊につながる電子なだれの開始以後の印加電圧に依存する．$u(z, t)$ の二つの変数を分離できると仮定すると，破壊につながる電子なだれの出発時における印加電圧はほぼ直流破壊電圧 U_{BS} に等しいので，$u(z, t)$ は次のように書ける．

$$u(z, t) = K(z)\{U(t) - U_{BS}\} = \frac{dz}{dt} \tag{3.240}$$

ただし，$K(z)$ は，ギャップ形状によって決まる値である．これを電子なだれがギャップを横断する時空の範囲で積分すると，

$$\int_0^d \frac{dz}{K(z)} = \int_{t_0+t_s}^{t_0+t_s+t_f} \{U(t) - U_{BS}\}dt = A \tag{3.241}$$

A は定数であり，空間積分の方はギャップ形状が定まれば決まる値である．一方，時間積分の方は，印加電圧 $U(t)$ の波形が一定であれば波高値が変わっても積分値は A のままである．図 3.55 は U_1, U_2, U_3 の電圧を印加したときの破壊電圧の瞬時値と（3.241）式の積分値の関係を示した図で，U-t 座標上の面積が $A_1 = A_2 = A_3$ となるように破壊電圧の瞬時値 $U_{1B}(t), U_{2B}(t), U_{3B}(t)$ が決まることを示している．これを等面積則といい，SF_6 ガス中における準平等電界ギャップのインパルス破壊電圧瞬時値対破壊時間特性（v-t 特性[*9]）の実測値によくあうことが知られている（Bluhm, 2006）．

波高値の高いパルスパワー電圧の場合，タウンゼントあるいはストリーマの火花条件が満たされてグロー放電あるいはストリーマに転換しても，放電路の導電率が低く，高い導電性プラズマ状態であるアークに移行するのにいくつかの過程を経なければならない．図 3.56 と図 3.57 は N_2，$d = 2$ cm，$p = 300$ mmHg の平行平板ギャップにそれぞれ $S = 7.56\%$, 20% の過電圧を印加したときのタウンゼント放電およびストリーマからアークに至る過程を示す図である．図 3.56 では，発光の初期過程を拡大して上に示してある．490 ns において電子なだれの第 4 世代が成長しており，580 ns においてグローが形成されて電圧の崩壊が始まっている（Doran, 1968）．また，600 ns でグローの陰極暗部が消え始め，さらに 70 ns 後に陰極スポットの形成が始まり，1300 ns

---

[*9] **v-t 特性**： あるギャップに図 3.a のように同一波形で異なる波高値のインパルス電圧 $U_1, U_2, \cdots$, U_j を印加して破壊が起こったとする．いま，破壊が電圧波尾で起こったときは，電圧波高値 p_i と破壊までの時間 t_i に対応する点 $A_i(p_i, t_i)$ を，また波頭で起こったときは，破壊時の電圧瞬時値 p_j と破壊までの時間 t_j に対応する点 $A_j(p_j, t_j)$ をとり，$A_1, A_2, \cdots, A_j$ を結ぶ曲線が，v-t 特性である．

いま，球対球と針対針の二つのギャップが並列に接続され，それぞれの v-t 特性が図 3.b の実線のようであるとする．この並列ギャップに破線で示したパルス電圧 U_1, U_2 が侵入したとき，U_1 のときは針ギャップが A 点で，U_2 のときは球ギャップが B 点で破壊する．このように，並列ギャップの破壊は火花遅れを含む v-t 特性に依存する．

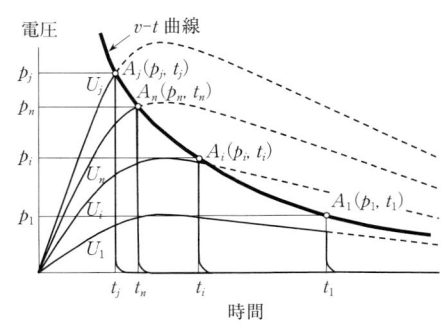

$U_1, U_i, \cdots, U_j$：印加電圧波形

図 3.a v-t 特性

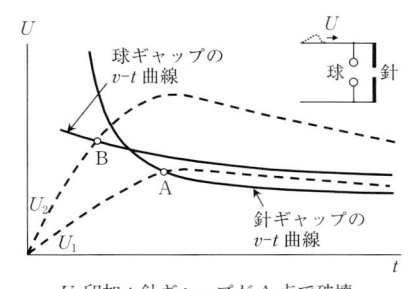

U_1 印加：針ギャップが A 点で破壊
U_2 印加：球ギャップが B 点で破壊

図 3.b 侵入パルス電圧の大きさによる破壊するギャップの変化

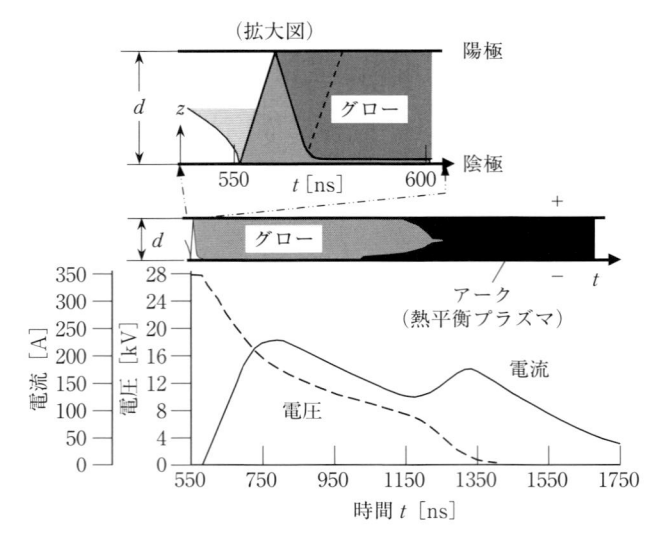

図 3.56 パルスパワー電圧によるタウンゼント破壊
(N_2, $d=2$ cm, $p=300$ mmHg, 過電圧率 7.56%)

でアークチャネルがギャップを橋絡している．図 3.57 では，$t_{crit}=90$ ns において電子なだれが臨界長に達し，そこから陰極向けと陽極向けストリーマが進展し，陽極向けストリーマが陽極に到達すると陰極向けストリーマの進展が加速されている．さらに 140 ns においてプラズマチャネルがギャップを橋絡し，170 ns において熱平衡プラズマに転換している（Strizke et al., 1977）．いずれの場合も電子なだれ過程から低い導電性プラズマ状態に転換した後に，その中を強い発光を伴う波（ストリーク図中の破線）が伝播する．この波は発光部分に強い電離と電位の急激な変化を伴っているので電離波（ionizing wave）あるいは電離電圧波（ionizing wave of potential gradient）と呼ぶ[*10]．この波の伝播に伴ってプラズマの導電率が上昇し，放電を含めた回路状態が時間とともに変わり，ギャップの端子電圧も急激に変化するようになる．この電離電圧波の過程に続いて電流が急激に上昇し，いわゆるアークの状態になる．電離電圧波やアーク形成の時間は 100 ns オーダであるので，パルスパワー電圧印加の場合は形成遅れの主要な部分になるが，インパルス電圧の場合は図 3.50 の電圧崩

[*10] **電離電圧波と電離波**： 最初にこの用語を使用したのは L. B. Loeb で，これで雷放電路中を強い発光を伴って伝播する波（リターンストローク）や，長ギャップ放電におけるリストライクと呼ばれる全路破壊直前の強い発光伝播現象を説明しようとした．荷電粒子が存在する空間を，電離を伴って伝播する波動で，その伝播速度は電離を起こしている電子のドリフト速度以上になる．不平等電界ギャップのインパルス破壊確立過程でも同様の発光伝播現象が観測されている（Loeb, 1965；Winn, 1965；Suzuki, 1971；Gallimberti, 1973；Suzuki, 1975）．

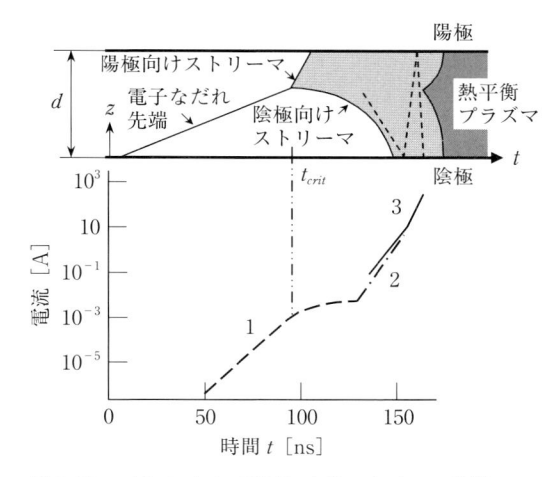

図3.57 パルスパワー電圧によるストリーマ破壊
(N_2, $d = 2$ cm, $p = 300$ mmHg, 過電圧率 20%)

壊時間 t_{arc} に対応する.この期間の電圧崩壊が階段状になるので,階段状放電と呼ばれ,階段部は第5章で述べる $dU/di > 0$ の特性をもつ異常グローである.

このアークが形成される過程におけるプラズマは,最初は非局所熱平衡(non LTE：non local thermal equilibrium)であるが最終的には局所熱平衡状態(LTE)になり,ギャップ間は短絡された状態になる.電離電圧波からアークまでの過程におけるプラズマの内部状態は,分光学手法で推定されている.

なお,200 mmHg の N_2 中の $d = 3$ cm のギャップに過電圧率25%のパルス電圧を印加したときの電子なだれ発生からストリーマがギャップを橋絡するまでの過程が,計算機シミュレーションによって検討されている.これによると,電子なだれがストリーマに転換するときの電子なだれ中の電子の総数は $N_- = \exp(\alpha z_{crit}) = 10^8$ でレータの原理論と一致するが,電界に関する(3.174)式で与えた $K = 0.1 \sim 1$ の条件は $K < 0.1$ と置き換えられ,図3.57の陰極向けストリーマが加速され始めるときには $K = 1$ となる.また,ストリーマ先端の正イオンは球形でなく鞘状に分布している.しかし,パルス電圧による電子なだれからストリーマへの転換機構は,直流電圧によるそれと基本的には同じである(Davies et al., 1978；Chalmers et al., 1972；Yoshida et al., 1976).

3.8.3 放電路の加熱過程

電子なだれからグロー放電あるいはストリーマ形成までの期間における放電電流が放電機構によって決まることは,3.6節までの議論において述べた.放電路の加熱過

程であるアーク形成期間の電流は，放電を含めた電気回路解析によって求められる．すなわち，ギャップ中の放電のインピーダンス $Z(t)$ は電源インピーダンス Z_0 程度あるいはそれ以下となり，インパルス電圧の場合の放電電流 $I(t)$ は，電源電圧を $V(t)$ とすると

$$I(t) = \frac{V(t)}{Z_0 + Z(t)} \tag{3.242}$$

となり，ギャップの端子電圧 $U(t)$ は，

$$U(t) = Z(t)I(t) \tag{3.243}$$

となる．

パルスパワー電圧の場合は，電源を分布定数回路として取り扱うことになるので，電源インピーダンスと放電インピーダンスの整合を考慮する必要がある．例えば，電源のサージインピーダンスを Z_0，ギャップに侵入するパルスパワー電圧（進行波電圧）を $V(t)$ とすると，電源とギャップの接続点で電圧の反射と透過があり，それぞれの電圧は次式で与えられる．

反射電圧： $U_r = \dfrac{Z(t)-Z}{Z(t)+Z}V(t)$ \hfill (3.244)

透過電圧： $U_t = \dfrac{2Z(t)}{Z(t)+Z}V(t)$ \hfill (3.245)

例えば，パルスパワー電圧が継続している状態で放電路の導電率が急に上昇して $Z(t)=0$ になったとすると，ギャップの端子電圧はゼロになる．一方，SF_6 ガスのような電気的負性気体中の放電におけるように放電が急に消滅した場合は，$Z(t)=\infty$ となって，端子電圧は電源電圧の 2 倍に急上昇する．換言すれば，加熱過程の放電現象はギャップ中の電離現象を決める E/p の他に回路電流を決める電源回路定数にも影響され，ギャップの端子電圧は電源のサージインピーダンスと放電のインピーダンスで決まる反射係数に影響される．このために，パルスパワー電圧による電圧・電流の実測値の解釈には注意が必要である．

3.8.4 火花破壊特性
a. 高過電圧下の火花破壊

パルスパワーシステムでは，キャパシタやインダクタにエネルギーを貯蔵し，スイッチを利用して貯蔵エネルギーをパルス成形し，伝送線路を経てパルス電圧を負荷に転送する．このとき，大電流スイッチにおけるジッタと自己インピーダンスを小さくすることが，パルスパワーシステムの良好な運転に不可欠になる．これを実現するために過電圧率の大きい条件下の気中放電が利用される．なお，大きな過電圧率を得るには，電圧立ち上がり時間を 1 ns 以下にする必要がある．

過電圧率が高くなると，低い過電圧では見られない次のような現象が現れ，ミークのストリーマ理論の修正が必要になる．

① 高い E/p になるので，臨界電子なだれ長がギャップ長よりはるかに短くなる（$z_{crit} \ll d$）．したがって，$(d-z_{crit})$ の空間に火花チャネルが形成される時間が，形成遅れ t_f の中で主要な部分を占め，t_f は1 ns オーダになる．

② 電子エネルギーが高くなると気体分子の電子衝突断面積が小さくなるので，一部の電子が連続的に加速されて高いエネルギー状態になる．これをランナウェイモード（runaway mode）という[*11]．E/p の高い条件下の放電の初期において，この電子が陽極に衝突して減速されるとき制動放射X線が放出され，それによってギャップ空間の数箇所に電子なだれが同時に発生し，複数の放電チャネルが形成される．

③ 形成遅れならびに放電の外観は，初期電子の数と空間分布に依存する．形成遅れは，初期電子をギャップ中間より陰極において生成させ，その生成数が多いほど短くなる．

④ 760 mmHg の N_2 に 300% の過電圧（$E=100$ kV/cm）を印加したときの電子なだれの挙動が Kremnev らによって計算されている．これによると，単一電子なだれの先端領域の電子群の陽極方向への成長が横方向の拡散に比べてきわめて速くなり，電子なだれ先端における電子密度が低い過電圧率の場合に比べて大きくなる．このために，$E_g = E_p$ を満たすときの臨界電子数は，低い過電圧率の場合に比べて小さくなる．電子なだれ先端の電子数が増えたときの静電反発力の効果は拡散に比べて無視できなくなる．また，臨界長に達するまでの時間が，気体分子の励起寿命と同程度あるいはそれ以下となる．このために，電子なだれ成長時の電離より遅れて蛍光が放出されるので，火花形成時間が見かけ上長くなる（Kremnev et al., 1970；Korolev et al., 1998）．

b. パルスパワー電圧による火花破壊特性

パルスパワー装置の設計においては，ギャップ条件を与えて火花電圧を簡単に推定できることが，工学的には重要である．J. C. Martin（参考文献の著者とは異なる）は，種々のギャップ条件に対するパルスパワー電圧による火花電圧を実験式にまとめてい

[*11] **電子のランナウェイ：** 電子の速度がある限界を超えると電子の衝突断面積が小さくなる．このような状態で電界を増加させると他粒子との衝突がほとんど起こらなくなり，電子は連続的加速状態に陥る．これを電子のランナウェイという．ランナウェイの発生条件は，
（電子が電界から得るエネルギーの割合）＞（電子がプラズマに失うエネルギーの割合）
の関係より，
$$\frac{m_- v^2}{2kT_-} > \frac{1}{\Gamma}\left(1 + \frac{2}{Z}\right)$$
で表される．ただし，$\Gamma \approx$（電子の平均ドリフト速度）/（電子の二乗平均平方速度），Z：イオン価数である．

る．例えば，空気あるいは N_2 中の平等電界ギャップの場合，破壊電界 E_B は

$$E_B t^{1/6} = 27.5 \delta^{-1/6} \left(\frac{p}{p_0}\right)^{0.6} \tag{3.246}$$

ただし，E_B：[kV/cm]，t：パルス幅 [μs]，δ：陰極上の初期突起高で，臨界電子なだれ長と仮定 [cm]，p：気体圧力 [mmHg]，$p_0 = 640$ mmHg である．臨界電子なだれ時の電離指数を 16～30 とすると，$\delta \approx (16\sim30)\exp\{320/(E/p)\}/15p$ で与えられる (Martin et al., 1996)．

4

不平等電界ギャップの火花放電

本章では,火花放電の観測法を概観した後に,コロナ放電と長ギャップ放電を論ずる.

4.1 放電外観の観測と放電パラメータの計測法

不平等電界ギャップの火花破壊は複雑な現象であるために,その理論の展開は放電外観の観測ならびに放電パラメータの計測法の発展によるところが大きい.計測対象は,放電に伴う電流,電界,電荷,光,ならびに放電生成物の電子,イオン,ラジカル,中性粒子の状態量など広範にわたっており,種々の計測方法が使用される.ここでは火花放電機構を理解するうえで大切になるこれらの計測法の装置構成を簡単に説明する.

4.1.1 電流,電界,イオン流場の計測
a. 電流の計測

図 4.1 は,不平等電界ギャップの放電状況の概念図で,後述のコロナ放電場である.放電場は,高電界中で電離が起こっている活性領域と低電界中のイオン流場からなっている.図 4.1 のオシロスコープで測定される電流パルスは,後に述べるように ns $\sim \mu$s のオーダで起こる現象であるので,波形情報を正確に知るには,図の検出回路の RC 時定数を 10^{-8} [s] より小さくすると同時に,増幅装置などの周波数帯域幅に関して 3.3.3 項で述べた注意が払われなければならない.

ところで,測定電流から放電機構の詳細を解明しようとする場合,外部回路電流とギャップ内の荷電粒子の挙動の関係を知っておかなければならない.その基礎は,3.3.2 項で述べたとおりである.ここでは,図 4.1 を例として,その関係を簡単に説明しておく.

放電が定常的に起こっている場合の外部回路電流は,ギャップのある断面を通過す

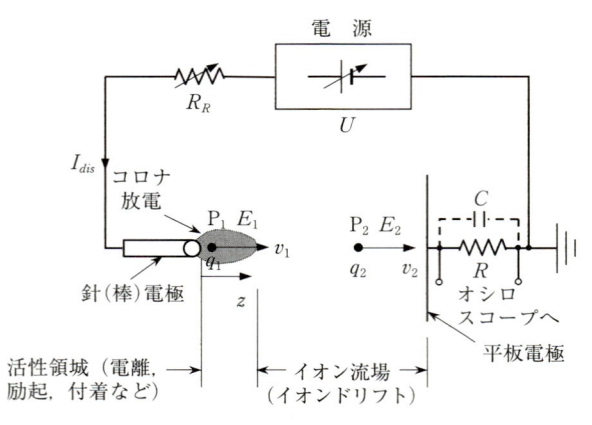

図4.1 コロナ放電現象

る荷電粒子数から求められる．このとき，活性領域における荷電粒子のドリフト電流とイオン流場におけるイオンのドリフト電流は外部回路電流に等しい．

　間欠的放電のような非定常の場合は，荷電粒子が空間的に局在して空間電荷を形成するので，外部回路電流は（3.22）式で述べた変位電流に基づいて求めなければならない．いま，活性領域とイオン流場内のある点 P_1, P_2 における電界を E_1, E_2，電荷を q_1, q_2，電荷のドリフト速度をそれぞれ v_1, v_2 とする．電界とドリフト速度の方向が同じであるとき，それぞれの荷電粒子のドリフトによる外部回路電流は（3.22）式より，次式となる．

$$\left. \begin{aligned} I_{dis1} &= \frac{q_1 v_1 E_1}{U_0} = \frac{q_1 \mu_1}{U_0} E_1^2 \\ I_{dis2} &= \frac{q_2 v_2 E_2}{U_0} = \frac{q_2 \mu_2}{U_0} E_2^2 \end{aligned} \right\} \tag{4.1}$$

ただし，μ_1, μ_2 はそれぞれ荷電粒子の移動度．また，$E_1 \gg E_2$ である．活性領域の荷電粒子は正負イオンと電子であり，外部回路電流への寄与はイオン電流より移動度の大きい電子電流の成分が大きい．また，q_1 と q_2 が同じオーダであれば，$E_1 \gg E_2$ で，かつ活性領域では移動度の大きい電子が含まれるので，$I_{dis1} \gg I_{dis2}$ となり，外部回路で観測される電流パルスは活性領域の電子の挙動に密接にリンクしている．

b. 電界とイオン流場の計測

　電界計測は，放電の電離が起こっている領域と電離のないイオン流場における電界が計測対象になる．それらについては4.2.5項で述べる．なお，高電圧・放電工学分野で使用される電界計測法の詳細は，文献を参照されたい（放電における電界計測法調査専門委員会，1986）．

4.1.2 空間電荷の計測
a. 霧　　箱

霧箱は1894年にWilsonによって放射線検出のために開発された装置で，過飽和蒸気中に入射した放射線によってできるイオンが凝結核となって霧滴になる現象を応用したものである．この装置の気中放電研究への応用は，Nakayaら（Nakaya et al., 1934），Bradlyら（Bradly et al., 1934），Raether（Raether, 1937a）に始まるが，平行平板ギャップ中のきれいな単一電子なだれの観測に最初に成功したのはレータで（Raether, 1937b；1939），ストリーマ理論開発のきっかけとなった．図4.2は，そのときの霧箱の心臓部で，円筒状ガラス4で外部から遮蔽したギャップに研究対象の気体およびエチルアルコールと水の混合物を入れておく．まず，ピストン5を操作してギャップ中の気体を膨張させ，混合物の過飽和蒸気を作る．つづいて，平行平板電極3の陽極側に設けた小さな水晶窓2を通して，ギャップ1を放電させたときに出る紫外線で下側の陰極を照射する．このとき γ_{ph} 作用で陰極から電子が放出され，電子なだれが成長すると，正イオンのまわりに霧滴が形成される．それを照明して写真撮影することにより，電子なだれの空間分布が観測できる．

b. 電荷図法（Toriyama, 1961）

絶縁板表面で放電させ，その表面に正と負に帯電した粉末の混合物を薄く振り掛ける．このとき，絶縁物表面に付着した放電による残留電荷と粉末の電荷が吸引しあうので，粉末の分布から絶縁物表面上の放電軌跡と残留電荷分布を表す電荷図が得られる．高速に形成される放電電荷分布を簡単に記録できるが，電荷図を得る過程で帯電電荷の一部が中和されるので電荷図の解釈には注意が必要である．中和時に起こる放電をバックディスチャージと呼ぶ．

帯電粉末として，古くは松脂と硫黄の混合粉が使用されたが，最近はカラーコピー用のトナーを使用する．この方法は，1777年頃にLichtenbergによって開発された

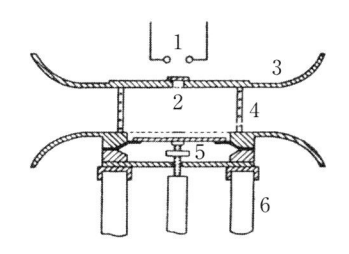

図 4.2 レータの霧箱
1：照射用ギャップ，2：水晶ガラス窓，3：電極，4：ガラスシリンダー，5：膨張用ピストン，6：磁器台．

ので，リヒテンベルグ法と呼ばれたが，最近は，後述の写真フィルムを使用する方法をリヒテンベルグ図法と呼び，帯電粉末を使用する方法は電荷図法と呼ばれる．

4.1.3 放電発光の計測
a. リヒテンベルグ図法 (Nasser, 1971)

図4.3に示すように，電極系の軸に平行または直角に写真フィルムを置いて放電させたとき，フィルム上に得られる図形がリヒテンベルグ図である．この方法は，電子なだれ程度の微細構造を記録できるとともに放電の空間的広がりを詳細に観測でき，放電光に対する感度がよい特長をもつ．しかし，フィルムが放電に影響するかもしれないことと現象の時間分解が難しい欠点がある．そこで，発生の繰り返しが少ないインパルス電圧によるコロナ放電の観測に使用される．図4.3の (b-i), (b-ii) は正と負のインパルスコロナのリヒテンベルグ図の例である．

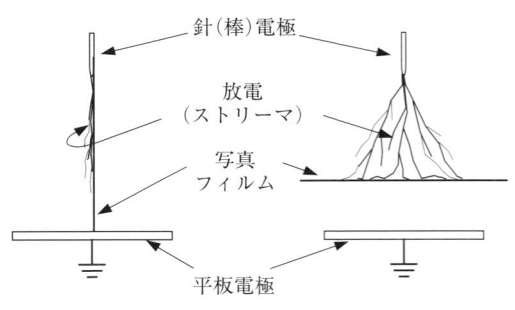

(a) リヒテンベルグ図撮影法

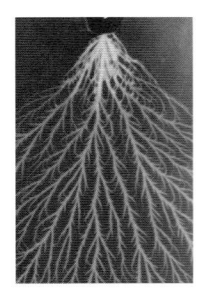

(b-i) 正インパルスストリーマ　　(b-ii) 負インパルスストリーマ

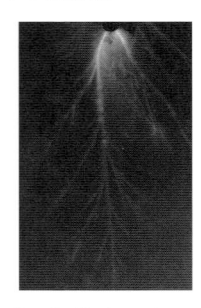

(b) リヒテンベルグ図（大気圧空気）

図4.3 コロナ放電の観測法

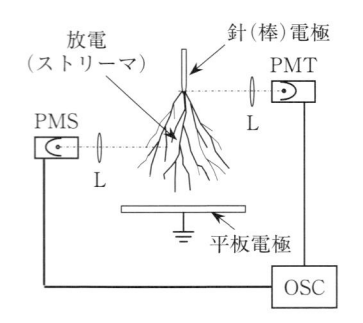

図4.4 光電子増倍管法
PMT：トリガー用光電子増倍管，PMS：放電光観測用光電子増倍管，L：集光レンズ，OSC：オシロスコープ．

b. 光電子増倍管法

本法は図 4.4 に示すように，2 台の光電子増倍管の 1 台（PMT）をオシロスコープのトリガー用に，他の 1 台（PMS）を光パルス信号の記録用に使用する．光電子増倍管は，光の検出感度が高く時定数も 10^{-8} [s] 程度で，電子なだれの微弱発光や電離電圧波の高速度で移動する発光部も検知できる．なお，アークのような強い放電光が管に入射すると出力が飽和するので，使用に当たっては注意が必要である．

c. イメージコンバータカメラと高速度カメラ（Les Renardieres Group, 1981）

イメージコンバータカメラは，イメージコンバータ管の光電陰極面上に放電画像を結ばせ，そこから放出された電子を加速し，加速された電子を蛍光面に当てて明るい画像を再生する装置である．図 4.5 のように静止カメラと同じような配置によって，放電画像の流し図（ストリーク図）ならびにコマ撮り図（フレミング図）が高感度に得られる．光感度は電子なだれを観測できる程度にまで上げることができ，最高の撮影速度はフレミングの場合 10^7 コマ/秒程度である．図 3.56，図 3.57 はイメージコンバータカメラで得られた電子なだれからアークに至る過程の流し図（スケッチ）である．この装置は 1960 年頃から放電研究に使用され，短時間で火花放電の全過程を時間分解して記録できるので，放電機構解明には必須の装置になっている．

また，CCD イメージセンサ（charge coupled device image sensor）と呼ばれる固体撮像素子で画像を電気信号に変換し，デジタル信号処理の後に画像を再生させる高速度 CCD カメラ，CCD カメラの前面にイメージインテンシファイアと高速度シャッタを組み合わせた ICCD カメラがある．最高撮影コマ数はそれぞれ，10^3, 10^7 コマ/秒程度である．

4.1.4　分光計測（赤塚，2005；北嶋，2005；中野，2006；山形ら，2006）

a. 発光分光法（Orville et al., 1967；Bastien, 1981；Spyrou et al., 1992；Shecherbakov et al., 2007）

図 4.5 に示すように，放電発光を分光器を介してイメージコンバータカメラ（また

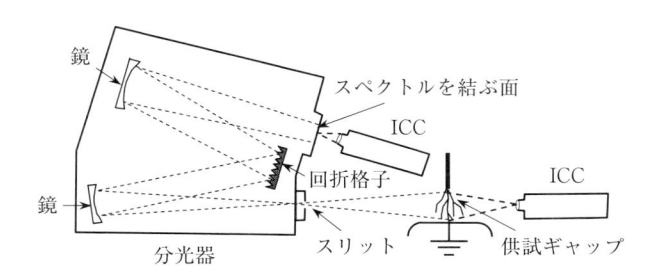

図 4.5　分光器とイメージコンバータカメラ（ICC）

は，ICCD カメラ，光電子増倍管）で記録し，スペクトル線形から放電中のイオン温度，電子密度を，線および連続スペクトル強度から電子温度，電子・イオン密度を時空的に測定できる．また，放電で生成されるラジカルからの発光スペクトルを測定し，放電による反応生成物の分析も可能である．さらに，N_2 の励起準位 $C^3\Pi_u \rightarrow B^3\Pi_g$（4.2.4 項 a の脚注 3 参照）遷移で放射された回転スペクトル強度を解析するなどして，ストリーマチャネル中の気体温度の測定もできる．

例えば，自己吸収のないアークの温度は，放射光強度の測定から次のようにして求められる．中性気体粒子の励起状態が m 準位から n 準位に遷移するとき，$\Delta\tau$ の容積から出る光子の数は $N_m A_{mn} \Delta\tau$ である．ただし，A_{mn}：m から n 準位への遷移確率，N_m：m 準位にある粒子密度である．アーク中では電子，イオン，中性気体粒子の温度が等しい（$T_- = T_i = T$，T_-：電子温度，T_i：イオン温度，T：中性気体粒子温度）ので，N_m と全粒子密度 N の比は $N_m/N = g_m \exp(-E_m/kT)/B(T)$ となる．ただし，E_m：m 準位の励起エネルギー，g_m：m 準位の統計的重率，k：ボルツマン定数，$B(T) = \sum_r g \exp(-E_r/kT)$：状態和である．

したがって，単位立体角についての放射の強さは，

$$I_{mn} = h\nu_m \Delta\tau N g_m A_{mn} \exp(-E_m/kT)/B(T) \tag{4.2}$$

ただし，h：プランク定数，ν_m：光の周波数．A_{mn}, g_m は既知である．この式より，$\ln(I_{mn}\lambda_m/A_{mn}g_m)$ 対 E_m のグラフ（ボルツマンプロット）を描くと，その傾きの逆数から温度 T を決定できる．

また，二つのスペクトル強度の相対値を使用して次の式より温度を求めることもできる．

$$T = \frac{5040(E_{m1} - E_{m2})}{\ln(A_{m1n1}g_{m1}\nu_{m1}/A_{m2n2}g_{m2}\nu_{m2}) - \ln(I_{m1}/I_{m2})} \tag{4.3}$$

ただし，添え字 1, 2 はそれぞれ二本のスペクトル線に対する値，T と E_{mi} の単位は K と eV である．

分光法は，プラズマ計測に広く用いられていて，専門書もあるので参考にするとよい（Griem, 1964）．

b. 紫外線吸収法とレーザ誘起蛍光法

本法は，活性領域で生成されたラジカルの時空的分布を測定するのに利用されている．紫外線吸収法またはレーザ吸収法（Hegeler et al., 1997）では，図 4.6 のように，レーザビームまたは光学フィルタを通して得られる短波長紫外光を放電空間にシート状に入射する．入射光の波長が測定対象の吸収波長と一致すると，例えば放電で生成された吸収原子（例えば，オゾン）によりこれらの光の吸収が起こり，その吸光度 A を測定して，下記のランベルト・ベール（Lambert-Beer）の法則からオゾン濃度 C を決定する．

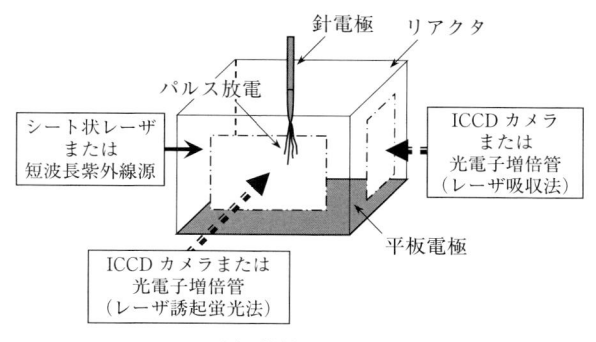

4.1 放電外観の観測と放電パラメータの計測法

(a) 装置の配置図

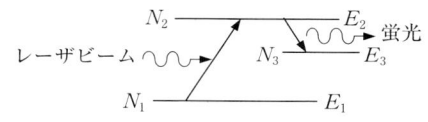

(b) ラジカルの励起過程の模式図

図 4.6 紫外線（またはレーザ）吸収法とレーザ誘起蛍光法

$$A = \log_{10}\left(\frac{I_0}{I}\right) = \varepsilon l C \tag{4.4}$$

ただし，A：吸光度［au］，I_0：入射強度（オゾンがないときの光強度），I：オゾンを含む空間を透過した光強度，ε：モル吸収係数［l/mol/cm］，l：オゾンを含む空間の光路長［cm］，C：オゾン濃度［mol/l］である．透過光を ICCD カメラでコマ撮りすると，オゾン濃度の時空的分布が得られる．

レーザ誘起蛍光法では，同図 (b) に示したラジカルの吸収波長（エネルギー差（$E_2 - E_1$）に相当する波長）に合わせたレーザビームを照射して，ラジカルの蛍光（エネルギー差（$E_2 - E_3$）に相当する波長）を ICCD カメラか光電子増倍管で測定する．蛍光の強度を測定することにより，E_1 の準位に存在していたラジカルの量を測定できる．したがって，ICCD カメラで蛍光を測定するとラジカルの密度の時空的分布が得られる（Kanazawa et al., 2001；Ono et al., 2007；2008）．

c. マッハ-ツェンダ干渉法（Waters, 1981）

図 4.7 のように一つの光源から出た波長 λ の光をビームスプリッタで二分し，別々の光路を通した後に重ね合わせると，二つの光路で位相にずれが発生した場合には光の干渉が起こる．その位相差が $\lambda/2$ の偶数倍のところは明るく，奇数倍のところは暗い縞が現れる．光路中に放電による粒子密度の不均一が存在すると，屈折率が変わって通過光の位相が変わり，ICC の画面上に放電路を表す干渉縞の移動が現れる．縞の移動量から放電路の屈折率，圧力，温度，プラズマ密度などを定量測定できる．例え

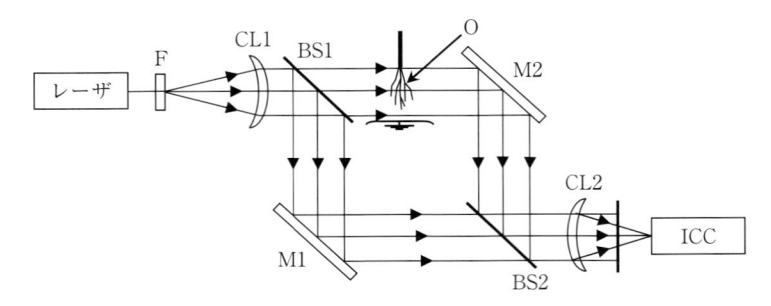

図 4.7 マッハ-ツェンダ干渉法の原理図
CL1, CL2：コリメータレンズ，BS1, BS2：ビームスプリッタ，M1, M2：全反射鏡，O：観測対象（放電路），ICC：イメージコンバータカメラ，F：フィルタ．

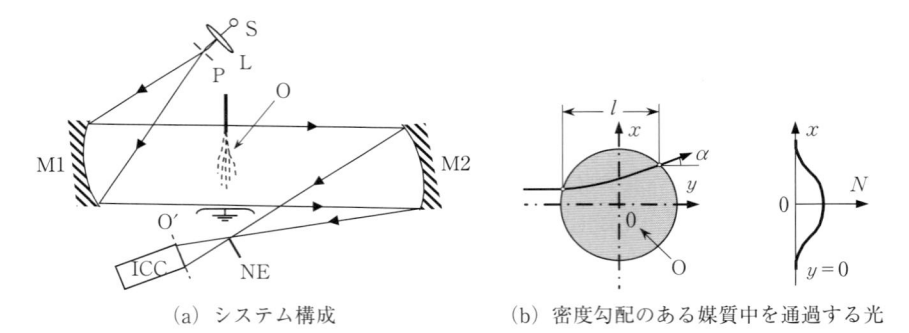

(a) システム構成　　(b) 密度勾配のある媒質中を通過する光

図 4.8 シュリーレン法の原理図
S：光源，M1, M2：凹面鏡＋コリメータレンズ，L：レンズ，NE：ナイフエッジ，P：ピンホール，O：観測対象（放電路），O′：スクリーン（シュリーレン図），ICC：イメージコンバータカメラ．

ば，放電チャネルがプラズマ状態になっているときは，次の関係がある．

プラズマの屈折率 N は，$N=(1-f_p/f)^{1/2}$ で表される．ここで，f：レーザ周波数，$f_p=\sqrt{e^2n_-/\varepsilon_0 m_-}/2\pi$：電子プラズマ周波数，$n_-$：電子密度，$m_-$：電子の質量，$e$：電子の荷電量である．

放電チャネルを通過した光と通過しない光の間の位相差 $\Delta\phi$ は，$\Delta\phi \approx (kN-k)L$ となる．ここで，$k=2\pi/\lambda$，λ：レーザ波長，L：プラズマ領域の長さである．したがって，放電チャネルを通過した光と通過しない光が重畳したときのレーザ光の強度 I は，

$$I=|Ae^{j(\omega t-\phi_0)}+Be^{j(\omega t-\phi_0-\Delta\phi)}|^2=|A+Be^{-j\Delta\phi}|^2 \tag{4.5}$$

となり，I の測定より n_- が得られる．

d. シュリーレン法（Les Renardieres Group, 1977；Waters, 1981）

図 4.8 のように点光源からの光をレンズと凹面鏡で平行光束にし，被測定対象の放

電空間を通した後に光束を集光し，その焦点にナイフエッジを置く．このとき，放電で屈折された光は平行光の光軸と異なる角度 α をもつために焦点位置がずれるので，その光束をナイフエッジで遮断すると，スクリーン上には放電路の気体密度分布が明暗のコントラストとして得られる．これを ICC で撮影することにより，放電路の膨張速度などを測定できる．α は次式で表される．

$$\alpha = \int_0^l \frac{1}{N}\frac{\partial N}{\partial x}\,dy \tag{4.6}$$

ここで，N：放電チャネルの屈折率．その他の記号は図を参照．密度 n の気体の場合は，$N = 1 + \beta n/n_0$ である．ただし，n_0：0℃，1気圧での密度，β：気体の種類によって定まる定数（空気の場合 0.000292）である．

4.2 コロナ放電

　平等または準平等電界ギャップでは，放電の自続条件が成立すると，3.5 節と 3.6 節で述べたように短時間後に火花破壊が発生し，電極間電圧が崩壊する．図 4.1 に示したような針（棒，球）対平板電極のように著しく不均一な電界を形成するギャップに直流電圧を印加すると，電離は曲率半径の小さい電極近傍の高電界領域でのみ可能になり，自続放電がギャップの局部に限定される．また，印加電圧の継続時間がきわめて短いときは，放電形成の途中で印加電界が消失するので，この場合も短時間ではあるが，自続放電がギャップの高電界領域に局在できる．このとき，電極間電圧は放電によって崩壊しない．電圧を上昇させると，いくつかの放電形式を経由して火花破壊に至る．局在化した自続放電状態を局部破壊といい，電圧崩壊を伴う火花破壊を全路破壊と呼ぶ．

　このように，局部破壊の状態は定常・非定常のいずれでも起こりえて，低い印加電圧のときの発光が，皆既日食時の太陽コロナに似ていることから，コロナ放電あるいは単にコロナと呼ばれる．なお，コロナ（corona）は，王冠（crown）に由来する用語である．

　コロナ放電は，自然環境下でも発生している．例えば，雷雲下の高い樹木の先端，高層建造物屋上で天空に向かって突出している先鋭物，海上の船のマストなどで発生し，夜間であれば発光を裸眼でも観測できる．これらは，セントエルモの火（St. Elmo's Fire）と呼ばれている．

　コロナ放電は，電気集塵装置や複写機のイオン源や放電化学分野のラジカル生成源などに応用されるとともに，送電線で発生するとエネルギー損失や通信障害の原因になるので，古くから多数の研究がなされてきた．現象がきわめて複雑であるために未解明な部分が多く，現象の統一的定式化には課題が残っている．基礎過程から出発し

て放電の計算機シミュレーションによってコロナ放電の内部状態を推定する試みもなされている．

ここでは，コロナ放電の工学的応用で大切になり，種々の条件下のコロナ放電現象の理解の基礎になる大気圧空気中のコロナ放電の機構と特性に焦点を当てて論じる．コロナ放電の詳細を論じるときには，気体，電極，印加電圧の条件をはっきりさせることが必要であり，そのためには，論文の原典に接することが必要になる．コロナ放電に関する詳しい成書として，やや古くなっているが L. B. Loeb：*Electrical Corona*, University of California Press（1965）があり，初心者は，わが国の電気学会雑誌の論文から読み始め，『放電ハンドブック』（電気学会，1998）の引用文献から世界の論文を検索すると，原典に近づける．

4.2.1　コロナ放電の概要

コロナ放電を人工的に発生させる実験系の例を示すと，図 4.1 のようになる．図 4.9 は，この実験系で測定した平均コロナ電流の例である（電気学会，1974）．直流印加電圧 U を徐々に上昇させると，最初は $10^{-10} \sim 10^{-14}$ ［A］の電流が流れる．これは，3.5.2 項で述べた暗流である．電圧がある値 U_g に達すると，微小なパルス状電流が間欠的

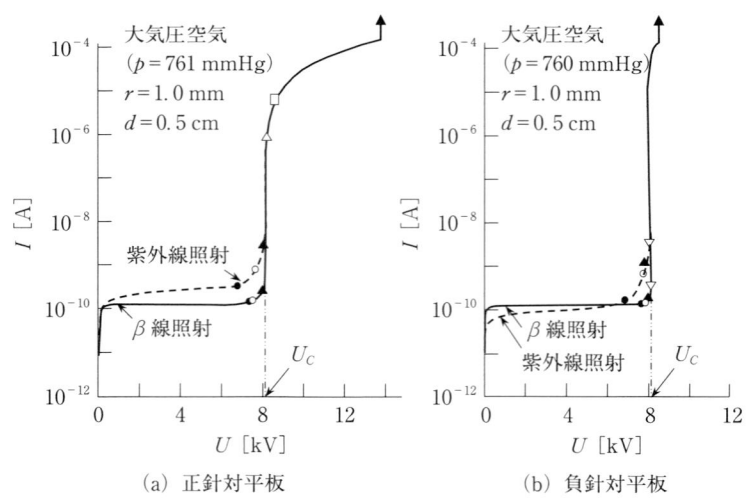

(a) 正針対平板
(b) 負針対平板

▲：火花に移行，□：ストリーマパルス，△：グローコロナ観測，▲：二次パルス観測，○：一次パルス観測，●：微小電流計の指針振動

▲：火花に移行，▽：トリチェルパルス観測，▲：二次パルス観測，○：一次パルス観測，●：微小電流計の指針振動

図 4.9　直流電圧による平均コロナ電流特性

に出現し，U_c 以上になると $10^{-6} \sim 10^{-7}$ [A] 程度まで急上昇する．$U_g - U_c$ 間のパルス電流は偶存電子が電子なだれを引き起こしたことによって生じたもので，ガイガーカウンタ計数管に放射線が入射したときの管内で起こる電子なだれ現象に似ていることから，この電圧領域をガイガーカウンタ領域という．U_c 以上になると自続放電になり，微弱な発光を裸眼で観測できるようになる．U_c をコロナ開始電圧という．さらに電圧を上昇すると，発光強度が増すとともに平均電流も増加する．その詳細は後述する．なお，$U_g - U_c$ 間の間欠的に現れるパルス電流は，正針の場合，後で説明するバーストパルス，負針の場合，電子なだれ電流パルスで，図 4.9 ではそれぞれの最初のパルスを一次パルス，後続のパルスを二次パルスと記している．

コロナ放電の空間領域は，図 4.1 のように二つに分けられる．

① 活性領域：　電離と励起が活発で，電子，正イオン，負イオン，励起粒子，遊離基（ラジカル）[*1]，光子を生成するとともに，電磁波，衝撃波，気体の流れ（コロナ風）を発生している領域．

② イオン流場：　活性領域で生成されたイオンがドリフトしている領域．イオン流場には，図 4.10 に示すように単極性と双極性イオン流場があり，正負コロナが同時に存在するときには，このイオン流場を通して相互干渉が起きる．

コロナ放電は，少ない消費エネルギーで気体を加熱することなく高密度のラジカルを作ることができるために，工学の分野では，活性領域で生成されたラジカルや活性粒子を種々の表面処理，殺菌，脱臭，空気の浄化，排ガス処理や有害物質の分解などの化学反応促進に利用すると同時に，光は他の放電応用装置の初期電子供給源に利用する．また，単極性イオン流は，高速印刷機，電気集塵装置，静電選別機のイオン源に利用される．一方，電磁波は電子機器の誤動作の原因になったり，イオン流は絶縁された物体を帯電させ，それが放電するときに人の電気ショックや可燃物に引火して爆発を引き起こす原因になることがある．さらに，送電線でコロナ放電が活発に発生すると，エネルギー損，コロナ風による電線振動，コロナ騒音，電磁波によるラジオやテレビの雑音源になることがある．

本書では，活性領域とイオン流場の両方を取り扱う．

[*1] **遊離基** (free radical)：　1 個またはそれ以上の不対電子をもつ分子あるいは原子をいい，フリーラジカルまたは単にラジカルともいう．不対電子は「・」で示され，例えば，・R のように表記する．ラジカルの状態は，イオン，中性粒子のいずれでも起こりえる．ラジカルは，他の分子から 1 個の電子を奪って酸化させたがり，その際，ラジカル自体は還元される．生成は，電子の移動（電子の授受），光分解，放射線分解，熱分解などによって化学結合が切断されて行われる．また，生成されたラジカルは，転移，分離，付加，引き抜きなどの反応で二次的ラジカルを生成する．コロナ放電中では，電子衝突によって直接に化学結合を切断したり，励起粒子からの光子による光分解など複数の原因でラジカルが生成される．

(a) 単極性（正）イオン流場

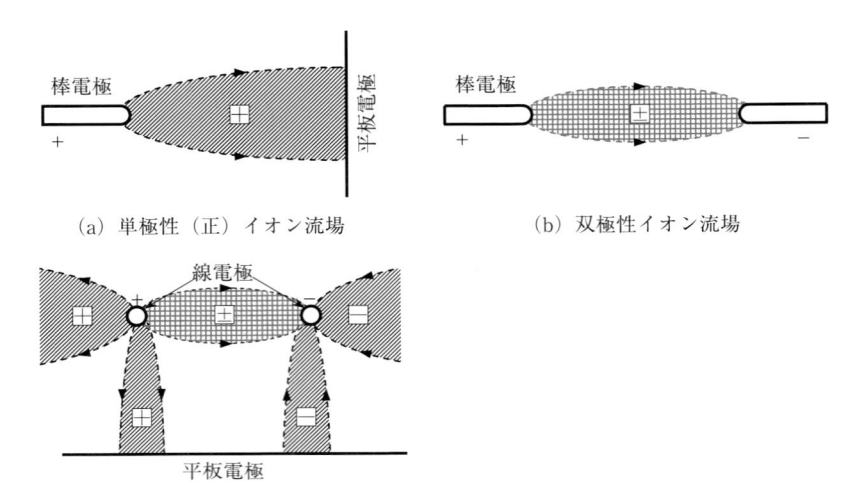

(b) 双極性イオン流場

(c) 単極性と双極性イオン流場の同時存在

図 4.10 イオン流場
⊞：正イオン流場，⊟：負イオン流場，⊡：双極性イオン流場，破線は便宜的に描いた電気力線の一部．

4.2.2 コロナ放電機構

コロナ放電の出現原因は，次の二つに大別される．第一は，電界の空間的不均一が主要な原因で局部破壊になる場合，第二は，印加電圧の半値幅がきわめて短いために放電形成中にギャップ中の電界が消失して放電の進行が停止する場合である．すなわち，電界の時空的不均一が主要な原因で局部破壊になる．後者の場合，後述するように，放電はストリーマで完了する．そこで，コロナ放電の工学的応用の分野では，前者を静的コロナ放電あるいは単にコロナ放電，後者をパルスストリーマ放電と呼んで区別する場合がある．静的コロナ放電が安定に発生するためには，次の二つの条件が満たされなければならない．

① ギャップ中のラプラス場の電界（空間電荷が存在しないときの電界）が著しく不均一で，高電界領域では $\bar{\alpha}>0$ であるが，低電界領域では $\bar{\alpha}\leq 0$ である．なお，$\bar{\alpha}$ は 3.7.2 項で述べた実効電離係数である．

② 高電界領域の放電によって生成された空間電荷が，ラプラス場の最大電界を減じること．すなわち，空間電荷電界がギャップ中の最大電界を緩和して電離を抑制し，コロナ放電がギャップ中に拡大成長するのを制限する．

以上のように，コロナ放電の形式は印加電界の時空的変化と空間電荷の形成に密接に関係し，空間電荷の挙動は，印加電圧の極性，波形および大きさ，ならびに電界の

分布に依存する．本書では，コロナ放電における空間電荷の挙動と放電形成過程を述べるときには，それをコロナ放電機構といい，コロナ放電の様相を一語で表現するときはコロナ放電形式と呼ぶ．コロナ放電形式は，印加電圧の波形と極性，コロナ電流波形，コロナ放電の外観などの面から分類される．電圧の面から分類すると次のとおりである．

電圧波形による分類：
① 直流コロナ： 直流電圧によるコロナ
② 交流コロナ： 10^2 Hz 程度の周波数の交流電圧によるコロナ
③ パルスコロナ： パルス電圧によるコロナ
④ 高周波コロナ： 500 Hz 程度以上の高周波電圧によるコロナ．商用周波数から周波数を上昇すると，空気中では発光が狭い領域の青白色から赤みを帯びた炎状に変化し，放電電流が増加する．10^5 Hz 以上になると，正イオンと電子が交番電界によってギャップ中にトラップされ，放電の機構が上記①〜③と異なるようになる．高周波コロナは，通信アンテナで発生することがあるが，本書では扱わない．

電極の極性による分類：
① 正（陽極）コロナ： 陽極に現れるコロナ
② 負（陰極）コロナ： 陰極に現れるコロナ

例えば，「正インパルスコロナ」といえば，正極性インパルス電圧を高電界を発生する電極に印加したときに現れるコロナ放電である．

ところで，図4.10に示したように，双極性イオン流場を形成する場合は正負コロナが同時に存在し，双極性イオン流場を通して相互に干渉しあう．また，交流コロナの場合，一つの電極で正負のコロナ放電が半サイクルごとに交互に発生し，先行のコロナ放電による空間電荷が次の半サイクルのコロナの挙動に影響を及ぼすことがある (Waters et al., 1972)．しかし，それらの放電の基礎は単極性コロナ放電であるので，本項では単極性コロナに焦点を当てて説明する．

パルスコロナは，放電が主にラプラス場で成長するのに対し，直流コロナでは，放電開始時以外は先行する放電の作った空間電荷の影響下で放電が起こる．このときの空間電荷電界は，ラプラス場に匹敵する大きさになり，ギャップ内の電界分布を決定的に変えるので，直流コロナの様相はパルスコロナのそれと異なる．ここでは，正，負コロナのそれぞれについて，最初にパルスコロナ，つづいて直流コロナを述べる．

a．正コロナ (Bandel, 1951；Amin, 1954a；1954b；生田ら，1970；細川ら，1971；1973；Hermstein, 1960a；1960b)

a-1 パルスコロナ

針（棒）対平板電極の針に正インパルス電圧を印加したとき，図4.11(a)に示す

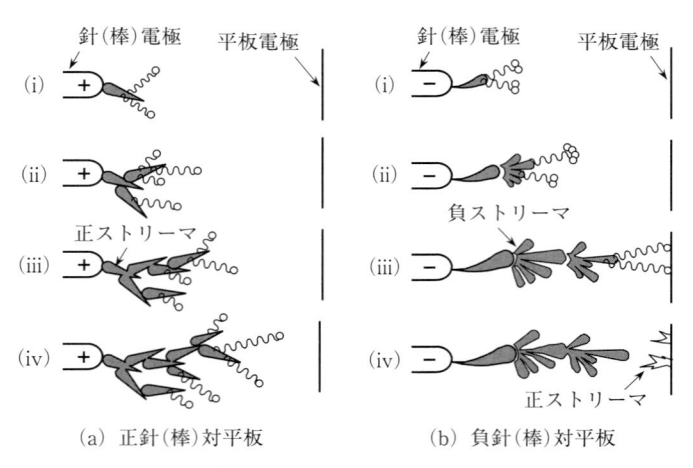

図 4.11 インパルスコロナ
○ 光電子，〰 光，➡ 電子なだれ．

ように針電極近傍の偶存電子あるいは負イオンからの離脱電子によってトリガーされた電子なだれが，針電極に向かって成長する．この電子なだれが，3.5.3項で述べた臨界状態（(3.171)，(3.178)，(3.182) 式）まで成長すると，直流電圧におけると同様に，電子なだれがストリーマに転換する．このとき，電子なだれ先端の電子群は短時間で陽極に流入して，陽極先端に正イオン群が分布することになり，その陰極側の電界が高められるので，ストリーマの成長が促進される．ストリーマ先端付近には光電子がトリガーとなって新しい電子なだれが生まれ，ストリーマと結合してストリーマの成長が維持されるとともに，電子なだれ中の電子は陽極に向かってドリフトするので，プラズマチャネルであるストリーマの先端では正イオンが優勢になって高い電界が形成される．この高い電界のためにストリーマの成長速度は 10^8 cm/s 程度になり，印加電界中の電子のドリフト速度である 10^7 cm/s の約 10 倍に達する．ストリーマ先端が低電界領域まで進展して，電子なだれが臨界状態まで成長できなくなると，ストリーマの成長が止まる．

　針電極からのストリーマは枝分かれしつつ多数同時に成長できるが，これらのストリーマは同じ極性に帯電しているので互いに反発しあい，図 4.3 のリヒテンベルグ図に示すように，重なり合うことはない．ストリーマがある長さまで成長したときに，針電極から新しいストリーマが開始されることがある．最初のストリーマを一次ストリーマ，後続のストリーマを二次ストリーマといい，二次ストリーマは一次ストリーマの根元の部分で開始される．それらのストリーマは同じ空間を進展でき，リヒテンベルグ図では重なって現れる．逆に，リヒテンベルグ図で放電チャネルに重なりがあ

るときには，チャネルの発生時刻が異なっていると判断できる．

　電子なだれがストリーマに転換するとき，高電界領域で電子が急増するので，パルス電流が流れる．このパルス電流が出現したときの電圧瞬時値をコロナ開始電圧と呼ぶ．ストリーマが発生するためには，電子なだれをトリガーする初期電子が必要であり，パルスコロナの場合は，コロナ開始に初期電子の発生が影響するので，3.8.2 項で述べた統計遅れがコロナ開始電圧に影響を与える．ところで，インパルスコロナの電流測定時には，コロナ電流パルスの他に $C_g(\mathrm{d}U/\mathrm{d}t)$ の電極充電電流パルスが流れるので，放電電流と混同しないようにしなければならない．ここで，C_g は電極系の静電容量，U はインパルス電圧である．

　波頭長が 100 ns 以下のパルスパワー電圧の場合も，基本的にはインパルス電圧による放電と同様に，一次ストリーマ，二次ストリーマの順で放電が出現する．1 cm オーダの短ギャップの場合，ギャップ中の電界が高速に上昇するので，一次ストリーマ先端がギャップを横断するとただちに二次ストリーマが一次ストリーマのチャネルとは別の経路をたどって成長する．速い電界上昇率のために，ストリーマ先端領域の電子エネルギーは高く，電離と励起は後述の直流電圧によるストリーマのそれらより活発である．また，一次ストリーマが平板に接近すると，その先端と平板間で活発な電離が起きる．電圧の半値幅が 10 ns 程度に狭い場合は，一次ストリーマ進展の途中に印加電圧が消失するので，一次ストリーマの進展も中止する．ストリーマ先端の空間電荷は静電エネルギーを有するので，電圧が消失した直後にストリーマはわずかではあるが成長を持続できるとする論文もある（4.3.3 項 b の脚注 11 参照：Dawson et al., 1965）．

　なお，パルス電圧による正ストリーマ進展の理論的取り扱いは，4.3.3 項 b の長ギャップ放電のモデリングの項で述べる．

a-2　直流コロナ

バーストパルスコロナとストリーマコロナ　　針対平板電極の針に印加した正直流電圧を上昇させると，最初に図 4.12(b-i) のような 1 μA 以下の脈動する電流パルスが検出される．この放電の出現には，照射などによる初期電子供給が必要であるので，非自続放電である．この電流パルスをバーストパルス（burst pulse）または自続前という意味で前駆バーストパルス（pre-onset burst pulse）と呼び，同図（a）はその放電機構を示す模式図で，針電極付近を拡大して示している．初期電子によってトリガーされた電子なだれ（母なだれ）が成長すると同時に光電子による子なだれが針電極近傍に形成される（図（a-i））．これらの電子なだれの電子が陽極に流入することによって残された正イオン群は，陽極前面に拡散して電界を緩和し（図（a-ii）），仮に母なだれがストリーマに転換していても，ただちにその成長は停止する．正イオンが陰極方向にドリフトして陽極近傍の電界が回復すると（図（a-iii）），再び外部

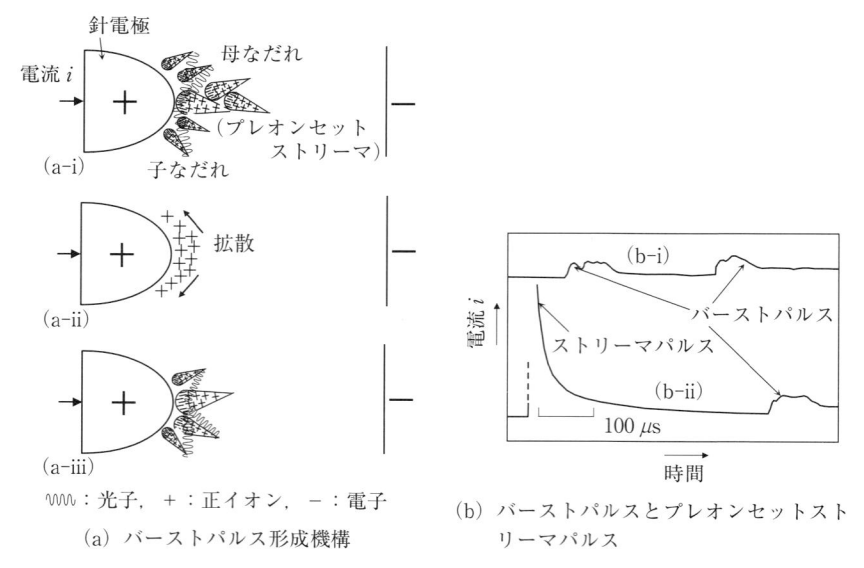

図 4.12 バーストパルスコロナ

から供給された初期電子によって新しい電子なだれがトリガーされる．電子なだれがストリーマに転換したときには，図（b-ii）のようなストリーマパルス（streamer pulse）が出現する（生田ら，1970）．バーストパルスとストリーマパルスの振幅特性は，空気中の水分や炭酸ガスなどの不純物に影響されやすい．わずかに電圧を上昇すると，バーストパルスあるいはストリーマパルスが連続して現れ，自続放電に移行する．このときの印加電圧を直流コロナ開始電圧という．自続ストリーマの形成機構は，ラプラス場中を成長するインパルスストリーマのそれと同じである．

陽極先端の曲率半径が 1 mm 以下の小さいときには，わずかな電圧上昇によってバーストパルスコロナあるいはストリーマコロナは，次に述べる正グローコロナに転換する．

正グローコロナ　曲率半径が小さい電極への印加電圧を上昇すると，バーストパルスやストリーマパルスが消えて小さな脈動を伴う定常電流が流れる．その平均値は，電極先端曲率半径と電圧値に依存するが，ギャップ長や回路の直列抵抗にはほとんど影響されない．規則的脈動分は平均電流 I_{av} が数 μA 以上になると観測されるようになり，その振幅は I_{av} の 50% 程度に達することがある．また，針先の曲率半径が r [cm]，脈動の周波数が f [kHz]，平均電流が I_{av} [μA] のとき，清浄空気中で次の関係が見出されている．$rf \approx a + bI_{av} + cI_c^2$ [cm・kHz]．ただし，$r = 0.15 \sim 1.0$ cm，$p = 1 \sim 600$ mmHg で，$I_{av} = 20 \sim 220$ μA のとき，定数は $a = 148$，$b = 0.82$，$c = 0.02$ である

(細川ら，1971).このときの発光は，電極表面に貼りついた膜状に見える．このために，グローコロナ（glow corona）と呼ぶが，第5章で述べる定常グロー放電の放電機構とは無関係である．

正グローコロナの放電機構をHermsteinは次のように説明している（Hermstein, 1960a；1960b）が，異論も多い．陽極からストリーマが成長を開始しても，陽極近傍の印加電界の急激な低下によって成長が止まり，電子は気体分子に付着して負イオンになる．負イオン群と正イオン群の間のクーロン力によって負イオン群が横方向に拡散して陽極前面にシースを形成する．このために陽極と負イオンシースとの間に狭い高電界領域ができ，ここでタウンゼント型放電を起こして放電が維持されるとしている．

正グローコロナの詳細な放電機構は未解明であるが，正グローの形成と維持に負イオンが主要な役割を演じていると考えられている．正グローコロナ放電は，電気的負性気体特有の現象であり，Ar, He, N_2 のような非付着性気体中では出現しない．しかし，O_2 のような電気的負性気体分子が0.1%程度でも含まれると，正グローコロナが現れる．正グローコロナ放電はきわめて安定で，電流は無パルスで，放電の外観は膜状になり，火花電圧を高い値にする．このために，正グローコロナは，ウルトラコ

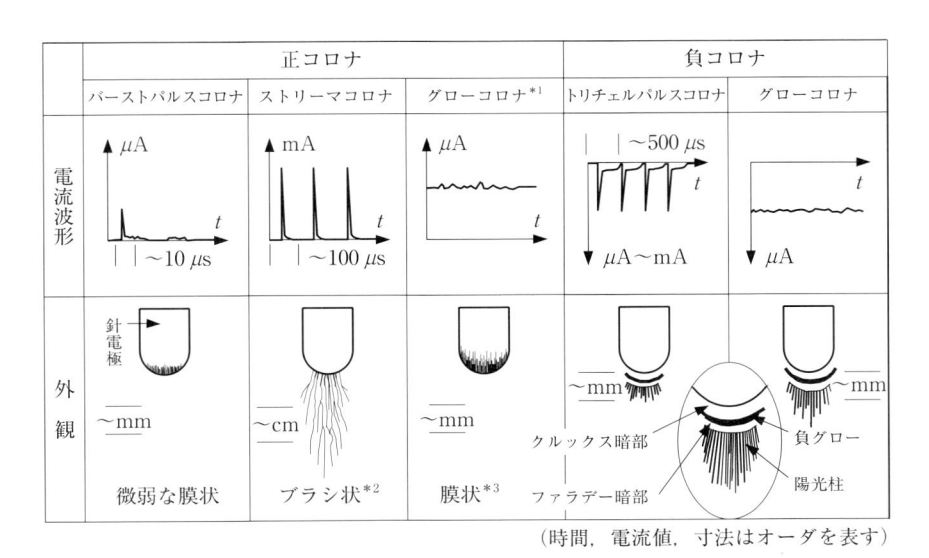

	正コロナ			負コロナ	
	バーストパルスコロナ	ストリーマコロナ	グローコロナ[*1]	トリチェルパルスコロナ	グローコロナ
電流波形	μA, ~10 μs	mA, ~100 μs	μA	~500 μs, μA~mA	μA
外観	針電極, ~mm, 微弱な膜状	~cm, ブラシ状[*2]	~mm, 膜状[*3]	~mm, クルックス暗部, ファラデー暗部	~mm, 負グロー, 陽光柱

（時間，電流値，寸法はオーダを表す）

図4.13 大気圧空気中の直流コロナ放電の分類

*1：ウルトラコロナ，ヘルムスタイン・グローコロナ，膜状コロナとも呼ぶ．*2：ストリーマがギャップの途中まで伸びているときブラシコロナ；相手電極まで達しているとき払子（ほっす）コロナとも呼ぶ．*3：電極に膜状に広がったコロナを膜状コロナと呼ぶ．

ロナ，ヘルムスタイン・グローコロナ，膜状コロナとも呼ばれる．

ストリーマコロナ バーストパルスのところで述べたように，陽極の曲率半径が大きくギャップ長が長いときには，印加電圧の上昇によって，間欠的電流パルスから，周期的に発生する大きな振幅のパルスを伴うコロナ放電に変わる．これを正ストリーマコロナという．コロナ開始時と破壊直前のストリーマを区別したいときは，前者をオンセットストリーマ（onset streamer），後者をブレークダウンストリーマ（breakdown streamer）という．ストリーマパルスの立ち上がり時間は数十 ns，半値幅は 100 ns のオーダで，印加電圧の上昇によってパルス振幅は 100 mA，発生頻度は 1000 個/s に達する．活発に出現しているストリーマの外観は，ギャップ途中まで進展したブラシ状またはギャップを横断した払子状[*2]で，その進展速度は 10^6～10^7 cm/s 程度である．このために，正ストリーマをそれぞれの進展長に対応させて，ブラシコロナ，払子コロナとも呼ぶ．払子コロナはわが国だけで使用される名称である．

正直流コロナの電流波形と外観をまとめると，図 4.13 の左側 3 コラムのようになる．

b. 負コロナ（Trichel, 1938；Amin, 1954c；角田，1960；円城寺，1960；牛田ら，1968；細川ら，1975；Kondo et al., 1978）

b-1 パルスコロナ

針電極に負インパルス電圧を印加したとき，針付近に発生した自由電子が電子なだれをトリガーし，電子なだれが臨界状態に達したときストリーマに転換する．ストリーマが成長するための二次以降の電子なだれは，図 4.11(b) に示すように先行の電子なだれの光子による二次電子によってトリガーされる．負極性の場合，ストリーマ成長中に電極に流入する荷電粒子が正極性の場合に比べて少ないので，ギャップ中に正イオン，電子，ならびに負イオンが取り残された状態になり，正ストリーマにおけるような高電界がストリーマ先端には形成されない．電子なだれとストリーマは低電界領域に向かって成長するので，進展とともに拡散が顕著になり図 4.3 のリヒテンベルグ図に示したようにストリーマの境界が不明瞭になる．負極性の場合も正極性の場合と同様に，同時に進展するストリーマがリヒテンベルグ図上で重なることはない．印加電圧が低い場合は，ギャップの途中でストリーマの進展が停止するが，印加電圧が高いとストリーマは進展速度を上げつつ陽極に近づき，陽極からの正ストリーマを誘発させる（図 4.11(b-iv)）．印加電圧がさらに高くなると，先行の放電によるチャネル中に電離電圧波が出現して完全破壊に至る．

[*2] **払子（ほっす）：** 棒の先端に細長い毛を束ねた仏具である．もともとはインドにおいて僧侶が説法の際に蠅を追い払うために使用されていたものが中国に伝わって，本来の目的から転じて煩悩を払う力をもつ仏具になった．

パルスパワー電圧の場合，基本的には正極性の場合と同様に，過電圧においてストリーマがギャップを橋絡した後に二次ストリーマが現れる．また，電圧半値幅が短いときには，一次ストリーマや二次ストリーマの進展途中に電圧が消滅してストリーマの成長が止まり，全路破壊には至らない．

b-2 直流コロナ

トリチェルパルスコロナと負グローコロナ　針電極に負直流電圧を印加して電離が始まると，ギャップ中に正コロナの場合とは異なる空間電荷分布が形成され，正コロナや負インパルスコロナと異なる外観の放電現象になる．

印加電圧を低い値からゆっくり上昇すると，最初は発光を伴わない 10^{-14} A 程度の暗流が観測される．つづいて，振幅が $2\sim3\,\mu$A，半値幅が $0.1\,\mu$s 程度の電子なだれによる電流が出現する．電子なだれ電流が観測される電圧領域はきわめて狭く，1%程度の印加電圧の上昇によって振幅がほぼ一定で発生周期が規則的なパルス電流が突然現れる．このパルス電流を発見者の名をとってトリチェルパルス（Trichel pulse）といい，コロナを単にトリチェルパルスあるいはトリチェルパルスコロナ（Trichel pulse corona）と呼ぶ．トリチェルパルスが検出され始めるときの印加電圧が，負コロナのコロナ開始電圧である．

図 4.14 は，単一のトリチェルパルスコロナの電流と光電子増倍管で観測した発光の伝播の様子を示す図である（牛田ら，1968）．電流パルスの立ち上がり時間は ns のオーダで，波尾にフラットな部分をもつ．パルスの出現頻度は，大気圧空気中で最初は 10^3 個/s 程度であるが，次に述べるグローに転換する前には 10^6 個/s に達する．振幅は電圧の上昇に伴って $1\,\mu$A から $1\,$mA 程度まで上昇する．

さらに電圧を上昇すると，前後のトリチェルパルスが重なり合うようになり，ついにはパルスを含まない定常電流を伴うコロナに転移する．このときのコロナ放電を負グローコロナ（negative glow corona）と呼ぶ．多くの場合，負グローコロナから突然全路破壊に移行するが，ギャップ長が長い場合は大きな電流パルスを伴う負ストリーマを経由して破壊に至る．

トリチェルパルスの形成機構は，図 4.15 の通りである（Trichel, 1938）．陰極付近の電界が電離を起こすに十分な値になると，前の放電によって作られた正イオンの陰極への衝突時の γ 作用による二次電子が放出され，これが初期電子となって電子なだれが成長する．このとき，図 4.15(a) の A のように電流の波頭が 1 ns のオーダで上昇し始める．ギャップ中には，同図 (b) に示すように，陰極近傍には正イオン群，陰極から離れた位置には電子の付着によってできた負イオン群が形成される．このとき，陰極と正イオン群との間に高い電界領域が形成されるので，ここにおける電離が活発になるが，その領域が狭いことと負イオンの陰極側の電界緩和作用で陽極近傍の電離は短時間後に止み，電流が減衰し始める．その後，正イオンが陰極に流入すると

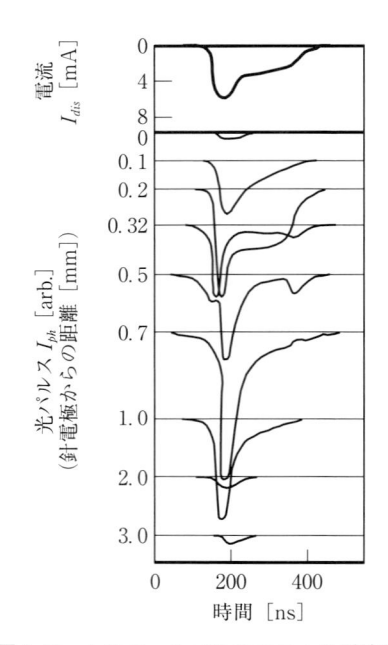

図 4.14 トリチェルパルスコロナの電流波形 (I_{dis}) と光パルス (I_{ph}) の伝播 空気，針（$r=1$ mm）対平板，$d=30$ mm，$p=50$ mmHg，$U_0=2600$ V.

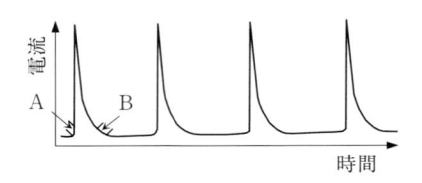

図 4.15 トリチェルパルス形成機構 ＋：正イオン，－：電子，n：負イオン．

(a) 電流オシログラフ（トリチェルパルス）

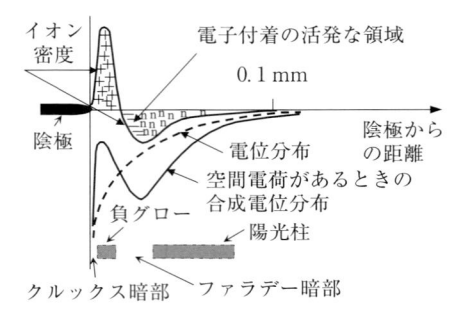

(b) (a) 図の A における状態

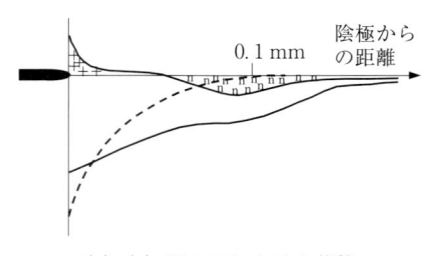

(c) (a) 図の B における状態

ともに，負イオンがギャップ中を拡散しつつ陽極に向かってドリフトする（(c)）．大部分の正負イオンの電極への流入によって陰極表面の電界が回復したとき，ギャップに残っていた正イオンが陰極に衝突してγ作用で二次電子を生成し，これがトリガーとなって新しい電子なだれが生まれ，次のトリチェルパルスが開始される．トリチェルパルス波尾のフラットな部分は，過渡グローコロナによる電流で，その継続時間は印加電圧とともに長くなる．トリチェルパルスの形成には，負イオンが不可欠になるので，Ar，He，N_2 のような非付着性気体中では出現しない．しかし，正グローコロナの場合と同様に，O_2 のような電気的負性気体分子が0.1％程度でも含まれると，トリチェルパルスが現れる．

トリチェルパルスコロナと負グローコロナの電流波形と外観を，図 4.13 の右側のコラムに示した．コロナの発光分布は拡大図のとおりで，第 5 章で述べる定常グローのように，クルックス暗部，負グロー，ファラデー暗部，陽光柱よりなる．

ストリーマコロナ　　陰極曲率半径とギャップ長が大きいときには，大きなパルス電流を伴う不安定は負ストリーマが現れる．

4.2.3　コロナ放電特性

a.　コロナ開始電界とコロナ開始電圧

4.2.2 項で述べたように，コロナ放電は，ギャップ中の電界の時空的変化が大きいときに出現する．いずれの場合も，放電の自続条件が成立するときのコロナ電極先端の電界をコロナ開始電界，印加電圧をコロナ開始電圧と呼ぶ．

次に，コロナ開始電圧を理論と実験で求める方法を述べる．

高電界を発生する電極先端で直流放電の自続条件が成立すると，図 4.9 に示したように放電電流の平均値が 10^{-10} [A] オーダ以下から 10^{-7} [A] オーダ以上に急上昇する．このときの印加電圧と電極表面の最大電界が，実測によるコロナ開始電圧 U_c とコロナ開始電界 E_c である．電流が急上昇するときの電流波形は，4.2.2 項で述べたように極性によって異なる．

コロナ開始以前のギャップ中の電界はラプラス場であると見てよいので，準平等電界ギャップの放電自続条件である (3.212) 式をコロナ開始条件式として使用できる．(3.212) 式は

$$\int_0^{z_{crit}} \bar{\alpha} \mathrm{d}z = \bar{\kappa} \tag{4.7}$$

ただし，$z=0$ は針電極先端の座標，$z=z_{crit}$ は $\bar{\alpha}=0$ となる位置の座標である．ところで，公表されている $\bar{\alpha}$ の実測値には，適用できる E/p の範囲に限界があり（例えば，表 3.1），不平等電界ギャップの高電界領域では，E/p が適用限界の外の値になることがある．また，(4.7) 式は電子なだれ中の総電子数でコロナ開始条件を評価したもので，電子なだれの進展方向，換言すれば電極の極性効果がコロナ開始条件に考慮されていない．著しく不均一な電界ギャップにおいては，ストリーマに転換する直前の電子なだれの拡散半径が進展方向に影響されるので，コロナ開始条件に対する極性効果が考慮されなければならない．したがって，(4.7) 式による推定値が実測値と合わない場合は，E/p の適用範囲と，3.7.3 項で述べた γ 作用（正コロナの場合は，光による二次電子生成機構を等価な γ 作用と見なす）を考慮できる (3.201) 式，ならびに極性効果を考慮できる (3.208) 式に立ち返って，詳細に検討する必要がある．

交流電圧印加時のコロナ開始条件は，直流電圧印加時と同様に考えてよい．

インパルス電圧を印加したときのコロナの開始電圧では，次の二つの点を考慮しな

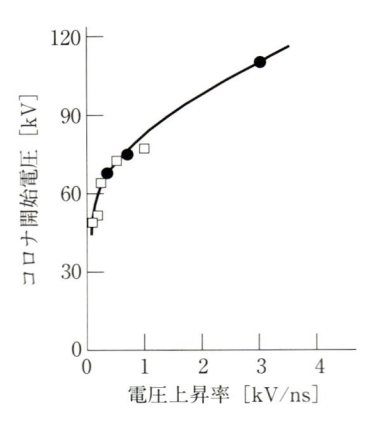

図 4.16 コロナ開始電圧に及ぼす電圧上昇率の影響

ければならない．一つは，初期電子出現の統計遅れ，他の一つは電子なだれ成長中の印加電圧の変化である．ギャップ長1cmの準平等電界ギャップで電子なだれが臨界状態になるまでの時間を推定すると，破壊電界はおおよそ $E_g/p \cong 40$ V/mmHg·cm であり，このときの電子のドリフト速度は $v_- = 1.25 \times 10^7$ cm/s であるから，電子なだれがギャップを横断してストリーマに転換するまでの時間は $T_- = d/v_- = 80$ ns となり，インパルス電圧の波頭長に比べて十分短い．したがって，電子なだれ成長中の電圧変化は無視してよく，初期電子が出現した後の現象に対しては，直流電圧印加時の理論である（4.7）式を適用できる．統計遅れは μs オーダ以上になりえるので，コロナ開始電圧は統計遅れのために変動する．

インパルスコロナ開始電圧の実測には，二つの方法がある．一つは，インパルス電圧の波高値を低い値から徐々に上昇し，最初にコロナパルスが観測されたときの電圧波高値をコロナ開始電圧とする方法である．他方は，過電圧を印加してコロナパルスが観測されたときの電圧瞬時値をコロナ開始電圧とする方法である．いずれの場合も，測定値には統計遅れによるばらつきが現れる．統計遅れの問題は，長ギャップの火花破壊の 4.3.3 項 b で詳細に述べる．

パルスパワー電圧の場合は，コロナ放電開始電圧に対する統計遅れの影響に加えて，電子なだれ成長中に印加電圧が変化する可能性があるが，これを考慮したコロナ開始電圧の理論的推定法は見られない．実験では図 4.16 のように電圧波頭峻度の関数としてコロナ開始電圧が測定されている（Fridman et al., 2004）．

コロナ放電の研究ならびに工学的応用のために使用される代表的電極系を図 4.17 に示す．針（棒，球）対平板は，電界の不均一が最も著しい電極系，同心球と同軸円

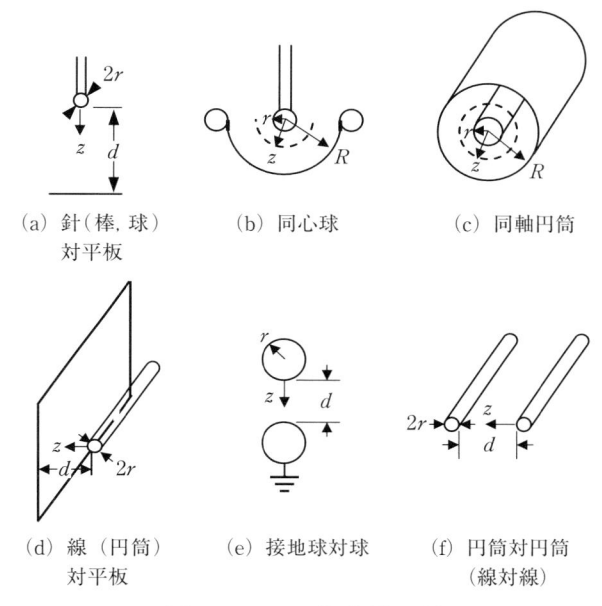

(a) 針（棒，球）対平板　　(b) 同心球　　(c) 同軸円筒

(d) 線（円筒）対平板　　(e) 接地球対球　　(f) 円筒対円筒（線対線）

図 4.17　コロナ放電電極の例

筒は電界分布を解析的に求めることができ，コロナ現象の理論的取り扱いに便利な電極系，線対平板と線対線は送電線路を模擬した電極系，球対球は火花電圧の測定に使用する電極系として，これまで使用されてきた．それぞれの電極系の電界分布 E_z，最大電界 E_m ならびに直流と交流コロナ開始電界の実験式 E_c を，表 4.1 に示す．E_c には，空気の状態は相対密度 δ で，電界の不均一性はコロナ電極の半径 r を通して考慮されている．ここで，$\delta = 0.386 p/(273+T)$，p は空気圧［mmHg］，T は空気温度［℃］である．球対球電極の E_B は，コロナ放電を経由しないで火花破壊になるときの火花電界である．表の実験式からわかるように，ギャップの放電開始電界（E_c または E_B）は次の形をしている．

$$E_c = \bar{A}\delta\left(1 + \frac{\bar{B}}{\sqrt{r\delta}}\right) \tag{4.8}$$

$$E_B = \bar{C}\delta\left(1 + \frac{\bar{D}}{\sqrt{r\delta}}\right) \tag{4.9}$$

ただし，$\bar{A}, \bar{B}, \bar{C}, \bar{D}$ はギャップ形状によって定まる定数である．

b.　コロナの安定性と活性領域の範囲

まず，コロナ放電の安定性について考えよう．コロナ放電の活性領域が導電性であると仮定すると，活性領域の外側境界はコロナ開始電界 E_c になっていると考えてよ

表 4.1 各種電極系の電界分布およびコロナ開始と破壊電界の実験式

	電界	コロナ開始電界 (E_c) 破壊電界 (E_B)	E_c, E_Bの 提案者
針対平板（球・棒）	（回転双曲面近似：r, z が小さいとき） $E_z = \dfrac{2U}{(r+2z)\ln(4d/r)}$ $E_m = \dfrac{2U}{r\ln(4d/r)}$; $E_m = E_z(z=0)$	実験式なし	
同心球	$E_z = \dfrac{Rr}{z^2(R-r)}U$ $E_m = \dfrac{R}{r(R-r)}U$; $E_m = E_z(z=r)$	実験式なし	
同軸円筒	$E_z = \dfrac{U}{z\ln(R/r)}$ $E_m = \dfrac{U}{r\ln(R/r)}$; $E_m = E_z(z=r)$	$E_c = 31\delta\left(1+\dfrac{0.308}{\sqrt{r\delta}}\right)$ [kV$_\text{peak}$/cm] DC の場合，極性効果あり $r>0.001$ cm で，$E_{c+}>E_{c-}$ $r<0.001$ cm で，$E_{c+}<E_{c-}$	Peek
線（円筒）対平板	$E_z = \dfrac{2U\sqrt{d^2+2rd}}{\{2d(r+z)-z^2\}\ln\left\{\dfrac{d+r+\sqrt{d^2+2rd}}{r}\right\}}$ $E_m = \dfrac{U\sqrt{d^2+2rd}}{rd\ln\left\{\dfrac{d+r+\sqrt{d^2+2rd}}{r}\right\}}$; $E_m = E_z(z=0)$	$E_c = 29.8\delta\left(1+\dfrac{0.301}{\sqrt{r\delta}}\right)$ [kV$_\text{peak}$/cm]	Peek
線対線	$E_z = \dfrac{U\sqrt{d^2+4rd}}{2\{d(r+z)-z^2\}\ln\left\{\dfrac{d+2r+\sqrt{d^2+4rd}}{2r}\right\}}$ $E_m = \dfrac{U\sqrt{d^2+4rd}}{2rd\ln\left\{\dfrac{d+2r+\sqrt{d^2+4rd}}{2r}\right\}}$; $E_m = E_z(z=0)$	$E_c = 29.8\delta\left(1+\dfrac{0.301}{\sqrt{r\delta}}\right)$ [kV$_\text{peak}$/cm]	Peek
球対球	$E_m = \dfrac{U}{r}f$ $\dfrac{d}{r}<1$ のとき，$f = 1+\dfrac{d}{3r}+\dfrac{1}{45}\left(\dfrac{d}{r}\right)^2+\cdots$ $\dfrac{d}{r}>1$ のとき，$f = \dfrac{d}{r}+\dfrac{1}{d/r+1}$ $\quad\quad\quad\quad\quad\quad +\dfrac{1}{(d/r+1)(d/r+2)^3}+\cdots$	$0.1<\dfrac{d}{r}<2$ で $E_B = 27.2\delta\left(1+\dfrac{0.54}{\sqrt{r\delta}}\right)$ [kV$_\text{peak}$/cm] （コロナの発生なし）	Peek

い．この仮定の下で，コロナ放電が安定に出現するための電極条件を同心球と同軸円筒電極系で求めると次のようになる．コロナ放電が安定に存在するためには，4.2.2項で述べたようにコロナの出現によってギャップ中の最大電界が緩和されることが必要条件になる．すなわち，図 4.17 の記号を使うと，dE_r/dr の符号によって次のようにコロナの安定を判別できる．

4.2 コロナ放電

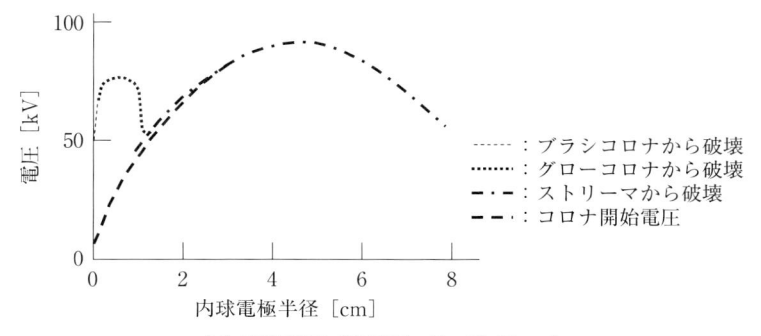

(a) 直流電圧（内球正，$R = 10.05$ cm）

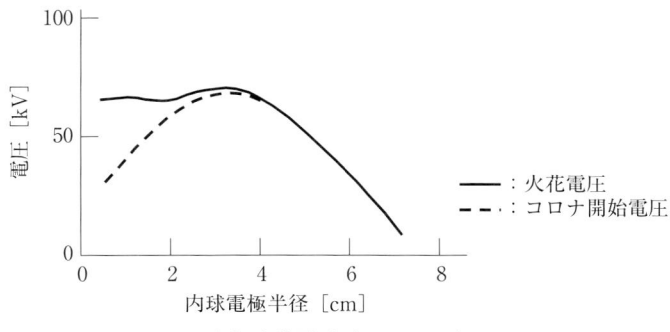

凡例：
……… : ブラシコロナから破壊
●●●●● : グローコロナから破壊
—・— : ストリーマから破壊
— — — : コロナ開始電圧

(b) 交流電圧（$R = 7.5$ cm）

——— : 火花電圧
— — — : コロナ開始電圧

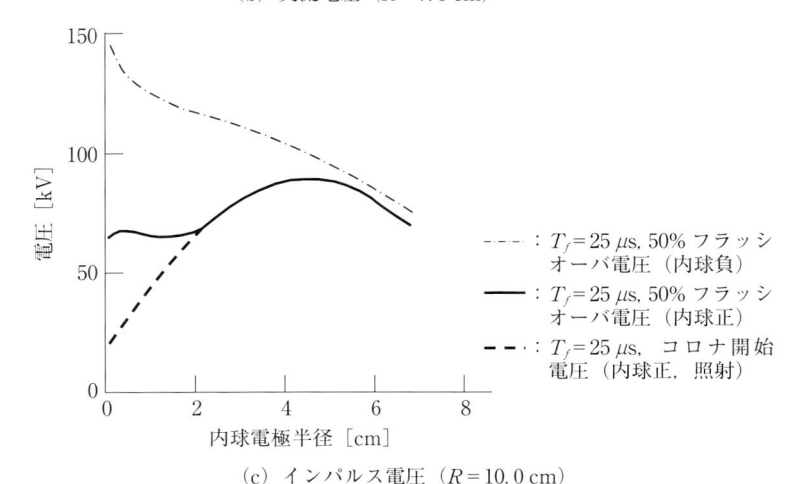

(c) インパルス電圧（$R = 10.0$ cm）

—・— : $T_f = 25$ μs, 50% フラッシオーバ電圧（内球負）
——— : $T_f = 25$ μs, 50% フラッシオーバ電圧（内球正）
— — — : $T_f = 25$ μs, コロナ開始電圧（内球正，照射）

図 4.18　同心球電極系のコロナ開始電圧と火花電圧特性
　　　　（大気圧空気）

同心球の場合，$\dfrac{dE_r}{dr} = \dfrac{RU(2-R/r)}{r(R-r)^2}$ より，

$\dfrac{R}{r} > 2$ ならば $\dfrac{dE_r}{dr} < 0$ となりコロナは安定．

$\dfrac{R}{r} < 2$ ならば $\dfrac{dE_r}{dr} > 0$ となりコロナは不安定

同軸円筒の場合，$\dfrac{dE_r}{dr} = \dfrac{U\{1 - \ln(R/r)\}}{r^2\{\ln(R/r)\}^2}$ より，

$\dfrac{R}{r} > 2.718$ ならば $\dfrac{dE_r}{dr} < 0$ となりコロナは安定．

$\dfrac{R}{r} < 2.718$ ならば $\dfrac{dE_r}{dr} > 0$ となりコロナは不安定

となる．図4.18は，同心球電極系のコロナ開始と火花電圧の測定例で，$dE_r/dr > 0$ となる電極条件では，電圧の種類に関わらず放電開始と同時に火花破壊が起こっている．電力輸送設備で同軸円筒電極系の内円筒を高電圧側，外円筒を接地側にしてSF_6ガスを絶縁媒体とするガス絶縁機器が使用されるが，このときには上記の考え方で，コロナ放電が安定に現れず高い破壊電圧を与えるようにR/rの値を決めている．

次に，コロナ放電の活性領域の広がりについて調べる．インパルスコロナの伸展長については，長ギャップ放電のモデリングに関する4.3.3項で詳細に述べる．

パルスパワーコロナの場合，放電形式はストリーマ放電で，同一電圧の下では正ストリーマの方が負ストリーマより長く伸び（水野，1994）．また，平均進展速度は図4.19のように電圧の波頭峻度が急なほど高い（Wang et al., 2005；2007；Ono et al., 2003）．電圧上昇中のストリーマの伸展速度v_sはほぼ一定で，ストリーマ進展時間をtとす

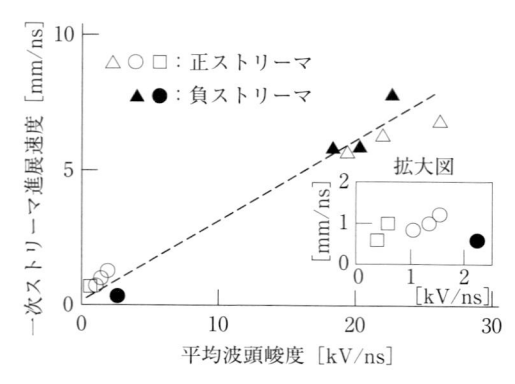

図4.19 パルスパワー電圧による一次ストリーマの進展速度
（大気圧空気）

ると,ストリーマの進展長l_{ac}は$l_{ac} \approx v_s t$で与えられる.l_{ac}がパルスパワー電圧時の活性領域の範囲である.電圧の半値幅T_wが$T_w > d/v_s$のときは,一次ストリーマはギャップを橋絡した後に二次ストリーマが針電極から開始される.ギャップ長が10 mmのオーダのとき,ギャップを橋絡する一次ストリーマに続いて二次ストリーマが現れるので,ギャップ全体が活性領域になる.

直流コロナの場合,コロナ放電の安定性の議論のときと同じ仮定の下で,印加電圧がUの同心球と同軸円筒の活性領域の$z = r_{ac}$を求めると,次のようになる.同心球の場合,

$$\left. \begin{aligned} r_{ac} &\cong \sqrt{\frac{RrU}{E_c(R-r)}} \quad \text{(同心球)} \\ &\approx \sqrt{\frac{rU}{E_c}} \quad \text{($r \ll R$のときは針対平板電極の近似と見てよい)} \end{aligned} \right\} \quad (4.10)$$

同軸円筒の場合,

$$r_{ac} = \frac{U}{E_c \ln(R/r)} \tag{4.11}$$

c. コロナ形式と火花電圧

c-1 パルスコロナ

インパルス電圧の場合,ストリーマコロナからリーダと呼ばれる中性粒子温度の高い放電を経由して火花に至る.この過程は超超高電圧送電線路の絶縁設計に関連して詳しく調べられているので,4.3.3項で述べる.

パルスパワー電圧の場合もストリーマから火花破壊になる.波高のフラットの部分の幅が$0.1 \sim 0.2 \, \mu s$程度のパルス電圧に対する針または球(直径1インチ)対平板電極の火花電圧については,次の実験式が提案されている.

$$k = E_B t^{1/6} d^{1/10} \tag{4.12}$$

ただし,k:定数で表4.2,4.3,E_B:火花電界 [kV/cm],d:ギャップ長 [cm],t:パルス幅 [μs] である (Martin et al., 1996).負極性の場合は,針電極より球電極の火花電圧の方が低い値になっている.

c-2 直流コロナ

正コロナ　直流電圧のコロナ形式は,電圧の極性と電極条件によって複雑に変化する.交流電圧の場合は,交流の瞬時値に対応する電圧値の直流コロナ形式になる場合

表 4.2 正針対平板の k の値

気体圧力 [PSI]	15	25	35
空　気	24	33	37
フレオン	40	43	46
SF_6	48	55	59

表 4.3 負針対平板の k の値

気体圧力 [PSI]	15	25	35
空　気	25	38	49
フレオン	67	84	100
SF_6	79	—	116

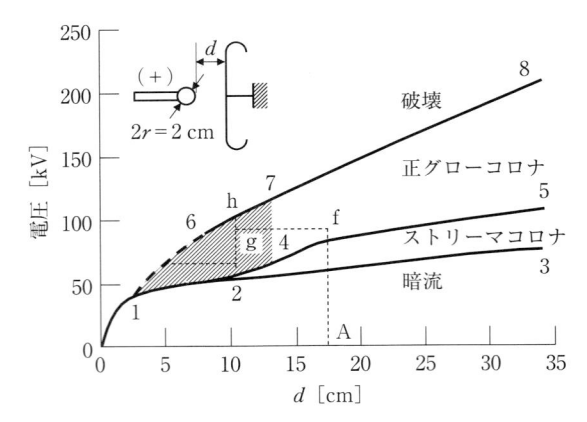

図 4.20 正球対平板ギャップの直流コロナ形式
（大気圧空気）

が多い．以下では直流コロナ形式を述べる．

図 4.20 は，ギャップ長が比較的長い球（直径 2 cm）対平板ギャップの球に正直流電圧を印加したときのコロナ形式を示す図である（Hermstein, 1960a）．曲線 0-1-2-4, 7-8 は火花電圧，2-3 はストリーマ開始電圧，4-5 はグローコロナ開始電圧である．しかし，いま，ギャップ長を 18 cm にして図の f 点まで電圧を上昇し，次に電圧を一定に保ってギャップ長を減じると，曲線 0-1-2-4 より高い電圧でも正グローコロナが安定に現れ，さらに g 点から印加電圧を上昇すると，曲線 8-7 の延長上の点 h で破壊が起こる．このようにして描いた短いギャップ長領域の火花電圧特性が曲線 1-6-7 である．6-7 間では正グローコロナが比較的安定であるが，1-6 間では不安定になりやすいので曲線を破線にしてある．また，図には示していないが，ギャップ長が 25 cm 以上になると破壊直前にブレークダウンストリーマが現れる．

火花破壊直前のコロナ形式は，破壊直前のコロナ電極表面の電界の微分値に依存する．同心球電極で調べた結果によると，図 4.21 に示すように，$dE/dz|_{z=r} > 111$ kV/cm/cm では正グローコロナ，$74 < dE/dz|_{z=r} < 111$ kV/cm/cm ではストリーマと正グローコロナ，$25 < dE/dz|_{z=r} < 74$ kV/cm/cm ではストリーマから火花破壊が起こる（Hermstein, 1960a）．$dE/dz|_{z=r} < 25$ kV/cm/cm では，コロナを経由せずに火花破壊になる．

図 4.22 は，ギャップ長 d が 10 mm 程度，針先曲率半径 r が $r = 0.18 \sim 1.24$ mm の針対平板における直流コロナ形式の概念図である（酒井ら, 1958）．図では，$r_1 < r_2$ である．$r = r_2$ の場合を例にとって説明すると，次のとおりである．コロナ開始電圧 U_{C2} はギャップ長 d とともに徐々に上昇し，$d < d_g$ ではコロナ開始と同時に火花破壊

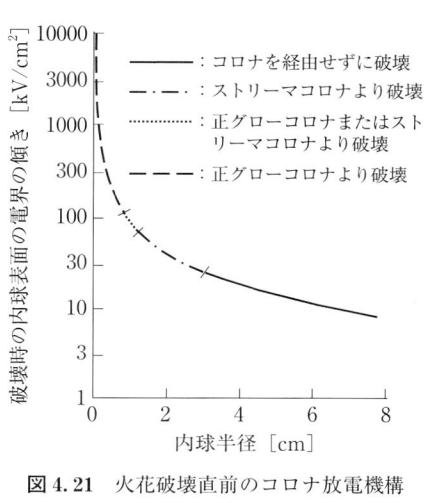

4.2 コロナ放電

図 4.21 火花破壊直前のコロナ放電機構（大気圧空気）

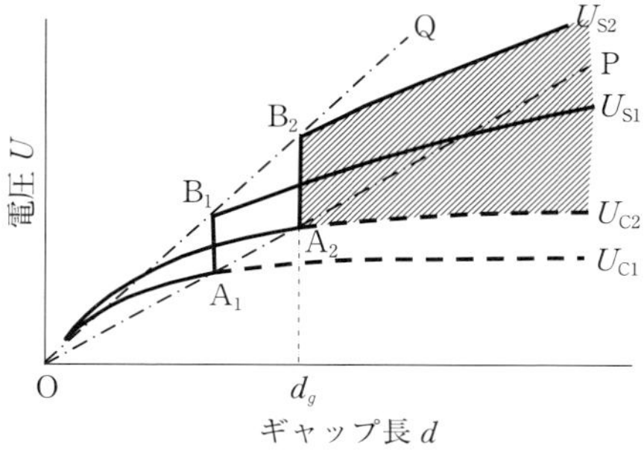

図 4.22 正針対平板ギャップのコロナ形式

	針半径	コロナ開始電圧	火花電圧
針電極1	r_1	U_{C1}	U_{S1}
針電極2	r_2	U_{C2}	U_{S2}

$r_1 < r_2$

(a) $r < r_C$

(b) $r = r_C$

(c) $r > r_C$

TC：トリチェルコロナ
GC：グローコロナ
U_T：トリチェルコロナ開始電圧
U_S：火花電圧
U_G：グローコロナ開始電圧

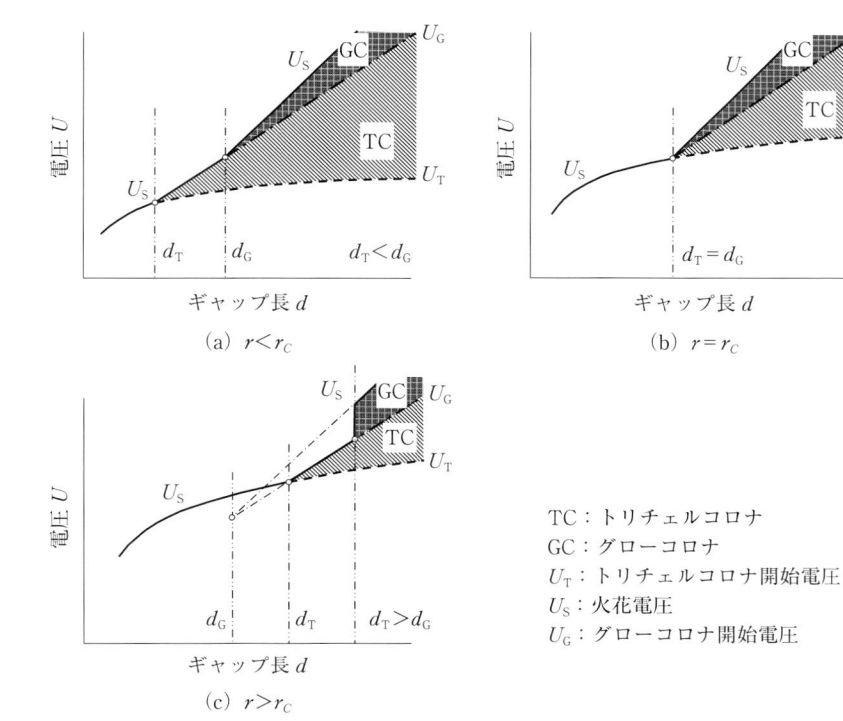

図 4.23 負針対平板ギャップのコロナ形式

を起こす．$d=d_g$ になると図の A_2 点でオンセットストリーマが現れ，ただちにグローコロナに転移する．オンセットストリーマが存在する電圧領域が狭いので，図にはグローコロナ開始電圧のみを記している．電圧が B_2 になると火花破壊になる．$d>d_g$ では，図の網掛けの領域で正グローコロナが安定に現れる．針先の曲率半径を r_1 に変えると，基本的には r_2 のときと類似の特性になるが，正グローコロナが現れ始めるギャップ長が短くなり，そのときのグロー開始と火花開始の点が A_1, B_1 である．r を変えて点 A, B の軌跡を求めると，図のように直線 OP, OQ となる．

　コロナを経由せずに火花破壊になるときの火花電圧は，準平等電界ギャップの火花放電理論により推定できる．コロナを経由する場合の火花電圧推定の統一的理論はない．理論の考え方として，コロナの不安定性から火花破壊条件を求めようとする方法，グローコロナの場合，イオン流場に準平等電界ギャップの火花条件を適用しようとする方法などがある（Hara et al., 1990）．

負コロナ　図 4.23 は図 4.22 と同じギャップの負コロナ形式の概念図である（酒井ら，1958）．正コロナの場合と同様に，ギャップ長が短いときは，コロナ開始と同時に火花破壊になる．ギャップ長が長くなると，トリチェルパルスコロナ（トリチェルコロナ）あるいはトリチェルコロナと負グローコロナを経由して火花破壊となるが，どちらのコロナ形式になるかは針先半径 r とギャップ長 d の組み合わせに依存する．r がある値 r_C のとき，トリチェルコロナとグローコロナの開始電圧が等しくなり，r_C を境にしてコロナ形式の特性は図 4.23 に示すように変わる．

　コロナを経由せずに火花破壊になるときの火花電圧は，準平等電界ギャップの火花放電理論により推定できる．コロナを経由する場合の火花電圧推定の統一的理論はない．

d. コロナ電流とコロナ損，およびコロナ電磁現象

コロナ電流　コロナ放電電流は，ストリーマの成長の繰り返しによるパルス電流と，正・負グローコロナによる定常的電流に大別される．ストリーマによるパルス電流の場合，高電界領域中の電子のドリフト電流と低電界領域中のイオンのドリフト電流成分は等しくなく，ギャップ中の電流連続条件は変位電流で補完される．すなわち，低電界領域では高電界領域の電子のドリフトに伴う変位電流の成分が大きい．

　正・負グローコロナによる定常的電流の場合は，電離が起こっている狭い活性領域を除くと，ギャップの全領域でイオンのドリフト電流が主で，ギャップ中のどの位置においても常に粒子連続の条件が成立している．コロナ電流パルス特性は，4.2.2 項のコロナ放電機構において述べたので，ここではイオン流場が電流電圧特性を支配する正グローコロナの定常電流特性を，解析に便利な同軸円筒電極系で調べる．

　円筒座標系で電極各部のサイズを図 4.17(c) のように定め，活性領域の外側のイオン流場を考えると，内円筒単位長あたりの電流 I は，

$$I = 2\pi z e n \mu E_z \tag{4.13}$$

ただし，z は電極系中心からの距離，E_z は z における電界，n はイオン密度，e は電子の素電荷，μ はイオンの移動度である．また，ポアソンの式より，

$$\vec{\nabla} \cdot \vec{E} = \frac{1}{z}\frac{\mathrm{d}zE_z}{\mathrm{d}z} = \frac{en}{\varepsilon_0} \tag{4.14}$$

上式を E_z について解くと

$$E_z = \frac{\bar{\alpha}}{z}\left(1 + \bar{\beta}\frac{z^2}{R^2}\right)^{1/2} \tag{4.15}$$

ただし，$\bar{\alpha}$ は積分定数，$\bar{\beta} = IR/2\pi\mu\varepsilon_0\bar{\alpha}^2$ である．I が小さいときは，(4.15) 式括弧内の第 2 項を無視できるので，$E_z \propto 1/z$，$n=$ 一定となり，I が大きいときは，$E_z=$ 一定，$n \propto 1/z$ となる．$\bar{\alpha}$ は，実験で得られる境界条件を使用して決定される（Waters et al., 1975）．

いま，$z = r \sim r_i$ を活性領域，$z = r_i \sim R$ をイオン流領域とすると，イオン流領域の電位差 U_i と電流 I の関係は，(4.15) 式を $r_i \sim R$ の間で積分して次のようになる．

$$\begin{aligned}U_i &= -\int_R^{r_i} E_z \mathrm{d}z \\ &= \bar{\alpha}\left[(1+\bar{\beta})^{1/2} - (1+\bar{\beta}r_i^2/R^2)^{1/2} + \frac{1}{2}\ln\left\{\frac{(1+\bar{\beta})^{1/2} - (1+\bar{\beta}r_i^2/R^2)^{1/2}+1}{(1+\bar{\beta})^{1/2} + (1+\bar{\beta}r_i^2/R^2)^{1/2}-1}\right\}\right]\end{aligned} \tag{4.16}$$

定数 $\bar{\alpha}$ を決定するために，実験結果（Waters, 1972）から内円筒電極表面の電界が常にコロナ開始電界 E_c に維持されていると仮定する．このとき

$$\bar{\alpha} = rE_c \tag{4.17}$$

また，活性領域では $\alpha - \eta > 0$ であり，活性領域とイオン流領域の境界である $z = r_i$ では $\alpha - \eta = 0$ であるので，大気圧空気中における境界の電界は $E = E_i \approx 23.8\,\mathrm{kV/cm}$ である．

印加電圧 U は，活性領域の電位差 U_g とイオン流場の電位差 U_i の和であるから

$$U = U_i + U_g \tag{4.18}$$

活性領域では両極性空間電荷場であるので，空間電荷電界を無視できると仮定すると，

$$U_g = E_i r_i \ln\left(\frac{r_i}{r}\right) \tag{4.19}$$

となり，同軸円筒電極系におけるコロナ放電の電圧対電流特性は次のようになる．

$$U = \frac{E_i r_i}{(1+\bar{\beta}r_i^2/r^2)^{1/2}}\left[(1+\bar{\beta})^{1/2} - 0.307 + \ln\left(\frac{R}{r}\right) - \ln\left\{(1+\bar{\beta})^{1/2}+1\right\}\right] \tag{4.20}$$

上記とは別に，コロナ開始電圧近傍で I が小さいとおけるときは，次の二つの仮定をおいて，以下のように電圧電流特性を導ける．

① I が小さく，イオン流場の電界分布はイオンの空間電荷によって乱されない．

② 活性領域の外側の輪郭における電界強度は，コロナ開始電界 E_c に維持され，活性領域はギャップ長 $(R-r)$ に比べて十分に小さい．

以上の仮定の下で，(4.14) 式を積分すると，

$$I \approx \frac{4\pi\varepsilon_0\mu}{R^2\ln(R/r)}U(U-U_c) \tag{4.21}$$

ただし，$U_c = E_c r \ln(R/r)$ はコロナ開始電圧である．

正グローコロナは，細い内円筒電極を照射したときに，ほぼ均一に安定して現れ，活性領域が狭いので，I の小さい電圧領域で (4.21) 式が実験値によく合う．上式で $d = (R-r) \approx R$ であるので，コロナ電流はギャップ長の2乗に反比例する．

同軸円筒電極以外の電極系で上記の二つの仮定が成立するときには，コロナ電流の電圧依存性は (4.21) 式を拡張して，次のようにおける (Cobine, 1941)．

$$I = CU(U-U_c) \tag{4.22}$$

ただし，C は電極の形状とサイズによって定まる定数である．

コロナ電極の曲率半径が大きくなると，ストリーマ放電が現れやすくなり，(4.16) 式は成立しなくなる．

コロナ損　コロナ放電によるエネルギー消費量は電圧と電流の積を時間積分して求める．コロナ電流が小さいときのコロナ放電による消費電力（コロナ損）P は

$$P = UI = CU^2(U-U_c) \tag{4.23}$$

となるが，電流が大きくなるとこの式が成立しなくなる．コロナ損の電圧依存性は，電圧，電流，電極，大気条件などに影響され，実験式として次式が提案されている．

$$P \propto U(U-U_c) \tag{4.24}$$

および

$$P \propto (U-U_c)^2 \tag{4.25}$$

コロナ放電によるエネルギー損が特に問題視されるのは，送電線路においてである．このときは，コロナ電極になる電線表面状態が雨滴，湿度，昆虫などのエアロゾルに影響されるとともに，ギャップ長も送電線路に沿って変化し，地上には草木などがある．そこで，実送電線のコロナ損は実験で求められ，実験式が提案されている (Peek, 1929；電気学会送電専門委員会, 1960)．交流コロナ損に対する代表的なピーク (Peek) の実験式を示すと次のとおりで，小電流領域に対する (4.23) 式の電圧依存性と異なっている点に注意が必要である．

$$P = \frac{241}{\delta}(f+25)\sqrt{\frac{d}{D}}(U-U_c)^2 \times 10^{-5} \text{ [kW/km/1}\phi\text{]} \tag{4.26}$$

ただし，U：電線の対地電圧 [kV_{eff}]，U_c：コロナ開始電圧；$U_c = 21.1\,m\delta r \ln(D/r)$ [kV_{eff}]，δ：相対空気密度；$\delta = 0.392p/(273+T)$，p：気圧 [mmHg]，T：気温 [℃]，f：周波数 [Hz]，r：電線半径 [cm]，D：等価線間距離 [cm]，m：電線表面の粗さ係数；

普通より線の晴天時 0.8, 雨天時 0.64 である.

コロナ電磁現象　　ストリーマコロナが発生すると,周囲に電磁波を放出する.この電磁波が,送電線路では近傍のラジオやテレビの受信障害をもたらすことがある.これをラジオ雑音およびテレビ雑音と呼び,送電電圧が 500 kV 以上になると,コロナ損よりむしろこれらの雑音ならびにコロナ放電による騒音が送電線路建設前の主要な検討課題になる.さらに,コロナ放電は気体分子の流れを駆動してコロナ風を発生させる.コロナ風の反動力で電線振動を励起することがあり (Kawasaki et al., 1987),特に,微粒子をコロナ放電によるイオンで帯電させて気体を清浄化する電気集塵装置において,コロナ電線の振動による疲労破壊を起こした例がある.

新しい送電電圧レベルの送電線建設にあたっては,国により気象ならびに地形環境が異なることから,それぞれの国において実規模の試験線でコロナ損,コロナ雑音,コロナ騒音など,コロナ放電に関連する一連の研究を行うのが普通である.

4.2.4　活性領域における衝突過程と放電化学

活性領域では,電離,電子付着,再結合などの荷電粒子の発生と消滅のほかに,分子の励起や解離などの化学的活性化が生じている.絶縁破壊現象を議論する場合は,

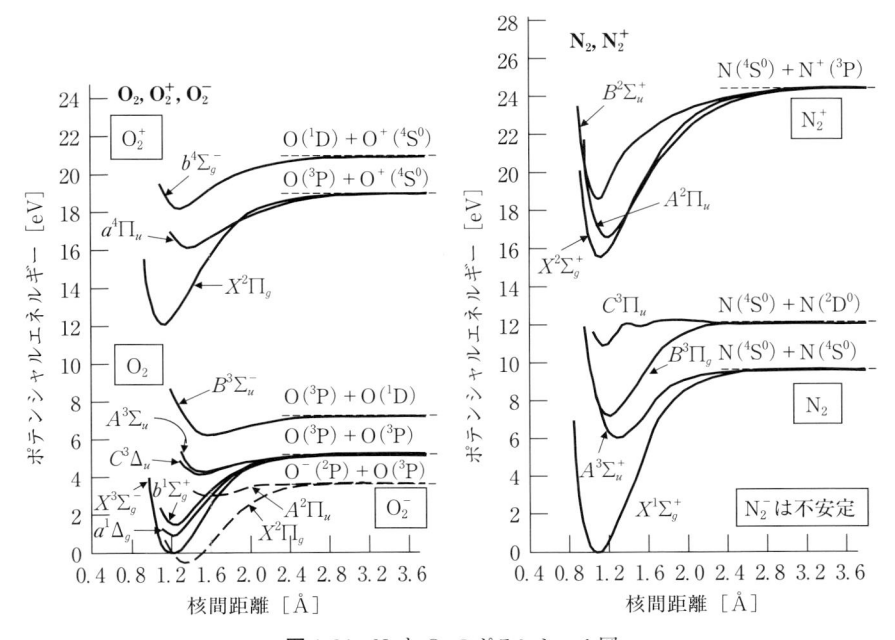

図 4.24　N_2 と O_2 のポテンシャル図

放電空間における電子増殖に関心があるので，主に荷電粒子の発生と消滅を取り扱うが，コロナ放電を化学反応に利用する場合は，気体分子の活性化過程を検討対象にしなければならない．

a. 原子と分子内の電子状態とポテンシャル図

加速された電子が気体分子に衝突すると，電子エネルギーの一部は電離や解離に消費され，残りは気体分子の並進運動エネルギーと分子内部の電子励起，振動，回転などの量子化された準位に変換されて蓄えられる[*3]．

電子衝突による基礎過程は，分子種によって異なる．それぞれの過程に応じて衝突を開始するのに必要な最小エネルギーがあり，それらの値は，2.2.2項で述べたように分子のポテンシャル図によって得られる．空気の主成分である窒素と酸素分子のポテンシャル図が図 4.24（Fridman et al., 2004）で，それぞれの基底状態を，$N_2(X^1\Sigma_g^-)$，$O_2(X^3\Sigma_g^-)$ で表し，核間距離は 1.0977Å, 1.2074Å である．

b. 主な衝突基礎過程

荷電粒子の発生・消滅，ならびに衝突活性化過程の主なものを上げると，

$$e + M^* \rightarrow M^+ + 2e \quad (\text{電離})$$
$$e + M \rightarrow M^- \quad (\text{付着})$$

[*3] **原子と分子の状態表記法：** 原子と分子は，電子の衝突によってエネルギーを得る．そのエネルギーは，粒子の並進運動エネルギーと粒子内部の電子，振動，回転などの量子化された励起準位に蓄えられる．原子内の電子の状態は，次の四つの量子数で定まる．

n：主量子数，$n = 1, 2, 3, \cdots, n$
l：方位量子数，$l = 0, 1, 2, \cdots, n-1$
m：磁気量子数，ある l の値に対して，$m = -l, \cdots, -1, 0, 1, \cdots, +l$
m_s：スピン量子数，$m_s = \dfrac{1}{2}, -\dfrac{1}{2}$

さらに，電子には，原子核のまわりを回ることによる軌道角運動量 $\vec{l}$ と電子の自転によるスピン角運動量 $\vec{s}$ がある．全軌道角運動量の量子数を L とすると，$L = 0, 1, 2, \cdots$ の状態を，それぞれ S, P, D, F, … で表す．スピン量子数を S とすると，$S = 0, 1/2, 1, 3/2, \cdots$ などの値をとりうる．$M = 2S + 1$ を多重度という．軌道およびスピン角運動量の総和である全角運動量の回転量子数を $J = S + L$ で表す．原子の状態は，$^{2S+1}(L)_J$ のように表す．例えば，$O(^3P_2)$ と記した場合，酸素原子で $L = 1$, $S = 1$, $J = 2$ の状態を表す．

分子の場合，分子内の電子のエネルギーに加えて，分子を構成する原子の振動や分子自体の回転運動エネルギーが加わる．振動や回転のエネルギーも量子化される．例えば，基底状態にある酸素分子は，$O_2(^3\Sigma_g^-)$ のように表す．分子の対称軸のまわりの角運動量に対する量子数 Λ が $0, 1, 2, \cdots$ の状態を，$\Sigma, \Pi, \Lambda, \Phi, \cdots$ で表す．対称軸を含む平面での鏡映操作によって波動関数が不変なら（＋），変化するなら（－）を右肩に付す．さらに，対称軸のまわりの反転によって波動関数が不変なら g，変化するなら u を付記する．スピン量子数 $S = 0, 1/2, 1, \cdots$ に対応して，1, 2, 3, … を左肩に付記する．$X^3\Sigma_g^-, A^3\Pi_g, a^1\Lambda_g$ などと書いたときの X, A, a などは便宜上つけた名前であるが，X は必ず基底項を意味し，大文字と小文字では多重度を異にする．

4.2 コロナ放電

$$\left.\begin{array}{l}M_1^+ + M_2^- \rightarrow M_1 + M_2 \\ e + M^+ \rightarrow M^* \rightarrow A + R\cdot\end{array}\right\} \text{(再結合)}$$

$$\searrow A^+ + R\cdot + e \quad \text{(解離)}$$

$$e + M \rightarrow M^* + e \quad \text{(励起)}$$

$$e + M \rightarrow A + R\cdot + e \quad \text{(解離)}$$

$$M_1^* + M_2 \rightarrow M_1 + M_2^* \quad \text{(運動量交換)}$$

$$M_1^+ + M_2 \rightarrow M_1 + M_2^+ \quad \text{(電荷交換)}$$

ここで,e:電子,M:基底状態の分子,M^*:励起分子,A:解離原子,A^+:解離原子イオン,M^+:分子正イオン,M^-:分子負イオン,R・:ラジカルである.

いま,反応物 A, B, … から生成物 G, H, … を生ずる反応が,$aA + bB + \cdots \rightarrow gG + hH + \cdots$ で記述できるとする.ここで,$a, b, \cdots, g, h, \cdots$ は化学変化の量的関係を表す化学量論係数である.この物質のモル濃度変化速度 v_c は次式のように書ける場合が多い.

$$v_c = -\frac{1}{a}\frac{d[A]}{dt} = -\frac{1}{b}\frac{d[B]}{dt} = \cdots = \frac{1}{g}\frac{d[G]}{dt} = \frac{1}{h}\frac{d[H]}{dt} = \cdots = k[A]^p[B]^q \cdots \quad (4.27)$$

ただし,[ ]は濃度を表す.$p + q + \cdots = n$ を全反応次数,k を反応速度定数という.ベキ乗係数 $p, q, \cdots$ と化学量論係数とは,必ずしも関係しない.反応粒子 A, B の相対速度が v,衝突断面積が $Q(v)$,規格化した相対速度の分布が $f(v)$ であるとき,反応速度定数 k は

$$k = \int_0^\infty vQ(v)f(v)dv \quad (4.28)$$

で与えられる.電子と分子の反応の場合,v は電子速度と考えてよく,k は換算電界 E/N の関数になる[*4].反応速度定数は,放電化学やオゾナイザに関する文献(例えば,酸素・窒素プラズマ反応とその応用調査専門委員会,1990;プラズマリアクタにおける活性種の反応過程とその応用調査専門委員会,1994;Kossyi et al., 1992;Fridman et al., 2004)にまとめられている.

空気の主成分である窒素(N_2)と酸素分子(O_2)の主な基礎過程を挙げると,次のようになる.

[*4] **換算電界**(E/N): 電子が電界から得る平均のエネルギーは,平均自由行程(λ)間の電位降下($E\lambda$)に比例する.$E\lambda \propto E/p \propto E/N$ の関係があるので,電子衝突過程に関する衝突断面積,電離係数,付着係数,反応速度定数などの基礎データは,E/p あるいは E/N の関数として与えられる場合が多い.E/p で表現するときには気体温度を付記しなければならないが E/N では不要である.E/N の単位にタウンゼント[Td]が使われ,1 [Td] = 10^{-17} [V・cm^2] である.E/p と E/N には次の関係がある.ロシュミット数(0℃,760 mmHg の気体 1 cm^3 に含まれる分子数)は,2.6868×10^{19} であるので,1 [V/cm/mmHg at 20℃] = 3.036×10^{-17} [V・cm^2] = 3.036 [Td]である.大気圧空気の破壊電界の概略値は,30 [kV/cm/atm at 20℃] = 39.47 [V/cm/mmHg at 20℃] = 120 [Td] である.

・電離

$$e + N_2(X^1\Sigma_g^+) \rightarrow N_2^+(X^2\Sigma_g^+) + 2e \quad (\varepsilon_i = 15.6\,\mathrm{eV}) \quad (4.29)$$

$$e + O_2(X^3\Sigma_g^-) \rightarrow O_2^+(X^2\Pi_g) + 2e \quad (\varepsilon_i = 12.2\,\mathrm{eV}) \quad (4.30)$$

・付着

$$e + O_2(X^3\Sigma_g^-) \rightarrow O_2^{-*}(X^2\Pi_g) \quad (\varepsilon \leq 1\,\mathrm{eV}) \quad (4.31)$$

非解離付着（励起は三体衝突で解消される）

$$e + O_2(X^3\Sigma_g^-) \rightarrow O_2^-(A^2\Pi_u) \rightarrow O^-(^2P) + O(^3P) \quad (\varepsilon \approx 4 \sim 10\,\mathrm{eV}) \quad (4.32)$$

・解離

$$e + N_2(X^1\Sigma_g^+) \rightarrow N_2(A^3\Sigma_u^+) + e$$
$$\rightarrow N(^4S) + N(^4S) + e \quad (\varepsilon_d = 9.76\,\mathrm{eV}) \quad (4.33)$$

$$e + O_2(X^3\Sigma_g^-) \rightarrow O_2(B^3\Sigma_u^-) + e$$
$$\rightarrow O(^1D) + O(^3P) + e \quad (\varepsilon_d = 8\,\mathrm{eV}) \quad (4.34)$$

$$e + O_2(X^3\Sigma_g^-) \rightarrow O_2(A^3\Sigma_u^+) + e$$
$$\rightarrow O(^3P) + O(^3P) + e \quad (\varepsilon_d = 6.1\,\mathrm{eV}) \quad (4.35)$$

ここで，ε_i は電離電圧，ε_d は解離電圧，ε は解離付着電圧である．空気に水分が含まれるときには，次の反応も起こる．

・電離　　　　$e + H_2O \rightarrow H_2O^+ + 2e \quad (\varepsilon_i = 12.6\,\mathrm{eV}) \quad (4.36)$

・解離付着　　$e + H_2O \rightarrow H^- + OH \quad (\varepsilon_{max} = 6.5\,\mathrm{eV}) \quad (4.37)$

c. 電子エネルギーの分配と放電路の加熱

(3.21)式で示したように電源から放電ギャップに注入されたエネルギーは電子の加速に消費され，電子エネルギーは衝突基礎過程によって種々の量子化された分子および原子の励起準位に蓄積される．電子エネルギーがどのように分配されるかは，ボルツマン方程式解析によって調べられている．後述のバリア放電（第7章参照）を使用したオゾナイザに関する研究から，O_2 の非平衡プラズマ中で求められた結果が図4.25(a)(Eliasson et al., 1987) である．

$E/N < 10$ Td では，電子エネルギーは大部分が酸素分子の振動励起に消費され，$30 < E/N < 300$ Td では，(4.33)，(4.34)式の解離反応に使われている．また，O_2/N_2 混合気体においては分圧比に応じて電子エネルギーが両分子に分配されることが見出されている（Eliasson et al., 1984）．

大気圧空気中のインパルス放電に対する同様な解析結果が図4.25(b)(Gallimberti, 1979) で，$E/N < 5$ Td では振動，回転励起と並進運動に多くの電子エネルギーが分配され，$10 < E/N < 100$ Td では，振動と電子励起，および解離への分配が主になっている．しかし，解離反応への分配はオゾナイザのように多くない．これらの電子エネルギー分配特性は，コロナ放電から次の放電相への転移と放電化学反応の効率を検討する上で大切になる．

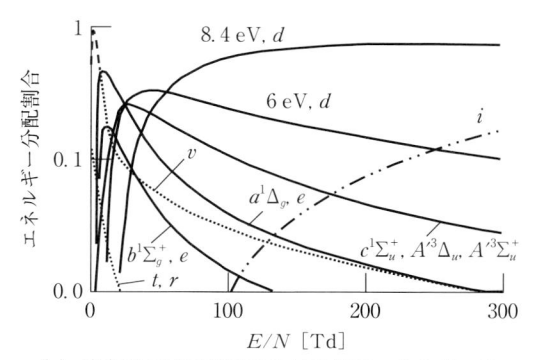

(a) 酸素中の無声放電における電子エネルギーの分配割合

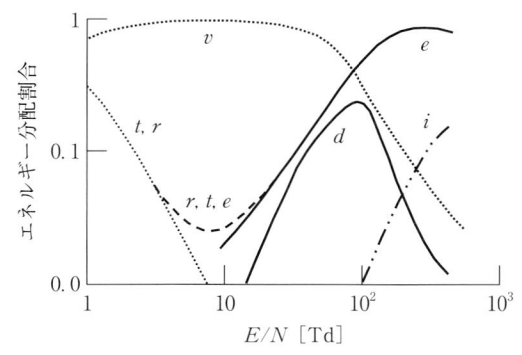

(b) 空気中のストリーマにおける電子エネルギーの分配割合

図 4.25 放電における電子エネルギーの分配割合（解析シミュレーション）

t：並進，r：回転，v：振動，d：解離，i：電離，$e(c^1\Sigma_u^+, A^{'3}\Delta_u, A^{'3}\Sigma_u^+, a^1\Delta_g, b^1\Sigma_g^+)$：電子励起．

　大気圧空気中でコロナ放電が生じている場合，活性領域の換算電界は $10 < E/N < 100$ Td の範囲にあり，この領域での N_2 分子の振動と電子励起準位は一種のエネルギー貯蔵庫の役割を果たしている．すなわち，N_2 分子の振動準位に量子化されたエネルギーは，$10^{-5} \sim 10^{-3}$ 秒で他の準位に転移する．大気中には H_2O や CO_2 分子が少量ではあるが含まれており，N_2 分子内の遷移エネルギーに近い H_2O と CO_2 分子の励起準位を通して回転準位に緩和され，気体の温度上昇と膨張につながる．このようなエネルギー緩和過程は，インパルスストリーマチャネルから次の放電相であるリーダの開始をもたらす（4.3.3項 b-4 参照）．

放電化学反応を効率よく起こすためには，気体の温度上昇を避けてラジカルを生成することが大切になる．図 4.25 によると，ラジカルの生成を促進するには E/N を大きくする必要があるが，直流電圧のもとではこれを大きくすると放電が全路破壊に移行して，後述の熱プラズマ状態になり，化学反応炉の特性に悪い影響を及ぼす．

d. 活性領域における現象の特性時間

反応におけるある反応物質に着目した場合，その初期密度の $1/e$ に達するまでの時間を寿命と定義する．量子化された準位を考える場合は，その状態に留まっている時間に相当する．また，非平衡状態から平衡状態に移行する現象を緩和といい，初期値の $1/e$ に達する時間を緩和時間という．活性領域の現象における主な特性時間を整理すると，表 4.4 のようになる．

分子内の原子の振動周期は 10^{-14}～10^{-13} 秒，電子の準位間の遷移時間は 10^{-16}～10^{-15} 秒で，このために電子の遷移中は原子の位置は不変であると考えてよい（フランク-コンドンの原理）．これは，エネルギーポテンシャル図上で，電子の遷移が縦軸に平行な線上で起こることを意味している．

電子励起と振動励起の緩和時間は，それぞれ 10^{-10}～10^{-6} 秒，10^{-5}～10^{-3} 秒である．電子励起の解消は光子の放出を伴うので，放電における光二次電子生成は，10^{-10}～10^{-6} 秒の時間に行われる．一方，振動励起の緩和は放電路の加熱をもたらすので，

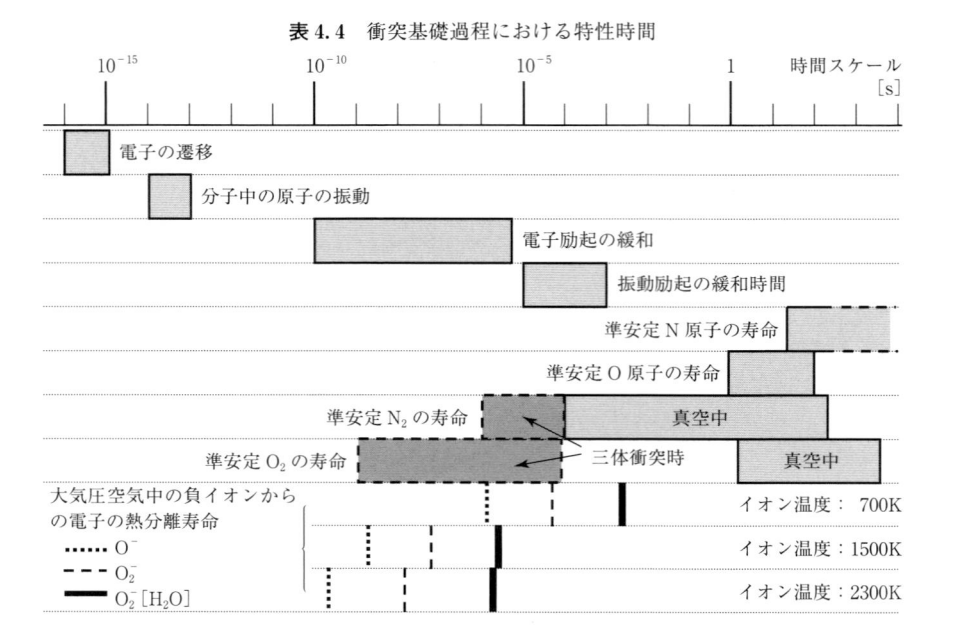

表 4.4 衝突基礎過程における特性時間

表 4.5 準安定原子と分子の平均寿命

基底状態の原子 または分子	最低の準安定準位	準安定準位の エネルギー [eV]	寿命 [s]
H ($1s\ ^2S_{1/2}$)	$2s\ ^2S_{1/2}$	10.2	0.1
N ($2s^2p^3\ ^4S_{3/2}$)	$2p^3\ ^2D_{3/2}$	2.4	6×10^4
N ($2s^2p^3\ ^4S_{3/2}$)	$2p^3\ ^2D_{5/2}$	2.4	1.4×10^5
N ($2s^2p^3\ ^4S_{3/2}$)	$2p^3\ ^2P^0_{1/2}$	3.6	40
N ($2s^2p^3\ ^4S_{3/2}$)	$2p^3\ ^2P^0_{3/2}$	3.6	1.7×10^2
O ($2s^2p^4\ ^3P_2$)	$2p^4\ ^1D_2$	2.0	10^2
O ($2s^2p^4\ ^3P_2$)	$2p^4\ ^1S_0$	4.2	1
N_2 ($X^1\Sigma_g^+$)	$A^3\Sigma_u^+$	6.2	13
N_2 ($X^1\Sigma_g^+$)	$a'^1\Sigma_u^-$	8.4	0.7
N_2 ($X^1\Sigma_g^+$)	$a^1\Pi_g$	8.55	2×10^{-4}
N_2 ($X^1\Sigma_g^+$)	$E^3\Sigma_g^+$	11.9	300
O_2 ($X^3\Sigma_g^-$)	$a^1\Delta_g$	0.98	3×10^3
O_2 ($X^3\Sigma_g^-$)	$b^1\Sigma_g^+$	1.6	7
NO ($X^2\Pi$)	$a^4\Pi$	4.7	0.2

加熱には 10^{-5}〜10^{-3} 秒が必要であることを意味する．インパルス放電でストリーマが進展した後に 10^{-5}〜10^{-3} 秒の休止時間をおいて新しい放電相が出現することがあるが，これは空間電荷電界の緩和とともに気体の加熱に時間を要しているためである．

O, OH, N, NO などのラジカルの寿命は 10^{-7}〜10^{-5} 秒のオーダで，振動励起緩和時間より短い．気体の加熱を抑制してラジカルを生成し，放電によって化学反応を効率よく起こすことが可能なのは，上記のような種々の現象の特性時間の関係によっている．

表 4.5 に準安定原子の準位と平均寿命を示している．表に示すように準安定原子の寿命は真空中では長いが，気体中では三体衝突によって短時間に脱励起する．

e. 放電に伴う化学反応

非平衡プラズマと熱プラズマ　放電を化学反応の立場から眺めると，反応空間で電子温度とイオン・中性分子温度が非平衡になる非平衡プラズマ方式と，平衡になる熱プラズマ方式に大別できる（増田，1989；水野，1995）．熱プラズマ方式は，放電で高温プラズマを作り，反応空間で気体の電離，励起，解離，加熱を起こし，主に熱で化学反応を駆動する．このために，化学反応に有効な素過程を選択的に行えず，また，初期反応による生成物が高温の放電空間に曝されて副次反応を受ける欠点がある．

これに対し，非平衡プラズマ方式は，電子を選択的に加速して気体分子に衝突させ，高密度の活性種を生成して化学反応の駆動物質にする方法で，イオンと中性分子の加熱を抑制できれば，効率の高い純粋の放電化学反応を期待できる．気相環境保全技術として注目されているオゾン（O_3）生成，脱硝（$deNO_x$），脱硫（$deSO_x$），揮発性有機化合物（VOC：volatile organic compounds）の分解などに非平衡プラズマを利用

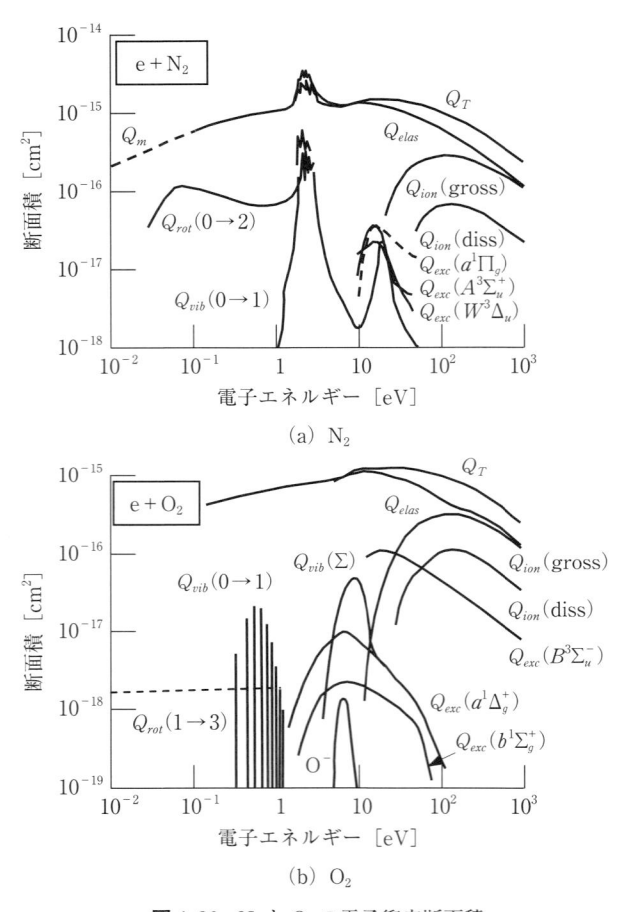

図 4.26　N_2 と O_2 の電子衝突断面積

する方法は，他の手段に比べて初期設備コスト，ランニングコスト，反応の前・後処理の面で有利なことと装置を小型にできることを期待できる．しかし，ラジカルの生成を促進して気体の加熱を抑止することはトレードオフの関係にあり，単なる直流の気体放電で実現するのは困難で，技術的工夫が必要になる．なお，5.7 節で説明するように，非平衡プラズマは低温プラズマとも呼ばれる．

N_2 と O_2 の衝突断面積と熱緩和過程の抑止法　　O_3 の生成，deNO$_x$, deSO$_x$, VOC の分解などにおける化学反応式は専門書に譲るが，いずれの反応の場合も，N, O, H, OH などのラジカルの高密度生成がカギになる（Eliasson et al., 1986；1987；酸素・窒素プラズマ反応とその応用調査専門委員会，1990；プラズマリアクタにおける活

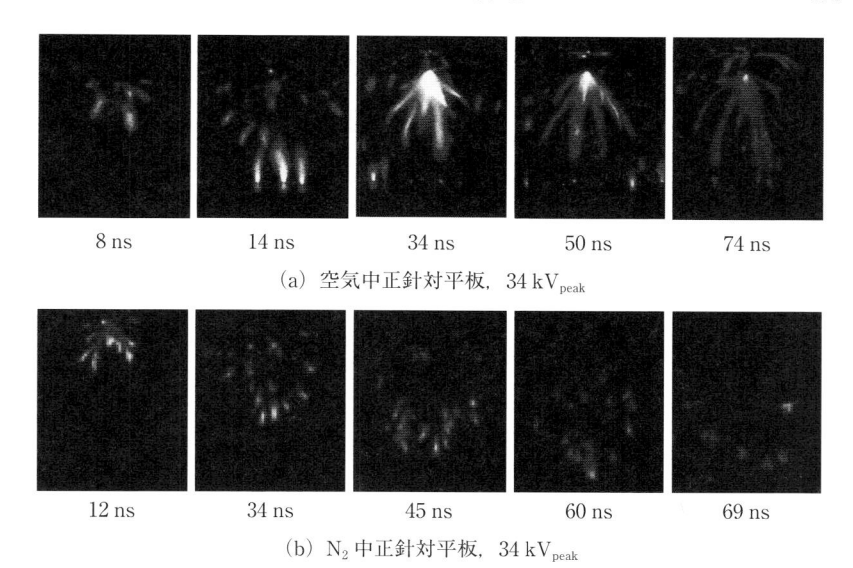

(a) 空気中正針対平板，34 kV$_{peak}$

(b) N$_2$ 中正針対平板，34 kV$_{peak}$

図 4.27 正ストリーマ進展図（ICCD カメラによるコマ撮り図）
印加電圧：〜60/300 ns；ギャップ長：13 mm.

性種の反応過程とその応用調査専門委員会，1994；Kossyi et al., 1992；Kim et al., 2001；2002；Fridman et al., 2004）．N，O の生成過程は（4.32）〜（4.35）式に示したが，この過程における N$_2$, O$_2$ の解離衝突断面積は図 4.26 のようになる（Itikawa et al., 1986；1989）．いずれの場合も 100 eV 付近でピークを示す．このような高い電子エネルギーを実現するには，高い換算電界 E/N にすることが必要である．直流電圧下で E/N を上げようとすると火花破壊が起こり，放電空間が熱プラズマに移行する．熱プラズマへの移行阻止には，電子とイオンあるいは中性気体分子との衝突頻度を下げるか，電子エネルギーが熱緩和する前にギャップ中の電界を除去するかが考えられる．前者はグロー放電（第 5 章で述べる），後者はパルスストリーマ放電とバリア放電[*5]で実現できる．

パルスストリーマ放電によるラジカルの生成　図 4.27 は，ギャップ長 13 mm の針

[*5] **バリア放電（無声放電）**：　ギャップ長が数 mm 以下の気中ギャップにガラスなどの絶縁物を挿入して，交流電圧を印加したときの放電をバリア放電または無声放電という．ギャップ間で放電が始まると，生成された電子と正イオンが逆極性の電極方向に運動して絶縁物表面に堆積する．このとき，堆積した電荷は印加電界を下げるように働くので，放電は火花破壊になる前に衰退する．印加電圧の極性が変わると，再び放電が始まり，同様なことが繰り返される．ギャップ中で起こる 1 回の放電の継続時間は 100 ns のオーダで，シミュレーションによると，オゾン生成反応時間は 10^{-4} s 以下である．この放電の計算機シミュレーションは，第 7 章で述べる．

図中ラベル:
- 電子密度: $5\times10^{13}\sim10^{15}$ cm^{-3}
- 電子温度: $10\sim15$ eV
- 電子密度: 10^{15} cm^{-3}
- パルスストリーマチャネル
- 活性領域
- 正針(棒)電極
- 電子なだれ
- 拡大図
- $10\sim30$ μm
- 両極性拡散

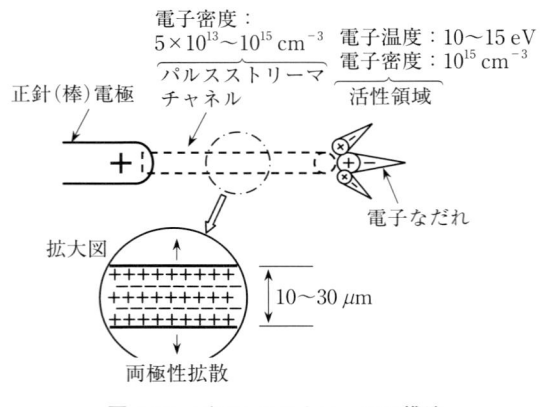

図 4.28 正パルスストリーマの構造（大気圧空気）

対平板電極に～60/300 ns のパルスパワー電圧を印加したときの正パルスストリーマの ICCD カメラによるコマ撮り図で，発光強度からストリーマ先端で電子衝突が活発に起こり，(a) 図の空気中では先端が平板に達すると針先から二次ストリーマが開始されている (Ono et al., 2007).

多数の研究をもとにして正パルスストリーマの1本の構造を模式的に描くと図 4.28 のようになる．ストリーマ先端領域では電子なだれが形成されてストリーマに転換している．分光法で測定したこの領域の電子エネルギーは $10\sim15$ eV，電子密度は 10^{15} cm^{-3} で，ストリーマの成長速度は図 4.19 に示したように $1\sim10$ mm/ns である．電子なだれがストリーマに転換してストリーマチャネルに緩和するには約 10 ns の時間を要し，そこでの振動温度は 1000 K 以上，回転温度は 330 K 以下である．ストリーマチャネル中の電子密度は $5\times10^{13}\sim10^{15}$ cm^{-3} 程度，半径は $10\sim30$ μm で両極性拡散によって膨張している．電極近傍のチャネル中の回転温度（気体の温度）は，ストリーマ伸展後に上昇し続けて 30 μs 後には約 1000 K に達する．長ギャップの一次ストリーマでは，電子なだれ中の電子がストリーマチャネルに流入すると酸素分子に解離付着し始める (Gallimberti, 1979).

電子エネルギーは分布特性をもっているので，15 eV 程度の平均エネルギーでも電子衝突によって O, N, H, OH ラジカルを活発に生成する．図 4.29，4.30 は，レーザ誘起蛍光法によって測定された O ラジカルのギャップ内の分布特性と OH ラジカルの減衰特性である．実測結果は，O ラジカルは主に二次ストリーマで生成され，OH ラジカルはストリーマチャネルに沿って分布し，針電極近傍の高温領域の方が針から離れた低温領域におけるより減衰が遅いことを示している (Ono et al., 2007；2008).

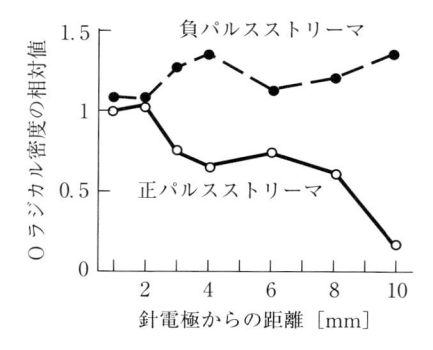

図 4.29 パルスストリーマによる電極系の軸上の O ラジカルの分布特性
空気,針対平板電極,$d = 14$ mm.

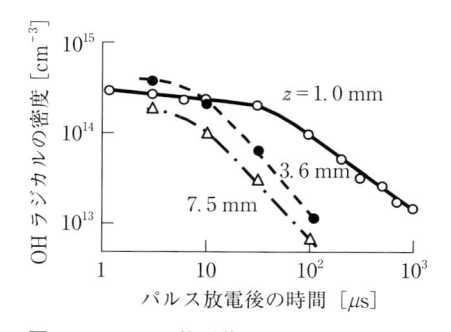

図 4.30 パルス放電後の OH ラジカルの減衰特性
$H_2O(2.8\%)/O_2(2\%)/N_2$ 混合気体,針対平板電極,$d = 13$ mm,z:針先からの距離.

このほかに,N_2 準安定準位,O_2 振動励起,N ラジカルの測定もなされている(Ono et al., 2009a;2009b).

以上のように,100 ns オーダのパルス幅をもつパルスパワー電圧で放電を起こすと,ストリーマチャネルの加熱を抑えて効率的にラジカルを生成できる.実際の放電化学反応炉では,パルスパワー電圧を連続して印加する方法をとる.このとき,パルス幅 τ_w と繰返し周期 τ の比 $D = \tau_w/\tau$ をデューティ比といい,D の適正な値は実験で決める場合が多い.

4.2.5 イオン流場

イオン流場は,印加電圧の種類によって非定常イオン流場と定常(直流)イオン流場に分類される.前者は,イオンがギャップを横断するより短い時間内に印加電圧が変化する場合に現れ,イオン流場が時間的に変化する電離領域の活性度や分布に影響されて未知な点が多く,その定式化はこれからの課題である.後者は,電気集塵装置,電子複写機,直流送電線路近傍で発生するイオン流場を対象として,理論と実験の両面から調べられている.

図 4.10 に示したように,定常イオン流場には,電極構成によって単極性と双極性があり,工業的応用においては,二次元イオン流場あるいは軸対称イオン流場になる場合が多い.イオン流場は,電界 $\vec{E}$,電流密度 $\vec{j}$,イオン密度 ρ,移動度 μ の四つのパラメータで特徴づけられる.これらのパラメータ間には,ポアソンの式 $\vec{\nabla} \cdot \vec{E} = \rho/\varepsilon_0$ と電流密度の式 $\vec{j} = \rho\mu\vec{E}$ が成立するので,移動度が既知であると仮定すると,残りの三つのパラメータのうちの一つが求まればイオン流場が決まる.

ここでは,直流イオン流場について述べる.

a. 空間電荷電界が印加電界に比べて無視できるときの EHD 流線

単極性イオン流場で,イオン群による空間電荷電界が印加電界(静電界)に比べて無視できると仮定する.速度 $\vec{W}$ の気流中でイオンが電界 $\vec{E}$ の作用を受けて運動しているとき,運動速度 $\vec{V}$ は,次式となる.

$$\vec{V} = \vec{W} + \mu \vec{E} \tag{4.38}$$

いま,気体の渦なしの流れ(ポテンシャル流れ)と電界が同一平面内で二次元的に変化する場合を考える.このとき,次の合成流れ関数 φ_c を定義できる[*6].

$$\varphi_c = \varphi_f - \mu \varphi_e \tag{4.39}$$

ただし,φ_f:気流の流れ関数,φ_e:電気的流れ関数である.φ_c が求まれば,

$$\vec{V} = \left(\frac{\partial \varphi_c}{\partial y}, -\frac{\partial \varphi_c}{\partial x} \right) \tag{4.40}$$

となり,イオンの運動軌跡である EHD(electrohydrodynamics)流線は,次式より求まる.

$$\varphi_c = \text{一定} \tag{4.41}$$

b. イオン流場の方程式

風がある場合の双極性イオン流場の方程式は,次のようになる.この場合,正負両イオンの再結合を考慮しなければならない.

[*6] **ポテンシャルと流れ関数**: 流れ場において,各点の速度を $\vec{W}$,速度ポテンシャルを ϕ_f とすると,

$$\vec{W} = \left(\frac{\partial \phi_f}{\partial x}, \frac{\partial \phi_f}{\partial y}, \frac{\partial \phi_f}{\partial z} \right) = \vec{\nabla} \phi_f$$

の関係があり,一定圧力下の気体のポテンシャル流れではラプラスの式

$$\vec{\nabla}^2 \phi_f = 0$$

を満足し,$\phi_f =$ 一定は等速度ポテンシャル面を与える.

二次元ポテンシャル流れにおいて,流れ関数 φ_f を次式で定義する.

$$\frac{\partial \varphi_f}{\partial y} = \frac{\partial \phi_f}{\partial x}, \quad -\frac{\partial \varphi_f}{\partial x} = \frac{\partial \phi_f}{\partial y}$$

φ_f もラプラスの式

$$\vec{\nabla}^2 \varphi_f = 0$$

を満たし,$\varphi_f =$ 一定は流線を表す.

いま,複素変数 $z = x + iy$ の解析関数 $\Phi_f = \phi_f + i\varphi_f$ を考えると,ϕ_f, φ_f はラプラスの式を満たし,$\phi_f =$ 一定の面と $\varphi_f =$ 一定の曲線は互いに直交する.一方の ϕ_f を等速度ポテンシャル面に一致させると,φ_f は流線を与える.

次に,静電場において,各点の電界を $\vec{E}$,ポテンシャルを ϕ_e とすると,

$$\vec{E} = -\vec{\nabla} \phi_e$$

二次元静電界の場合,複素変数 $z = x + iy$ の解析関数を $\Phi_e = \phi_e + i\varphi_e$ とすると,$\vec{\nabla}^2 \phi_e = 0$, $\vec{\nabla}^2 \varphi_e = 0$ となり,$\phi_e =$ 一定の面と $\varphi_e =$ 一定の線は互いに直交し,前者を等ポテンシャル面とすると,後者は電気力線を与える.

したがって,$\varphi_c = \varphi_f - \mu \varphi_e$ の合成流れ関数を定義すると,$\vec{\nabla}^2 \varphi_c = 0$ を満たし,$\varphi_c =$ 一定の曲線は気流(風)があるときのイオンの EHD 流線を与える.

なお,三次元流れの場合は,上記の複素変数と解析関数を使う取り扱いはできない.

$$\text{ポアソンの式}: \vec{\nabla}^2\phi = \frac{\rho_- - \rho_+}{\varepsilon_0} \tag{4.42}$$

$$\text{電流連続の式}: \vec{\nabla}\cdot\vec{j}_+ = -R\rho_+\rho_-/e \tag{4.43}$$

$$\vec{\nabla}\cdot\vec{j}_- = R\rho_+\rho_-/e \tag{4.44}$$

$$\text{電流密度の式}: \vec{j}_+ = \rho_+(\vec{W} + \mu_+\vec{E}) = \rho_+(\vec{W} - \mu_+\nabla\phi_e) \tag{4.45}$$

$$\vec{j}_- = \rho_-(-\vec{W} + \mu_-\vec{E}) = \rho_-(-\vec{W} - \mu_-\nabla\phi_e) \tag{4.46}$$

ここで，ρ_+, ρ_-：正，負空間電荷密度，μ_+, μ_-：正，負イオンの移動度，e：電子の素電荷，R：正，負イオンの再結合係数，$\vec{W}$：風速，$\phi = \phi_e + \phi_\rho$，$\phi_e$：空間電荷がないときの電位，$\phi_\rho$：空間電荷電位である．なお，本項における添字の $+$，$-$ は正，負イオンを表す．

無風の単極性イオン流場の場合は，ρ_+, ρ_- の代わりに ρ，また $R=0$ とおいて，

$$\text{ポアソンの式}: \quad \vec{\nabla}^2\phi = -\frac{\rho}{\varepsilon_0} \tag{4.47}$$

$$\text{電流連続の式}: \quad \vec{\nabla}\cdot\vec{j} = 0 \tag{4.48}$$

$$\text{電流密度の式}: \quad \vec{j} = \mu\rho\vec{E} \tag{4.49}$$

境界条件として，電極表面上の $\vec{E}, \rho, \vec{j}, \phi$ のうちの二つを与える必要がある．ϕ は電圧印加条件より既知であるので，残りの $\vec{E}, \rho, \vec{j}$ のいずれかを与えることになるが，次の方法が提案されている．

① コロナ電極表面の電界はコロナ開始電界に保持される（Waters et al., 1975；Sarma et al., 1969a；1969b；1970；1971），

② コロナ電極表面の電荷密度は一定である（Sarma et al., 1971；Takuma et al., 1981），

③ コロナ電極表面の電界とイオン電流密度の間に一定の関係が成立する（須永，1993），

④ その他の方法．

① は，コロナ電極表面の電界測定結果を根拠にした方法で，イオン流場の計算開始の時点で設定できる．② は，計算開始時には $\rho_i =$ 一定（i はコロナ電極の番号）の任意の値にセットし，計算終了時にイオン流場のどこかの位置の $\vec{E}$，または $\vec{j}$ の計算値と実験値を一致させるように ρ_i を決める．③ は，コロナ電極表面の電流密度 j_i と電界 E_i の間の経験式 $j_i = K_i \exp(l_i E_i)$ を使用する．ただし，K_i, l_i はコロナ電流特性の実験値より定める定数である．④ その他の方法は，コロナ電極表面の ρ を一定とおかずに，放電機構やコロナ発生点の分布などを考慮して定めようとする方法である．

c. イオン流場の計測法

イオン流場は，先に述べたように $\vec{E}, \vec{j}, \rho, \mu$ の四つのパラメータで決まる．

移動度 μ は種々の方法で計測される．電子なだれ中のイオン移動度は，3.4.1 項 b

で述べた電子なだれ電流の解析から求めることができる．コロナ放電によって作られたイオンの移動度は，ドリフトチューブと呼ばれる装置で測定される．送電線下のように，コロナ放電の活性領域から遠く離れた広い空間中をドリフトしているイオンの移動度は，次の原理によるイオン計で測定される．同軸または平行平板電極系にイオンを吸引し，集電極上のイオン電流分布と電極内の気流速度 W からイオンのギャップ横断時間 t を求め，ギャップ長 d と t から電界方向のイオンの駆動速度 v を得て，これらをもとに移動度 μ を決定する（須田ら，1988）．空気中の活性領域で作られたイオンは，ドリフト中に水分子との電荷交換やクラスタ形成反応によって重いイオンになり，移動度がドリフト時間とともに小さくなる．しかし，その低下はわずかであるので，イオン流場の計算では，$\mu=$ 一定とおく場合が多い．

放電ギャップ中の電界計測法は，電気的方法と光学的方法に大別でき，測定対象の電界の特性によって種々の方法が使用される（放電における電界計測法調査専門委員会，1986）．ここでは，直流イオン流場の代表的な電界計測法であるバイアスプローブ法とフラックスメータを説明する．

図 4.31 は，電束計（フラックスメータ）の感応電極部の原理図で，機械的に $d\varepsilon_0 E/dt = (1/S) \cdot (dQ/dt)$ の変位電流を作って E を求める．ここで，Q は感応電極に

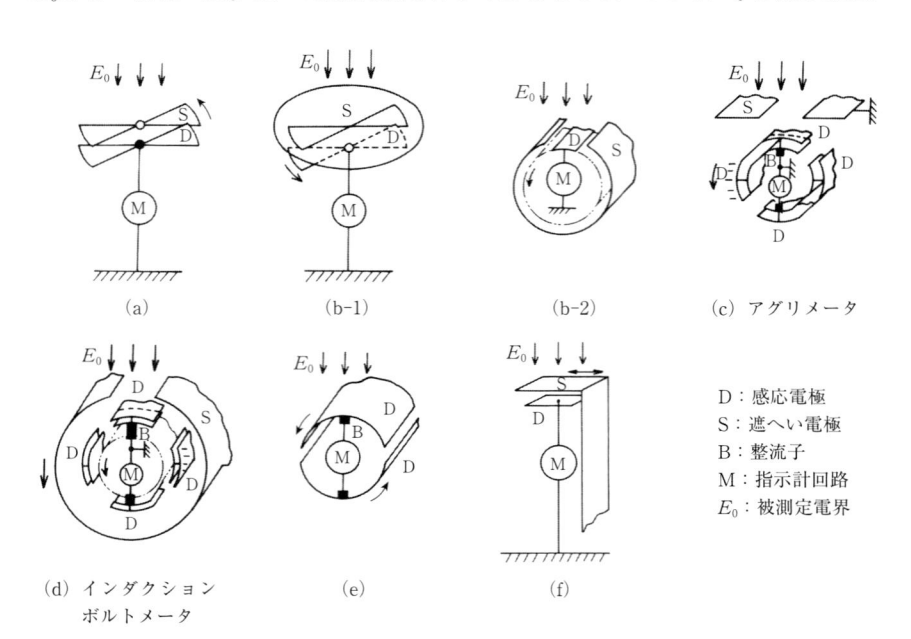

図 4.31 電束計の感応部の原理図
(a)～(e)：回転型，(f)：振動型．

D：感応電極
S：遮へい電極
B：整流子
M：指示計回路
E_0：被測定電界

4.2 コロナ放電　　179

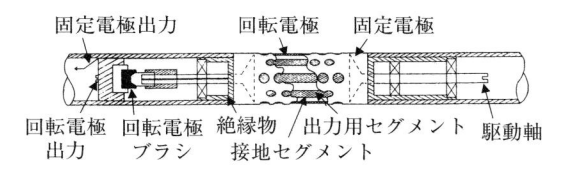

図 4.32　コロナ放電電極に埋め込まれた電束計

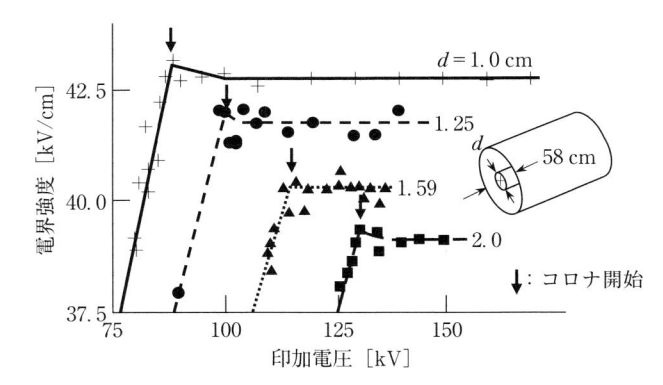

図 4.33　同軸円筒電極系の内円筒表面の電界測定例
（大気圧空気）

誘導される電荷，S は被測定電界に曝されている感応電極の面積である．この装置の感応電極には，変位電流とイオンのドリフト電流が流れるが，両者の位相差を利用して変位電流成分を分離し，電界を測定する．フラックスメータを細い円筒コロナ電極内に設置した例が図 4.32 で，測定結果である図 4.33 に示すようにコロナ電極表面の電界がコロナ開始以降はコロナ開始電界に維持される（Warers, 1972；Waters et al., 1975）．

図 4.34 は，棒対平板電極の平板上にバイアスプローブを設けて，平板上の電界を測定する方法の原理図である（Tassicker, 1974；Selim et al., 1980）．プローブ P と平板電極の間にバイアス電圧 V_b をかけると，P 上の電束 ψ は重ね合わせの理より，次式で与えられる．

$$\psi = \psi_0 + \psi_b = AE_0\varepsilon_0 + C_0 V_b \tag{4.50}$$

ただし，$\psi_0(=AE_0\varepsilon_0)$：バイアスがないときの P に流入する電束，$\psi_b(=\int D\mathrm{d}A = C_0 V_b)$：$E_0 = 0$ で，P にバイアスをかけたことによる P から周囲の平板電極に流入する電束，$A(=(\pi/4)d_m^2)$：P の実効面積，$d_m(=(d_p+d_a)/2)$，d_p：P の直径，d_a：平板上の孔の直径，C_0：P と平板電極間の静電容量である．

$V_b = 0$ と $V_b \neq 0$ のときのプローブ電流を I_0, I とすると，

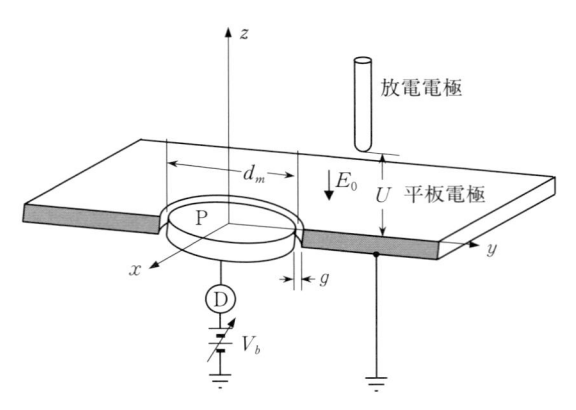

図 4.34 バイアスプローブの原理図
d_p：プローブ直径，d_a：プローブ用孔の直径，$d_m = (d_p + d_a)/2$, $g = (d_a - d_p)/2$.

$$\frac{I}{I_0} = \frac{\psi}{\psi_0} = 1 + \frac{C_0 V_b}{A \varepsilon_0 E_0}$$

$$= 1 + \left(\frac{4C_0}{\pi d_m \varepsilon_0}\right)\left(\frac{V_b}{d_m E_0}\right) \tag{4.51}$$

$$C_0 = 2 d_p \varepsilon_0 \left\{ -\left(\frac{1}{2}\right) \ln\left(1 - \frac{d_p^2}{d_a^2}\right) + 3\ln 2 - 1 \right\} \tag{4.52}$$

となり，I と I_0 を測定して，平板上の電界 E_0 を電荷密度や移動度と無関係に求めることができる．

d. イオン流場の特性

d-1 空間電荷電界が印加電界に比べて無視できる場合

図 4.35 の挿入図のような一様気流中に置かれた双極性配置の線対平板における合成流れ関数は，

$$\varphi_c = W(y - H) - \mu \frac{U}{\ln(4HD/d\sqrt{4H^2 + D^2})}$$

$$\times \left\{ \arctan\left(\frac{y - H}{x + \frac{D}{2}}\right) + \arctan\left(\frac{y + H}{x - \frac{D}{2}}\right) - \arctan\left(\frac{y + H}{x + \frac{D}{2}}\right) - \arctan\left(\frac{y - H}{x - \frac{D}{2}}\right) \right\} \tag{4.53}$$

となる（林ら，1982）．相似則が成立するので，上式で $X = x/H$, $Y = y/H$ とおいて次のように規格化する．

4.2 コロナ放電

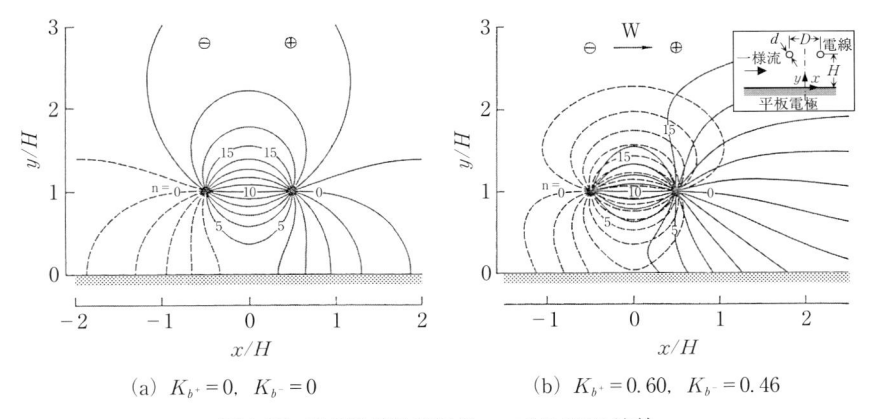

(a) $K_{b^+}=0$, $K_{b^-}=0$

(b) $K_{b^+}=0.60$, $K_{b^-}=0.46$

図 4.35 双極性線対平板ギャップの EHD 流線
実線：正イオン，破線：負イオン．$\mu_+ = 1.4 \times 10^{-4}$ m^2/Vs, $\mu_- = 1.8 \times 10^{-4}$ m^2/Vs.

$\varphi_{c_n} = K_b(Y-1)$

$$-\left\{\arctan\left(\frac{Y-1}{X+\frac{D}{2H}}\right) + \arctan\left(\frac{Y+1}{X-\frac{D}{2H}}\right) - \arctan\left(\frac{Y+1}{X+\frac{D}{2H}}\right) - \arctan\left(\frac{Y-1}{X-\frac{D}{2H}}\right)\right\} \tag{4.54}$$

ここで，U は印加電圧である．K_b は風の効果を表すパラメータであり，また φ_{c_n} と φ_c の間には次式が成立する．

$$K_b = \frac{WH \ln(4HD/d\sqrt{4H^2+D^2})}{\mu U}, \quad \varphi_{c_n} = \frac{\ln(4HD/d\sqrt{4H^2+D^2})}{\mu U}\varphi_c \tag{4.55}$$

(4.54) 式より EHD 流線を描くと，図 4.35 のようになる．図では，実線が正イオンの軌跡，破線が負イオンの軌跡で，イオンの移動度をそれぞれ，$\mu_+ = 1.4 \times 10^{-4}$ m^2/Vs, $\mu_- = 1.8 \times 10^{-4}$ m^2/Vs としている．図の K_b の値は，$H = 1$ m, $D = 1$ m, $d = 1.2$ mm としたとき，(a) 図は $W = 0$ m/s，(b) 図は，$U/U_c = 1.2$ では $W = 0.4$ m/s に，$U/U_c = 2$ では $W = 0.67$ m/s にそれぞれ相当する．ただし，U_c はコロナ開始電圧である．実送電線でコロナ電流が小さいときは，風速が 1 m/s 程度でもイオンは風下に遠く流される (Hara et al., 1982)．

図 4.36(a) は，平等電界 E_0，電荷密度 ρ のイオン流場に円柱状の物体を接地抵抗 (漏抵抗) R を通して接地平板から十分に離して置いたときのイオン流場のモデルである．このような系は，直流送電線下の物体帯電現象や電気集塵機装置の微粒子の帯電現象の解明の基礎になる．円柱のまわりの合成流れ関数は，物体の帯電電荷 (単位長あたりの電荷) を σ と仮定すると次式で与えられる．

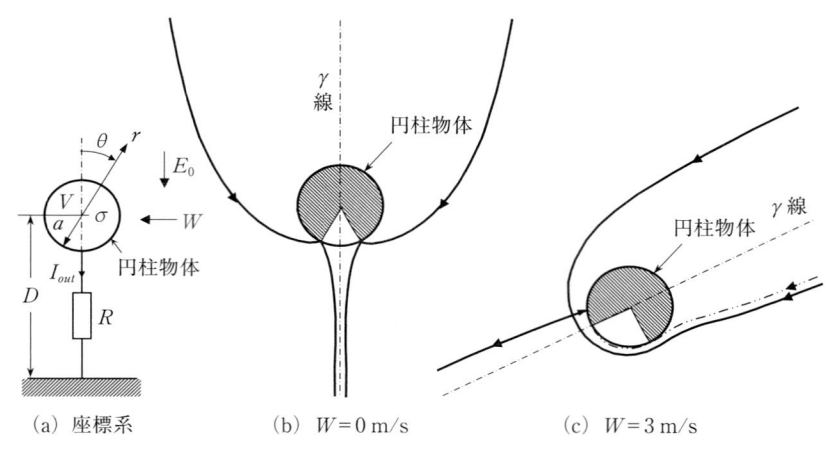

図 4.36 平等電界のイオン流場中に置かれた円柱物体のまわりの EHD 流線
$E_0 = 10$ kV/m, $a = 0.1$ m, $R = 10^{13}$ Ω/m, $D = 1.5$ m, $\mu = 1.5 \times 10^{-4}$ m²/Vs.

$$\varphi_c = -W\left(r - \frac{a^2}{r}\right)\cos\theta + \mu E_0\left(r + \frac{a^2}{r}\right)\sin\theta - \frac{\mu\sigma}{2\pi\varepsilon_0}\theta \quad (4.56)$$

EHD 流線を決定するには，物体の電位 V あるいは物体の帯電電荷（単位長あたりの電荷）σ を決めなければならないが，これらは次のようにして求められる．

V あるいは σ を仮定すると，物体に流入するイオン電流は次式となる．

$$I_{in} = \int_s \rho\mu E \mathrm{d}s \quad (4.57)$$

ただし，s：物体に EHD 流線が流入している部分の物体表面積，E：物体表面の電界である．

ところで，ある EHD 流線の外側の EHD 流線は円柱を経由しないが，内側の EHD 流線は円柱に流入するような EHD 流線を臨界 EHD 流線と定義する．いま，物体から十分に離れた位置で，臨界 EHD 流線に直角な断面上の臨界 EHD 流線によって囲まれる面積を S^* とすると

$$I_{in} = S^*\rho\sqrt{W^2 + \mu^2 E_0^2} \quad (4.58)$$

となる．

一方，物体から漏抵抗に流出する電流は

$$I_{out} = V/R \quad (4.59)$$

で与えられる．平衡状態においては，流入する電流と流出する電流が平衡するので，次式が成立する．

$$|I_{in} - I_{out}| < \zeta \quad (4.60)$$

ここで，$\zeta \ll I_{in}, I_{out}$ である．この式を満たすように繰り返し計算で V あるいは σ を

決定する．

以上の方法で求めた EHD 流線が図 4.36(b)(c) である．図 4.36 は，イオン電流密度が小さいとき，EHD 流線はイオンの流入による物体の帯電電荷に強く影響されることを表している（Hara et al., 1985）．

d-2　空間電荷電界を無視できない場合

空間電荷電界を無視できないときの計算法には，(a) イオンが電界の方向を乱さないと仮定する方法と，(b) 仮定を設けない一般的方法とがあり，前者は風のない場合にのみ適用でき，後者は風のある一般的な場合に適用できる．

無風の場合　　(a) の方法は，Sarma らによって直流送電線近傍のイオン流場解析に使用され，しばしば Sarma らのモデルと呼ばれている（Sarma et al., 1970；1971；須永，1993）．ここでは棒対平板電極系への適用例（原ら，1987）を述べよう．解く方程式は (4.47)〜(4.49) 式である．

式を解くにあたって，簡単化のために次の仮定をおく．

① イオン移動度は一定である．
② イオンは電界によってのみ駆動され，イオンの拡散は無視できる．
③ コロナ放電電極近傍の活性領域の厚さは無視できる．
④ コロナ発生中の放電電極上の電界は，コロナ開始電界 E_c に維持される．
⑤ 空間電荷は，電界の大きさのみに影響し，電界の方向を乱さない（Deutsch の仮定 (Deutsch, 1933)）．

⑤ の仮定より，

$$\vec{E} = m\vec{E}_0 \tag{4.61}$$

ただし，$\vec{E}_0$：空間電荷が存在しないときの電界，m：スカラ量である．

また，①〜④ の仮定より，ρ, m に対する次式を得る．

$$\frac{1}{\rho^2} = \frac{1}{\rho_e^2} + \frac{2}{\varepsilon_0 \rho_e m_e} \int_0^z \frac{dz}{E_0} \tag{4.62}$$

$$m = m_e + \frac{1}{\varepsilon_0} \int_0^z \frac{\rho \, dz}{E_0} \tag{4.63}$$

ただし，添え字 e：コロナ放電電極上の値，z：コロナ放電電極を出発して電気力線に沿った，いま考えている点までの距離である．

上式で，m_e, ρ_e が与えられれば，m, ρ が定まり，ギャップ中の電界（$E = mE_0$）と電流密度（$j = \mu m \rho E_0$）が求まる．

仮定 ④ より，m_e は

$$m_e = E_c/E_0 = U_c/U \tag{4.64}$$

（ただし，U：印加電圧，U_c：コロナ開始電圧）で与えられ，m は電位と電界の関係より次式を満たさなければならない．

$$\int_c E\mathrm{d}z = \int_c mE_0\mathrm{d}z = U \tag{4.65}$$

ただし，c：コロナ放電電極から相手電極までの電気力線に沿った曲線である．

したがって，ρ_e を仮定して（4.62），（4.63），（4.65）式を満たす m, ρ を定めることができる．このときの $\vec{E}, \rho, \vec{j}$ の値が，①〜⑤ の仮定の下での（4.47）〜（4.49）式の解となる．

上記の方法で求めた棒対平板電極の電界計算結果が図 4.37 で，図には図 4.34 のバイアスプローブによる平板上の電界測定値がプロットされている（原ら，1987）．

この計算法では，同軸円筒電極系や軸対称電極系の対称軸上のように空間電荷によって電界の方向が影響されないときの電界や対称軸の近傍の電界を正確に推定できるが，軸から離れると計算誤差が大きくなる．

図 4.37 は，空間電荷は放電極近傍の電界を低減し，平板近傍の電界を増強させ，ギャップの中間で電界の最小値が現れることを暗示している．コロナ放電が無パルスで安定に現れているときの火花の発生は，安定コロナの崩壊条件が関係するが，その理論的取り扱いは確立されていない．これとは別に，上記の最低電界領域でストリーマ開始条件が成立すると火花破壊に至るとする考え方がある（Hara et al., 1990）．

図 4.38 は，単極性線対平板電極系の電圧対電流特性である（原ら，1981）．電流密度の計算誤差は，対称軸近傍では小さく，軸から離れると大きいが，軸付近の電流密度の絶対値が大きいために，電圧対電流特性の実験値と計算値はよく合っている．

風がある場合　　単極性線対平板電極系のイオン流に対する風の影響の実測値を図 4.39 に示す（Hara et al., 1982）．イオン電流分布は風によって風下側に大きく移動するが，電界分布の移動は小さい．イオン電流が小さいと仮定した EHD 流線の計算か

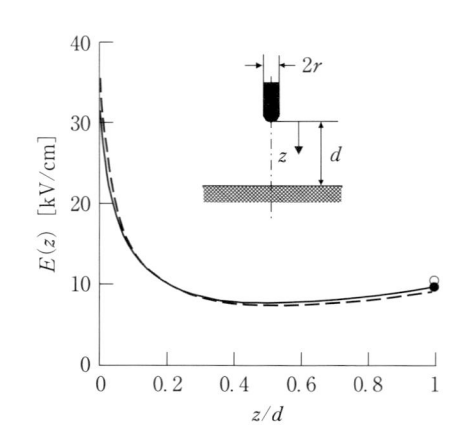

印加電圧：20 [kV]
コロナ開始電圧：12 [kV]

p[mmHg]	200	400
d[cm]	2	4
r[cm]	0.25	0.5
計算値	− − −	———
実測値	● ($I = 101\,\mu\mathrm{A}$)	○ ($I = 108\,\mu\mathrm{A}$)

図 4.37　空気中棒対平板電極系のギャップ軸に沿った電界分布

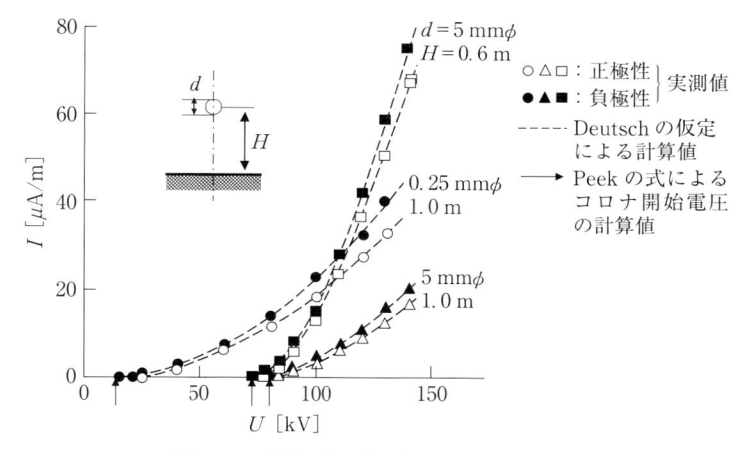

図 4.38 線対平板電極系の電圧対電流特性（大気圧空気）

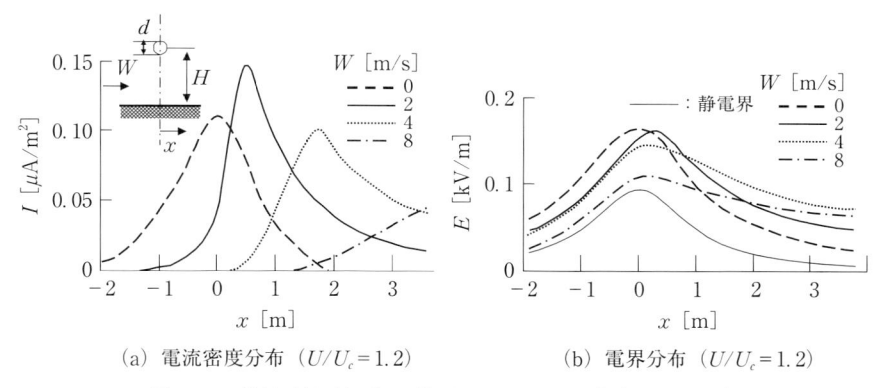

(a) 電流密度分布（$U/U_c = 1.2$）　(b) 電界分布（$U/U_c = 1.2$）

図 4.39 線対平板電極系の平板上における電流密度と電界分布
実測値．U：印加電圧，U_c：コロナ開始電圧，$H = 2$ m，$d = 5$ mm，大気圧空気．

ら推定すると，$U/U_c = 1.2$ の場合，風速が 4 m/s 程度になると大部分のイオンは風に吹き飛ばされて平板に到達しないが，図の場合はイオンの空間電荷電界によって平板近傍の電界は強められ，例えば，$x = 3$ m の位置では空間電荷電界は静電界の数倍になっている．このように直流送電線下のイオン電流分布に対する風の効果は，イオンの空間電荷電界の効果によって見かけ上小さくなる．

風がある場合のイオン流場の計算には，領域分割法が有効である（河野ら，1980）．計算の前提として，風のない場合と同様に ①〜③ の仮定をおき，境界条件として ②（$\rho_e = $ 一定）を採用して，上流有限要素法を使って，単極性と双極性線対平板電極系

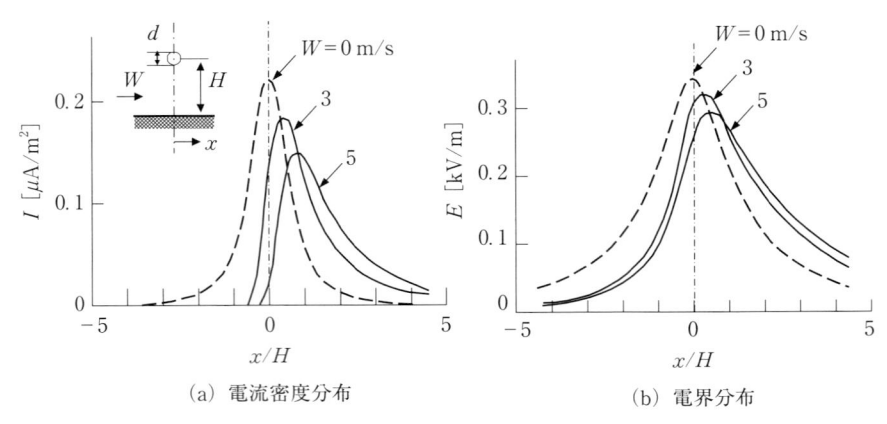

図 4.40 線対平板電極系の平板上における電流密度と電界分布
計算値．$U = 275$ kV，$H = 6.144$ m，$d = 6$ mm，$\rho_e = 8.854 \times 10^{-8}$ C/m³，大気圧空気．

のイオン流場が計算されている．詳細は，文献（Takuma et al., 1981）に譲る．図 4.40 は単極性線対平板電極系の計算結果の例で，図 4.39 の実験で得られたイオン電流密度分布と電界分布に対する風の効果をよく表現できている．

4.3 長ギャップのフラッシオーバ

本節の内容は，大気圧空気中の長ギャップ放電に関するもので，送電線路の外部絶縁に関係する空気中の絶縁破壊現象の理解に不可欠である．さらに，4.3.3 項 b で述べる長ギャップ放電の物理的モデルは，他の気体中の不平等電界ギャップにおける放電現象を解明するための理論的手法の参考になるであろう．

ところで，平等電界ギャップの場合，ギャップ長が短いときは電子なだれがギャップを横断したときに電子なだれからストリーマへの転換が起きる．ギャップ長が長くなると，電子なだれがギャップの途中まで成長したときにストリーマへ転換できるようになる．ストリーマ理論の 3.6.2 項で述べたように，電子なだれがギャップを横断する前にストリーマに転換するようになるときのギャップ長を平等電界ギャップの「長ギャップ」と呼び，大気圧空気中では約 15 cm 以上であった．

大気中不平等電界ギャップの場合，例えば正棒対平板ギャップのギャップ長が長くなると，インパルス電圧によるフラッシオーバ特性が短いギャップでは見られない次のような特異性を示す．

(a) 50％フラッシオーバ電圧（U_{50}）対ギャップ長（D）の関係に飽和の傾向が現れる．
(b) 50％フラッシオーバ電圧対電圧波頭長（T_f）の関係が U 字型になる．

(c) フラッシオーバ経路の電極軸からの偏りが，電圧波頭長の影響を受け，ある波頭長領域において最大になる．

このようなフラッシオーバ特性が現れるギャップ長を「長ギャップ」と呼んでいる．ギャップ長に明瞭な境界があるわけではない．通常，大気圧空気中で上記の特性がはっきり現れる数十 cm 以上のギャップを長ギャップと呼んでいる．

長ギャップ放電の研究は，最初は放電物理や雷放電の研究に関係して始められた．1930 年代後半の Allibone, Schonland, Meek らが，ボイズカメラと呼ばれる機械式高速度カメラを使って，雷インパルス電圧によるフラッシオーバ過程を調べ，雷放電で知られていたリーダと呼ばれる放電が主放電（リターンストローク）の前に存在することを確認した（Allibone et al., 1934；1938a；1938b）．その後，1960 年頃までは，裁断ギャップ，光電子増倍管，オシロスコープ，機械式高速度カメラを使って，電子なだれ，ストリーマ，それに続くリーダの各放電過程の観測ならびに各放電相の物理量が測定され，それぞれの放電機構が検討された．

1960 年代に入り，EHV 送電の開発に関係して，気中放電試験設備，送電線路ならびに変電所の絶縁設計データを得る目的で，長ギャップ放電研究が新たな段階に入った．この頃イメージコンバータカメラが開発され，フラッシオーバの初期から最終の過程に至るまでの現象を短時間で明瞭に観測できるようになり，フラッシオーバ過程とフラッシオーバ特性の関係づけができるようになり，フラッシオーバ特性を推定するための放電の工学的モデル化が試みられるようになった（Stekolnikov et al., 1961；原田，1964；和田，1965）．

1970 年代に入ると，UHV 送電の研究が始まり[*7]，イメージコンバータカメラによって放電過程の詳細が解明され，分光やシュリーレン法などの光学的手法による放電各相の内部状態の時空的推定がなされた．さらに，これらをもとにして放電の基礎過程に基づいた物理的観点から放電モデルが検討され，現在は正棒対平板ギャップのフラッシオーバ現象における統計的性質，放電チャネル内の電気・熱的状態を理論的に推定できるようになりつつある（Les Renardieres Group, 1972；1973；1977；1981；

[*7] **UHV と EHV 送電：** 送電電力 P は，$P \propto V^2/L$ で表される．ただし，V：送電電圧（送電線の線間電圧），L：送電距離である．大電力を長距離輸送するためには，送電電圧を上昇させることが必要になる．送電電圧は，国や地域によって異なるが，地域ごとに統一された電圧の送電設備が施設される．運転時の電圧は，厳密には場所と時刻によって変動するので，それぞれの送電電圧の代表値として公称電圧が定められている．わが国で採用されている公称電圧は，22，33，66，77，110，154，180，220，275，500，1000 kV である．ところで，論文などで，送電電圧の表記に HV（high voltage：高圧），EHV（extra high voltage：超高圧），UHV（ultra high voltage：超々高圧）の用語が使用されるが，それらの境界は，厳密には定義されていない．わが国および米国 BPA（The Bonneville Power Administration）で，次の区分が慣用的に使用されている．100 kV＜HV＜287 kV，345 kV＜EHV＜800 kV，800 kV＜UHV．なお，国際規格である IEC 規格による UHV の標準電圧は 1100 kV である．

Suzuki et al., 1977；Gallimberti, 1979；常安，1980；長ギャップ放電における空間電荷効果調査専門委員会，1988；長ギャップ放電モデリング調査専門委員会，1992）.

長ギャップフラッシオーバの特性と過程の詳細は，電極条件，電圧の極性と波形，ギャップ長，気体条件などの影響を受け，きわめて複雑である．1940年代以降，多数の研究がなされたが，今日では，1960年代以降の研究を調べれば，長ギャップ放電理論の基礎を知ることができる．

4.3.1　フラッシオーバ特性[*8]

長ギャップのフラッシオーバ特性は，放電物理からの関心だけでなく，高い送電電圧の電力設備の設計データを得る目的から，世界の主要な高電圧研究機関で，組織的に調べられている．

a.　50％フラッシオーバ電圧対ギャップ長特性（$U_{50}-D$特性）

図4.41は，棒対平板（R-P）および棒対棒（R-R）ギャップの直流（DC），交流（AC），雷インパルス（LI）および開閉インパルス（SI）電圧に対する$U_{50}-D$特性である．図中の電極記号の右側の電極を接地し，左側の電極に示された波形と極性の電圧が印加されている．

図から明らかなように，負極性の電圧およびLIによるU_{50}はDにほぼ比例して上昇するのに対し，棒電極が正になるときのDC, AC, SIによる$U_{50}-D$特性は，飽和の

[*8] **50％フラッシオーバ電圧と標準偏差**：　気中や油中の長いギャップおよび固体絶縁物表面における火花破壊を「フラッシオーバ」という場合が多い．フラッシオーバ電圧は，確率的特性をもち，あるギャップに同一波高値の電圧をN回印加してn回フラッシオーバするとき，$p=(n/N)\times100(\%)$を放電率（またはフラッシオーバ率）という．大気中でpと印加電圧Uの関係を測定すると，図4.aの実線のような曲線が得られ，これを放電率曲線と呼ぶ．この曲線は，次式の正規累積分布で近似できる場合が多い．

$$p(U)=\frac{1}{\sqrt{2\pi}\sigma}\int_0^U\exp\left\{-\frac{(U-U_{50})^2}{2\sigma^2}\right\}dU$$

ここで，σは標準偏差である．なお，図には対応する正規分布を破線で示している．$p=50\%$のときの電圧を50％フラッシオーバ（破壊）電圧（U_{50}），正規分布の標準偏差をフラッシオーバ電圧の標準偏差という．σはU_{50}との比の百分率で表す場合が多い．なお，$p=20\sim80\%$の間は直線近似でき，$p(U_{50}+\sigma)=84.1\%$である．正規分布の特性から，$U<U_{50}-2\sigma$および$U<U_{50}-3\sigma$の電圧でフラッシオーバする確率は，それぞれ2.27％, 0.13％であるので，$U_{50}-(2\sim3)\sigma=U_W$をそのギャップの耐電圧と呼ぶ．$U_{50}, \sigma$の測定法には，内挿法と昇降法がある．

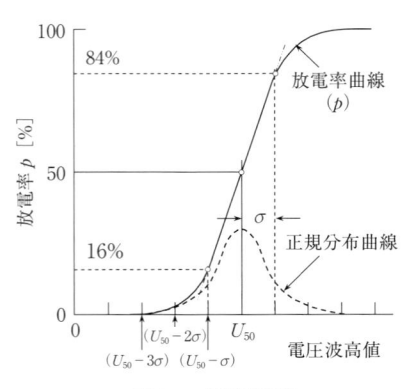

図4.a　放電率曲線

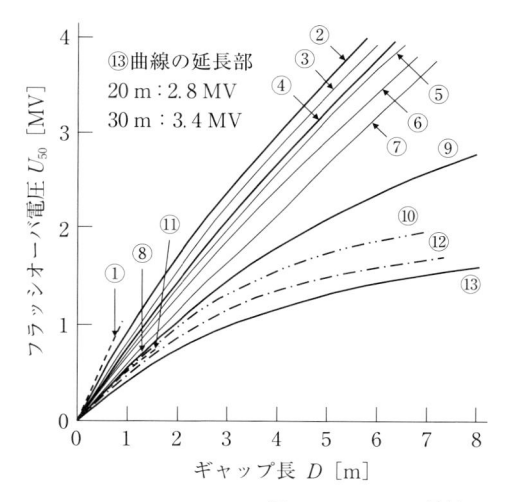

4.3 長ギャップのフラッシオーバ

図 4.41 $U_{50}-D$ 特性

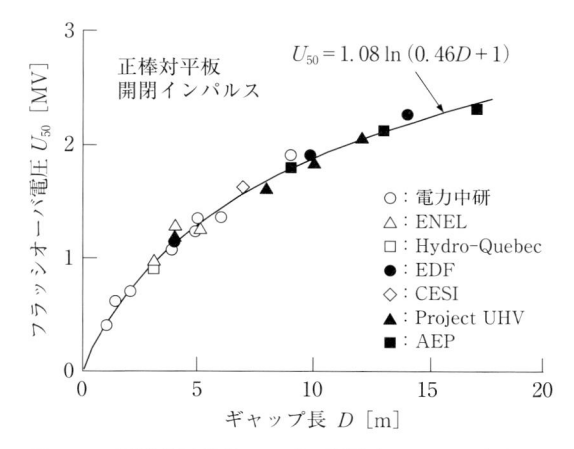

No.	電極	印加電圧	
1	R-P	DC	−
2	R-P	SI	−
3	R-P	LI	−
4	R-R	SI	−
5	R-R	LI	−
6	R-R	LI	+
7	R-P	LI	+
8	R-R	DC	+−
9	R-R	SI	+
10	R-R	AC	
11	R-P	DC	+
12	R-P	AC	
13	R-P	SI	+

R：棒電極，P：平板電極．上表で右側の電極を接地．DC：直流，AC：交流，SI：開閉インパルス，LI：雷インパルス．

⑬曲線の延長部
20 m：2.8 MV
30 m：3.4 MV

図 4.42 正棒対平板ギャップの開閉インパルス電圧による $U_{50}-D$ 特性

傾向を示し，与えられた D に対して最低の U_{50} は，SI印加時の正棒対平板で出現する．

$U_{50}-D$ 特性の実験式が多数の研究者によって提案され，それらが整理されている（相原ら，1987；長ギャップ放電モデリング調査専門委員会，1992）．棒対平板ギャップのSIによる $U_{50}-D$ 特性として，次の実験式を使用することが多い．

正棒対平板ギャップの場合（Kishijima et al., 1984），

$$U_{50(+R-P)} = 1.08 \ln(0.46D+1) \text{ [MV]} \qquad (0.1 < D < 27 \text{ m}) \qquad (4.66)$$

ただし，D：ギャップ長［m］，添字の+R−Pは正棒対平板を表す．この式は，与えられた D に対する最低の U_{50} を定式化したもので，図4.42のように広い D に対して適用でき，後述するように，他のギャップ構成の U_{50} を求める基準になる．

負棒対平板ギャップの場合は（Pigini et al., 1979），

$$U_{50(-R-P)} = 1.18 D^{0.45} \text{［MV］} \quad (1 < D < 14 \text{ m}) \tag{4.67}$$

また，送電線路のがいし装置や電線と鉄塔間などの正極性SIによるフラッシオーバ電圧 $U_{50(\text{ギャップ構成})}$ を，正棒対平板の $U_{50(+R-P)}$ を基準として，次式で定義されるギャップファクタ K を使用して求める方法もある．

$$U_{50(\text{ギャップ構成})} = U_{50(+R-P)} \times K_{(\text{ギャップ構成})} \tag{4.68}$$

$K_{(\text{ギャップ構成})}$ の値は，種々のギャップ構成に対して測定されている（電気学会，2001）．

b. $U_{50}-T_f$ 特性

正棒対平板ギャップの U_{50} 対 T_f 特性例が図4.43である．$D > 1$ m において，$U_{50} - T_f$ 特性は，ある波頭長 T_{fc} で極小値を示す．これをU特性と呼ぶ．負棒対平板ギャップの場合もU特性が現れる．U特性の曲線は緩やかであるので，T_{fc} は明瞭でないが，次のような実験式が提案されている．

正棒対平板ギャップの場合（Kishijima et al., 1984），

$$T_{fc} = 55 D \text{［}\mu\text{s］} \quad (1 < D < 12 \text{ m}) \tag{4.69}$$

負棒対平板ギャップの場合（Les Renardieres Group, 1981），

$$T_{fc} = 10 D \text{［}\mu\text{s］} \quad (2 < D < 7 \text{ m}) \tag{4.70}$$

c. 放 電 経 路

正棒対平板ギャップの中心軸から見て90°の角度の方向に置かれた2台の静止カメラで撮影された放電経路の写真から，平板に平行な面上を通過する放電経路の偏り分布を知ることができる．N 回放電させて i 番目の放電経路のある面上での中心軸からの偏りが r_i であるとき，平均の偏り $\bar{r}$ は，$\bar{r} = \sum_{i=1}^{N} r_i / N$ となる．このようにして $D = 3$ m の正棒対平板ギャップの $\bar{r}$ を印加電圧波形をパラメータとして測定した例が図4.44である（放電学会，1970）．図では，例えば100/2300 μs の電圧で平板からの距離が180 cm の場合，$\bar{r} = 52$ cm となっているが，r_i の測定値は0〜150 cm の間に分布しているので，最大の偏りは $\bar{r}$ の2倍以上である．

図より，T_f が0.8 μs から100 μs までは T_f の増加とともに $\bar{r}$ は大きくなるが，T_f が300 μs から1000 μs に増加すると逆に $\bar{r}$ は小さくなっている．このように，U特性の極小値を与える T_{fc} 付近の波頭長において，放電経路の偏りが最大になる傾向がある．このことは，T_{fc} 付近のSIによる U_{50} が，近接物体の影響を受けることを意味しており，EHVならびにUHV送電設備の設計では，最短の電極間距離だけでなく，

図 4.43 正棒対平板ギャップの $U_{50} - T_f$ 特性

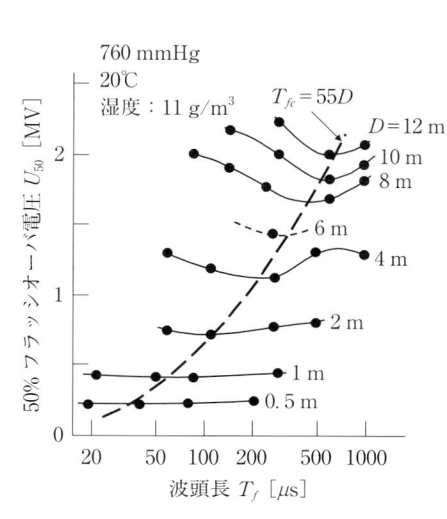

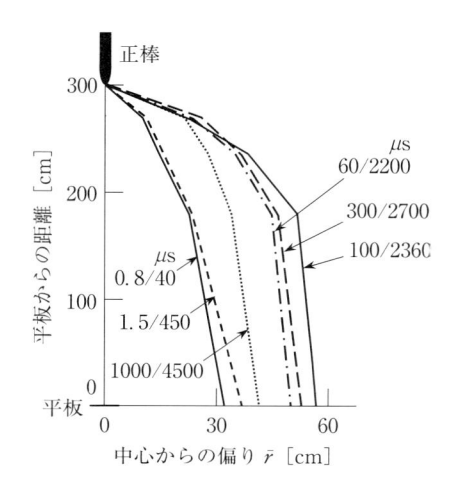

図 4.44 正棒対平板ギャップにおける火花放電経路の電圧波形による変化
縦軸と横軸のスケールが異なっていることに注意.

近接物体までの距離に注意を払う必要性を示している. $D>30\,\mathrm{m}$ になると, SI による放電路の制御が困難になり, 長ギャップ放電路の予測が困難になる (Авруцкий et al., 1983).

d. フラッシオーバ電圧の確率的性質

フラッシオーバ電圧の確率的性質は, 電力設備の絶縁協調[*9]に統計的手法の適用が考えられ始めた 1960 年頃から本格的に検討された. Suzuki らによると, 長ギャップの放電率は, 0.005% の低い値まで正規累積分布に従う (Suzuki et al., 1969).

図 4.45 は, 正棒対平板ギャップのフラッシオーバ電圧の標準偏差 σ の D 依存性を示す図で, $D>1\,\mathrm{m}$ における σ は開閉インパルス電圧に対して D とともに大きくなり, 5% 程度に達する. 一方, 雷インパルス電圧の σ は, 1～2% であり, 図には示していないが, AC, DC の σ は 1% 以下である (Bohne et al., 1964).

また, フラッシオーバ電圧の標準偏差自体も図 4.46 のように正規分布となり, その平均値 σ_{50} は, 電圧波頭長に依存する (Baatz, 1966).

[*9] **絶縁協調**: 電力システム内の機器の重要度ならびに絶縁回復性能などを考慮して, 機器の絶縁強度に格差をつけ, システム全体として最も経済的かつ信頼性ある絶縁体系を構成することをいう. この場合, 機器の絶縁強度を固定して考える決定論的絶縁協調と, 絶縁強度が確率的性質をもつ値であることを考慮する統計的絶縁協調がある.

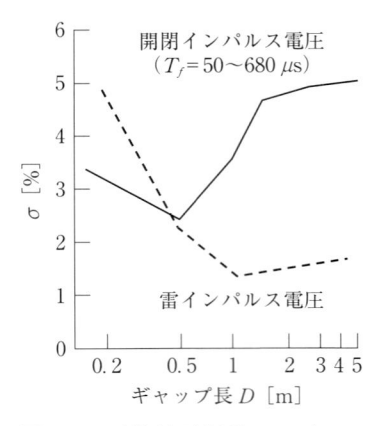

図 4.45 正棒対平板ギャップのフラッシオーバ電圧の σ 対ギャップ長特性

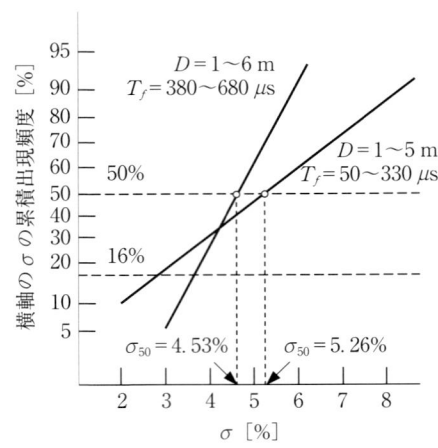

図 4.46 正棒対平板の開閉インパルスフラッシオーバ電圧の標準偏差の分布

4.3.2 フラッシオーバ過程と放電の物理量

a. フラッシオーバ過程

電圧印加の瞬時から全路破壊に至るまでの放電現象をフラッシオーバ過程という．一般に，イメージコンバータカメラまたは ICCD カメラによる流し撮り図あるいはコマ撮り図から，ギャップ中の発光の強弱，発光の伝播速度を推定し，それを模式図にしてフラッシオーバ過程を表現する．さらに，オシロスコープによって電極間電圧と外部電流を同時測定し，放電過程と放電各部の電気的諸量を関係づける．ところで，4.1.2 項 a で説明した霧箱による電子なだれ図は，空間電荷分布を与えるが，ここで述べるフラッシオーバ過程の模式図は，電離や電子励起の活性度を時空的に表現した図である．

雷と開閉インパルス電圧による大気圧空気中の棒対平板ギャップのフラッシオーバ過程が図 4.47, 4.48 である．過程の詳細は，電極の形状とギャップ長，電圧の波形と極性などに影響される．ここでは，種々の条件下のフラッシオーバ過程を理解する上で基礎になる棒対平板ギャップの場合を，多数の観測結果をもとにして描いた典型例を示している．

正雷インパルスフラッシオーバ　正極性雷インパルス電圧の場合，図 4.47(a) に示すように，最初に棒からコロナストリーマ（一次ストリーマ）が現れ，ある休止時間 t_d の後に再びコロナストリーマ（二次ストリーマ）が現れ，続いて先端にコロナ放電（リーダコロナ）を伴うリーダの成長が始まる．コロナストリーマならびにリーダコロナは，4.2.2 項で述べた正ストリーマコロナで，枝分かれしつつ成長する．

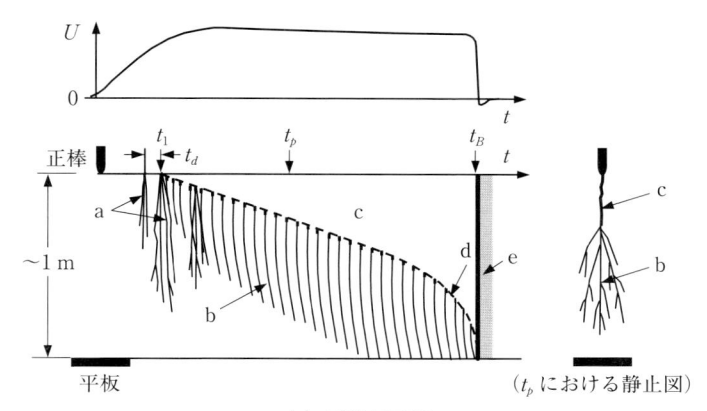

4.3 長ギャップのフラッシオーバ

(a) 正棒対平板

a：正コロナストリーマ，b：リーダコロナ，c：正リーダ，d：ファイナルジャンプ，e：リターンストローク（アーク），t_B：破壊時刻．

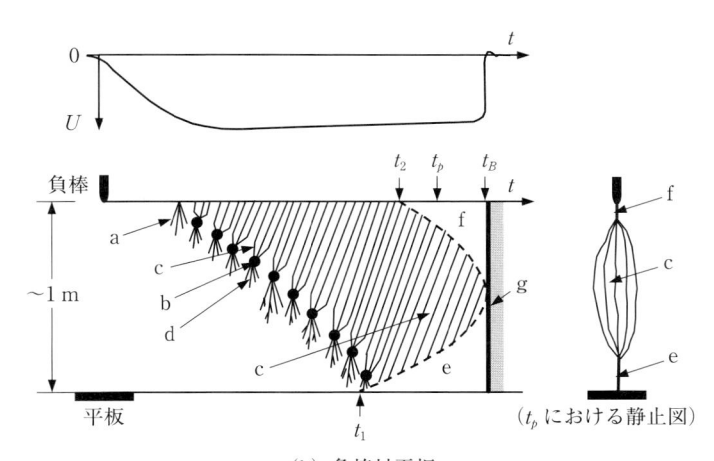

(b) 負棒対平板

a：負コロナストリーマ，b：空間ステム，c：陰極向けストリーマ，d：陽極向けストリーマ，e：正リーダ，f：負リーダ，g：リターンストローク（アーク），t_B：破壊時刻．

図 4.47 雷インパルス電圧（1.3/150 μs）によるフラッシオーバ過程の模式図

リーダコロナの根元と電極を結ぶリーダは，最初は1本のチャネルであるが，その成長に伴って枝分かれする場合がある．リーダコロナが平板に接触すると，リーダの成長速度が急に上昇し，リーダの平板電極への接触によってリーダがリターンストローク（アーク）に転換して，フラッシオーバが完了する．アークが発生するまでの電極

間電圧は電源電圧から回路の電圧降下を差し引いた値に維持されるが，アークの出現によって電極間が短絡状態になり，電極間電圧は崩壊する．リーダコロナが平板に到達してアークが現れるまでの高速で成長するリーダをファイナルジャンプと呼ぶ．図4.47(a)で，流し図の$t=t_p$における静止図を描くと同図の右に描いたようになる．

ところで，3.8.2項において，パルス電圧の瞬時値が直流の放電開始電圧に達したときから放電が開始するまでの時間を統計遅れt_s，放電が開始してからアークが発生するまでの時間を形成遅れt_fと定義し，$t_t=t_s+t_f$を火花遅れと呼んだ．長ギャップのフラッシオーバでは，電圧波形に無関係に$t_s \ll t_f$で，$t_t \approx t_f$とおける．火花遅れは，並列に接続されたギャップのいずれが先にフラッシオーバを起こすかに関係するので，絶縁協調を検討する上で大切になる特性パラメータである（3.8.2項の脚注9参照）．

負雷インパルスフラッシオーバ　　負極性雷インパルス電圧の場合，図4.47(b)に示すように，最初は短い負コロナストリーマが現れ，続いて棒電極から離れた位置から出発する陰極向けストリーマと陽極向けストリーマが同時に開始される．これらのストリーマの出発点は空間ステムと呼ばれ，その発生位置が次第に平板側に移動しつつ，陰極向けと陽極向けストリーマの発生が繰り返される．棒電極の曲率半径が大きくなると，負コロナストリーマの発生なしに，空間ステムから出発するストリーマの過程に入る．

空間ステムが平板に近づくと，平板から正リーダが開始されるとともに，空間ステムからの陰極向けストリーマが棒電極に近づいたときに，棒電極から負リーダが開始される．正リーダと負リーダがギャップ中間で結合したとき，リーダがアークに転換してフラッシオーバが完結し，電圧崩壊が起きる．負極性の場合も正極性の場合と同様に$t_s \ll t_f$である．

コロナストリーマやリーダコロナが進行方向の電極に接したときにコロナ先端の進展速度の10倍程度の速度で伝播する発光波が放電チャネル中に出現する場合がある．これを電離電圧波（電離波）と呼んでいる．電離電圧波については，3.8.2項cで触れた．

正開閉インパルスフラッシオーバ　　正極性開閉インパルス電圧の場合，フラッシオーバ過程は電圧波頭長の影響を顕著に受ける．$T_f \approx T_{fc}$の場合，図4.48(a)に示すように，正コロナストリーマの発生後にある休止時間t_dをおいて再び正コロナストリーマが現れ，その根元（ステム）から正リーダが開始される．正リーダ先端にはリーダコロナがあり，このリーダコロナが平板電極に接すると雷インパルス電圧の場合のようにファイナルジャンプに移行し，正リーダの平板への到達によってフラッシオーバが完了する．雷インパルス電圧の場合との大きな違いは，リーダ成長の途中で時々リーダの発光が急に増すことである．このリーダの発光強度が強くなる現象を再発光と呼ぶ．これはリーダコロナの活動が一時的に活発になる現象で，このときリーダ長

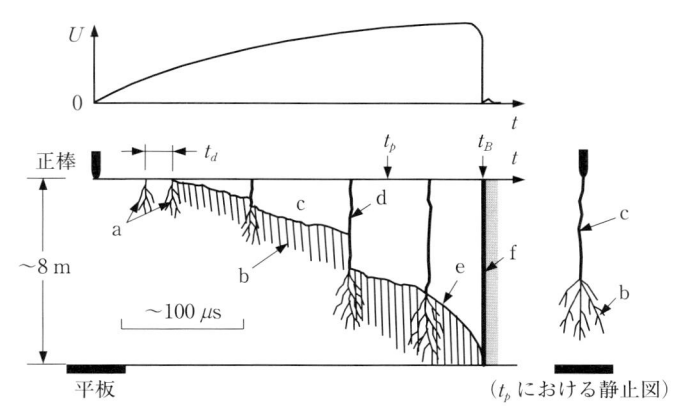

4.3 長ギャップのフラッシオーバ

(a) 正棒対平板

a：正コロナストリーマ，b：リーダコロナ，c：正リーダ，d：再発光，e：ファイナルジャンプ，f：リターンストローク（アーク），t_d：休止時間，t_B：破壊時刻．

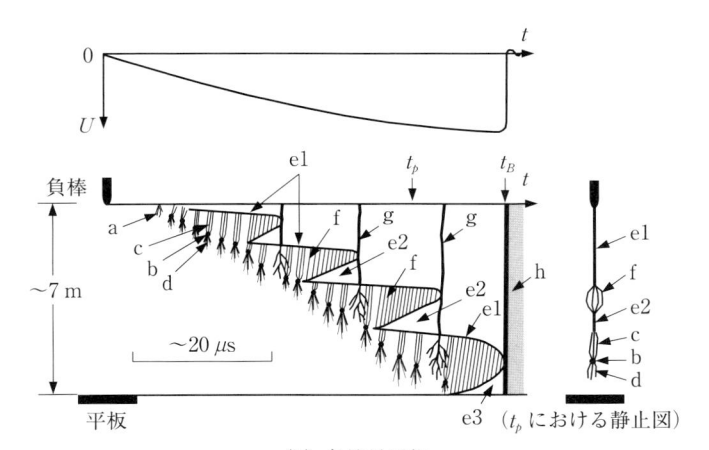

(b) 負棒対平板

a：負コロナストリーマ，b：空間ステム，c：陰極向けストリーマ，d：陽極向けストリーマ，e1：負リーダ，e2：空間リーダ，e3：正リーダ，f：グローコロナ，g：再発光，h：リターンストローク（アーク），t_B：破壊時刻．

図 4.48 開閉インパルス電圧によるフラッシオーバ過程の模式図
(a) $T_f = 550\ \mu\text{s}$，(b) $T_f = 60\ \mu\text{s}$．

が急に長くなって，リーダの成長が不連続になる．また，リーダが長く伸びたときのリーダコロナは，リーダ先端領域においてストリーマの数密度がきわめて高く，グロー状放電になっている．

棒電極の曲率半径が大きくなると，最初のコロナストリーマが強力になり，その発生直後にリーダが開始される．$T_f > T_{fc}$ になると，再発光前にリーダとリーダコロナの発光が一時的に消滅し，リーダの成長が次第に間欠的になる．リーダ進展の休止と再発光は印加電圧がフラッシオーバ電圧より低いときにも起こる．また，$T_f \approx T_{fc}$ で印加電圧がフラッシオーバ電圧より低いときも，発光の一次休止が起こる．$T_f < T_{fc}$ の場合は，再発光の回数が少なくなり，リーダの成長が連続的になる．ファイナルジャンプ以降の現象は T_f に無関係で，雷インパルス電圧の場合とほぼ同じである．図の右側に $t = t_p$ における静止図を示しているが，雷インパルスの場合に比べてリーダ長のリーダコロナ長に対する比が大きくなっている．

負開閉インパルスフラッシオーバ　負極性開閉インパルス電圧の場合，放電の初期過程は雷インパルス電圧の場合と同様に，負コロナストリーマに続いて空間ステムから陰極向けと陽極向けストリーマが同時に成長する．その直後に，図 4.48(b) に示すように，棒電極から負リーダがゆっくりした速度で成長を開始する．空間ステムの位置は時間とともに平板側に移動し，その途中で，そこから出発する正と負リーダが現れる．このリーダを空間リーダと呼ぶ．空間リーダと棒電極からの負リーダが結合すると，再発光が起こる．このとき，空間リーダ長と負リーダ長の和が，全リーダ長になるので，再発光が起きると見かけ上，棒電極からの負リーダが不連続に急に成長したように見える．このような再発光を繰り返しつつ，棒電極からの負リーダが成長し，そのリーダコロナが平板に到達する頃に空間ステムも平板に近づき，平板から正リーダが開始される．この正リーダと棒からの負リーダが結合するとフラッシオーバが完了し，電圧崩壊が起きる．$t = t_p$ における静止像を描くと右側の図のようになり，負リーダ，空間リーダ，空間ステムは1本のチャネルまたはスポット状であるが，グローコロナおよびストリーマは空間的に広がった電離空間を形成している．

電圧波頭長が長くなると，負ストリーマが間欠的に現れた後に，棒電極からの負リーダと空間リーダが同時に開始され，以降は図 4.48(b) と同様の過程をたどる．

b. 放電の物理量

フラッシオーバの過程と特性の関係を理解するには，放電各相の物理量が必要になる．物理量として，放電進展長，進展（成長）速度，放電チャネル直径，直径の膨張速度，チャネルの内部温度，チャネル内の荷電粒子の密度とエネルギーなどがある．これらの量は，イメージコンバータカメラによる流し撮り写真，コマ撮り写真，オシログラフによる電圧・電流測定，電極表面に設けたプローブによる電界測定，分光法やシュリーレン法などの光学的手法により検討されている（Suzuki, 1971；Gallimberti,

1979；Les Renardieres Group, 1972；1973；1977；1981；Waters, 1981). これらの量は，電圧の極性と波形，電極形状，ギャップ長，放電電流値，ギャップに注入される電荷量の影響を受けるので，その詳細は，論文の原典を参考にする必要がある．ここでは，次項で述べる放電の工学的モデルを考える上で大切になる放電の成長速度と放電チャネル中の電界強度を示し，その他については 4.3.3 項 b の物理的モデルの項で述べる．

放電進展長は，イメージコンバータカメラによる流し撮り写真より求めることができる．放電チャネル中の電界強度は，分光法で求めた電子エネルギーより推定する方法，プローブによるチャネル内の電位差測定に基づく方法もあるが，簡単にギャップ間電圧と放電路長の情報から，チャネルに沿った電界の平均値を求めることができる．例えば，図 4.49(a) のようなコロナストリーマがギャップを橋絡した瞬時のギャップ間電圧を U_1 とすると，コロナストリーマ中の平均電界 E_S は，$E_S = U_1/D$ となる．E_S が電極軸に沿って不均一の場合は，ギャップ長 D を変えて $U_1(D)$ を測定し，$U_1(D)$ 対 D 特性の接線の傾きから E_S を推定する．また，ファイナルジャンプ発生時の図 4.49(b) のギャップ間電圧 U_2，リーダ長 L_L，リーダコロナ長 L_S が測定されると，$U_2 = E_L L_L + E_S L_S$ の関係より測定済みの E_S の値を使ってリーダチャネル中の電界 E_L を求めることができる．なお，リーダの進展長と進展速度の関係は，実験式にまとめられている（長ギャップ放電モデリング調査専門委員会，1992）．

以上のような方法で求めた棒対平板の開閉インパルス電圧のフラッシオーバ過程における放電の諸量が，表 4.6 である．

フラッシオーバの過程と放電の電気的諸量から，正棒対平板ギャップの開閉インパルス電圧による $U_{50} - D$ 特性の飽和の傾向は次のように説明される．50% フラッシオーバ電圧は $U_{50} \approx E_L L_L + E_S L_S$ であり，開閉インパルス電圧ではギャップ長が大きくなるにしたがって図 4.49(b) の L_L の L_S に対する比が大きくなるとともに $E_L < E_S$ の関係があるので，U_{50} は $D = L_L + L_S$ の増加とともに飽和の傾向を示す．

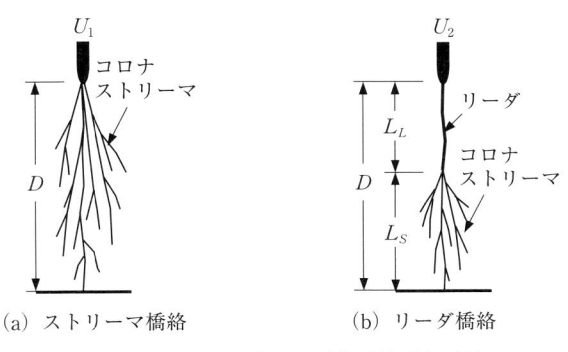

(a) ストリーマ橋絡　　(b) リーダ橋絡

図 4.49 放電チャネルの平均電界測定原理

表 4.6 棒対平板の開閉インパルス電圧による放電各相の物理量

	正棒対平板 ($T_f \doteqdot 550\ \mu s, D \doteqdot 8\ m$)	負棒対平板 ($T_f \doteqdot 60\ \mu s, D \doteqdot 7\ m$)
コロナストリーマ		
進展速度	$(6\sim100)\times10^7$ cm/s	5.5×10^6 cm/s
電界強度	$4\sim7$ kV/cm	
リーダコロナ		
電界強度	$2.2\sim5$ kV/cm	
正リーダ		
進展速度	$\sim1.5\times10^6$ cm/s	
電界強度	$0.2\sim5$ kV/cm	
負リーダ		
進展速度		$(1\sim35)\times10^6$ cm/s
電界強度		$2.5\sim4.5$ kV/cm
空間リーダ		
陽極向けリーダの進展速度		$(0.7\sim1.5)\times10^6$ cm/s
陰極向けリーダの進展速度		$(1\sim5)\times10^6$ cm/s
空間ステムとストリーマ		
空間ステムの移動速度		10×10^6 cm/s
陽極向けストリーマの進展速度		(数百)$\times10^6$ cm/s
陽極向けストリーマの電界強度		~20 kV/cm（ファイナルジャンプ時：~11 kV/cm）
陰極向けストリーマの進展速度		(数百)$\times10^6$ cm/s
陰極向けストリーマの電界強度		~5 kV/cm（ファイナルジャンプ時：$(6\sim8)$ kV/cm）

4.3.3　長ギャップ放電のモデリング

　フラッシオーバ特性の解明と特性を過程に結びつけて説明するために，放電現象を単純化して定式化が行われる．これを放電のモデリングという．前項で述べたように，フラッシオーバ過程は，電圧，電極ならびに大気の条件に影響され，かつ時間とともに複雑に変化する．雷インパルス放電のモデリングは，主に放電成長中の電圧・電流特性と v-t 特性を求めるために開発された．この方法では，リーダの進展速度をギャップ長，印加電圧，電圧の瞬時値，リーダ長などの関数として定式化し，それを電源回路の回路方程式と組み合わせてリーダ進展速度に関する微分方程式を解き，リーダがギャップを橋絡する時間を求めて v-t 特性を計算する (Shindo et al., 1985)．

　モデリングが最も進んでいるのは，次の理由によって，大気圧空気中の開閉インパルス電圧による正棒対平板ギャップのフラッシオーバに対してである．すなわち，① フラッシオーバ過程と放電構成が単純である，② $U_{50(+R-P)}$ が他のギャップ構成の U_{50} に比べて最低である，③ $U_{50(+R-P)}$ が他のギャップ構成の U_{50} を求める基準になる．

　正棒対平板ギャップの開閉インパルス電圧によるフラッシオーバ過程は，基本的には，

4.3 長ギャップのフラッシオーバ

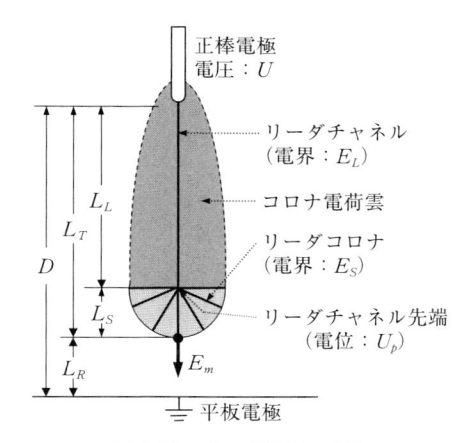

図 4.50 リーダ放電の構造
■：リーダコロナ成長後に残された空間電荷領域
▨：リーダコロナ成長中の空間電荷領域

初期電子→電子なだれ→コロナストリーマ→リーダ（リーダコロナを含む）→
ファイナルジャンプ→アーク（リターンストローク）

で，リーダ進展中の放電の構造は図 4.50 のとおりである．図のリーダチャネルならびにリーダコロナは図 4.48(a) の静止図を単純化したもので発光部を表しており，電離や電子励起が起こっている部分である．濃く網掛けした部分は，過去に進展したコロナストリーマならびに現在成長しつつあるリーダコロナによって形成された荷電粒子群で，電子の多くは放電チャネルを通して短時間内に棒電極に流入するので，荷電粒子群は正イオン群とおいて単純化できる．この電荷群をコロナ電荷雲と呼ぶ．

　放電のモデリングの手法は，3つに大別できる．第一は，図 4.50 の放電の構造には立ち入らず，U_{50} をギャップ長 D の関数として実験式で与える．例えば，(4.66)，(4.67) 式．第二は，ファイナルジャンプが開始されると自動的にアークに至るので，ファイナルジャンプ発生時のリーダとリーダコロナのチャネルをモデル化してフラッシオーバ電圧に結びつける方法と，リーダ，リーダコロナ，コロナ電荷雲に関する物理量を既知なものとして，リーダ進展条件に結びつけてフラッシオーバ特性を求める手法で，工学的モデルと呼ばれる．第三は，長ギャップ放電のトリガーとなる初期電子からアークに至るまでのすべての現象を基礎過程から出発して記述する方法で，物理的モデルと呼ばれる．物理的モデルは，一つのフラッシオーバ特性を求めるのに難解な解析を実施する必要があり，時間を要する計算機シミュレーションを含む．しかし，この手法は，気体放電現象を理解する上で必要な大部分の事象を含み，学術的に

発展を期待できる手法である.

ここでは,開閉インパルス電圧による棒対平板ギャップのフラッシオーバ現象の工学的モデルと物理的モデルの概要を説明する.

a. 工学的モデル

工学的モデルは,先に述べたようにフラッシオーバ現象を図 4.50 のコロナ電荷雲で表現する方法と,リーダチャネルとコロナストリーマチャネルの電界で表現する手法に大別される.これらのモデルは詳細まで立ち入るとさらに細分されるが(長ギャップ放電モデリング調査専門委員会,1992),そのうち $U_{50}-D$ 特性の飽和特性を精度よく計算できる Aleksandrov と Lemke らのモデルを説明する.また,Lemke らのモデルでは,$U_{50}-T_f$ 特性や再発光現象の説明もできる.

a-1 Aleksandrov のモデル(Aleksandrov,1969)

このモデルでは,リーダコロナによって一定量の空間電荷がギャップ中に注入されたとき,リーダコロナ(ストリーマ)がリーダに転換してフラッシオーバが起こると仮定する.コロナ電荷雲の境界を図 4.51 に示すように等電位の回転双曲面で近似し,先端の電界 E_m がある臨界値 E_{max} に達したときフラッシオーバするとして,次のように定式化する.

棒電極(双曲面)の電位 U_0,ギャップ長 D,コロナ電荷雲先端の曲率半径 ρ,双曲面の焦点距離 F とすると,先端電界 E_m は次式によって求まる.

$$E_m = \frac{2FU_0}{(F^2-G^2)\ln\left(\frac{F+G}{F-G}\right)} = \frac{U_0}{\rho\sqrt{1-\frac{\rho}{D}}\tanh^{-1}\sqrt{1-\frac{\rho}{D}}} \tag{4.71}$$

ただし,$G=D-\rho$ とおく.

したがって,フラッシオーバ電圧 U_{50} は $E_m=E_{max}$ とおいて,次式となる.

$$U_{50} = E_{max}\rho\sqrt{1-\frac{\rho}{D}}\tanh^{-1}\sqrt{1-\frac{\rho}{D}} \tag{4.72}$$

E_{max} および ρ は,次のように推定する.リーダ電流の測定結果より,リーダ単位長あたりのコロナ電荷雲に注入される電荷 q_l は $q_l \approx 10^{-4}$ [C] で,この電荷が直径 $2r_l$ のリーダから径方向に成長するストリーマチャネル上に均一に分布し,長さ (r_s-r_l) のストリーマチャネルが円柱状のコロナ電荷雲を形成すると仮定する(図 4.52).このとき,半径 r の円筒中の電荷 q は

$$q(r) = q_l \frac{r-r_l}{r_s-r_l} \tag{4.73}$$

次に,ストリーマチャネルに沿った電界(=コロナ電荷雲表面電界)が 20 kV/cm であると仮定すると,

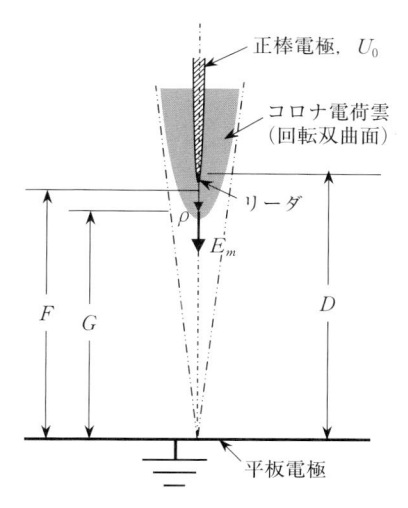

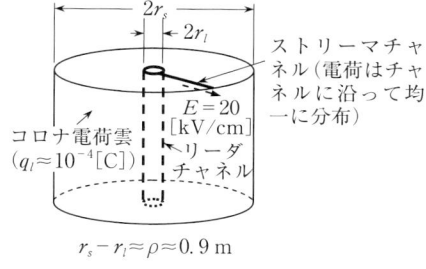

図 4.51 Aleksandrov のモデル
$F = \sqrt{D(D-\rho)}$, $G = D - \rho$.

図 4.52 ρ の決定法

$$E(r) = \frac{q(r)}{2\pi\varepsilon_0 r} \approx \frac{q_l}{2\pi\varepsilon_0(r_s - r_l)} = 2 \times 10^6 \text{ [V/m]} \quad (4.74)$$

これよりストリーマチャネル長は，$r_s - r_l = 0.9$ [m] となり，これを $\rho = r_s - r_l$ とおいて，$\rho = 0.9$ m とする．

また，$D = 5$ m の AC フラッシオーバ電圧の実測値が 1550 kV であることより，(4.72) 式で $U_{50} = 1550$ kV, $D = 5$ m, $\rho = 0.9$ m とおいて，$E_{max} = 1260$ kV/m を得る．これらより，

$$U_{50} = 1260\rho\sqrt{1-\frac{\rho}{D}} \tanh^{-1}\sqrt{1-\frac{\rho}{D}} \text{ [kV]} \quad (4.75)$$

となり，$U_{50} - D$ 特性が得られる．

さらに，Aleksandrov は，ρ は D に依存するとして，落雷時の放電電荷量と雷道長の測定値をもとに

$$\rho = (100 + 0.3D) \times 10^{-3} \text{ [m]} \quad (4.76)$$

としている．(4.75), (4.76) 式より，図 4.53 のように $D = 2 \sim 2000$ m の広いギャップ長領域の $U_{50}(D)$ を求めることができる．このモデルは，ρ を求めるときはコロナ電荷雲中の電界を 20 kV/cm とおいているが，E_m を求めるときは電界ゼロとしている点で疑問が残る．しかし，長ギャップ放電を雷放電に繋げているので興味がもたれている．

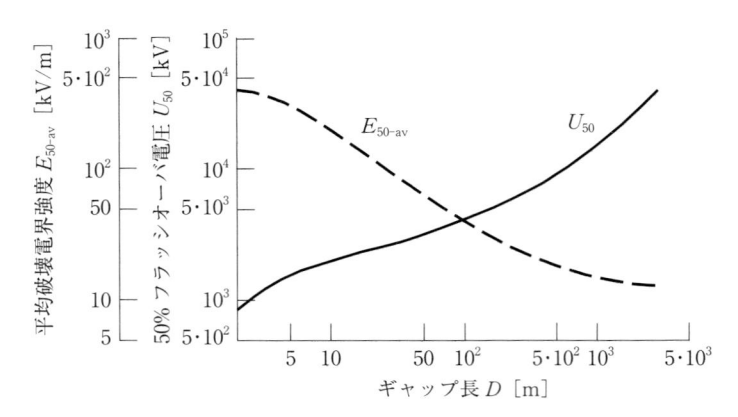

図 4.53 Aleksandrov のモデルによるフラッシオーバ電圧と平均破壊電界強度の計算値

a-2 Lemke らのモデル（Mosch et al., 1974）

図 4.54 は，正棒対平板電極の棒に U_0 の開閉インパルス電圧を印加してリーダ放電がギャップの途中まで進展したときの放電の模式図である．このモデルでは，放電チャネル中の電界を使ってフラッシオーバ電圧を求める．

各部の電位の記号を次のように定める．印加電圧：U_0，リーダコロナのストリーマチャネルの電位降下：U_S，リーダチャネルの電位降下：U_L，未橋絡部の電位降下：U_R，放電チャネルの全電位降下：$U_T = U_S + U_L$．

また，放電各部の長さおよび放電成長速度を次の記号で表す．ストリーマチャネル長：L_S，リーダチャネル長：L_L，未橋絡部の長さ：R，放電全長：$L_T = L_L + L_S$，放電成長速度：v．

さらに，リーダチャネル先端から見たリーダとストリーマチャネル内の位置座標を z_1, z_2 とする．

実測値をもとにして，ストリーマとリーダチャネル中の電界分布，および各部の長さを次のように与える．

[1] ストリーマチャネル長：

$$L_S = A_0 \left\{ 1 + \ln\left(\frac{L_T}{A_0}\right) \right\} \tag{4.77}$$

[2] リーダチャネル長：

$$L_L = D - L_S - R \tag{4.78}$$

[3] ストリーマチャネル中の電界：

$$E_S(z_2) = E_{S0} = 4.5 \ [\mathrm{kV/cm}] \tag{4.79}$$

4.3 長ギャップのフラッシオーバ

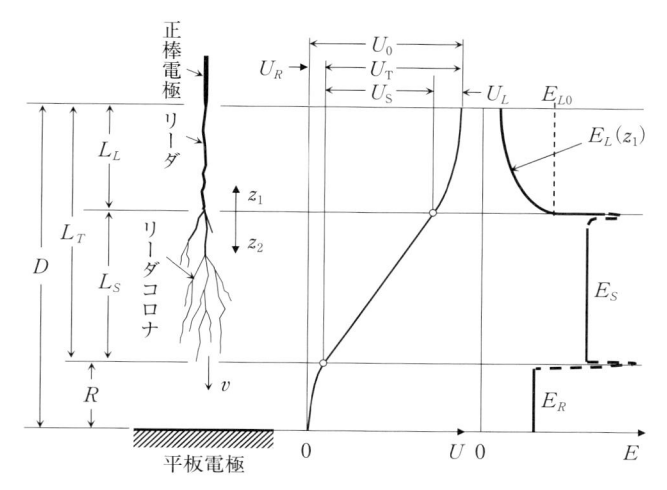

(a) 進展中の放電と各部の長さ
(b) 放電チャネルに沿った電位降下
(c) 放電チャネル中と放電先端領域の電界分布

図 4.54 Lemke らのモデル

[4] リーダチャネル中の電界：

$$E_L(z_1) = \frac{E_{L0}}{1+\dfrac{z_1}{A_0}}, \quad E_{L0} = 1.5\ [\mathrm{kV/cm}] \tag{4.80}$$

ここで，A_0 は安定なリーダ発生時のストリーマチャネル長で $A_0 \approx 1\ [\mathrm{m}]$，$E_{L0}$ はリーダチャネル先端の電界である．

リーダコロナ先端が平板電極に接したときにファイナルジャンプが発生して自動的にフラッシオーバに転換すると仮定すると，$L_T = D$，$R = 0$ とおき，フラッシオーバ電圧 U_{50} は次式より求まる．

$$\begin{aligned}
U_{50} &= U_L + U_S \\
&= \int_0^{L_L} E_L(z_1)\,\mathrm{d}z_1 + \int_0^{L_S} E_S(z_2)\,\mathrm{d}z_2 \\
&= E_{S0}A_0\left\{1 + \ln\left(\frac{D}{A_0}\right)\right\} + E_{L0}A_0 \ln\left\{\frac{D}{A_0} - \ln\left(\frac{D}{A_0}\right)\right\}
\end{aligned} \tag{4.81}$$

これより U_{50}-D 特性を求めると図 4.55 となり，Lemke らのモデルは 50% フラッシオーバ電圧の D に対する飽和特性をよく表現できている．

次に，放電進展モデルを考える．放電がギャップの途中まで進展した状態で，リーダがさらに成長を続けるための条件を次のように仮定する．

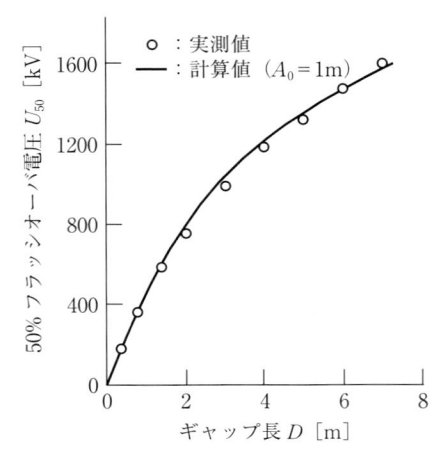

図 4.55 Lemke らのモデルによるフラッシュオーバ電圧の計算値と実測値の比較

① リーダ放電が成長するためには，少なくとも印加電圧が放電チャネル中の電位降下より大きい．すなわち

$$U_0 > U_T = U_L + U_S \tag{4.82}$$

② もし，dU_T/dL_T が放電の未橋絡部の平均電界より小さくなると，放電の成長は安定成長から不安定成長に移行する．すなわち，下記の条件を満たすようになるとただちにフラッシュオーバに移行する．

$$\frac{U_0 - U_T}{R} > \frac{dU_T}{dL_T} \tag{4.83}$$

(4.82) 式を満たす最低印加電圧を U_{GU} とおくと

$$U_{GU} = U_L + U_S \tag{4.84}$$

であり，

$$U_S = \int_0^{L_S} E_S(z_2)\,dz_2 = E_{S0} A_0 \left\{ 1 + \ln\left(\frac{L_T}{A_0}\right) \right\} \tag{4.85}$$

$$U_L = \int_0^{L_L} E_L(z_1)\,dz_1 = E_{L0} A_0 \ln\left\{\frac{A_0 + L_L}{A_0}\right\}$$

$$= E_{L0} A_0 \ln\left\{\frac{L_T}{A_0} - \ln\left(\frac{L_T}{A_0}\right)\right\} \approx E_{L0} A_0 \ln\left(\frac{L_T}{A_0}\right) \tag{4.86}$$

であるので[*10]，

[*10] (4.86) 式の近似は，$A_0 (= 1\,\text{m}) < L_T < 20\,\text{m}$ の放電長を考慮して，

$$\ln\left\{\frac{A_0 + L_L}{A_0}\right\} = \ln\left\{\frac{L_T}{A_0} - \ln\left(\frac{L_T}{A_0}\right)\right\} \approx \ln\frac{L_T}{A_0}$$

とおいて得た．

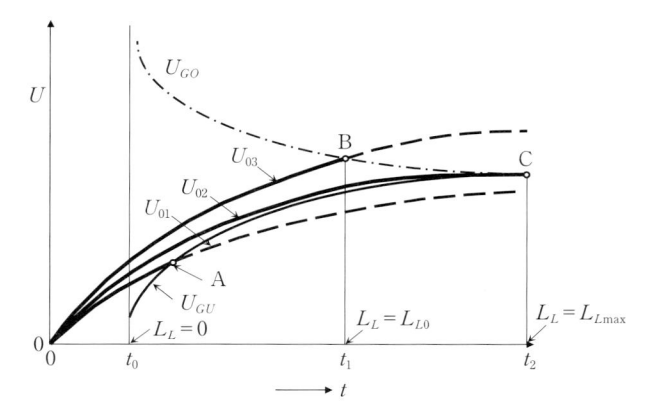

図 4.56 印加電圧 U_{0i}，放電維持電圧 U_{GU}，放電安定進展電圧 U_{GO} の関係

$$U_{GU} = E_{S0}A_0 + (E_{S0} + E_{L0})A_0 \ln\left(\frac{L_T}{A_0}\right) \tag{4.87}$$

リーダ放電が安定に成長を続けるための最大印加電圧を U_{GO} とおくと，

$$U_{GO} = U_T + \frac{dU_T}{dL_T}R = U_{GU} + (E_{S0} + E_{L0})A_0\left(\frac{D}{L_T} - 1\right) \tag{4.88}$$

となる．

上記のモデルにおいて3種類の印加電圧 U_{01}, U_{02}, U_{03} と，U_{GU} および U_{GO} の関係を描くと図 4.56 のようになる．いずれの印加電圧においてもリーダは時刻 t_0 で発生する．U_{01} を加加したときは，リーダはA点で維持できなくなり消滅する．U_{03} のときは，B点で安定に成長できなくなり，ただちにフラッシオーバに移行する．U_{02} のときは，$U_{GU} < U_{02} < U_{GO}$ の条件が維持されてリーダはC点まで安定に成長を続ける．このときの放電長がギャップ長に等しいなら U_{02} がこのギャップの最低フラッシオーバ電圧になる．

次に，間欠的な再発光現象の機構を考える．図 4.56 の U_{01} を印加したとき，図 4.57 に示すように放電が A_1 点で消滅するが，時間の経過とともに印加電圧が上昇して A_2 に至ると電圧 U_K が放電路に重畳されて放電の新たな成長に必要な電圧 U_{GU2} を満たすようになり，放電の再発光が起こる．A_1 と A_2 の間は放電休止時間となる．以降これを繰り返す．

また，放電成長速度 v が与えられると，放電全長 L_T が時間の関数として定まるので，フラッシオーバが印加電圧の波高値付近で起こると仮定できるときには，フラッシオーバ電圧を電圧波頭長の関数として求めることができる．

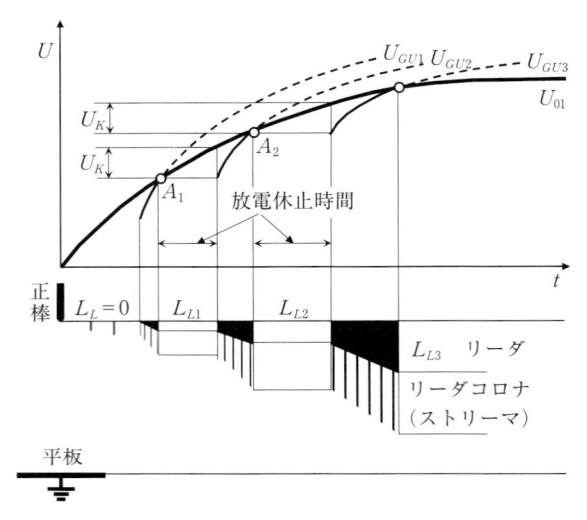

図 4.57 再発光発生機構

b. 物理的モデル

ここでも大気圧空気中の正棒対平板ギャップに開閉インパルス電圧を印加したときのフラッシオーバ現象を検討対象とする。放電各相の物理的モデルは多数の研究者によって提案されているが、初期電子からアークに至る一連の過程のモデル化は、パドバ大学の Gallimberti のグループによるもののみである（Gallimberti, 1979）。このモデルの理解は、他の火花放電現象や放電応用を考察する上でも役に立つ。理論の展開にあたり、特に断らない限り、開閉インパルス電圧の U 特性の極小のフラッシオーバ電圧付近の現象を検討対象とする。すなわち、放電は正棒対平板電極系の軸に沿って進展している場合を考える。

モデルの根拠となる実験データの多くは、これまでに述べてきたルナルディエールのグループによる（Les Renardieres Group 1972；1973；1977；1981）もので、以下では、必要に応じて観測データに触れつつ、各放電相の物理的モデルを説明する。

b-1 ストリーマ（コロナ）の開始

図 4.58(a) に示したように、正極性開閉インパルス電圧によるフラッシオーバ過程の最初のコロナは、ストリーマである。ストリーマ放電の発生のための必要条件は、① 初期電子が高電界中に発生すること、② 初期電子による電子なだれ（一次電子なだれ）が、新しく生成された電子なだれ（二次電子なだれ）を引き込むのに十分な空間電荷電界を形成すること、の二つである。平等電界ギャップ中では、ストリーマが発生するとただちに火花破壊に転換するので、② の条件が火花条件になり、それを

定式化してストリーマ理論と呼んだ．

不平等電界ギャップの場合，図4.48(a) に示したようにストリーマが開始されても火花には移行せず，ストリーマがある程度成長した後にリーダ放電の発生に移行する．図4.58(a)は，正棒電極からのストリーマ進展中の概念図で，放電領域は，ストリーマチャネルである不活性領域とその先端部の電離や電子励起が活発に起こっている活性領域に分けられる．ところで，4.3.2項までは，コロナ電極から電子なだれが発生している位置までの空間を活性領域と呼んだが，長ギャップ放電の物理的モデルではストリーマチャネルの部分を不活性領域，ストリーマ先端の電子なだれが成長している領域を活性領域と呼ぶことにする．

活性領域は，大気圧空気中の場合 $E_t>26\,\mathrm{kV/cm}$ を満たす高電界領域である．ここで，E_t は印加電界と空間電荷電界の和である．ストリーマチャネルは，弱電離プラズマで，内部はほぼ中性で，付着と再結合が支配的で，両極性拡散で膨張している（図4.28参照）．ストリーマチャネルの導電性は高く導体のように振舞うとする説もあったが（Wright, 1964），長ギャップ放電におけるストリーマに関する種々の計測から，導電率は低く，先端の正イオン群が電極から孤立する状態で分布していると考えられ

(a) ストリーマ進展中の模式図　　(b) 単一等価電子なだれモデル

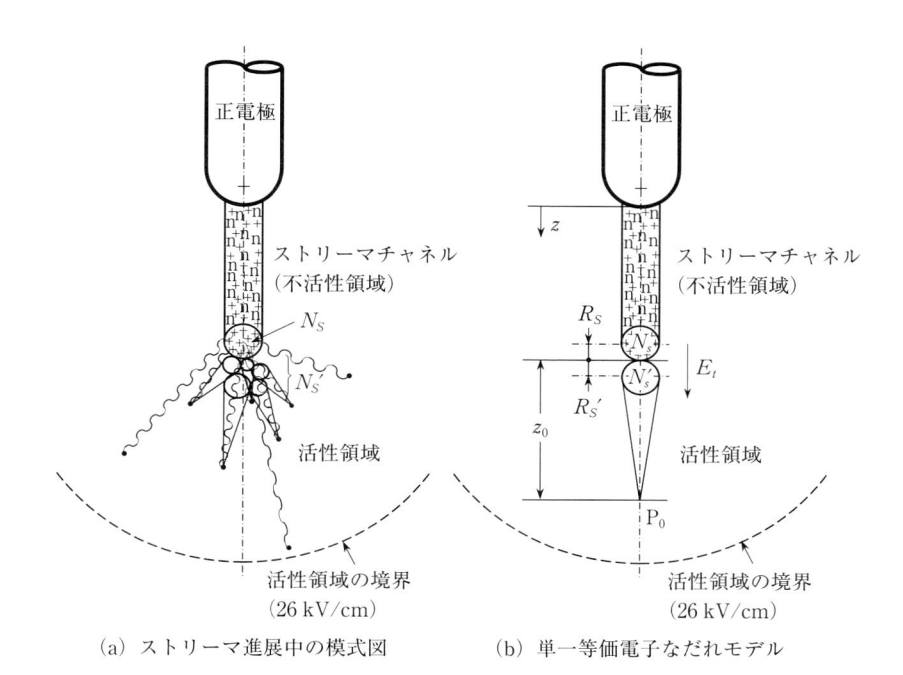

図4.58　ストリーマの進展モデル
◯▷：電子なだれ，＋：正イオン，n：負イオン，〰：光子，●：光電子．

ている.すなわち,ある時点で,最後の電子なだれ頭部がストリーマ先端に到達すると,電子なだれ頭部の正イオン群が新しいストリーマ先端となり,これを N_S 個の正イオンが半径 R_S の球内に一様に分布する球でモデル化する.電子はストリーマチャネル内に流入して付着し,負イオンになって正電極に向かってドリフトする.新しいストリーマができるときに,そこから放出された光子が活性領域内に光電子を生成し,それがトリガーとなって図 4.58(a) のように多数の二次電子なだれが形成される.

このときの電子の増殖過程における荷電粒子密度は,原理的には,(3.7) 式で正,負イオンは静止し,発生項に α, η 作用と光電離による n_g を考えて,次の連続の式とポアソンの式を連立させて,数値計算で解けばよい.

$$\left.\begin{aligned}\frac{\partial n_-}{\partial t}-D_-\vec{\nabla}^2 n_-+\vec{v}_-\cdot(\vec{\nabla}n_-)&=(\alpha-\eta)v_-n_-+n_g\\ \frac{\partial n_+}{\partial t}&=\alpha v_-n_-+n_g\\ \frac{\partial n_\mathrm{n}}{\partial t}&=\eta v_-n_-\end{aligned}\right\} \quad t_n<t<t_{n+1} \qquad (4.89)$$

$$\vec{\nabla}\cdot\vec{E}(p)=\frac{n_+(p)-n_-(p)-n_\mathrm{n}(p)}{\varepsilon_0}e \qquad (4.90)$$

ただし,$t=t_n$ は,ストリーマ先端で N_S, R_S が形成された時刻である.その他の記号は,3.1.1 項と 3.1.2 項で述べたのと同じである.

実際にこの連立方程式を解こうとする場合,3.1.2 項で述べたように発生項 n_g に未知係数が含まれることと,生成された荷電粒子による空間電荷電界の精密な計算があるので,その解を求めるのに困難を伴う.

そこで,多数の電子なだれを図 4.58(b) のように電極系の軸に沿って成長する単一電子なだれでモデル化し,この等価電子なだれの作る正イオン群の N_S', R_S' を求め,$N_S=N_S'$, $R_S\geq R_S'$ なら,ストリーマが R_S+R_S' だけ成長したとみなす.最初のストリーマ長がゼロのとき,この条件を満たす電圧がコロナ開始電圧であり,そうでない場合はストリーマの進展維持条件になる.すなわち,ストリーマの開始と進展条件の定式化は,単一等価電子なだれモデルを使って正イオン群の再生産条件を求める問題となる.なお,等価電子なだれを評価する場合,ストリーマ進展条件を考える場合は N_S による空間電荷電界 E_ρ と印加電界 E_g を考えればよいが,ストリーマ開始条件を厳密に議論したいときは,このほかに正イオン群の正電極への映像電荷の効果も考慮しなければならない.

以下では,等価電子なだれモデルを使った,Badaloni らによる正イオン群の再生産に必要な正イオン数 N_{stab} の求め方を述べる (Badaloni et al., 1972).

N_S と E_g を仮定して,N_S' を等価電子なだれの出発点 z_0 の関数として求めると,図 4.59

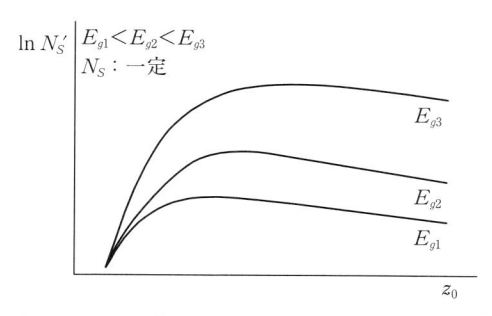

図 4.59 単一等価電子なだれの生成する正イオン数 N_S' となだれ出発位置 z_0 の関係

に示すようにある z_0 で極大値を示す．この極大値が最初に仮定した N_S に等しくなるような E_g を求めると，このときの N_S が E_g における N_{stab} である．N_{stab} は電界 E_g の関数になり，次のように与えられる[*11]．

$$\left. \begin{array}{l} N_{stab} = 0.558 \times 10^8 - 0.231 \times 10^3 \times E_g \\ \qquad (\text{ただし，} E_g \leq 2 \times 10^5 \text{ V/cm}) \\ N_{stab} = 3.34 \times 10^8 \times \exp(-1.614 \times 10^{-5} \times E_g) \\ \qquad (\text{ただし，} E_g > 2 \times 10^5 \text{ V/cm}) \end{array} \right\} \quad (4.91)$$

したがって，ストリーマ開始電圧 U_i は，E_g として陽極前面の電界 $E_g(0)$ を考えることにより，次式より求まる．

$$N_S'[U_i E_{g1}(z)] = N_{stab}[U_i E_{g1}(0)] \quad (4.92)$$

ただし，$E_{g1}(P)$ は印加電圧が 1 V のときの P 点における電界である．

このようにして求めたストリーマ開始電圧の推定値を直流コロナ開始電圧の実測値である図 4.18(a) および図 4.20 と比較すると，後者とはよく一致するが，前者の実測値よりやや高くなる．

b-2 ストリーマ発生の統計

b-1 項の最初に述べたように，ストリーマ開始の必要条件の一つに初期電子の発生がある．気体放電における初期電子生成機構は表 3.7 のとおりで，長ギャップではそのうちの負イオンからの電子離脱が主要な機構である．直流電圧印加時は，初期電子が発生するまでの時間を考慮する必要がないので，(4.92) 式は直流コロナ開始電圧，換言すれば，パルス電圧印加時のコロナストリーマが開始するための最低電圧を与える式である．継続時間が μs～ms のパルス電圧を印加したとき，自然電離による電子

[*11] (4.91) 式は，$N_S = N_{stab} = 0.558 \times 10^8$ 個の正イオンが存在すれば，$E_g = 0$ でもストリーマの成長が可能であることを意味している．4.2.2 項 a のコロナ放電機構の正パルスコロナの項で，「Dawson らが，パルス電圧が消滅した後でもストリーマは進展を持続できるとしている」と記したが，Badaloni らの計算結果はこれを支持している．

が活性領域に存在する確率は無視できるほど小さく，これらの電子が付着してできた負イオン（O_2^-, $O_2^-(H_2O)_n$）からの電子離脱が主要な初電子供給源になる．電子離脱には，① 30 kV/cm 以上の電界で起こる衝突による電子離脱と，② 70 kV/cm 以上で起こるトンネル効果による電子離脱があるが，ストリーマ開始には前者が主要な機構になる．

さて，ストリーマに転換できる最低の印加電圧時の等価電子なだれの出発位置は，活性領域の境界面上にある（図 4.60(a) の P_0）が，印加電圧を上昇するとストリーマに転換可能な初期電子の位置は図 4.60(b)(c) の斜線部で示した領域に広がる．このような領域を臨界体積 $V_0(t)$ と呼ぶ．臨界体積の陽極側では，電子なだれの成長距離が短く，陰極側では拡散半径が大きくなって $N_S=N_S'$，$R_S \geq R_S'$ の条件が満たされなくなる．

上記の衝突による電子離脱を考えるとき，時刻 t に $V_0(t)$ 領域内に，少なくとも 1 個の電子が発生する確率密度 $p_e(t)$ は，次式で与えられる[*12]．

$$p_e(t) = \iiint_{V_0(t)} \frac{n_n(P, t)}{\tau(P, t)} dV \tag{4.93}$$

ただし，$n_n(P, t)$：時刻 t に $V_0(t)$ 内の P 点に存在する負イオン密度，$\tau(P, t)$：負イオン寿命である．

よって，時刻 t にストリーマが発生する確率密度 $f_i(t)$ は，

$$f_i(t) = p_e(t) \exp\left\{-\int_0^t p_e(t) dt\right\} \tag{4.94}$$

となり，$n_n(P, t)$，$\tau(P, t)$ が与えられれば，$f_i(t)$ を求めることができる[*13]．

ところで，$V_0(t)$ 内の負イオンは，印加電圧に無関係に，自然電離による電子が付着して生成されるので，3.8.2項 b で述べたようにその密度は 10^3 個/cm^3 程度であるから

$$n_n(P, t) = 10^3 \, [\text{cm}^{-3}] \tag{4.95}$$

である．Badaloni らは，$\tau(P, t)$ を次のように与えている．

[*12] $V_0(t)$ 内の $N_0(t)$ 個の負イオンに番号を付す．i 番目の負イオンが $t \sim t+\Delta t$ 間に離脱を起こさない確率 $p_{0i}(t)$ は

$$p_{0i}(t) = 1 - \frac{\Delta t}{\tau_i(t)}$$

ただし，$\tau_i(t)$：i 番目の負イオン寿命である．

各負イオンの離脱現象が独立の事象であるとすると，$N_0(t)$ 個の負イオンが電子離脱を起こさない確率は $\prod_{i=1}^{N_0} p_{0i}(t)$ となる．したがって，$V_0(t)$ 内で $t \sim t+\Delta t$ 間に電子が発生する確率 $p_e(t)\Delta t$ は

$$p_e(t)\Delta t = 1 - \prod_{i=1}^{N_0}\left(1 - \frac{\Delta t}{\tau_i(t)}\right) \approx \sum_{i=1}^{N_0(t)} \frac{\Delta t}{\tau_i(t)} = \left\{\iiint_{V_0(t)} \frac{n_n(P, t)}{\tau(P, t)} dV\right\}\Delta t$$

となり，(4.93) 式を得る．

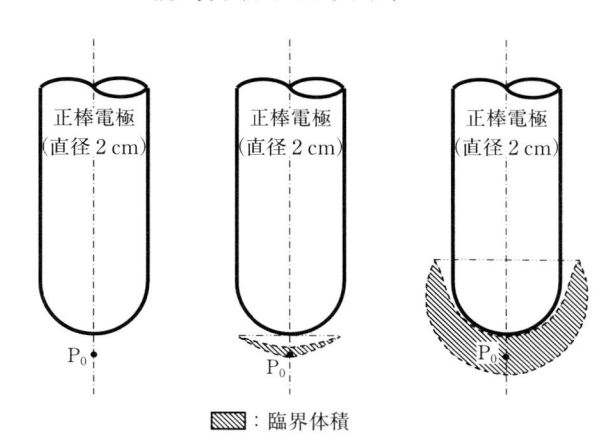

4.3 長ギャップのフラッシオーバ

(a) $E_i = 49.5$ kV/cm, $U_i = 70$ kV
(b) $E_i = 53$ kV/cm, $U_i = 75$ kV
(c) $E_i = 80$ kV/cm, $U_i = 110$ kV

図 4.60 種々の印加電圧 U_i における臨界体積
$D = 30$ cm, E_i：電極表面電界, P_0：ストリーマ開始電圧時の電子なだれ出発位置.

$$\tau(P, t) = A \exp[B/E(P, t)] \tag{4.96}$$

ただし，$A = 115$ μs, $B = 295$ kV/cm である.

図 4.61 は，ストリーマの発生遅れの時間分布 $f_i(t)$ の計算値と実測値の比較である(Badaloni et al., 1972).

b-3 ストリーマの進展と停止

図 4.58(b) の単一等価電子なだれモデルを使ってストリーマ伸展条件を具体的に計算するためには，同図の電子なだれの出発点 $P_0(z_0)$ と空間電荷電界の簡単な表現が必要になる．Gallimberti は，エネルギーの概念を導入して等価電子なだれの出発点を決定し，等価電子なだれによって作られる正イオンがなだれ頭部の球内に一様に

[*13] t_n 以前に電子が発生しない確率 $p_0(t_n)$ は

$$p_0(t_n) = \prod_{j=1}^{n} \{1 - p_e(t_j)\Delta t\}$$

ただし，$t_j = t_{i\min} + j\Delta t$, $t_{i\min}$：印加電圧が直流コロナ開始に達したときの時刻.
したがって，t_n と $t_n + \Delta t$ 間に電子が $V_0(t)$ 内に発生する確率 $f_i(t_n)\Delta t$ は，

$f_i(t_n)\Delta t = (t_n$ まで発生しない確率$) \times (t_n$ の次の Δt 時間に発生する確率$)$
$\qquad = \prod_{j=1}^{n} \{1 - p_e(t_j)\Delta t\} p_e(t_n)\Delta t$

いま，

$$\lim_{\substack{n \to \infty \\ \Delta t \to 0}} \left[\prod_{j=1}^{n}\{1 - p_e(t_j)\Delta t\}\right] = \exp\left\{-\int_0^{t_n} p_e(t)dt\right\}$$

を考慮すると，

$$f_i(t) = p_e(t) \exp\left\{-\int_0^t p_e(t)dt\right\}$$

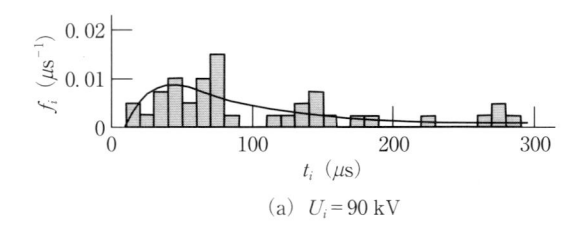

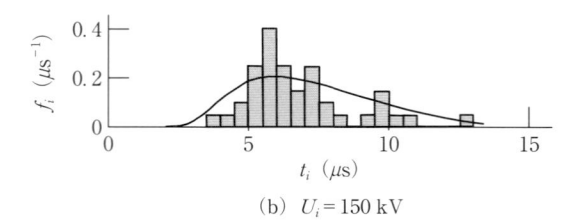

図 4.61 ストリーマ発生の遅れ時間分布
棒先端半径:1 cm, $D = 30$ cm, 20/2000 μs, ─:計算値,
▭:実測値.

分布するモデルを導入して (4.89) 式を解いた (Gallimberti, 1972).

ストリーマは z 軸に沿って進展すると仮定し, 初期電子が z_0 で生成されるのでそれ以外の位置における発生項を $n_g = 0$ とおくと, (4.89) 式は次のように書き直せる.

$$\left. \begin{array}{l} \dfrac{\partial \mathcal{N}_-}{\partial t} - D_- \dfrac{\partial^2 \mathcal{N}_-}{\partial z^2} + \dfrac{\partial \mathcal{N}_-}{\partial z} v_- = (\alpha - \eta) v_- \mathcal{N}_- \\[2mm] \dfrac{\partial \mathcal{N}_+}{\partial t} = \alpha v_- \mathcal{N}_- \\[2mm] \dfrac{\partial \mathcal{N}_\mathrm{n}}{\partial t} = \eta v_- \mathcal{N}_- \end{array} \right\} \quad t_n < t < t_{n+1} \qquad (4.97)$$

ただし, $\mathcal{N}(z, t):z=$ 一定の面上の荷電粒子を z 軸上に集約したときの z 方向の荷電粒子の線密度である.

図 4.58(b) のストリーマ先端 (数値計算ステップの $z = z_n$, $t = t_n$ の位置にある) の正イオン群による P(z) における電界 $E(z)$ は次式で与えられる.

$$E(z) = E_g(z) + \frac{eN_S}{4\pi \varepsilon_0 (z - z_n)^2} \qquad (4.98)$$

ところで, 等価電子なだれの出発点は, 次のエネルギー平衡式より求める.

$$W_g + \Delta W_{pot} = W_l \qquad (4.99)$$

ここで, W_g:ストリーマ先端の正イオンが印加電界から得るエネルギー, ΔW_{pot}:ストリーマ先端の正イオン群の有する静電ポテンシャルエネルギーと等価電子なだれ頭

部の正イオン群が有するそれとの差，W_l：等価電子なだれ形成時のエネルギー損失であり，それぞれは次式で与えられる．

$$\left.\begin{aligned}W_g &= \int_{z_0}^{z_{n+1}} (e\mathcal{N}_- E_g) \, dz \\ W_{pot}(z_n) &= \frac{0.43(N_S e)^2}{4\pi\varepsilon_0 R_S} + eN_S \int_0^{z_n} E_g \, dz \\ W_l &= \int_{z_0}^{z_{n+1}} \left\{ \alpha V_i + \eta V_a + \sum_k \delta_k V_k + \left(\frac{fc_-}{\lambda v_-} + \alpha\right) \frac{mc_-^2}{2} \right\} \mathcal{N}_- \, dz\end{aligned}\right\} \quad (4.100)$$

ここで，$\mathcal{N}_-$：電子の z 方向の線密度，V_i：電離電圧，V_a：共鳴付着電圧，δ_k：エネルギーレベル V_k の励起係数，c_-：電子の熱運動速度，f：電子－気体分子間の衝突によるエネルギー損失係数，その他の記号は既出と同じである．

(4.99)，(4.100) 式より z_0 が決まるので，(4.97) 式の数値積分が可能になり，等価電子なだれの次の特性値を計算できる．

$$N_S' = \int_{z_0}^{z_{n+1}} (\mathcal{N}_+ - \mathcal{N}_n) \, dz \quad (4.101)$$

$$R_S' = \sqrt{4D_-(t-t_n)} \quad (4.102)$$

z_0 が活性領域にある間は，計算ステップ $n+1$ のストリーマ先端位置 z_{n+1} は，一つ手前のステップの位置 z_n を使って，次式で与えられる．

$$z_{n+1} = z_n + (R_S' + R_S) \quad (4.103)$$

z_0 が活性領域の外になったとき，ストリーマの成長は停止する．

上記は，z 軸上を成長するストリーマの進展モデルであるが，光電子の発生位置を統計的に変えるモンテカルロシミュレーション法によるストリーマ分岐形成のモデルもある (Badaloni, 1973)．

b-4 リーダ開始

図 4.48(a) で示したように，最初の正コロナストリーマ（一次ストリーマ）が進展した後，休止時間 t_d (10〜30 μs) をおいて二次ストリーマが成長し，そのステムからリーダが開始する．このときの放電機構は，次のようである．分光法ならびにシュリーレン法（Waters, 1981）による気体温度と衝撃波の観測から，ステムの温度が 1000〜1200 K と推定された．この温度では，熱電離は起こらず，局所熱平衡状態 (LTE) にはない．

図 4.62 は，二次ストリーマ発生機構の概念図である．一次ストリーマ先端の活性領域の活発な電離現象によって，正イオンと電子が生成され，電子は陽極に向かってドリフトを始めるが，その大部分はストリーマチャネルの途中で付着を起こして負イオンになる．ステム中では，電流の集中により温度上昇しているので，熱分離によって負イオンから電子が放出され，自由電子になって陽極に向かって高速でドリフトする．このために，ステム中では正イオン過剰になり，ステムの陰極側の電界が上昇す

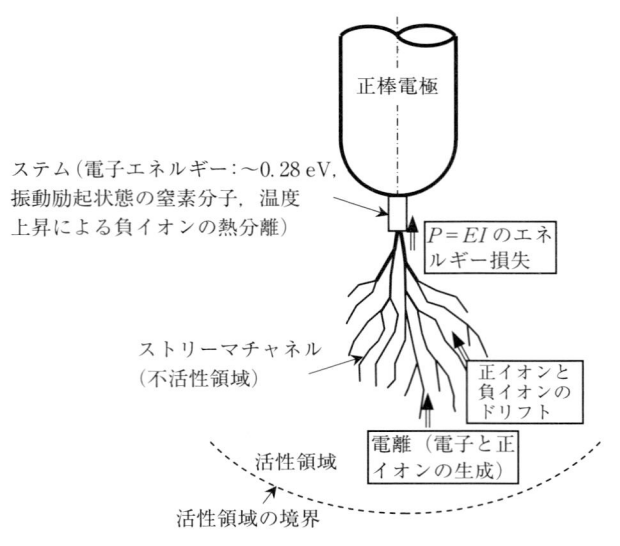

図 4.62 二次ストリーマ発生の概念図

るので、二次ストリーマが開始される．

ところで、一次ストリーマのステムでは $P=EI$ のエネルギー損失がある．ただし、E：ステム中の電界，I：ステム中の導電電流である．このエネルギー損失は，気体分子の並進，回転，振動励起，および，電子励起，電離，分子の解離などに消費される．それぞれの発生の特性時間とエネルギー分配割合が異なるので，二次ストリーマの発生にそれらの相違が重要な役割を演じる．ステム中の E/N は $10 \sim 100$ ［Td］であるが，このときは図 4.25(b) からわかるように，$P=EI$ のエネルギー損失は，主に N_2 分子の振動励起のために消費される．この振動エネルギーの緩和時間は，表 4.4 に示したように，$10^{-3} \sim 10^{-5}$ 秒であるので，この期間中にステムの気体が $1000 \sim 2000$ K に加熱された後，O^-, O_2^-, $O_2^-(H_2O)$ からの電子の熱分離が起こる．

二次ストリーマのステムでも一次ストリーマの場合と同じ機構で加熱が起こり，被加熱部が広がる．この加熱されたステムがリーダの芽になる．したがって，分子の振動励起エネルギーが並進と回転のエネルギーに緩和してステムが温度上昇する時間が，一次ストリーマ進展とリーダ開始時刻の間に存在する休止時間 t_d を決めている．

Gallimberti は，図 4.62 のステムを内部状態が均一なプラズマ柱とおき，そこからの放射損，伝熱損を無視でき，質量が保存されると仮定して，ステム中の温度を時間の関数として求める方法を提案し，実測値に合う $1500 \sim 2000$ K の推定値を得ている（Gallimberti, 1979）．

b-5 リーダチャネルの特性とモデル

特　性　$D = 1.5, 6$ と $10\,\mathrm{m}$ のギャップに開閉インパルス電圧を印加したときのリーダ進展中のチャネル特性を，電界プローブ，分光法，シュリーレン法で測定した結果が表4.7である．リーダチャネル直径は二つの方法で測定されている．それによると，発光強度の半値幅である光学的直径がシュリーレン法で測定された粒子密度の半値幅である熱的直径よりやや大きい．

リーダがギャップ途中まで成長したときのリーダチャネルに沿った平均電界 $\bar{E}_L$ は，次のようにして実測されている．印加電圧 U_0，リーダ長 L の実測値とリーダ先端のポテンシャル U_p の推定値より，$\bar{E}_L = (U_0 - U_p)/L$ より求める．U_p は，U_0 によるリーダ先端のラプラス電位 U_k の計算値と図4.50のコロナ電荷雲による電位 U_S の和として求める．U_S の推定には，コロナ電荷雲の形状と電荷量が必要であるが，Watersはコロナ電荷雲をリーダ先端に位置する球でモデル化して，電極表面に設置した電束計による電界計測結果から球半径と電荷量 Q_S を決定している（Les Renardieres Group, 1973）．このようにして求めた $\bar{E}_L$ は，リーダの成長に伴って $\sim 6\,\mathrm{kV/cm}$ から $\sim 1\,\mathrm{kV/cm}$ に低下している．

また，リーダ電流が $2\sim 5\,\mathrm{A}$ のときの電子密度は $(2.5\sim 5) \times 10^{13}\,\mathrm{cm^{-3}}$，電子エネルギーは $1\sim 2.5\,\mathrm{eV}$ である．分光法による観測結果から，主要なスペクトルは N_2 の励起状態で，OH, NO, O_3 成分はわずかに検出される程度で，熱解離はほとんど進行していない．なお，リーダの成長に伴う電界の低下は，Lemkeの工学的モデルにおける（4.80）式に対応している．

リーダに注入されるエネルギー W は，（3.31）式を時間積分して求めることができる．このエネルギーのうち，コロナ電荷雲を作るための静電エネルギー W_S は，$W_S = U_S Q_S/2$ となる．一方，リーダチャネル中の電離，励起，発光に消費される割合は小さいので，$\Delta W_h \approx W - W_S$ はチャネル先端部の加熱エンタルピーに消費される．図

表4.7　リーダチャネルの特性

		実測値または推定値
チャネル直径	光学的直径	$2\sim 4\,\mathrm{mm}$（$D=10\,\mathrm{m}$ のとき） $0.5\sim 1\,\mathrm{mm}$（$D=1.5\,\mathrm{m}$ のとき）
	熱的直径	$0.2\,\mathrm{mm}$（$D=1.5\,\mathrm{m}$ で成長初期） $0.8\sim 0.9\,\mathrm{mm}$（$D=1.5\,\mathrm{m}$ で破壊直前）
電界	リーダ長 $1\,\mathrm{m}$ 時の値	$\sim 6\,\mathrm{kV/cm}$（$D=6, 10\,\mathrm{m}$）
	リーダ長 $5\,\mathrm{m}$ 時の値	$\sim 1\,\mathrm{kV/cm}$（$D=10\,\mathrm{m}$）
電子の状態	密度	$(2.5\sim 5) \times 10^{13}\,\mathrm{cm^{-3}}$（リーダ電流：$2\sim 5\,\mathrm{A}$）
	エネルギー	$1\sim 2.5\,\mathrm{eV}$
分子の状態		O_2, N_2, H_2O の解離による OH, NO, O_3 成分の検出あり

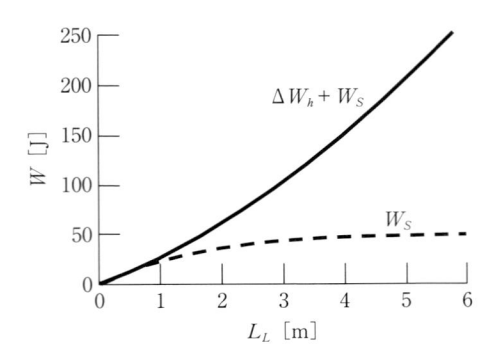

図 4.63 リーダ進展中のギャップに注入された
エネルギーの静電エネルギー W_S と加
熱エンタルピーΔW_h への分配
($D = 10\mathrm{m}$, $500/10000~\mu\mathrm{s}$)

4.63 は W_S と $W = \Delta W_h + W_S$ の実測結果で，W_S はリーダ成長初期に大きいが成長に伴って飽和し，ΔW_h はリーダ長 L_L とともに大きくなっている（Les Renardieres Group, 1973）.

注入されたエネルギーがチャネルの膨張と気体分子の並進と回転のエネルギーに消費されると仮定すると，リーダの温度は $L_L = 2~\mathrm{m}$ のとき 2200 K，$L_L = 4~\mathrm{m}$ のとき 5500 K と推定される．この温度は，起こりうる最高温度であるので，熱電離が起こる LTE には達していない．

ところで，リーダの内部状態は，成長に伴って変化する．リーダ発生直後は，先に述べたように電子温度のみが高く，気体の加熱過程にある．ファイナルジャンプの過程になるとチャネルの加熱が進み，LTE に近い状態になる．Gallimberti らは，リーダが安定に成長しているこれらの中間の期間のチャネル特性を説明するために，次に述べる非局所熱平衡（non-LTE）モデルを提案した．

チャネルモデル　リーダ開始の項で述べたように，リーダコロナから流入した負イオンは熱分離によって電子と中性分子になる．したがって，リーダチャネルの主要な粒子は，電子，正イオン，中性分子である．

ここでは，チャネルモデルの基礎式とその解法を説明する．non-LTE モデルの基礎式は，次に示す粒子保存，運動量保存，エネルギー保存の式，ポアソンの式，および電流の式よりなる．

粒子保存の式：

$$\frac{\partial n_s}{\partial t} + \vec{\nabla}\cdot(n_s\vec{v}_s) = \dot{n}_s \tag{4.104}$$

運動量保存の式：

$$\frac{\partial}{\partial t}(m_s n_s \vec{v}_s) + \vec{\nabla}(m_s n_s \vec{v}_s \vec{v}_s) + \vec{\nabla} p_s = e_s n_s \vec{E} - \sum_i \frac{m_s m_i}{m_s + m_i} n_s \nu_{si}(\vec{v}_s - \vec{v}_i) \tag{4.105}$$

エネルギー保存の式：

$$\frac{\partial}{\partial t}\left\{n_s\left(\frac{3}{2}kT_s + \varepsilon_s\right)\right\} + \vec{\nabla} \cdot \left\{n_s \vec{v}_s\left(\frac{3}{2}kT_s + \varepsilon_s\right)\right\} + p_s \vec{\nabla} \cdot \vec{v}_s + \vec{\nabla} \cdot \vec{q}_s = \vec{J}_s \cdot \vec{E} - \sum_i n_s \nu_{si}^* k(T_s - T_i) \tag{4.106}$$

ポアソンの式：

$$\vec{\nabla} \cdot \vec{E} = \frac{\sum_s e_s n_s}{\varepsilon_0} \tag{4.107}$$

電流の式：

$$\vec{J} = \sum_s \vec{J}_s = \sum_s e_s n_s \vec{v}_s \tag{4.108}$$

ただし，s：粒子の種類（電子，正イオン，中性粒子），n_s：s 粒子の密度，$\vec{v}_s$：s 粒子の運動速度，$\dot{n}_s$：s 粒子の正味の発生割合，p_s：s 粒子の分圧（$p_s = kn_s T_s$)，T_s：s 粒子の温度，m_s：s 粒子の質量，e_s：s 粒子の荷電量，ε_s：s 粒子の内部エネルギー，ν_{si}：s-i 粒子間の運動量交換衝突周波数，ν_{si}^*：s-i 粒子間のエネルギー交換衝突周波数，$\vec{q}_s$：s 粒子による熱流，$\vec{J}_s$：s 粒子によるドリフト電流密度，$\vec{J}$：電流密度，$\vec{E}$：電界である．

以上の連立方程式を解くにあたって，Gallimberti は，簡単化のために次の仮定をおいた．

① リーダチャネルは，z 軸方向に均一な円柱状である．すなわち，$\vec{\nabla}$ の微分は径方向成分のみである．

② リーダチャネルは，半径 a で，薄いシェルで包まれた円筒状コアで，その内部の p, T, n は一様である．

③ 外部から注入されたエネルギーは，図 4.64 のように 3 種の内部エネルギーに分配され，平衡状態にある．

具体的に方程式を数値積分する場合は，図 4.64 の解離に関する反応係数，s-i 粒子間のエネルギーと運動量の交換衝突周波数などが必要になる（Gallimberti, 1973）．

リーダ電流 0.6 A のもとで，時刻 $t=0$ から成長し始めたリーダチャネル中の状態量の上記のモデルによる推定結果が図 4.65 である（Gallimberti, 1981）．最初の 30 μs の間は，注入されたエネルギーにより分子の振動温度 T_v が急に上昇してピークを示す．その後，振動エネルギーが並進と回転のエネルギーに緩和されて気体温度 T が徐々に上昇し，その後 T_v と T はほぼ等しくなって緩やかに上昇する．一方，電界，気体温度，電子密度は，最初は急に低下するが，気体温度が安定になるとそれらの低

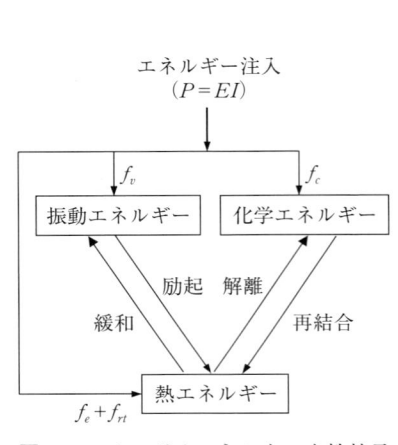

図 4.64 リーダチャネル中の中性粒子のエネルギー平衡図
f_v, f_c, f_e, f_{rt} は，それぞれ振動，化学的，および電子励起および回転エネルギーへの分配係数：図 4.25 (b) を参照．

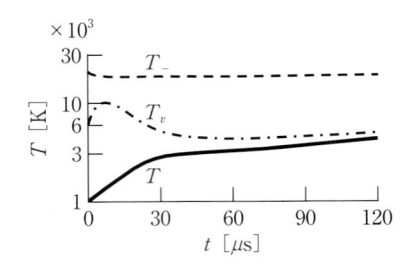

(a) リーダチャネル中の T_-, T_v, T の推定結果

(b) リーダチャネル中の E, N, n_- の推定結果

図 4.65 リーダチャネル中の粒子状態と電界強度の推定結果

下速度も小さくなる．図には示していないが，チャネルの膨張速度 ($\dot{a}$) は，$t=0\sim 30\,\mu s$ で大きい．

実測したリーダ電流を使って同様の計算を行うと，リーダ電流の急上昇に伴う再発光時のチャネルの内部状態を推定できる．

b-6 リーダの進展

特 性 リーダ進展に関係する特性として，リーダチャネル内が LTE の状態で熱電離が生じているとする考え方と (Aleksandrov, 1966)，リーダコロナからの自由電子によるチャネルの高速加熱によって導電率が急上昇して衝撃波が発生しているとする考え方 (Kekez et al., 1974) があった．ルナルディエールグループの新しい計測手法による種々の実測から，これらは否定され，発達したリーダの進展について，次の結果が得られている (Les Renardieres Group, 1972；1973；1977；1981)．

① リーダ先端領域は，コロナからリーダに転換する遷移領域で，コロナの部分は拡散グローの放電特性を持つ非活性領域である．すなわち，正，負イオンの密度が高く，電子密度は低い．

② リーダの実効速度 v_L（リーダの進展方向に沿った速度）は，電圧波高値と大

気中の絶対湿度に依存し，電圧が決まると，リーダコロナが平板電極に接するまでは，v_L はほぼ一定である．
③ リーダ電流 I_L と v_L 間には，$I_L = qv_L$ の関係が成立する．ここで，q は定数で，リーダが単位長成長するのに必要な平均電荷を表しており，$q = 20 \sim 50 \, \mu\text{C/cm}$ である．

Gallimberti らは，これらの実測結果をもとに，次のモデルを提案した．

進展モデル（Gallimberti, 1979；Gallimberti et al., 1983）　リーダ先端部では，二次ストリーマのステムにおけると同様に，電流集中により温度が 1000〜2000 K になり，リーダコロナ中の負イオンの熱分離による電子がリーダチャネルへの電子供給源になる．すなわち，高密度のストリーマチャネルからなるリーダコロナは正，負イオンが豊富な拡散グロー状で導電率が低く，一方，リーダチャネル中では熱分離による電子の存在のために導電率が高い．そこで，リーダチャネルからリーダコロナへの遷移領域において，リーダチャネル表面を等電位面とおき，拡散グロー領域は電離が起こっていない電流界で模擬できる．Gallimberti はこのような状態を図 4.66 に示すように，リーダチャネルを先端曲率半径の小さい等電位放物面とおき，グロー領域を放物面対平板電極間の電流界でモデル化した．

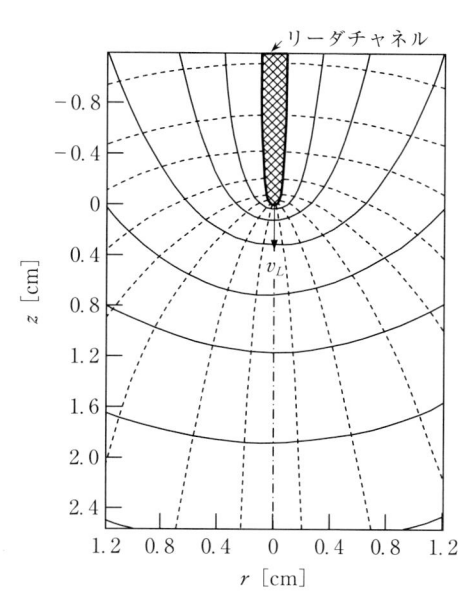

図 4.66　リーダ進展中の先端部の電流界（放物面近似）
―――：等電位面，------：電気力線（電流線）．

リーダコロナの電流によってリーダ先端に注入されるエネルギー $P=EI$ によって，リーダ先端の温度上昇が負イオンの電子を熱分離するに十分な値に上昇するのであれば，リーダの進展は維持されることになる．ここで，リーダ先端が一定速度 v_L で z 軸に沿って成長していると仮定し，図 4.66 に示した座標系を使ってリーダチャネル内の中性粒子の加熱過程を調べる．この場合，チャネル内の電離度は低く，また温度が 2000 K 以下であるので，図 4.64 の中性粒子のエネルギー平衡における化学エネルギーの寄与は小さいとおける．このとき，中性粒子に対する粒子保存，運動量保存，エネルギー保存の式，および気体の状態方程式は，次のようになる．

$$\left.\begin{aligned}&\vec{\nabla}\cdot[n_h(\vec{v}_h-\vec{v}_L)]=0\\&\vec{\nabla}[m_h n_h(\vec{v}_h-\vec{v}_L)(\vec{v}_h-\vec{v}_L)]+\vec{\nabla}p=0\\&\vec{\nabla}\cdot[n_h c_p^* T_h(\vec{v}_h-\vec{v}_L)]=(f_{rt}+f_e)EJ+\frac{w_v(T_v)-w_v(T_h)}{\tau_{vt}}\\&\vec{\nabla}\cdot[w_v(T_v)(\vec{v}_h-\vec{v}_L)]=f_v EJ-\frac{w_v(T_v)-w_v(T_h)}{\tau_{vt}}\end{aligned}\right\} \quad (4.109)$$

$$p=n_h k T_h \quad (4.110)$$

ここで，T_v：振動励起温度，T_h：中性粒子の温度，$\vec{v}_h$：中性粒子の運動速度，w_v：単位体積中の振動励起粒子のエネルギー，E：チャネル中の電界，J：チャネル中の電流密度，f_{rt}, f_e, f_v：各励起状態へのエネルギー分配割合（図 4.25(b) 参照），τ_{vt}：振動励起エネルギーの緩和時間，c_p^*：定圧比熱，添え字 h：中性粒子の値を示す．

(4.109) 式を積分すると，

$$\left.\begin{aligned}&\frac{7}{2}kn_h \Delta T_L=(f_{rt}+f_e)\int_{\rho_c/2}^{z_1}JE\frac{\mathrm{d}z}{v_L}+w_v\left\langle\frac{\tau_L}{\tau_{vt}}\right\rangle\\&w_v=f_v\int_{\rho_c/2}^{z_1}JE\frac{\mathrm{d}z}{v_L}-w_v\left\langle\frac{\tau_L}{\tau_{vt}}\right\rangle\end{aligned}\right\} \quad (4.111)$$

ただし，ΔT_L：遷移領域における温度上昇，ρ_c：リーダ先端の曲率半径，$z=z_1$：入力エネルギーが無視できる程度に小さくなる位置の座標，$z=\rho_c/2$：リーダ先端の座標，$\int_{\rho_c/2}^{z_1}\frac{w_v(T_v)-w_v(T_h)}{\tau_{vt}}\frac{\mathrm{d}z}{v_L}=w_v\left\langle\frac{z_1/v_L}{\tau_{vt}}\right\rangle=w_v\left\langle\frac{\tau_L}{\tau_{vt}}\right\rangle$，$\frac{z_1}{v_L}=\tau_L$：遷移領域をリーダ先端が通過するための平均時間である．

もし，ΔT_L が負イオンからの電子の熱分離が起こる 1500 K 程度に高ければ，リーダ進展速度 v_L は (4.111) 式より

$$v_L=\left[f_{rt}+f_e+f_v\frac{\langle\tau_L/\tau_{vt}\rangle}{1+\langle\tau_L/\tau_{vt}\rangle}\right]\times\frac{2}{7kn_h \Delta T_L}\int_{\rho_c/2}^{z_1}JE\mathrm{d}z \quad (4.112)$$

となる．上記の放物座標の場合，注入エネルギーの積分は次のように書ける．

$$\int_{\rho_c/2}^{z_1}JE\mathrm{d}z=\frac{-U_{Lt}I_L}{\ln[\sqrt{\rho_c/2H}]}\frac{2}{\pi^2\eta_0^2}\left[\frac{1}{\rho_c^2}-\frac{1}{4z_1^2}\right] \quad (4.113)$$

ただし，H：図 4.66 の座標系のリーダ先端と平板電極との距離，U_{Lt}：リーダ先端の電位，η_0：拡散グローの外側の境界における放物座標，$z_1 \gg \rho_c$ である．

(4.112)，(4.113) 式より，

$$v_L = \frac{1}{q} I_L \tag{4.114}$$

$$q = -\left[f_{rt} + f_e + f_v \frac{\langle \tau_L/\tau_{vt} \rangle}{1 + \langle \tau_L/\tau_{vt} \rangle}\right]^{-1} \times \frac{7kn_h \Delta T_L}{4U_{Lt}} \pi^2 \eta_0^2 \rho_c^2 \ln\left[\sqrt{\rho_c/2H}\right] \tag{4.115}$$

となる．この結果は，本項の「特性」で述べた実測結果をよく説明している．

b-7 ファイナルジャンプとリターンストローク（アーク）

ファイナルジャンプは，図 4.48(a) で示したように，リーダ進展の最終段階である．リーダコロナが平板電極に到達するとリーダの発光が強くなり，チャネルの成長速度が増加するとともに，リーダ電流が急上昇する．

先に述べたように，リーダが安定に成長している間は，電界から得た電子のエネルギーは分子の振動励起を通してチャネルの温度上昇に消費され，リーダチャネル内は non-LTE の状態である．ファイナルジャンプに入って温度上昇が進むと，N_2 分子の解離，電子の中性分子との衝突電離，電子－イオン再結合だけでなく，熱電離，多重電離，解離再結合などの基礎過程が始まる．さらに加熱が進むと，LTE になる．この状態では，電子と中性粒子間の衝突は，電子－イオン，電子－電子間の衝突に比べて重要でなくなり，分子の大部分は解離して，電離度は Saha の式（後述の (6.42) 式）に従うようになる．Gallimberti らは，これらを考慮して，N_2 分子の解離過程，高温中の電離・再結合過程を議論するとともに，リーダモデルを修正してファイナルジャンプにおけるチャネル温度，電界，各種粒子の密度を推定している．図 4.67 は，電子温度と気体温度の計算結果で，ファイナルジャンプの最終過程において両温度が急速に上昇する実測結果をよく説明している（Gallimberti, 1979）．

リーダがギャップを橋絡すると，チャネルは LTE（アーク）状態になり，強力な発光波が高速でギャップ中を伝播し，電極間電圧が崩壊する．この高速発光波をフラッシオーバ過程のところで述べたようにリターンストロークと呼ぶ．

この高速発光波は，電気回路的視点に立つと次のようにモデル化される．リターンストローク直前のリーダチャネルは棒電極と同じ極性の正に帯電しており，先端が平板に接するとその電荷が平板側から中和される．このときの現象は，正に帯電した長距離線路の末端が突然短絡されたときの現象と等価である．すなわち，線路の単位長あたりの抵抗，インダクタンス，キャパシタンスをそれぞれ R, L, C とし，線路のある位置 z の電位と電流を U, I と仮定すると，次の式が得られる（分布定数回路におけるサージの伝播の基礎式）．

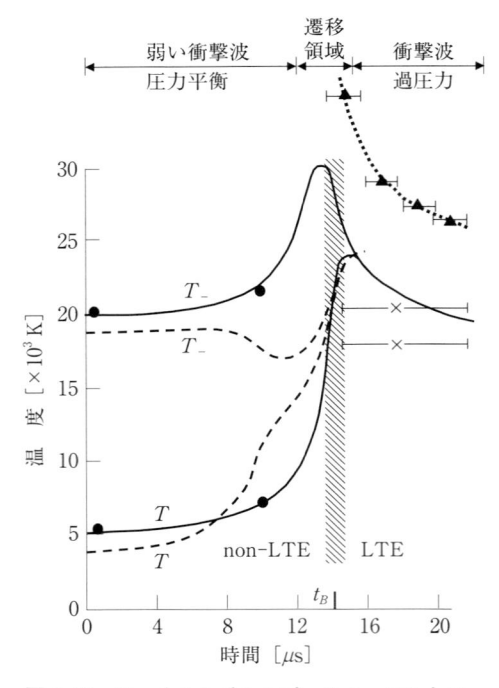

図 4.67 ファイナルジャンプ–リターンストローク間の電子温度 T_- と気体温度 T の変化
●—，×—，▲…：実測値，- - -：計算値.

$$\left. \begin{array}{l} -\dfrac{\partial U}{\partial z} = RI + L\dfrac{\partial I}{\partial t} \\ -\dfrac{\partial I}{\partial z} = C\dfrac{\partial U}{\partial t} \end{array} \right\} \tag{4.116}$$

$R = 0$ のときは，次の波動方程式となる．

$$\left. \begin{array}{l} \dfrac{\partial^2 U}{\partial z^2} = \dfrac{1}{v^2}\dfrac{\partial^2 U}{\partial t^2} \\ \dfrac{\partial^2 I}{\partial z^2} = \dfrac{1}{v^2}\dfrac{\partial^2 I}{\partial t^2} \end{array} \right\} \tag{4.117}$$

ただし，$v = 1/\sqrt{LC}$ である．v は，リーダチャネルに沿った電荷を平板側から中和する擾乱の速度に対応している．真空中では v は光速になるが，実際のリーダでは，抵抗があり，誘電率と透磁率が真空中の値と異なり，かつ電荷がチャネル近傍にも分布しているので，擾乱の伝播速度は光の 1/10 程度に落ちる．

5

グ ロ ー 放 電

本章では，グロー放電の構成と特性の概要を述べた後，陰極降下領域の理論と特性，陽光柱の理論と特性，陽極領域の現象を論じ，最後に産業応用において大切になる大気圧グロー放電の安定化法ならびにグロー放電で生成された低温プラズマの応用を説明する．

5.1 放電を含む電気回路の電流

数 mmHg 程度の低圧気体を封入した放電管に，図 5.1(a) に示すように電源（起電力 V_0）より直列抵抗 R を通して直流電圧を供給している．放電管の端子電圧 U は，後述するように放電電流 I に対して非線形に変化する．このとき，電源からみた負荷特性曲線は，次式で表される．

$$V_0 = U(I) + RI \tag{5.1}$$

ただし，$U(I)$ は放電の電圧・電流特性である．いま，$U(I)$ が図 5.1(b) の破線の

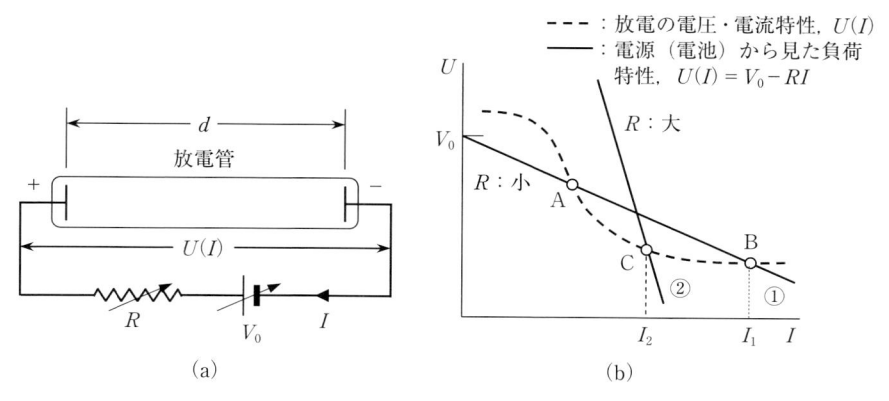

図 5.1 放電と外部回路の関係

ようであったとする．抵抗 R が小さいときの負荷特性は，同図の直線 ① のようになり，$U(I)$ と A, B 点で交差する．A 点で電流が動揺によって少し増えたと仮定すると，電源電圧（負荷特性曲線）の方が放電維持電圧（$U(I)$）より高いので，電流はますます増えようとする．同様な思考実験を行うと，A 点は不安定点，B 点は安定点で，この回路の動作点は B 点となり，回路電流は I_1 に落ち着く．V_0, R を大きくすると，負荷特性曲線の傾きの絶対値は，直線 ② のように大きくなり，動作点と電流はそれぞれ C 点，I_2 になる．電源からみた負荷曲線と放電の電圧・電流特性に交点がなくなると，放電は消滅する．

このように，一つの放電特性 $U(I)$ に対して V_0, R を変えることにより，放電電流を任意に選ぶことができる．電源がパルス電圧の場合は，V_0 が時間の関数になり，放電の電圧・電流特性も直流電圧の場合と異なるので，動作点も時間とともに変化する．

上記のような原理で，Ne, $p=1$ mmHg, $d=50$ cm（電極間距離）の放電管に直流電圧を印加したときの $U(I)$ 特性を測定すると，図 5.2 のようになる（Frances, 1956）．電圧を零から徐々に上昇させると，はじめは検出できない程度の電流であるが，10^{-13} A 程度になると徐々に上昇し始め（A），さらに電圧を上昇させて B 点に達すると電流が急上昇する（BC）．AB 間は，放電光を裸眼で認識できないので暗流領域と呼ばれ，BC 間は先に述べた α, η, γ 作用で放電が維持され，放電維持機構において空間電荷効果や荷電粒子の管壁への拡散を無視できるタウンゼント放電である．BC 間の C 点近くでは放電の自続条件が成立し，このときの放電電圧 U_B を第 3 章では破壊

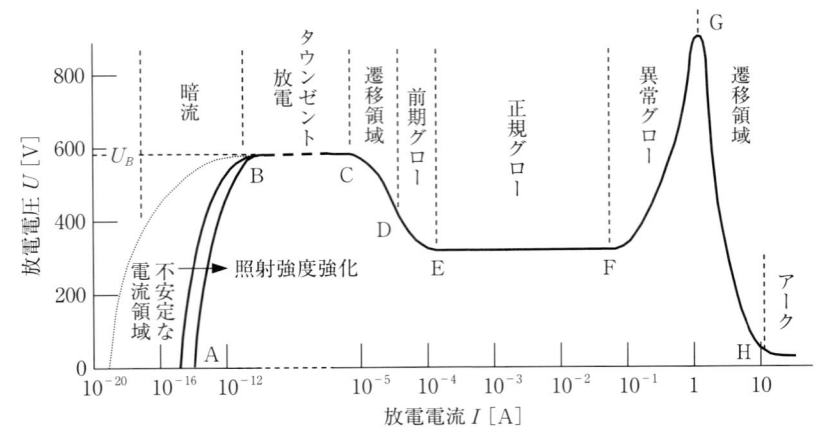

図 5.2 タウンゼント放電からアーク放電までの電圧-電流特性
（Ne, $p=1$ mmHg, $d=50$ cm）

電圧(火花電圧)と呼んだ.

さらに電流を上昇させると，3.5.4項cで述べたように空間電荷によって陰極前面に強い電界の領域ができ，放電維持電圧が低下し始め，拡散光を放つ新たな放電へ遷移する(CDE).電流の上昇に伴って，空間電荷効果が大きくなるとともに，α, η, γ作用に加えて，荷電粒子の管壁への拡散効果，管壁における電子-イオン表面再結合や放電路中の体積再結合による荷電粒子の消滅が主要な機構になり，放電電圧はEFのようにほぼ一定に保持される.さらに電流を上昇させると，放電電流が陰極全面を通して流れるようになり，放電電圧はFGのように上昇する.DG間における放電管内の粒子のエネルギー状態は$T_- \gg T_+ \geq T_0$で，電極の温度は室温に近い.ただし，T_-：電子温度，T_+：イオン温度，T_0：中性気体粒子温度である.このように粒子温度が不平衡で，拡散光を放ち，γ作用が陽光柱への主要な電子供給機構である冷陰極の放電をグロー放電と呼ぶ.後に述べるように，グロー放電では，放電電流が0.5 A程度以下で，γ作用で二次電子を発生させるための大きなエネルギーをもった正イオンの生成と電子増殖が必要である.このために陰極降下領域の電圧降下が200 V程度以上になり，グロー放電の$U(I)$はこの陰極降下電圧に強く依存している.

放電電流が1 A程度以上になると，陰極と気体の加熱が進み，放電維持電圧が低下するGHの領域になる.さらに電流を上昇させると陰極の加熱が進み，陰極からの電子供給機構が熱電子放出，電界放出あるいは熱電界放出に移り，放電電圧がグロー放電時の十分の一以下に低下する.このような状態の放電をアーク放電と呼ぶ(第6章).

5.2 グロー放電の構成と特性

a. 構　成

グロー放電は，陰極と陽極間で発光強度の異なるいくつかの領域からなっており，それらの領域の広がり，発光強度，電界，荷電粒子密度は，気体の種類と圧力，放電電流，放電管径によって変わる.典型的な例としてNe，$p=1$ mmHg，d（電極間距離）$=50$ cm，$I=10^{-4}$ A時のそれらの分布を概念的に描くと図5.3のようになる(Frances, 1956).

領域は，陰極から陽極に向かって，アストン暗部，陰極グロー，陰極暗部，負グロー，ファラデー暗部，陽光柱，陽極暗部，陽極グローからなっている.また，アストン暗部，陰極グロー，陰極暗部をまとめて陰極降下領域，この間における電位降下を陰極降下電圧V_Cまたは単に陰極降下と呼ぶ.陽極暗部と陽極グローをまとめて陽極領域と呼ぶ.陰極降下領域と陽極領域は，詳細にみるとさらにいくつかの領域に分割される.

アストン暗部　　γ作用による陰極からの二次電子は1 eV程度の低いエネルギー状

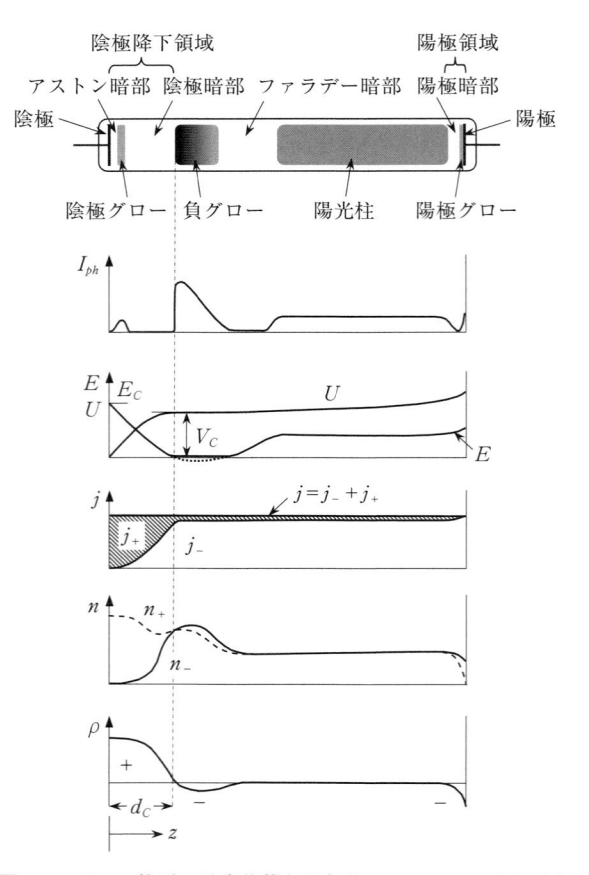

図 5.3 グロー放電の発光状態と電気的パラメータの空間分布
I_{ph}：発光強度，U：電位，E：電界，j：電流密度，n：荷電粒子密度，ρ：電荷密度（$=e(n_+ - n_-)$）．
（概念図．Ne, $p=1$ mmHg, $d=50$ cm, $I=10^{-4}$ A）

態にあるので，印加電界によって加速されるまでは，中性気体粒子を電子励起することができない．ほとんど発光のないこの領域をアストン暗部という．

陰極グロー　電子がアストン暗部を経て励起可能なエネルギーを得ると，弱い発光領域を形成する．これが陰極グローである．陰極から陽極に向かうに従って電子エネルギーが大きくなるので，発光スペクトルは励起電圧の低い順に現れる．

陰極暗部　クルックス暗部，ヒットルフ暗部とも呼ばれる．電子が電離や励起を起こすには，それぞれに最適な電子エネルギーがあり，陰極グロー中で非弾性衝突しなかった高速電子ならびに励起衝突を起こした低速電子は，はじめは陰極暗部に入って

非弾性衝突を起こすことなく加速される．この加速電子は，電子励起よりも電離を起こしやすいエネルギー状態になり，電離によって正イオンと電子を豊富に生成する．このとき，両荷電粒子の移動度の違い（$\mu_- \gg \mu_+$）によって正イオン密度が過剰になり，電界は陽極方向に進むに従って零近くまで低下する．このために電子エネルギーは電子励起に最適な値まで低下する．印加電圧の大部分は，陰極降下領域の厚さ d_C の間で消費される．

負グロー　陰極降下領域で電子励起に最適なエネルギーを得た電子は，気体粒子を強く発光させ，エネルギーを失いつつドリフトするので，発光は次第に弱くなる．電子がエネルギーを失って負空間電荷を形成すると，電界が局所的に負になる領域（図中の曲線 E の破線の部分）が出現し，体積再結合を起こしやすくなる．このために，負グローの発光には連続発光スペクトルが含まれる．

ファラデー暗部　負グローを過ぎると電界が徐々に回復し，負グロー中で失った電子エネルギーがこの領域で回復する．

陽光柱　ファラデー暗部で加速された電子の平均エネルギーは $1 \sim 2\,\mathrm{eV}$ で，電子励起が可能になり，次の領域である陽光柱が形成される．陽光柱は，電子密度と正イオン密度がほぼ等しいプラズマ状態で，電界はほぼ一定である．電極間距離が長いときには，放電管の大部分が陽光柱で満たされるようになる．ここでは，ファラデー暗部から供給された電子を陽極側に運ぶとともに，電離によって生成された電子と正イオンは拡散によって管壁まで運ばれ，表面再結合によって消失する．気体の種類や放電条件によっては体積再結合や電子付着も起きる．陽光柱は，放電維持機構の面からは必須の領域ではない．この領域は，安定した発光，種々の励起粒子や活性粒子の生成，多原子分子性気体中の分子の解離現象を起こせる領域であるので，放電ランプ，レーザ，放電化学などに活用される．工学的には，大容積の空間に高密度プラズマを安定に生成する方法が興味の対象になる．

陽極暗部と陽極グロー　陽光柱が陽極に接近すると，陽光柱内の正イオンは陽極に反発され，電子は吸引されるので，そこに負空間電荷領域が現れる．これを電子鞘（シース）と呼び，陽極降下を形成する．このときの電子加速領域の暗部を陽極暗部，加速電子による陽極前面の発光領域を陽極グローと呼ぶ．

b. 圧力の影響

陰極降下領域の各部の z 方向の長さは，電子の平均自由行程 $\lambda_- (\propto 1/p)$ にほぼ比例し，気体圧力を上昇させると，この領域が圧縮されて各部分の判別が困難になる．また，陽光柱は，半径方向に圧縮されて管全体を満たさなくなる．さらに，体積再結合や気体の加熱が進み，グロー放電の安定性が失われる場合がある．逆に圧力を下げると，陰極降下領域が広がり，領域の境界が拡散してぼやける．さらに圧力を下げると，陽光柱，続いてファラデー暗部，負グローの順に陽極中に呑み込まれて消失するよう

にみえる．負グローが消えるようになると，グロー放電の維持電圧が上昇する．このような状態を阻止グローと呼ぶ．

グロー放電を気体レーザや半導体産業分野で応用するためには，大容積の安定な高密度プラズマが得られる高気圧グロー放電が求められるので，後述するように大気圧グローの種々の安定化法が提案されている．

c. 電極間距離の影響

圧力一定の下で電極間距離 d を変化させたときの水素の U 対 d 特性が図 5.4 である（Frances, 1956）．d を大きい値，例えば図の a 点から徐々に小さくしてゆくと，陽光柱の長さが次第に短くなり，b 点で陽光柱が消失，cd 間で陽極グローが消失する．このとき U が陽極降下電圧に相当する 10〜20 V だけ急に低下し，正規グローの陰極降下電圧 V_n になる．ab 間は陽光柱のある正規グローである．さらに d を小さくすると，負グローが消えて放電維持電圧が ef のように急に上昇する．これは，気体圧力を下げて負グローが消えるときと同じ現象であり，放電が e 点を境にして阻止グローに移る．

d. 気体の種類と電極材料の影響

気体の種類は，電子が気体粒子に衝突したときの非弾性衝突（電離，振動励起，電子励起，分子の解離）によるエネルギー損失割合，電離，電子付着，再結合，拡散による荷電粒子の発生と消滅の割合の変化を通して，陽光柱内の放電機構と特性に影響を与える．また，電子励起や再結合による発光スペクトルにも関係する．さらに，放電を構成する各領域の広がりや電圧降下の大きさは，気体の電離エネルギーに関係するので，気体の種類に依存する．

電極材料は，放電形態にはほとんど影響しないが，放電自続条件式に含まれる γ に

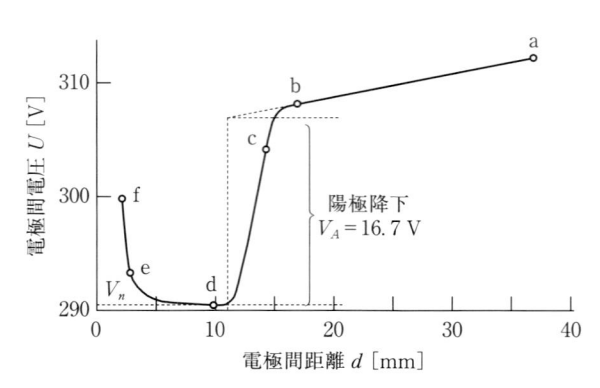

図 5.4　H_2 中において電流一定の下で陽極を陰極に近づけたときの電圧・電極距離特性（ab 間：正規グロー；ef 間：阻止グロー）

関係するので，陰極降下電圧や放電電流密度に影響を与える．また，後述するように，正イオンが陰極に衝突した時，陰極構成物質をたたき出すスパッタリングと呼ばれる現象が起きるが，このときのスパッタ率は，気体の種類と圧力，電極材料に影響される．

5.3 陰極降下領域

5.3.1 陰極降下領域の理論

陰極降下領域は，γ 作用によって陰極から電子を陽光柱プラズマに供給して放電を維持するグロー放電において不可欠な領域である．陰極降下理論では，気体の特性（電離係数 α）と陰極の特性（二次電子放出係数 γ）を使って，陰極降下電圧 V_C，電流密度 j，陰極降下領域の厚さ d_C の間の関係を導出する．この理論の基礎式は，次の三つよりなる．ただし，陰極領域の放電は半径方向に一様であると仮定する．

(1) ポアソンの式：

$$\frac{dE}{dz} = -\frac{e}{\varepsilon_0}(n_+ - n_-) \tag{5.2}$$

ただし，z：陰極を原点とした陽極に向かう座標，E：電界，n_+：正イオン密度，n_-：電子密度である．

(2) 定常状態における連続の式（(3.18) 式で $\partial/\partial t = 0$ とおいた式）：

正イオン： $\quad n_g = f(E) = \dfrac{dn_+ v_+}{dz} \tag{5.3}$

電子　　： $\quad n_g = f(E) = \dfrac{d}{dz}\left\{n_- v_- + D_- \dfrac{dn_-}{dz}\right\} \tag{5.4}$

ただし，n_g：任意の点における単位時間，単位体積あたりの電離数，$f(E)$：既知関数，v_+：正イオンのドリフト速度，v_-：電子のドリフト速度，D_-：電子の拡散係数である．また，正イオンの拡散は無視した．

(3) 移動度：

正イオン： $\quad v_+ = \mu_+ E$，または $\propto \sqrt{E} \tag{5.5}$

電子　　： $\quad v_- = \mu_- E$，または $\propto \sqrt{E} \tag{5.6}$

ただし，μ_+：正イオンの移動度，μ_-：電子の移動度である．

いま，$f(E)$ を既知とすると，(5.2)〜(5.6) 式と E に対する境界条件 $E(z=0) = E_C$，$E(z=d_C) = 0$ より，n_+，n_-，E，$j_+ = n_+ v_+ e$ を求めることができる．さらに陰極降下電圧は次式より求まる．

$$V_C = \int_0^{d_C} E \, dz \tag{5.7}$$

以上の手続きから，V_C，j，d_C の関係が得られる．

(4) 放電自続条件式： ところで，3.5.3項 b で述べたように，定常状態の連続

の式と電流に対する境界条件より，次式の放電自続条件式が導かれる．

$$\int_0^{d_C} \alpha dz = \ln\left(1 + \frac{1}{\gamma}\right) \tag{5.8}$$

したがって，(2) で使用した連続の式の代わりにこの (5.8) 式を使用してもよい．

陰極降下理論は，$E(z)$, $\mu_{\pm}$, $f(E)$ の値を仮定，あるいはそれらの導出法を変えて，多数の研究者によって提案され，それらはハンドブックなどに収められている (Frances, 1956；電気学会, 1974；1998)．以下では，Engel と Steenbeck によって提案された理論 (Frances, 1956) に基づいて，V_C, j, d_C の関係を調べる．

Engel らは，陰極降下領域の電界を次のように仮定した．

$$E(z) = E_C\left(1 - \frac{z}{d_C}\right) \tag{5.9}$$

ところで，陰極を出発した電子は α 作用によって電子と正イオンを生成し，$\mu_- \gg \mu_+$ の関係より陰極降下領域の陰極に近いところでは電子が一掃されるので正イオンが優勢になり，$n_+ \gg n_-$, $j_+ = n_+ e\mu_+ E \gg n_- e\mu_- E = j_-$ となる．このとき，陰極近傍でのポアソンの式は次式となる．

$$\frac{dE}{dz} = -\frac{e}{\varepsilon_0}(n_+ - n_-) \approx -\frac{e}{\varepsilon_0}n_+ \tag{5.10}$$

したがって，(5.9)，(5.10) 式より

$$n_+ = \frac{\varepsilon_0 E_C}{e d_C} \tag{5.11}$$

ゆえに，陰極近傍の電流密度は，

$$j = j_+ + j_- \approx j_+ = n_+ e\mu_+ E_C = \frac{\varepsilon_0 \mu_+ E_C^2}{d_C} \tag{5.12}$$

さて，ここでは (2) で使用した $f(E)$ を使用せずに，(4) で述べた (5.8) 式を使用して議論を進める．さらに，簡単のために陰極降下領域で「$E(z) = E_C =$ 一定」と仮定する[*1]．このとき

$$V_C = E_C d_C \tag{5.13}$$

また，(5.8) 式より

$$\alpha d_C = \ln\left(1 + \frac{1}{\gamma}\right) \tag{5.14}$$

[*1] 平行平板ギャップ内で一様に電流が流れているときの電界分布は電流値に依存し，種々の近似式が使用される．正イオンが優勢で $\mu_+ =$ 一定としてポアソンの式を解くと，3.5.4 項で述べたように $E(z) = \sqrt{1-(z/d_C)}$ となる．(5.12) 式の導出では (5.9) 式を仮定し，さらに (5.13) 式以降では「$E(z) = E_C =$ 一定」と仮定しているので，厳密には論理に内部矛盾がある．ここでは取り扱いを簡単にするとともに，陰極降下領域の陰極に近いところでタウンゼント形式の放電が起こっているとして「$E(z) = E_C =$ 一定」とおいた．結論からいえば，この仮定をおいても V_C, j, d_C の関係の議論が可能である．

5.3 陰極降下領域

α として (3.143) 式を採用すると，(5.13)，(5.14) 式より

$$V_C = \frac{Dpd_C}{A + \ln(pd_C)}, \quad \frac{E_C}{p} = \frac{D}{A + \ln(pd_C)} \tag{5.15}$$

ただし，$A = \ln C - \ln \ln(1 + 1/\gamma)$．また，$C, D$ は (3.143) 式中の定数である．

さらに，(5.12) 式より

$$j = \frac{\varepsilon_0 \mu_+ V_C^2}{d_C^3} \tag{5.16}$$

ところで，(5.15) 式の V_C はギャップ長 d_C のパッシェン曲線と同じ式で，3.5.5 項で述べたように pd_C に対して極小値をもつ．極小値とそのときの pd_C をそれぞれ V_n, $(pd_C)_n$ とすると

$$V_n = \frac{2.718 D}{C} \ln\left(1 + \frac{1}{\gamma}\right), \quad (pd_C)_n = \frac{2.718}{C} \ln\left(1 + \frac{1}{\gamma}\right) \tag{5.17}$$

であり，これに対する電流 j_n は，(5.16) 式より

$$\frac{j_n}{p^2} = \frac{\varepsilon_0 \mu_+ p V_n^2}{\{(pd_C)_n\}^3} \tag{5.18}$$

となる．V_C, E_C, pd_C, j を $V_n, E_n = V_n p/(pd_C)_n, (pd_C)_n, j_n$ を使って次のように正規化する．

$$\tilde{V} = \frac{V_C}{V_n}, \quad \tilde{E} = \frac{E_C/p}{E_n/p}, \quad \tilde{d} = \frac{(pd_C)}{(pd_C)_n}, \quad \tilde{j} = \frac{j}{j_n} \tag{5.19}$$

これらの正規化量を使って (5.15)，(5.16) 式を書き換えると

$$\tilde{V} = \frac{\tilde{d}}{1 + \ln \tilde{d}}, \quad \tilde{E} = \frac{1}{1 + \ln \tilde{d}}, \quad \tilde{j} = \frac{1}{\tilde{d}(1 + \ln \tilde{d})^2} \tag{5.20}$$

となる．これらの式より，$\tilde{V}, \tilde{E}, \tilde{d}$ を $\tilde{j}$ の関数として描くと図 5.5 のようになり，$\tilde{V}$ は $\tilde{j} = 1$ で極小値 $\tilde{V} = 1$ をとる．

5.3.2 陰極降下領域の特性
a. 電力最小の原理，前期グロー，異常グロー，阻止グロー

5.1 節で述べたように，グロー放電電流 I は，電源から見た負荷特性曲線と放電の電圧・電流特性の交点より定まる．グロー放電電流が陰極表面の一部から流入しているとき，流入面積を F とすると，$j = I/F$ となる．このような状態では F が変化できるので，ある I に対する j も変動可能である．実際には，$j = j_n$ でグロー放電が安定に維持されていることが知られている．このとき $\tilde{j} = 1$ で，図 5.5 に示したように $\tilde{V}$ は極小値をとる．このような状態のグロー放電が正規グローである．

陰極降下領域で消費される電力 $P_C(j)$ は

$$P_C(j) = F \int_0^{d_C} Ej \, dz = I V_C(j) \tag{5.21}$$

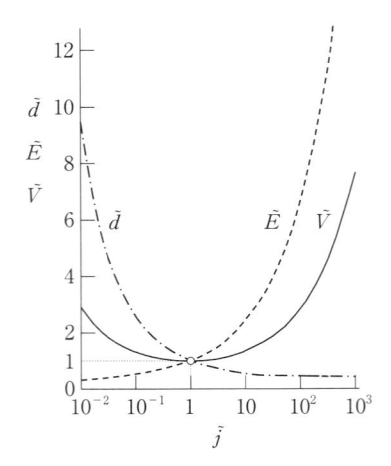

図5.5 陰極降下領域の正規化した特性パラメータ

となる．正規グローでは，$V_c(\tilde{j})$ が極小値のときに安定であるので，陰極降下領域の消費電力が最小になるように動作している．これを Steenbeck の電力最小の原理という．

正規グローが $\tilde{j}=1$ で安定になる機構は，一部は説明できているものの，詳細は研究課題として残っている．いま，陰極降下領域の 1 本の電気力線 l に沿って成長する電子なだれを考え，初期電子数に対する電子なだれ中の正イオンによる γ 効果の二次電子数の比を μ とすると

$$\mu = \gamma\left\{\exp\int_0^{d_c} \alpha\, dl - 1\right\} \tag{5.22}$$

$\mu>1$ では放電が活性化し，$\mu<1$ では衰退する．図5.5において，曲線 $\tilde{V}$ の上方では $\mu>1$，下方では $\mu<1$ である．

ここで，図5.5の $\tilde{j}<1$ の領域における曲線 $\tilde{V}$ の近傍で $\tilde{j}$ が動揺した状態を考える．放電電圧一定で $\tilde{j}$ が増えると $\mu>1$ の領域に入るので $\tilde{j}$ は $\tilde{j}=1$ まで増加し，逆に $\tilde{j}$ が減少すると $\mu<1$ となって $\tilde{j}$ はますます減少する．すなわち，この領域で放電は不安定で，消滅するか $\tilde{j}=1$ の正規グローに向かって変化する．

一方，$\tilde{j}>1$ の領域で同様な試行を試みると，放電が $\tilde{j}=1$ に向かって変化することはない．これに対して，「$\tilde{j}>1$ の領域で $\mu>1$ になるとグロー放電の外側端部の電離が活発になって F が大きくなるために $j=I/F$ は一定に保持される」とする F の変化を考慮した説明が試みられている．

図5.1の V_0，R を調整して I を減少させて $\tilde{j}=1$ の状態が保てなくなると，動作点は図5.5の $\tilde{j}<1$ の領域に移り，$\tilde{V}$ が上昇する．このときの状態が前期グローである．

逆に I を増加させて放電が陰極全面を覆うようになると $\tilde{j}=1$ の状態が保てなくなり，動作点が $\tilde{j}>1$ の領域に入り，$\tilde{V}>1$ となる．このような状態が異常グローである．電流密度をさらに大きくすると，陰極降下領域は $\tilde{d}=1/e$ に近づき，電圧は $\tilde{V}=\sqrt{\tilde{j}}/e^{3/2}$ の関係に従って上昇し始めるが，実際には，陰極降下領域の加熱が進んで陰極からの電子放出機構が変わり，グローからアークへ遷移する．この状態が図 5.2 の GH の領域に対応している．グローからアークへの転移の原因には，このような陰極領域の不安定性のほかに，後述する陽光柱の加熱による不安定性もある．

正規グローの状態で電極間距離 d を小さくして $d<d_C$ にすると，$(pd_C)_n>pd$ の状態になり，放電維持電圧が上昇する．これは先述の阻止グローで，パッシェン曲線の極小値の左側における放電に対応している．

b. 特性の実測値

鉄陰極を使用したときの種々の気体に対する V_C の実測値が図 5.6 で，図中の●印は正規グローに対する値 $V_C=V_n$ であり，曲線は異常グローの V_C である．また，次の実験式が提案されている（Frances, 1956）．

$$\frac{j}{p^2}=AV_C^B \qquad (V_C=1000\sim3000 \text{ V}) \tag{5.23}$$

または

$$\frac{j}{p^2}=k(V_C-H)^2 \tag{5.24}$$

ただし，A, B, k, H は定数である．

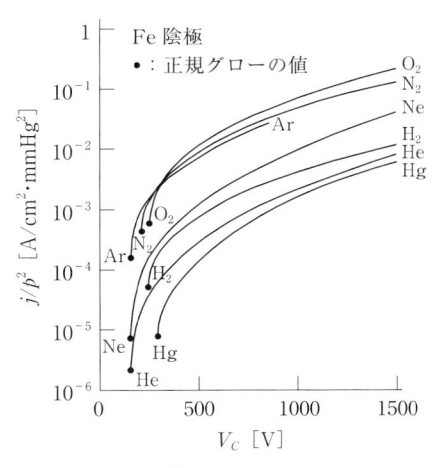

図 5.6　j/p^2 対陰極降下電圧特性

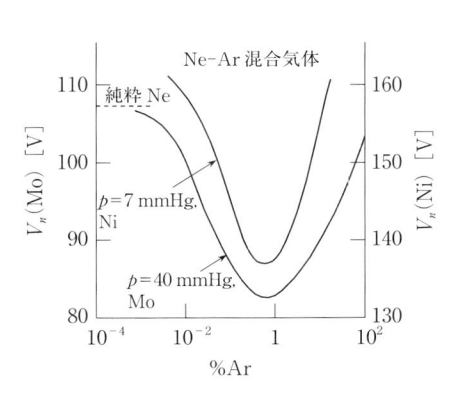

図 5.7　混合気体中の陰極降下電圧

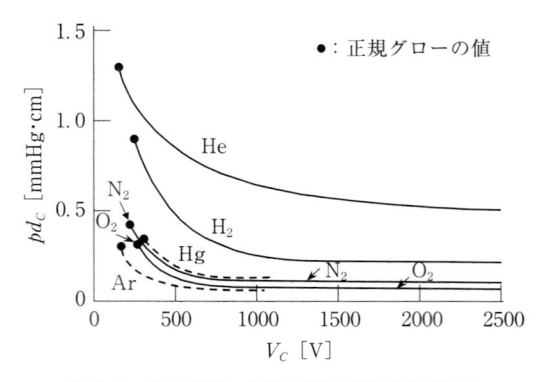

図 5.8 陰極領域の厚さ対陰極降下電圧特性

表 5.1 種々の電極と気体中における V_n, j_n/p^2, $(pd_C)_n$ 特性

電極材料	仕事関数 [V]	V_n [V]				j_n/p^2 [A/cm^2·mmHg^2]				$(pd_C)_n$ [mmHg·cm]			
		空気	Ar	H$_2$	Hg	空気	Ar	H$_2$	Hg	空気	Ar	H$_2$	Hg
Cu	4.0	370	130	214	447	240	—	64	15	0.23	—	0.8	0.6
Mg	2.7	224	119	153	—	—	20	—	—	—	—	0.61	—
Fe	4.6	269	165	250	298	—	160	72	8	0.52	0.33	0.9	0.34
Al	3.0	229	100	170	245	330	—	90	4	0.25	0.29	0.72	0.33

混合気体の場合，ペニング効果，電子付着，陰極表面における膜生成などの化学作用が V_n に影響する．図 5.7 は Ne-Ar 混合気体でペニング効果が V_n に影響する例で，Ar の混合率が約 1% のとき V_n が極小値を示している（Frances, 1956）．希ガスに O$_2$ のような電気的負性気体を混合すると，負の荷電粒子（電子と負イオン）の実効移動度が電子の場合に比べて低下するので，電子の衝突周波数が上昇したのと等価に作用する．したがって，陰極降下領域は気体圧力を上げたときのように圧縮され，d_C が小さくなる．また，グローと暗部の境界がよりはっきりし，陽極前面や陽光柱のファラデー暗部側に狭い暗部や二重の発光層が現れるようになる．

図 5.8 は種々の気体中における pd_C 対 V_C 特性で，図中の●印は正規グローに対する $V_C = V_n$ のときの $(pd_C)_n$ である（Frances, 1956）．(5.17) 式からわかるように，理論では一定の E/p の下で α/p が小さいほど $(pd_C)_n$ が大きくなるが，実測値も α/p の (3.143) 式中の定数 C が小さいほど $(pd_C)_n$ が大きくなっている．

表 5.1 は，種々の電極と陰極材料における V_n, j_n/p^2, $(pd_C)_n$ の値で，V_n は電極の仕事関数が小さいほど低くなる傾向がある．

5.3.3 ホロー陰極放電と陰極スパッタリング

グロー放電における陰極近傍の現象で産業応用に関係する二つの現象をここで説明しよう．

a. ホロー陰極放電

陰極暗部中の電子は，陰極から陽極に向かう電子ビームのように振る舞い，大部分の電子は負グロー領域で電子励起を起こしてエネルギーを失う．一部の電子は電子励起を起こすことなく高いエネルギーのまま負グロー領域をすり抜ける．この高エネルギーの電子はグローを利用した電子源に応用できる．

いま，2枚の平板陰極を向かい合わせて置き，相互の距離 h を小さくしてゆくと，各陰極の前面に陰極暗部ができ，中央に各陰極に対する負グローが重畳された形で形成される．このとき，負グローからの紫外光の陰極への到達割合が単一陰極の場合より増えて，陰極からの2次電子放出効率を上げると同時に，両陰極からの高エネルギーをもった電子が負グローに蓄積されやすくなる．このために放電維持電圧が低下し，電圧を一定に保持すると放電電流が著しく増加する．このように，陰極系の内側に形成された負グローに運動方向の異なる電子ビームが流入するような陰極をホロー陰極（カソード）といい，そのときの放電をホロー陰極（カソード）放電と呼ぶ．

ホロー陰極には，上記の平行平板（距離 h）のほかに図5.9に示すように，U字形（距離 h），円筒形（開口直径 D），球形（開口直径 D）などがある．図の陽極は，便宜上，陰極に対向する電極として示しており，実際の形状，寸法，位置はホロー陰極放電の利用に応じて工夫される．この場合，h, D の値は陰極降下領域の厚さ d_c 程度で，か

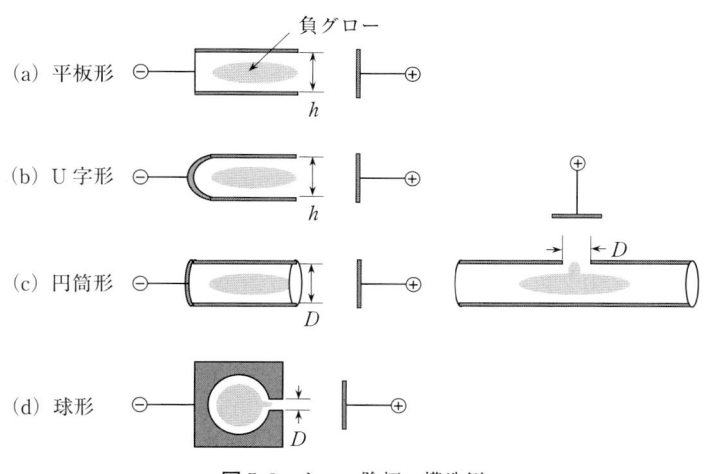

図 5.9 ホロー陰極の構造例

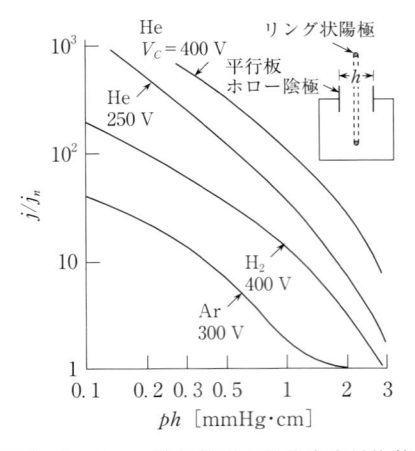

図 5.10 ホロー陰極放電の電流密度対換算陰極間距離特性
V_C：陰極降下電圧，p：気体圧力，h：Fe 陰極間距離．

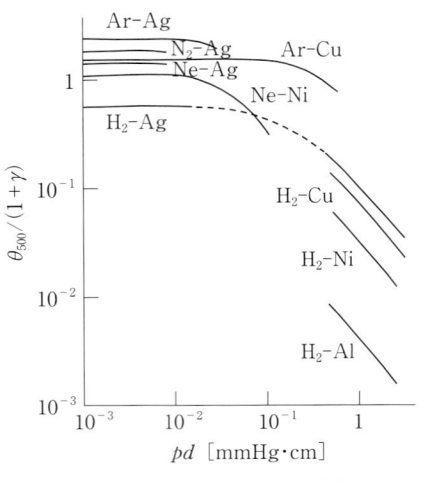

図 5.11 スパッタ率対 pd 特性

つ圧力との積が $1<ph$（または pD）<10 mmHg·cm の範囲（5.3.1 項で述べた $(pd_C)_n$ より小さい値）にあるとき，ホロー陰極放電になる．大気圧ホロー陰極放電では，h，D の値は百 μm のオーダになる．

図 5.10 は，平行平板陰極対リング陽極のホロー陰極放電の電流対換算陰極間距離特性で，h が小さくなるとホロー陰極効果によって電流密度は 100～1000 倍に上昇している（Frances, 1956）．

b. 陰極スパッタリング

陰極に正イオンが突入したとき，陰極から電子とともに陰極構成物質がたたき出される．前者は二次電子であり，この現象を γ 作用と呼んだ．陰極物質は中性原子とクラスター状粒子からなり，一部は負イオンを形成しているときもある．このような正イオンの衝突によって陰極から陰極構成物質がたたき出される現象を陰極スパッタリングと呼ぶ．1850 年代にその存在が観測されていた．最近では，半導体デバイスや種々の表示装置の製作過程における薄膜生成，表面クリーニングならびにエキシマ[*2]ラン

[*2] **エキシマ：** エキシマとは，電子励起状態の原子・分子が他の原子・分子と結合した分子で，語源は「励起された 2 量体（exited dimmer）」である．エキシマは寿命が ns オーダと短く，解離して基底状態に戻るとき発光が起こる．高効率で単色光を発光できるのでランプやレーザ発振に使用され，それらは半導体デバイスや種々のフィルム製造プロセスにおけるドライ洗浄用光源に用いられる．

プのエキシマ生成用金属原子供給に応用される．一方，放電ランプでは，陰極の消耗による寿命短縮や陰極物質の管壁への堆積による照明効率の低下の原因になる．

放出される粒子速度は，陰極物質の融点に相当する値である．スパッタ率は，入射イオン1個あたりの放出原子数 θ_0 で定義される．一般には，500 eV のイオンあたりの放出数を θ_{500} として表す．ところで，気体圧力が 1 mmHg 程度に高くなると，スパッタで一度放出された粒子の一部が逆拡散で陰極に戻る．このために見かけ上のスパッタ率 θ は真の値 θ_0 より低くなる．

スパッタ量の計測は，スパッタによる陰極重量の変化あるいは堆積物質の重量を測定して行われる．一方，正イオン量は，陰極電流により推定する．γ 作用がある場合，電流密度が $j = j_+ + j_- = j_+(1+\gamma)$ であるので，陰極電流が正イオンによるとしたときは，見かけのスパッタ率は $\theta/(1+\gamma)$ となる．

図 5.11 は，$\theta_{500}/(1+\gamma)$ 対 pd 特性の例で，$\lambda < d$ となる $pd > 0.1$ mmHg·cm において，逆拡散のためにスパッタ率が低下している(Frances, 1956)．逆拡散現象の効果は，気体圧力を下げるか細線などで陰極表面積を小さくして低減できる．

スパッタ量は，気体の種類，陰極の材料と表面状態，および陰極温度に影響される．なお，実用のスパッタ装置では，スパッタ効率の高い異常グローを使用する．

5.4 陽 光 柱

5.4.1 放電機構と基礎式

グロー放電の特性は，先に述べたように気体の種類と圧力，放電電流，電極間距離や放電管半径などに影響される．$p = 10^{-4} \sim 10$ mmHg，R_t(放電管半径) $= 1 \sim 10$ cm，$I = 10^{-4} \sim 1$ A のグロー放電の陽光柱は，次の放電機構によって維持されている．

軸方向電界は低く，$n_+ \approx n_- \gg |n_+ - n_-| \approx 0$ とおける準中性プラズマである．荷電粒子の電界によるドリフト速度は熱運動ランダム速度より小さいので，軸方向電流は荷電粒子の運動速度の軸方向成分で決まり，電子の気体分子との衝突周波数は熱運動速度で決まる．電子の移動度 μ_- は，正イオンの移動度 μ_+ に比べて大きいので，軸方向電流の大部分は電子によって運ばれる．荷電粒子の移動度が異なっても，ファラデー暗部からの電子供給と陽極領域からの正イオン供給があるので，陽光柱の準中性が保持される．

半径方向の荷電粒子の流れも存在する．陽光柱が形成される最初の段階を考えると，拡散係数の大きい電子と遅い正イオンの間に半径方向の電界が発生し，これによって正イオンは加速され，電子は減速される．その結果，電子と正イオンの壁方向の速度は等しくなり，正イオンと電子は壁に到達したとき再結合して消滅する．この現象を

両極性拡散[*3]と呼び，両極性拡散によって失われる電子と正イオンは，陽光柱内の電離によって供給される．

このように，陽光柱には軸方向と半径方向に電界が存在するので，後述するように陰極に向かって凸の曲面で表される等電位面が形成される．

陽光柱理論を展開するに当たって，次の仮定をおく．ここでは，気体は非電子付着性と仮定する．

① 荷電粒子密度： $n_+ = n_- = n$
② 電子のエネルギー分布： マクスウェル分布
③ 電子温度： 陽光柱内で一定
④ 移動度： ランジュバンの方程式より求められる
⑤ イオンの生成割合： n_- に比例（これは，直接電離のみで累積電離がないことを意味する）

理論で導出する量は，E_z（軸方向電界），E_r（径方向電界），T_-（電子温度），n（荷電粒子密度）である．このとき，荷電粒子の生成割合は既知であるとする．

基礎式は，次の三つである．

(1) 粒子平衡： ある位置における粒子数に関して，単位体積・単位時間あたり，次式が成立する．

$$\text{（荷電粒子の発生量）} = \text{（荷電粒子の消滅あるいは流出量）} \tag{5.25}$$

電子のエネルギー分布をマクスウェル分布として，電離エネルギー以上の電子が電離を起こすとする．したがって，発生量は n に比例し，電子温度と気体圧力の関数として与えられる．すなわち，

$$Z = F(p, T_-) \tag{5.26}$$

[*3] **両極性拡散と両極性拡散係数：** 図5.aに示すようなプラズマに密度勾配があるときの拡散を考える．いま，デバイ長と荷電粒子の平均自由行程がプラズマ容器の寸法より十分小さいとすると，$D_- \gg D_+$ のために，図のように電子はイオンより速く拡散するが，空間電荷電界 E ができて電子を減速し，イオンを加速して，両者の移動速度は等しくなる．このような拡散を両極性拡散という．このときの移動速度 v_a は

$$v_a = -\frac{D_+}{n_+}\frac{dn_+}{dx} + \mu_+ E = -\frac{D_-}{n_-}\frac{dn_-}{dx} - \mu_- E$$

となる．準中性プラズマの場合，$n_+ \approx n_- \equiv n$, $dn_+/dx \approx dn_-/dx \equiv dn/dx$ であるから，上式より E を消去して，

$$v_a = -\left(\frac{D_+\mu_- + D_-\mu_+}{\mu_- + \mu_+}\right)\frac{1}{n}\frac{dn}{dx} = -\frac{D_a}{n}\frac{dn}{dx}$$

となる．ただし，

$$D_a = \frac{D_+\mu_- + D_-\mu_+}{\mu_- + \mu_+}$$

で，D_a を両極性拡散係数という．ただし，式の添え字の $+$，$-$ はそれぞれ正イオンと電子の量を表す．

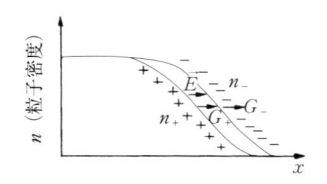

図 5.a 両極性拡散
$G_+ = n_+ v_a$, $G_- = n_- v_a$.

ただし，Z：1個の電子による単位時間あたりの電離回数である．

消滅機構は，両極性拡散による壁面での表面再結合であるとする．すなわち，体積再結合は無視できると仮定する．

(2) **エネルギー平衡**： 電子が電界から得たエネルギーと衝突現象によって失うエネルギーの平衡式で，次の二つの表現がある．いずれも陽光柱単位長あたりの式である．

$$IE_z = W_{wa} + W_{ra} + W_{gh} \tag{5.27}$$

または

$$IE_z = L_{el} + L_{iel} \tag{5.28}$$

ただし，I：電流，W_{wa}：壁への衝突によるエネルギー損失，W_{ra}：励起粒子からの放射エネルギー損失，W_{gh}：気体加熱エネルギー損失，L_{el}：弾性衝突によるエネルギー損失，L_{iel}：非弾性衝突によるエネルギー損失である．

上式の右辺は，荷電粒子密度と電子温度の関数になるので次のように書ける．

$$IE_z = \Phi(n, T_-) \tag{5.29}$$

(3) **移動度の式**： ランジュバンの方程式より，電子の移動度 μ_- は

$$\mu_- = \frac{e}{m_-}\frac{\lambda_-}{v} \tag{5.30}$$

ここで，v：電子の熱運動速度である．電子エネルギーは分布をもっているので，vとして後述の最確速度（(5.41)式）を使用すると

$$\mu_- = \frac{e}{m_-}\frac{\lambda_-}{(2kT_-/m_-)^{1/2}} \tag{5.31}$$

以上の三つの基礎式から出発して E_z, E_r, T_-, n を求める場合，気体の種類と圧力ならびに放電電流によっては体積再結合，電子付着による負イオンの効果を考慮しなければならず，また，各放電基礎量の表式ならびに境界条件の取り方にいくつかの選択が可能である．このために，これまでに種々の陽光柱理論が提案されてきた（Frances, 1956；電気学会，1974；1998）．ここでは，それらの理解の基礎になるショットキー（Schottky）の理論を説明する．

5.4.2 ショットキーの理論

a. 密度分布

図 5.12 のような半径 R_t の長い円筒状放電管内の陽光柱を考える．気体圧力が $p = 10^{-1} \sim 10$ mmHg で，$\lambda_i, \lambda_- \ll R_t$ であるとき，荷電粒子は管内の中性粒子と多数回衝突を繰り返すので，拡散の法則を適用できる．ただし，λ は平均自由行程である．いま，図のように管に沿って円柱座標 (r, φ, z) をとり，すべての放電特性値が r のみの関数であるとする．ここで，図中の網掛けで示したように，r と $r+dr$ の二つの同

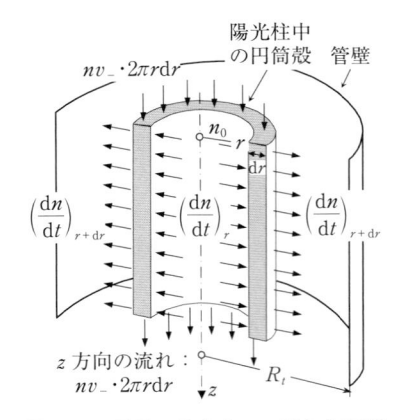

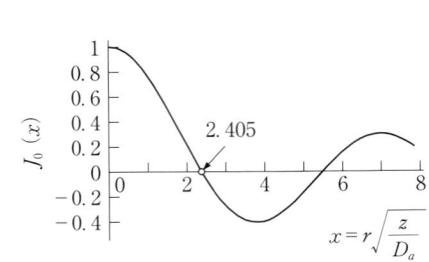

図 5.12 電子の軸方向への流れと荷電粒子の管壁への両極性拡散

図 5.13 零次のベッセル関数の波形

軸円筒間の単位長さの部分を考える。この部分から両極性拡散によって単位時間に流出する電子と正イオン数，および電離によって発生するそれらの数は，それぞれ

$$\text{流出する数} = 2\pi r D_a \left(\frac{dn}{dr}\right)_r - 2\pi(r+dr) D_a \left(\frac{dn}{dr}\right)_{r+dr}$$

$$= -2\pi D_a \left\{ r\frac{d^2n}{dr^2} + \frac{dn}{dr} \right\} dr \tag{5.32}$$

$$\text{発生する数} = Zn 2\pi r dr \tag{5.33}$$

ただし，D_a：両極性拡散係数である。

(5.25) 式に上式を代入することにより，次のベッセルの微分方程式が得られる。

$$\frac{d^2n}{dr^2} + \frac{1}{r}\frac{dn}{dr} + \frac{Z}{D_a}n = 0 \tag{5.34}$$

$r=0$ で $n=n_0$ および $dn/dr=0$ とすると，解 $n(r)$ は

$$n(r) = n_0 J_0\left(r\sqrt{\frac{Z}{D_a}}\right) \tag{5.35}$$

となる。粒子密度は管内 ($0<r<R_t$) で $n \neq 0$ であり，また，管壁 ($r=R_t$) で $n=0$ であるとする。このとき，零次のベッセル関数 $J_0(x)$ が x に関して図 5.13 のように変化することを考慮すると，$x=2.405$ で $J_0(x)=0$ となるので

$$R_t\sqrt{\frac{Z}{D_a}} = 2.405 \tag{5.36}$$

となり，荷電粒子密度分布は次のようになる。

$$n(r) = n_0 J_0\left(2.405 \frac{r}{R_t}\right) \tag{5.37}$$

b. 電子温度

電子温度は，(5.36) 式に D_a と Z を代入して得られる．
D_a は，$\mu_- \gg \mu_+$，$T_- \gg T_+$ およびアインシュタインの関係式 $\dfrac{D_\pm}{\mu_\pm} = \dfrac{kT_\pm}{e}$ を考慮して，

$$D_a = \frac{D_-\mu_+ + D_+\mu_-}{\mu_- + \mu_+} \approx D_+ + D_-\left(\frac{\mu_+}{\mu_-}\right) = \left(\frac{\mu_+ k}{e}\right)(T_+ + T_-) \approx \frac{kT_-}{e}\mu_+ \tag{5.38}$$

Z は，次の二つの仮定より導出できる．

仮定1: エネルギーが eU（速度 v）の電子による単位時間あたりの電離回数 $F(U)$ は，電離エネルギー eV_i 以上のエネルギー $e(U - V_i)$ と衝突回数 v/λ_- の積に比例する．

$$F(U) = \frac{a'(U - V_i)v}{\lambda_-} = ap(U - V_i)v \tag{5.39}$$

ただし，a', a：定数．

仮定2: 電子のエネルギー分布はマクスウェル分布であると仮定する．このとき

$$\frac{\mathrm{d}n}{n} = \frac{4}{\sqrt{\pi}}\frac{v^2}{w^2}\exp\left(-\frac{v^2}{w^2}\right)\mathrm{d}\left(\frac{v}{w}\right) = \frac{2}{\sqrt{\pi}}\frac{\sqrt{eU}}{(kT_-)^{3/2}}\exp\left(-\frac{eU}{kT_-}\right)\mathrm{d}(eU) \tag{5.40}$$

ここで，最確速度 w と電子温度 T_- は次式で定義される．

$$\frac{1}{2}m_- w^2 = kT_- \tag{5.41}$$

$$\frac{1}{2}m_- \langle v^2 \rangle = \frac{3}{2}kT_- \tag{5.42}$$

ただし，m_-：電子の質量．

ゆえに，

$$Z = \int_{n(v=V_i)}^{n(v=\infty)} F(U)\frac{\mathrm{d}n}{n} = ap \cdot \frac{m_-}{e}\frac{4}{\sqrt{\pi}}\left(\frac{2kT_-}{m_-}\right)^{3/2}\left(1 + \frac{eV_i}{2kT_-}\right)\exp\left(-\frac{eV_i}{kT_-}\right) \tag{5.43}$$

(5.36) 式に (5.38), (5.43) 式を代入すると

$$\frac{1}{\sqrt{eV_i/kT_-}}\exp\left(\frac{eV_i}{kT_-}\right) = 1.16 \times 10^7 c^2 p^2 R_t^2 \tag{5.44}$$

ただし，$c^2 = aV_i^{1/2}/\mu_+ p$ であり，他の量の単位は R_t [cm]，p [mmHg] である．

(5.44) 式を T_-/V_i 対 cpR_t の関係として描くと図5.14のようになり，これはあらゆる気体に適用できる曲線である（Frances, 1956）．ただし，気体の特性は，定数 c に含まれる μ_+, a, V_i を通して反映されており，c の値は表5.2のとおりである．

c. 径方向電界

径方向電界 E_r は両極性拡散時の内部電界として発生する．両極性拡散による電子と正イオンの径方向の移動速度 v_r は，

$$v_r = -\frac{D_+}{n}\frac{\mathrm{d}n}{\mathrm{d}r} + \mu_+ E_r = -\frac{D_-}{n}\frac{\mathrm{d}n}{\mathrm{d}r} - \mu_- E_r \tag{5.45}$$

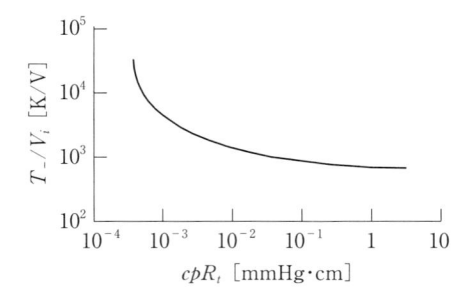

図 5.14 T_-/V_i と cpR_t の関係
T_-：電子温度，V_i：電離電圧，p：気体圧力，R_t：管半径．c：気体の種類によって定まる定数．

表 5.2 各種気体の c の値

気体	c の値
He	3.9×10^{-3}
Ne	5.9×10^{-3}
Ar	5.3×10^{-2}
Hg	1.1×10^{-1}
N_2	3.5×10^{-2}
H_2	1.05×10^{-2}
O_2	2.9×10^{-2}

$\mu_- \gg \mu_+$, $D_- \gg D_+$ で，アインシュタインの関係式 $\dfrac{D_-}{\mu_-} = \dfrac{kT_-}{e}$ を適用すると，

$$E_r = -\frac{dU}{dr} = -\frac{D_-}{\mu_-}\frac{1}{n}\frac{dn}{dr} = -\frac{kT_-}{e}\frac{1}{n}\frac{dn}{dr} \tag{5.46}$$

を得る．また，これを積分すると電位 $U(r)$ は

$$U(r) - U(0) = -\frac{kT_-}{e}\ln\frac{n(0)}{n(r)} = -\frac{kT_-}{e}\ln\left\{\frac{1}{J_0(2.405 r/R_t)}\right\} \tag{5.47}$$

(5.46)，(5.47) 式で $r \to R_t$ のとき，$E(R_t) \to \infty$, $-U(R_t) \to \infty$ となり，管壁近くにおいて上記の理論は適用できない．これは，最初に任意の点で $n_- = n_+$，したがって $dE_r/dr = 0$ と仮定したことに由来している．

$r=0$ で $U(0)=0$ とすると，(5.47) 式は次のように書き換えられる．

$$\frac{n(r)}{n(0)} = \exp\left\{-\frac{e|U(r)|}{kT_-}\right\} \tag{5.48}$$

これは，電荷密度がボルツマン分布に従うことを示している．

d. 軸方向電界

軸方向電界 E_z は，電子が電界から得るエネルギーと衝突によって失うエネルギーの平衡条件より求まる．いま，電子の E_z によるドリフト速度を v_-，電子エネルギー分布をマクスウェル分布とし，気体粒子との衝突によるエネルギー損失率を κ と仮定する．このとき 1 回の衝突による損失エネルギーは $m_- v^2 \kappa / 2$ であり，衝突周波数は v/λ であるので，n_- 個の電子の単位時間あたりのエネルギー変化は，それぞれ次のようになる．

$$電界から得るエネルギー = n_- e E_z v_- = n_- e \mu_- E_z^2 \tag{5.49}$$

$$衝突によるエネルギー損失 = \int_0^\infty \frac{1}{2}m_- v^2 \kappa \frac{v}{\lambda_-} \frac{4 n_- v^2}{\sqrt{\pi}}\left(\frac{m_-}{2kT_-}\right)^{3/2} \exp\left(-\frac{m_- v^2}{2kT_-}\right) dv$$

$$= \frac{2m_-\kappa}{\sqrt{\pi}} \frac{n_-}{\lambda_-} \left(\frac{2kT_-}{m_-}\right)^{3/2} \tag{5.50}$$

ここで，(5.31) 式を (5.49) 式に代入して，(5.50) 式に等しいとおくと，

$$\frac{2m_-\kappa}{\sqrt{\pi}} \frac{n_-}{\lambda_-} \left(\frac{2kT_-}{m_-}\right)^{3/2} = \frac{e^2 n_- \lambda_- E_z^2}{m_- (2kT_-/m_-)^{1/2}} \tag{5.51}$$

ゆえに

$$E_z = \frac{2\sqrt{2\kappa}\,kT_-}{\sqrt[4]{\pi}\,\lambda_- e} \tag{5.52}$$

となり，各特性値を代入して，次式を得る．

$$\frac{E_z}{p} = 1.84 \times 10^{-4} \frac{\sqrt{\kappa}\,T_-}{\lambda_- p} \tag{5.53}$$

ただし，E_z [V/cm]，p [mmHg]，T_- [K]，λ_- [cm]．

T_- は pR_t の関数であるから，E_z/p も pR_t の関数になる．

5.4.3 陽光柱の特性
a. 軸方向電界の実測値

図 5.15, 5.16 は単原子分子気体と二原子分子気体の E_z/p の実測値である (Frances, 1956). 二原子分子気体の E_z/p が単原子分子気体に比べて高くなっているのは，二原子分子気体では電子が振動励起を通してエネルギーを失いやすく，式の上では κ の値が大きくなるためである．陽光柱の換算維持電界 E_z/p は気体の換算破壊電界 E_B/p より低くなっている．これは，破壊時における電子の損失が自由拡散であるのに対し，グロー放電では両極性拡散によっているためである．

上記のショットキーの理論では，純粋の低圧気体を取り扱い，気体の温度上昇を無

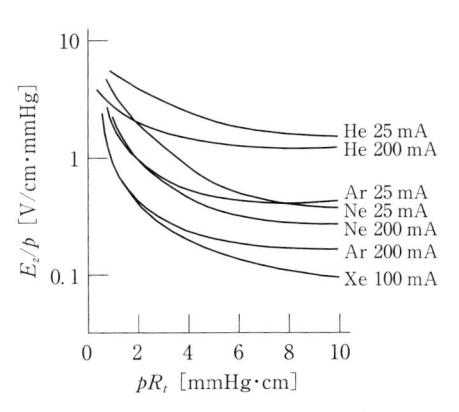

図 5.15 単原子分子気体中の軸方向電界 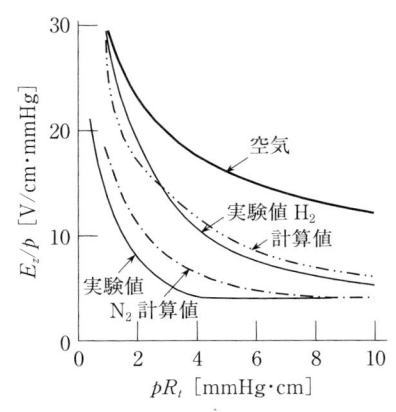   図 5.16 二原子分子気体中の軸方向電界

視していた．混合気体で準安定原子が含まれると E_z に大きな影響を及ぼすことが多い．電子付着性の気体が混合されたときには，移動度の低い負イオンが陽光柱の軸方向電界に沿ってゆっくりと移動し，径方向への拡散効果を低減させる．このために陽光柱内の負の荷電粒子密度が高くなり，これを中和するために正イオン密度も上昇するので，結果として陽光柱が軸中心に集中してグロー放電が不安定になりやすくなる．また，負荷電粒子の移動度が低下することは，非付着性気体で電子の衝突周波数が上昇したのと等価になり，気体圧力を上げたときの陽光柱の特性に近づく．

(5.27) 式の気体の加熱エネルギーの項が支配的で，気体の温度上昇があるときは，電子が電界から得たエネルギーは熱伝達と気流による冷却によって失われる．熱伝達が支配的なときは，j, n は p に反比例するとともに電離度は p^2 に反比例する．このために，熱伝導が支配的な場合は，気体圧力の上昇に伴って陽光柱が不安定になりやすく，安定なグロー放電を発生させるには気圧を下げる方が好ましい．一方，気流によって陽光柱プラズマのエネルギーが失われる（冷却される）場合は，j, n は p に無関係であるが，電界から電子が得るエネルギーは p に比例し，気流による荷電粒子損失を補償するために電離が活発になり，気流速度とともに換算電界 E_z/p が上昇する．陽光柱の産業応用では，n と E_z/p が大きいことは活性粒子の密度とエネルギーが上昇するので好ましい．このために，大気圧グロー放電を低温の気流で冷却して放電の安定化が図られる．

グロー放電の電圧電流特性 $U(I)$ は，次式で与えられる．

$$U(I) = V_n + E_z d_{pc} + V_A \tag{5.54}$$

ただし，V_n：正規グローの陰極降下電圧，d_{pc}：陽光柱の長さ，V_A：陽極降下（≈電離電圧）である．この式では V_n が支配的で，(5.53) 式で示したように pR_t が与えられると $E_z ≈$ 一定であるので，正規グローの $U(I)$ 特性は I に無関係にほぼ一定に維持される．また，d_{pc} の増加とともに $U(I)$ は徐々に増加する．

b. 電界と電位分布

直管内における陽光柱の電界分布は，上述の軸方向と径方向の電界の合成により $\vec{E} = \vec{E}_z + \vec{E}_r$ として求まる．等電位面は $\vec{E}$ に垂直な面であるので，概念的には図 5.17 のように陰極方向に凸の曲面になる．体積再結合がある場合は，(5.34) 式に n に比例する電子の消滅項を付加してショットキー理論の修正が必要で，このときには，管壁付近で n の大きな傾きができ，電界分布も両極性拡散のみの場合の修正が必要になる．

ところで，屈曲した放電管内でも陽光柱が管に沿って形成される．このときの電界分布は図 5.18 のように，放電開始前は（a）のような印加静電界であるが，グローが開始すると管内壁に電子が付着して（b）図のように管に沿った電気力線が形成される．

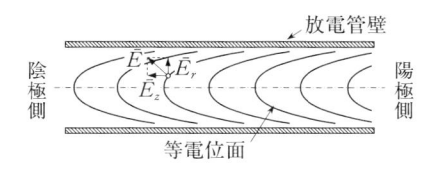

図 5.17　陽光柱内の等電位面の分布（概念図）

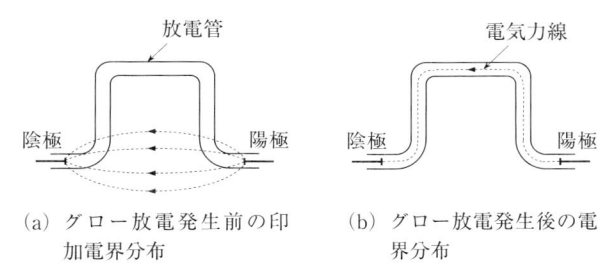

(a) グロー放電発生前の印加電界分布

(b) グロー放電発生後の電界分布

図 5.18　曲管でグロー放電が発生しているときの電気力線（概念図）

5.5　陽 極 領 域

5.5.1　陽極領域の理論

陽極は，陽光柱プラズマ中に置かれた正電位をもつ電極で，単に電子を捕集する役割をもっているに過ぎない．プラズマと陽極間に存在する電界は，陽極に向かう電子を加速し，正イオンを減速させる．このために，陽極前面には電子による負空間電荷層（電子鞘）が形成される．この電子鞘中の電界による加速によって電子エネルギーが大きくなると，電離・励起が可能になり，陽極前面に発光層ができる．$p<0.1\,\mathrm{mmHg}$, $j<10^{-3}\,\mathrm{A/cm^2}$ の領域に適用できる Engel による陽極領域のモデルを描くと，図 5.19 のようになる．このモデルを使って，陽極領域の厚さ d_A，陽極降下電圧 V_A，電流密度 j の関係は次のようにして得られる．

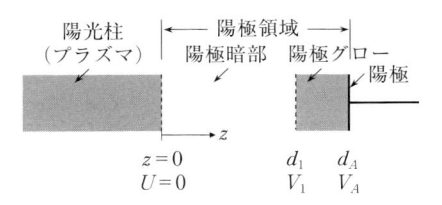

図 5.19　陽極領域のモデル

実験に基づいて，陽極領域の電界を次の二次形式で表す．

$$E = \frac{6V_A}{d_A^3}\left\{\left(\frac{d_A}{2}\right)^2 - \left(z - \frac{d_A}{2}\right)^2\right\} \tag{5.55}$$

このとき，陽極領域の電位 $U(z)$ は

$$U(z) = \int_0^z E\mathrm{d}z = 3V_A\left(\frac{z}{d_A}\right)^2\left(1 - \frac{2}{3}\frac{z}{d_A}\right) \tag{5.56}$$

ここで，z は陽光柱と陽極領域の境界を原点とする座標である．(5.39) 式で導入した定数 a を使って，電子の $\mathrm{d}z$ 間における電離回数 $\mathrm{d}F(v)$ は

$$\mathrm{d}F(U) = ap(U - V_i)\mathrm{d}z = ap(\bar{U} + U(z) - V_i)\mathrm{d}z \tag{5.57}$$

ただし，$\bar{U}$：陽極領域に入る電子の平均エネルギーである．

電離は，陽極グローの境界で起こり始めるので，$\bar{U} + V_1 = V_i$ であり，$d_1 < d < d_A$ において電子が生成される．ただし，式の記号は図 5.19 に示したとおりである．そこでの電離回数は，(5.57) 式を積分して

$$F(U) = \int_{d_1}^{d_A} ap(U - V_i)\mathrm{d}z = apd_A\frac{(\bar{U} + V_A - V_i)^{3/2}}{(3V_A)^{1/2}} \tag{5.58}$$

d_A は電子の平均自由行程程度であるので，この間の電子衝突は無視できる．いま，陽光柱を出発する毎秒あたりの電子数が多いと仮定すると，陽極暗部は平行平板の二極管[*4]と置き換えられる．このとき，電子電流密度 j_- および正イオン電流密度 j_+ に関して次の関係が成立する．

$$\frac{j_+}{j_-} = \sqrt{\frac{m_-}{m_+}} \tag{5.59}$$

ただし，m_-, m_+：電子と正イオンの質量である．また，

$$j_- = \frac{4\varepsilon_0}{9}\left(\frac{2e}{m_-}\right)^{1/2}\frac{V_A^{3/2}}{d_A^2} \tag{5.60}$$

ここで，図 5.19 の $z = d_1$ における電子と正イオン電流を考える．陽光柱から陽極暗部に流入する毎秒あたりの電子数を N_1 とすると，陽極暗部では衝突電離がないので電子電流は $N_1 e$ であり，一方正イオンは $d_1 < z < d_A$ で電子 1 個あたり $F(U)$ 個発生するので $N_1 eF(U)$ の正イオン電流になる．したがって，$z = d_1$ で電流密度を評価し，(5.59) 式と比較すると，

$$\frac{j_+}{j_-} = \frac{N_1 eF(U)}{N_1 e} = F(U) = \sqrt{\frac{m_-}{m_+}} \tag{5.61}$$

となる．(5.58) 式と (5.61) 式より d_A を求めて (5.60) 式に代入すると

$$\frac{j}{p^2} \approx \frac{j_-}{p^2} = \mathrm{const}\, V_i^{1/2}(\bar{U} + V_A - V_i)^3 \tag{5.62}$$

また，$V_A \approx V_i$ であるので (5.60) 式より

$$pd_A = \left(\frac{4\varepsilon_0}{9}\right)^{1/2}\left(\frac{2e}{m_-}\right)^{1/4} V_i^{3/4}\left(\frac{1}{j/p^2}\right)^{1/2} \tag{5.63}$$

5.5.2 陽極領域の特性

理論で述べたように陽極領域では，陽光柱から電子が供給され，陽極グロー中の電離によって陽光柱に正イオンを供給する．陽極領域の大部分は陽極暗部で占められ，この領域の電位降下は電離電圧程度である．しかし，気圧が 100 mmHg 程度に高くなると，陽極降下電圧 V_A は気圧とともに上昇し，負性気体中ではこの上昇率が図 5.20 のように大きくなる (Raizer, 1997)．

陽極領域の厚さ d_A は電子の平均自由行程のオーダで，次の実験式が提案されている．

---

*4 **平行平板の二極管**： 平行平板電極系の陰極から多数の電子が初速度ゼロで放出されている状態を考える．なお，図 5.19 の記号を使うと，電極間距離 d は $d_1 \approx d_A$ である．このとき，二極管の電圧・電流特性は次のようになる．基礎式は次のとおりである．

ポアソンの式： $\dfrac{d^2 U}{dz^2} = \dfrac{e}{\varepsilon_0} n_-$ (1)

電子の運動方程式より： $\dfrac{1}{2} m_- v_-^2 = eU$ (2)

電流密度の式： $j = n_- e v_-,\quad \dfrac{dj_-}{dz} = 0$ (3)

(1)〜(3) 式より n_-, v_- を消去して得られる式を，$z=0$ で $U=0$, $dU/dz=0$ (これは，陰極表面での電子の初速度ゼロの条件に等しい) の境界条件を考慮して2回積分すると

$$U = \left(\frac{9 j_-}{4\varepsilon_0 \sqrt{2e/m_-}}\right)^{2/3} z^{4/3} \tag{4}$$

または

$$j_- = \frac{4\varepsilon_0}{9}\sqrt{\frac{2e}{m_-}}\frac{U^{3/2}}{z^2} \tag{5}$$

$z = d_1 \approx d_A$ で $U = V_1 \approx V_A$ とおくと

$$j_- = \frac{4\varepsilon_0}{9}\sqrt{\frac{2e}{m_-}}\frac{V_A^{3/2}}{d_A^2} \tag{6}$$

これを空間電荷制限電流と呼ぶ．

また，これらの式より，電位，電界，電子密度分布は次のようになる．

$$\frac{U(z)}{V_A} = \left(\frac{z}{d_A}\right)^{4/3},\quad \frac{E(z)}{E_A} = \left(\frac{z}{d_A}\right)^{1/3},\quad \frac{n_-(z)}{n_{-A}} = \left(\frac{d_A}{z}\right)^{2/3} \tag{7}$$

ただし，添え字 A は陽極面における値を示す．これによると，$z \to 0$ で $n_-(0) \to \infty$ となるが，これは陰極面を電子が初速度ゼロで出発すると仮定したことからきている．

正イオン電流の場合も同様に考えて

$$j_+ = \frac{4\varepsilon_0}{9}\sqrt{\frac{2e}{m_+}}\frac{V_A^{3/2}}{d_A^2} \tag{8}$$

ゆえに

$$\frac{j_+}{j_-} = \sqrt{\frac{m_-}{m_+}} \tag{9}$$

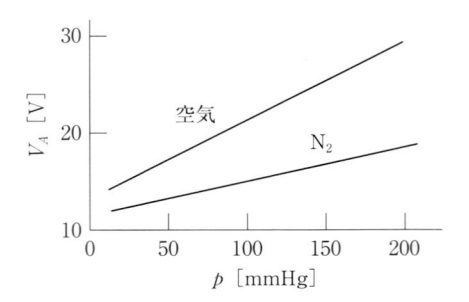

図 5.20 陽極降下電圧に対する圧力の影響（実測値）

$$d_A = 0.05/p \ [\text{cm}] \tag{5.64}$$

ただし，p [mmHg].

電流密度は，電流連続の原理から陰極領域の特性（表 5.1 参照）と同じである．

5.6 グロー放電の不安定性と安定化法

先にも述べたようにグロー放電は，陽光柱プラズマ中で $T_- \gg T_+ \geq T_0$ で，拡散光を放ち，γ 作用によって陽光柱に電子を供給している冷陰極の放電である．この状態は，直流放電の場合，気体圧力，放電電力密度（電界と電流密度の積）や放電容積が限られた範囲で実現でき，その範囲を超えると内部状態の動揺やグロー放電の前提条件が失われる．これが，グロー放電の不安定性である．グロー放電を気体レーザやプラズマ化学，ならびに半導体産業で応用しようとする場合，大気圧付近の気体中で大容積の均一な負グローや陽光柱を発生させ，電子密度を上げるために放電電流を大きくすることが必要になる．このとき，グロー放電は不安定になりやすい．不安定は，その原因の発生場所によって，陰極降下領域の不安定と陽光柱不安定に大別され，さらに陽光柱不安定には，陽光柱プラズマにおける擾乱が印加電界方向に出現する軸方向不安定と，電界に直角方向に出現する径方向不安定がある．ここでは，それらの不安定とその安定化法を概説する．

グロー放電の工学的応用の観点からは，図 5.3(a) の直流グロー放電の構成にこだわらず，冷陰極で，放電が拡散光を放ち，かつプラズマ中で $T_- \gg T_+ \geq T_0$ を満たす放電をグロー放電と定義し，この条件下で大容積の高密度プラズマを安定に形成することに興味がある．ここでは，その手法についても触れる．

(a) 交差気流　　　　　　　　(b) 平行気流

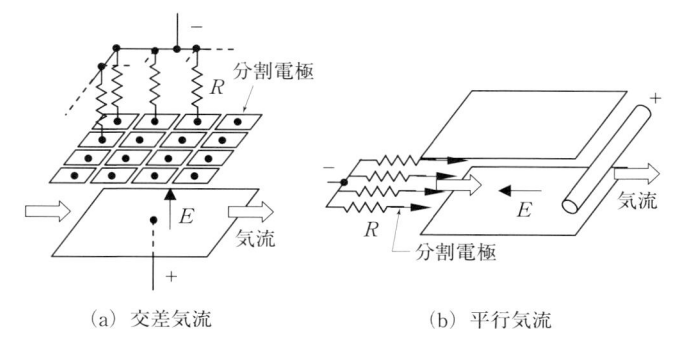

図 5.21　分割陰極と気流によるグロー放電の安定化

5.6.1　陰極降下部の不安定性と安定化法

5.3節で述べたように，放電電流を外部回路条件（図5.1(a) の V_0 と R）によって制限したとき，陰極降下領域の維持ができなくなり，正規グローから前期グローを経由してグローが消滅する．一方，異常グローより放電電流を大きくすると，陰極降下領域ならびに陰極表面の加熱が進み，陰極表面の一部に電流が集中した陰極点が形成される．陰極からの電子供給機構は，グロー放電では γ 作用による二次電子放出であるが，陰極点が形成されると熱電子放出，電界放出あるいは熱電界放出になり，さらに陰極から放出される金属蒸気中で活発な電離も起こり，このとき陰極降下電圧が小さくなって，放電はアークに移行する．

このような陰極降下領域の加熱防止法として，① 陰極を分割して各電極に抵抗を接続する方法，② 気流によって陰極領域を冷却する方法，③ 陰極降下領域を形成させないで $T_- \gg T_+ \geq T_0$ のプラズマを発生させる方法などがある．

a.　分割陰極法（Beaulieu, 1970；Fridman et al., 2004）

陰極を図5.21のように分割し，各分割電極は個別の外部抵抗 R を通して電源に接続する．このとき，いずれかの分割陰極の電流密度が上昇して陰極点が形成されて放電維持電圧が低下しても，外部抵抗での電圧降下があるので他の分割電極と陽極間の電圧に及ぼす影響は小さく，全体としてグロー放電が維持される．また，グロー放電の電流を上昇させたとき，電流が陰極全表面から流れ始めると正規グローから異常グローに移るが，分割陰極にすることで異常グローの平均電流密度を分割していない場合より大きくできる．

b.　別電源で発生したプラズマを電子供給源にする方法

図5.3(a) に示したような金属陰極からの電子放出によって電子を供給する代わりに，第三電極を挿入して陰極近傍にプラズマを形成させ，そこから電子を供給する．この方法には，直流放電に使用できるマイクロホロー陰極を使用する方法と，パルス

放電やホロー陰極などの種々の方法でプラズマを形成して電子供給源にする方法がある．これらの方法では，陰極降下領域がないので，図5.3(a)のグロー放電構成において現れる陰極降下領域の不安定を回避できる．ところで，先にグロー放電を「陽光柱プラズマ中で$T_- \gg T_+ \geq T_0$で，拡散光を放ち，γ作用が陽光柱への主要な電子供給源となっている冷陰極の放電」と定義した．プラズマを電子供給源にすると5.3節で述べた陰極降下領域が明瞭でなくなるので，厳密には最初の定義から外れるが，高気圧グロー放電を論じるときには，陰極で熱電子放出がなく，放電が拡散して$T_- \gg T_+ \geq T_0$の条件が成立すればグロー放電と呼ぶことが多い．

図5.22(a)に示すように直径Dの孔の開いた陰極対陽極の電極系を構成する(Schoenbach et al., 1997；Stark et al., 1999；Moselhy et al., 2003；Boeuf et al., 2005)．このとき，陽極は特に孔が開いている必要はないが，後述するプラズマ陰極を形成させるために孔開きとしている．電子-イオン再結合や累積電離などの非線形過程が起こっていない場合は，3.5.5項で述べたように相似則が成立するので，$pD=$一定でpを変えても放電電圧がほぼ一定に保たれる．例えば$D \approx 100\,\mu m$とすると，pを大気圧程度に選べるので大気圧グローが得られる．さらに，Dが小さいときは，陰極が円筒形のホロー陰極となってホロー陰極（カソード）放電となる．このような小さい孔をもつ陰極で構成された電極系のホロー放電をマイクロホロー陰極放電と呼ぶ．このときの電圧・電流特性は，同図(b)のようになり，基本的には図5.5の特性と同じになる．

微小電流のタウンゼント放電モードでは，放電がパッシェン曲線の極小値の左側に対応した状況になり，パッシェン曲線の極小値におけるギャップ長に対応する電気力線長になるところで放電が起こるので，図5.23(a)のように放電は孔の外側まで広がる．放電電流を上昇させると孔内の放電の導電率が上昇し，孔内の径方向の電界が上昇してホロー陰極が形成される．このとき，放電維持電圧は低下し，図5.22(b)

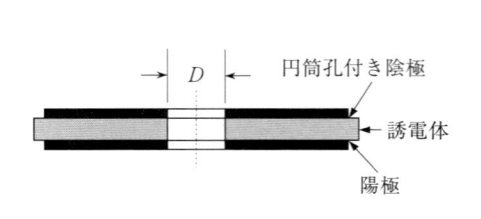

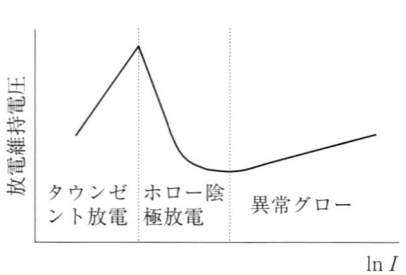

(a) マイクロホロー陰極の構造　　(b) マイクロホロー陰極放電の電圧対電流特性

図5.22　マイクロホロー陰極放電

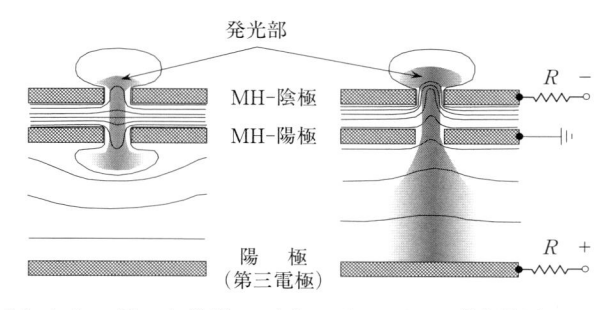

5.6 グロー放電の不安定性と安定化法

(a) タウンゼント放電モード　　(b) マイクロホロー陰極放電（仮想陰極）によるグロー放電

図 5.23 マイクロホロー陰極放電によるプラズマ陰極（仮想陰極）の形成原理

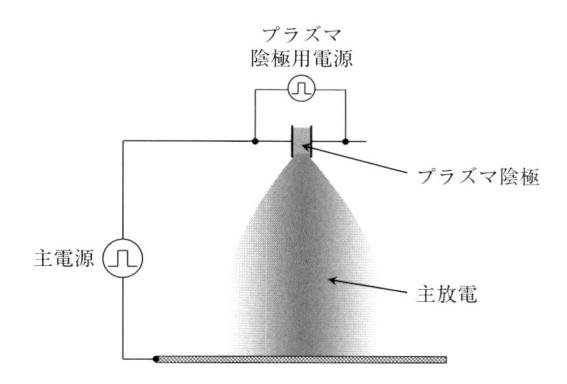

図 5.24 プラズマ陰極によるグロー放電の安定化

のホロー陰極放電モードになる．さらに電流を上昇させると，放電領域が孔の外まで広がって，異常グロー放電モードに移る．このとき，マイクロホロー陰極から離れた位置に図 5.23(b) のように第三の正電極を置くと，マイクロホロー陰極系が電子供給源となるプラズマ陰極となり，第三電極とマイクロホロー陰極間に高気圧グローを安定に発生させることができる．この放電をマイクロホロー陰極によるグロー放電と呼び，ホロー陰極形状を変えて種々の応用がなされている．

図 5.24 は，別電源でプラズマを形成して主放電に電子を供給するプラズマ陰極方式の例で，プラズマ陰極を形成するのに種々の工夫がなされている（Sugawara et al., 1981；Akiyama et al., 1984；Nakamura et al., 1986）．図 5.23 はプラズマ陰極の一種と考えてよく，図 5.24 のプラズマ陰極として図 5.9 に示したように種々のホロー陰極形状が提案されている．

c. 気流で放電空間を冷却する方法

後述するように高速気流は陽光柱の安定化に使用されるが，陰極降下領域の冷却にも寄与し，陰極点の開始電流密度を上昇させるのに役立つ．

d. その他の方法

定常グロー放電ではないが，次のような高気圧グローを得る方法がある．

(1) 陰極スポットを形成する前に強力な過渡グローを発生させた後ただちに印加電圧を除去するパルス電圧を用いる方法，ならびにマイクロ波領域までの高周波を使用してイオンおよび電子をギャップ内にトラップする方法．

(2) 電極間に誘電体層を介在させてアークへの転移を回避するバリア放電を利用する方法（Kanazawa et al., 1988；Yokoyama et al., 1990；Okazaki et al., 1993；Larouss et al., 2002；Massines et al., 2003）．

(3) 表面に植細管，ナノサイズ突起の電子放出源形成，半導体や抵抗の膜形成を行った陰極あるいは網目構造の電極を使用する方法（Hatta et al., 1991；Kunhardt et al., 1997；Kunhardt, 2000；八田ら，2003）．

(4) 外部からの強力な電子ビーム（図5.25）や光子ビームによる多量の電子供給とパルス電圧を組み合わせる方法（Harris et al., 1974；Velikhov et al., 1974）．

グロー放電を「$T_- \gg T_+ \geq T_0$ でかつ拡散光を放つ冷陰極の放電」と定義すれば，バリア放電や多量の初期電子供給時の過渡放電はグロー放電になるが，「γ 作用による陰極からの二次電子放出に基づく自続状態」の条件を加えると，グロー放電の範疇から外れる．また，上記(4)の外部刺激によって多量の電子を供給する方法は，放電内部の電離と外部からの電子供給の両方が放電自続の必要条件になる．

上記のような大気圧（高気圧）グロー放電の発生法は，放電の構造が図5.3(a)と異なっているので，しばしば非平衡プラズマ発生法（5.7.2項参照）として紹介されている．

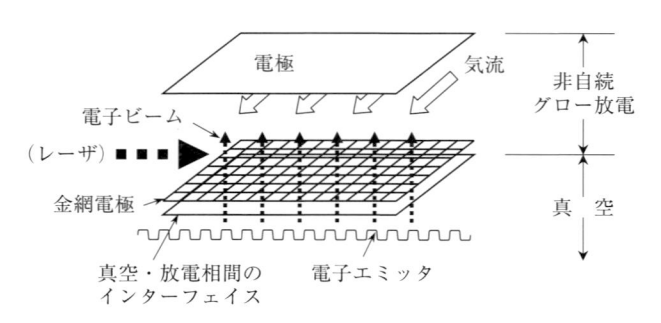

図5.25 電子ビームを使用した非自続グロー放電（レーザ用）

5.6.2 陽光柱の不安定性と安定化法

5.4.2項のショットキーの理論では，陽光柱内で電子は直接電離によって生成され，両極性拡散によって管壁まで拡散して表面再結合で消滅するとして，安定な状態にある陽光柱プラズマの電子密度，電子エネルギー，電界を求めた．しかし，このような安定な陽光柱プラズマは，電流密度，気体圧力，放電管サイズなどの放電条件がある限られた範囲でのみ実現でき，その範囲を外れると不安定な状態に陥る．この不安定性は，電子密度，励起粒子密度（発光強度），電子エネルギーなどのプラズマパラメータの動揺として現れ，その出現形態は，電界方向（管軸方向）の不均一性と径方向の不均一性に大別される．前者は陽光柱プラズマ中の光条（縞），後者は陽光柱プラズマの収縮として知られている．

a. 安定性の判別

陽光柱プラズマパラメータの変動原因は，電子密度の変化に結び付けられる．そこで，種々の放電基礎過程が電子密度の変化にどのように影響するかを調べて，陽光柱プラズマの安定性と基礎過程の関係を調べる．電子密度の変化は，形式的に次式で表現される．

$$\frac{dn_-}{dt} = Z_+ - Z_- \tag{5.65}$$

ここで，Z_+：単位体積あたりの電子生成率，Z_-：単位体積あたりの電子消滅率である．Z_+，Z_- は，n_- ならびに電子エネルギー，電界，準安定原子密度，負イオン密度などに依存する．定常状態では，$dn_-/dt = 0$，すなわち，$Z_+ = Z_-$ である．このときの電子密度を $n_-^{(0)}$ として，その近傍における Z_+，Z_- の n_- 依存性を概念的に表すと図5.26のように二つの場合が考えられる．何らかの擾乱によって n_- が同図 (a) の $n_-^{(0)}$ より増えたと仮定すると，$dn_-/dt = Z_+ - Z_- < 0$ となり，n_- は減少して $n_-^{(0)}$ に戻ろうとする．同様に考えると，図 (a) の状態は安定，(b) の状態は不安定である．この図をもとにして，各基礎過程が陽光柱プラズマの安定性にどのように作用するかを，以下で調べる．

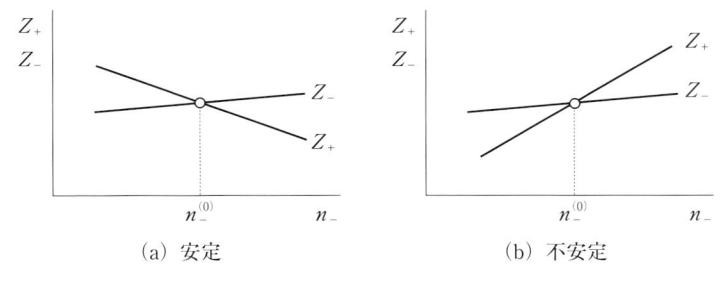

図 5.26 平衡点付近の陽光柱プラズマの安定性の判別
(a) 安定 (b) 不安定

電子の直接電離では，次の関係がある．

$$Z_+ \propto n_- \tag{5.66}$$

体積再結合では

$$Z_- \propto n_-^2 \tag{5.67}$$

であるので，(5.66) と (5.67) 式は図5.26(a) の関係になるので，体積再結合は安定化に作用する．

電極に接続する外部抵抗は，n_- が増加すると陽光柱の電流密度が上昇して陽光柱にかかる電圧を低下させ，結果として電界と電子温度の低下に繋がり，これらは電離周波数を低下させるように働くので，外部抵抗は安定化に作用する．

両極性拡散では，

$$Z_- \propto v_r n_- \propto n_- \tag{5.68}$$

であるが，ショットキーの理論で示したように安定化に作用する．

プラズマ中の熱伝達は，拡散係数を大きくするのと同じ作用をもち，粒子密度の均一化にも寄与するので，安定化に作用する．

気体に局所的加熱が起こると，放電管内で $p = NkT =$ 一定でも気体温度 T の上昇で気体密度 N が局所的に低下する．その結果 E/N が増加し，これは (3.143) 式で示したように電離係数を指数関数的に上昇させるので，図5.26(b) の場合になり，加熱は不安定化に作用する．また，累積電離，準安定原子の蓄積および電子間衝突の発生は不安定化の要素となる．

b. 陽光柱プラズマの収縮不安定と安定化法

収縮は，気体圧力や電流密度が増加したときに発生する非一様な加熱や再結合の進行，累積電離ならびに電子間衝突による高エネルギー電子の出現などによって起こる (Kenty, 1962；Baranov et al., 1969；Trader, 1959)．図5.27はネオン管 ($R_t = 2.8$ cm) の $pR_t = 210$ mmHg·cm のときのグロー放電の電圧・電流特性で，$I \approx 100$ mA で拡散グローから収縮グローに移行している (Golubovskii et al., 1977)．移行には電流の増減でヒステリシスがあり，収縮によって電界は急に低下するとともに陽光柱プラズマ径は図5.28に示すように1桁小さくなる (Golubovskii et al., 1977)．また，気体温度は約40%上昇するが，電子温度は逆に20%程度低下する．収縮後のプラズマは，拡散グロー時より電子温度とイオンならびに気体温度は互いに近づくが，アーク時のような局所熱平衡には達していない非平衡プラズマ状態である．

先に述べたように，収縮は気体圧力や電流密度が増加したときに起こりやすく，プラズマパラメータの大きな変化をもたらすので，グロー放電の産業応用においては避けなければならない現象である．陽光柱の安定化法として，陰極降下領域の安定化法で述べた高速気流と陰極分割法が用いられる．

高速気流は，5.4.3項で述べたように陽光柱の E_z/p を上昇させて電離を活発にす

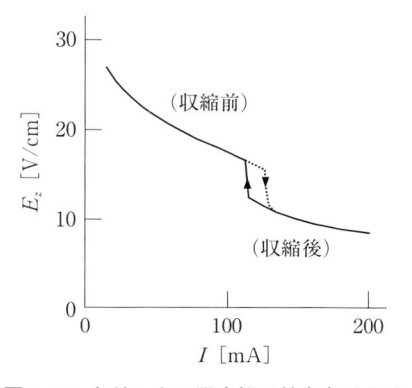

図 5.27 収縮のある陽光柱の軸方向電界対
放電電流特性
Ne, $R_t = 2.8$ cm, $pR_t = 210$ mmHg·cm.

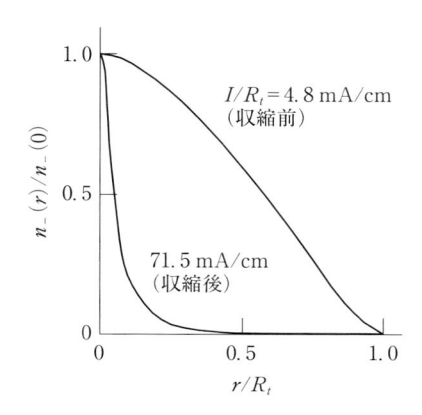

図 5.28 収縮前後の電子密度分布
Ne, $R_t = 2.8$ cm, $pR_t = 210$ mmHg·cm.

るとともに，気体原子・分子が放電空間に滞留するする時間を短くできるので，① 気体原子・分子の加熱時間の短縮，② ジュール熱の放電空間からの排出，③ 放電管の冷却，④ 累積電離を促進する準安定原子の放電空間からの排出，⑤ 気流の渦による荷電粒子拡散の助長の効果をもつ．これらは陽光柱の安定化に作用し，陽光柱の産業応用にとっては好ましい．

収縮が起こると，収縮陽光柱の電界が低下し，それに接するまわりの拡散陽光柱内の電界も下がるので，拡散陽光柱の維持が困難になる．陰極を分割して図 5.21 のようにそれぞれに直列抵抗を接続すると，収縮が起きても拡散グロー中の電界低下を和らげることができるので，全体としてグロー放電が安定になる．

c. 縞 (Frances, 1956；電気学会，1974；1998)

管壁に囲まれた数 mmHg 程度のグロー放電の陽光柱においては，しばしば縞が自発的に現れる．図 5.29(a) は，縞の概念図で，発光の明るいところと暗いところが交互に現れ，普通陰極側が鮮明である．また，長い陽光柱の一部分に現れることもある．縞が定常的に発生する場合と軸方向に移動する二つの形態があり，前者を定在縞，後者を移動縞と呼ぶ．

定在縞 水素のような二原子分子気体で発生する場合が多く，縞間の距離（波長）λ_s，気体圧力 p，管半径 R_t の間に次の関係が見出されている．

$$\frac{\lambda_s}{R_t} = \frac{C}{(pR_t)^m} \tag{5.69}$$

ここで，m は 0.5 に近い定数（$m = 0.53(H_2)$，$m = 0.32(N_2)$）で，C は電流密度の関

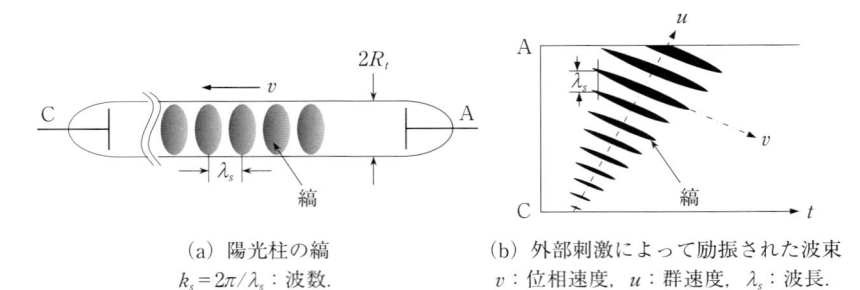

(a) 陽光柱の縞
$k_s = 2\pi/\lambda_s$：波数.

(b) 外部刺激によって励振された波束
v：位相速度, u：群速度, λ_s：波長.

図 5.29 縞の概念図

表 5.3 c, γ の値

	He	Ne	Ar	Kr	Xe
c	12	7	2.2	1.4	1.1
γ	0.93	1	0.8	0.5	0.5

数である．これを Goldstein の法則という．また，希ガスでも観察されることがある．

移動縞 希ガスにおいて多く観測され，縞の移動方向は陽極から陰極に向かう場合が多い．これを正の移動縞という．二原子分子気体の場合は，陰極から陽極に向かう場合が多く，負の移動縞という．縞の周波数は 1 kHz から数百 Hz の間にあり，移動速度は数百 m/s に達する．

移動縞が自励発振するためには，放電電流に上限があり，次式で示される．

$$I_c = c/p^{\gamma} \tag{5.70}$$

c と γ は定数で，表 5.3 に示す．$\gamma = 1$ のときの I_c を Pupp の限界電流という．(5.70) 式の値より大きくても，外部から電圧パルスや電流変調の刺激を与えると移動縞を発生させることができる．図 5.29(b) はネオン管でパルス刺激によって得た縞の概念図で，波束は速度 u で陰極から陽極に向かって伝播し，縞は速度 v で反対方向に進んでいる．

縞の発生と伝播機構，および発生の防止法 自励発振する移動縞については Wojaczek (Wojaczek, 1962) と Yamashita ら (Yamashita, 1967 ; Yamashita et al., 1968)，人為的に発生させた移動縞については Lee ら (Lee et al., 1966) によって理論的に検討されているが，縞の伝播特性は，気体の種類や放電条件によって複雑に変化し，検討すべき課題が残されている．ここでは，縞の発生と伝播機構を現象論的に説明する．

縞は，陽光柱プラズマ中を軸方向に伝播する電離振動（電離波動）が顕在化したも

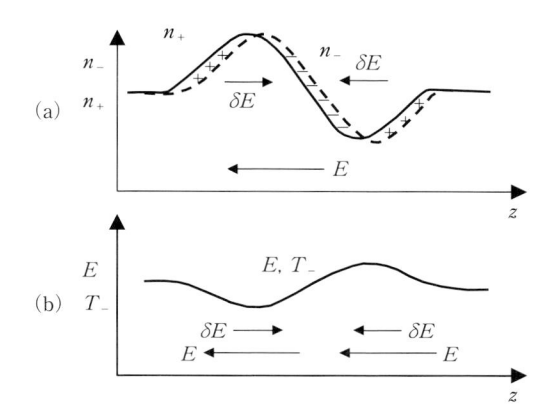

図 5.30 軸方向電子密度擾乱時の電界変化，電子温度変化，電子密度変化

ので，一定の個数の電子の空間的再配置であるプラズマ振動[*5] ではない．

図 5.30 に示すように，電子密度の局所的擾乱が発生したことを考える．このとき，図 5.29(a) に示したように陽光柱の一部に擾乱が発生しているので，放電電流密度はほぼ一定に保たれる．したがって，

$$j = \sigma E \propto n_- E = 一定 \tag{5.71}$$

ただし，σ：プラズマの導電率である．

ゆえに

$$\frac{\delta n_-}{n_-} = -\frac{\delta E}{E} \tag{5.72}$$

すなわち，電子密度が上昇した位置の電界は低下する．これは，擾乱によってプラズマ中で局所的に電子密度が上昇したとすると，図 5.30 に示すように電子はドリフトして正イオンの陽極側に移動する．このとき，発生する電界 δE は印加電界と逆向きになるので，そこの合成電界を低下させ，電子エネルギーを下げる．電子エネルギー

[*5] **電離振動（波動）とプラズマ振動**： プラズマ中で電子が全体として変位し，電荷分離が生じたと仮定する．このとき，正イオンと電子群の間に電界が発生して，軽い電子がイオンに引き戻される．プラズマ中で電子が衝突を起こさないなら電子は行き過ぎてある位置を中心にして振動する．この振動をプラズマ振動という．プラズマ振動は，電離度が高く，粒子間衝突が問題にならない低気圧プラズマ中で起こりやすく，振動中の電子個数は一定である．一方，電離振動は，電離度の低いプラズマ中で，粒子間衝突があるときに発生する現象である．電荷分離による電界によってプラズマ中の電界が乱されると，それによって電子エネルギーならびに衝突電離の割合が変動し，その結果電子密度が変化する．この場合は，プラズマ中の電子個数は時間とともに変化している．

の低下は衝突電離割合を下げるので，結果としてそこの電子密度を下げることになる．すなわち，電子密度上昇の擾乱に端を発した電界の低下，電子エネルギーの低下の一連の過程が時間遅れなしに起こるときには，擾乱は消滅してプラズマは安定になろうとする．

ところが，これらの過程が起こるためにはある時間が必要で，電子密度に対する擾乱を図5.29のような波動であるとすると，この波の1波長内で一連の過程が起こるなら擾乱は消え，1波長を越えて起こるなら自励発振が起こる．

いま，n_- が変化して電子温度が緩和するまでの時間を τ_u とすると，速度 v_d でドリフトする電子による緩和距離 Λ_u は $\Lambda_u = v_d \tau_u$ となり，図5.29, 5.30の擾乱の波長を λ_s とすると，$\lambda_s \gg \Lambda_u$ ならば密度変化が起こった位置の近傍でその密度変化が打ち消されるので擾乱は消え，$\lambda_s \leq \Lambda_u$ ならば擾乱（縞）は自励発振する．電子の平均自由行程を λ_-，電子衝突時の電子エネルギーの損失割合を κ とすると，ここでは証明しないが $v_d \tau_u \approx \lambda_-/\sqrt{\kappa}$ の関係がある（Raizer, 1997）ので，縞の自励発振の必要条件は

$$\lambda_s \approx \frac{\lambda_-}{\sqrt{\kappa}} \quad \text{あるいは} \quad \frac{\lambda_- k_s}{\sqrt{\kappa}} \approx 2\pi \tag{5.73}$$

となる．実際には，波長が R_t より短くなると，軸方向の両極性拡散によって擾乱が破壊されて消えるので，この点から，縞が起こるために次の条件が付加される．

$$k_s R_t \approx 1 \tag{5.74}$$

ここで，k_s は縞の波数で，$k_s = 2\pi/\lambda_s$ である．(5.73) と (5.74) 式より k_s を消去すると

$$\frac{\lambda_-}{R_t} \approx 2\pi\sqrt{\kappa} \tag{5.75}$$

損失割合 κ は，単原子分子気体では弾性衝突でエネルギーを失い，$\kappa = 10^{-4} \sim 10^{-5}$ と小さい．一方，二原子分子気体では分子の振動モードにエネルギー伝達されるのでエネルギー損失割合が大きく，$\kappa \approx 10^{-2}$ となる．このために，単原子分子気体では $p = 0.1 \sim 10$ mmHg で (5.75) 式が容易に満たされるために縞が発生しやすく，二原子分子気体では観測が難しくなる．

次に，縞の移動機構を調べる．先に述べたように，実験では種々の移動縞が観測されている．ここでは陽極から陰極に向かって移動する縞の機構を調べる．図5.31(a) の実線のようなプラズマの擾乱が発生していることを考える．このとき，電荷分離は，電子とイオンのドリフト速度の差によって起こるのではなく，同図の破線のように拡散係数の大きい電子の速い拡散によって起こっているとする．いま，n_- が陰極方向（z 方向）に減少している領域を考えると，図のA点付近では正イオン過剰，B点付近では電子過剰になり，印加電界 E と同じ方向に分極電界 δE が形成される．このために，A-B間で電界が増強され，E の波動は最初の n_- の波動より1/4波長だけ陰極側

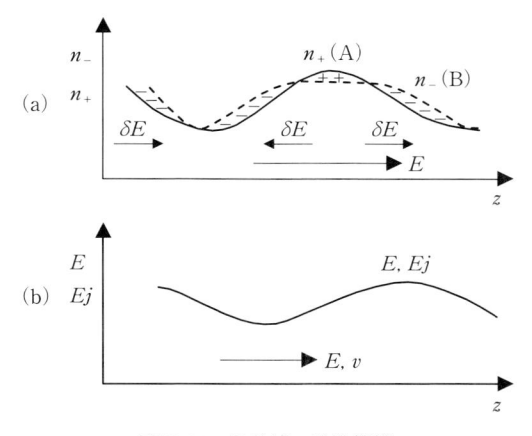

図 5.31 移動縞の発生機構

にずれる．これにより縞の電子温度，電子密度も E の変化のように移動する．移動縞発生中は $j \approx$ 一定であるので，プラズマ中のエネルギー損 Ej は，図 5.31(b) に示すように E とほぼ同じ分布で陽極から陰極に向かって移動する．

移動縞の発生には (5.74) 式の必要条件があるので，その発生を防ぐには，その条件を避ければよい．縞による n_-, E, T_- の変動は，収縮の場合に比べて小さいので，陽光柱の産業応用の面から縞が問題にされることは比較的少ない．

5.7 グロー放電と低温プラズマ

5.7.1 グロー放電と低温プラズマの応用

電子温度とイオンおよび中性粒子温度の異なるプラズマを，非平衡プラズマあるいは低温プラズマという．これまでに述べたグロー放電の陽光柱，ならびにコロナ放電やストリーマ放電チャネルのプラズマは，低温プラズマである．これに対し，粒子温度の等しいプラズマを熱平衡プラズマあるいは熱プラズマと呼び，第 6 章で述べる高気圧アーク放電の陽光柱や火花放電のアークならびに雷の主放電のプラズマは，熱プラズマである．

低温プラズマは，次のような特徴をもち，種々の分野で応用されている．

(1) 低温で高導電率の流体が得られる： 電離電圧の低い K, Cs などの原子を添加（シード）させると，高導電率の流体が得られ，MHD 発電の作動流体に利用できる．表 5.4 は，種々のグロー放電の陽光柱のプラズマパラメータの例を示す．MHD と (2) 項で述べるエキシマレーザの場合は，電子密度，注入エネルギー密度，放電電流密度

表 5.4 種々のグロー放電陽光柱のプラズマパラメータ

	低気圧 希ガス	金属ドープ低気 圧ガス（ランプ）	金属シード高気 圧ガス（MHD）	金属ドープ高気圧ガス （エキシマレーザ）
T_- [K]	$(1 \sim 3) \times 10^4$	5000〜10000	3500〜6000	3000〜5000
T_0 [K]	300〜600	300〜600	1000〜2000	300〜600
n_- [cm^{-3}]	$10^9 \sim 10^{14}$	$10^{11} \sim 10^{12}$	$10^{13} \sim 10^{15}$	$10^{14} \sim 10^{16}$
n_0 [cm^{-3}]	$10^{16} \sim 10^{18}$	$10^{17} \sim 10^{18}$	$10^{19} \sim 10^{20}$	$10^{19} \sim 10^{20}$
n_m [cm^{-3}]		$10^{12} \sim 10^{13}$	10^{17}	$10^{15} \sim 10^{16}$
電力密度 [W/cm^3]	0.01〜0.1	0.01〜0.1	10〜1000	10^6
電流密度 [A/cm^3]	0.1〜10	0.1〜1	1〜100	100〜1000
動作条件	定常	定常	定常	パルス
電子とイオンの消失機構	両極性拡散，表面再結合	両極性拡散，表面再結合	体積再結合	分子の解離とイオン形成，体積再結合

T_-：電子温度，T_0：中性粒子温度，n_-：電子密度，n_0：希ガス原子密度，n_m：準安定原子密度；エキシマレーザでは，外部からの豊富な電子供給がある．

が低気圧グロー放電の場合より桁違いに高い．このために，陽光柱で起こる衝突過程に，低気圧グローで考慮しなかった体積再結合，気体分子の解離とイオン化，重い原子との非弾性衝突などが加わる．

(2) 選択的波長の発光が得られる： 気体粒子の種類と電子エネルギーの値の組み合わせを変えて，選択的波長の発光が得られる．Na, Hg, Kr, F などの金属原子を混入（ドープ）(Veriens et al., 1981) して，種々の波長の光を発するランプやエキシマレーザの発振媒体にできる．また，CO_2 などのガスレーザの発振媒体にもなる．

(3) 3 eV 程度までの高エネルギー電子，イオン，準安定原子，ラジカルを生成でき，また，それらの空間分布や密度を磁界で制御できる： これらの粒子と光を組み合わせて，表面処理（薄膜生成，表面改質，医用デバイス表面への生体適合性付与など），半導体微細加工プロセス（成膜，スパッタリング，アッシングなど），殺菌，皮膚治療（殺菌で病状を食い止めて皮膚再生させる．例えば，Heinlin et al., 2010）など，種々の分野への応用が可能である．

(4) 高エネルギー電子で生成したラジカルによって化学反応を促進できる：
4.2.4 項で触れたように純粋の放電化学反応を期待でき，オゾン生成，脱硝，脱硫，揮発性有機化合物の分解などの気相環境保全技術に応用される．特に，オゾンはフッ素に次ぐ強い酸化作用をもち，気体だけでなく，水に溶解させた広い応用が可能で，殺菌，ウイルスの不活性化，脱臭，脱色，有害有機物の分解などの機能を活用して古くから環境，食品，医療分野ならびに種々の産業分野へ応用され，また，新しい応用分野も広がっている（静電気学会編，1998；日本オゾン協会編，2004）．

5.7.2 低温プラズマの生成法
a. 電極間の放電, 高周波放電, マイクロ波放電

プラズマには, 本書では取り扱わない太陽プラズマ, 宇宙プラズマ, 電離層, オーロラのような自然界のプラズマと, 本書で対象としている人工のプラズマがある. 人工の低温プラズマ生成法には, 電極間の放電, 誘導コイルを使った高周波（数 MHz）放電（無電極放電）, マイクロ波（2.54 GHz）放電がある. 高周波放電とマイクロ波放電は, 気体の圧力が高くなると第6章で述べるように熱プラズマになるので, 低温プラズマ生成には低気圧気体中で放電させる.

電極間の放電には, 第3,4章で述べたコロナ放電, パルスストリーマ放電, 沿面ストリーマ放電, 誘電バリア放電（無声放電）, 本章のグロー放電ならびに第6章で述べる低気圧アーク放電（主に外部加熱形陰極アーク放電）があり, コロナ放電, パルスストリーマ放電と誘電バリア放電はチャネル状になる場合が多く, プラズマが空間的に不均一に分布する.

グロー放電やアーク放電では空間的に均一な放電を得やすいが, 実際の応用においては, 放電空間に別の物質が挿入される場合が多く, プラズマの空間分布は複雑になる. また, 実用の低温プラズマ生成系は, 第5,6章で述べるグロー放電やアーク放電の「陰極-放電空間-陽極」の単純な構成でなく, 図 5.23～25 ならびに第6章で述べるプラズマトーチのような工夫した系になる場合が多い. さらに, エキシマレーザ用パルスグロー放電では, 高密度で均一な分布のエキシマ分子を生成するために図 5.25 で示したように外部から電子ビームや紫外線照射によって多量の初期電子を供給する. ある瞬時の放電状態はそれ以前のパルスによる放電の生成物や各パルス放電による衝撃波の影響も受ける. 陰極降下部の安定化法で述べたように, このような状態の放電は, 放電内部での自続条件は満たされておらず, 放電維持のためには外部からの初期電子供給が不可欠となる. したがって, 陰極降下部で電子が供給され, 内部で自続条件が満たされることを前提にした 5.5 節までの放電理論とは別の考察が必要である.

b. ペニンググロー放電, マグネトロン放電

以下では, 実用面で興味がもたれている磁界で低温プラズマを制御する電極間の放電の例を示す.

図 5.32(a) は, 荷電量 q, 質量 m の荷電粒子が, 電界のかかっていない平等磁界 $\vec{B}(0, 0, B)$ 中で, $\vec{B}$ に垂直な方向に初速度 W で出発した荷電粒子の運動軌跡を示す図で, 磁界に直角な面上で円運動する. このときの回転の角周波数は $\omega = |q|B/m$, 旋回半径は $r_L = mW/|q|B$ である. この運動をサイクロトロン運動, ω をサイクロトロン角周波数, r_L をラーマ半径と呼ぶ.

$\vec{B}(0, 0, B)$ に直角に電界 $\vec{E}(0, E, 0)$ がかかった状態で, 荷電粒子の初速度が $\vec{W} =$

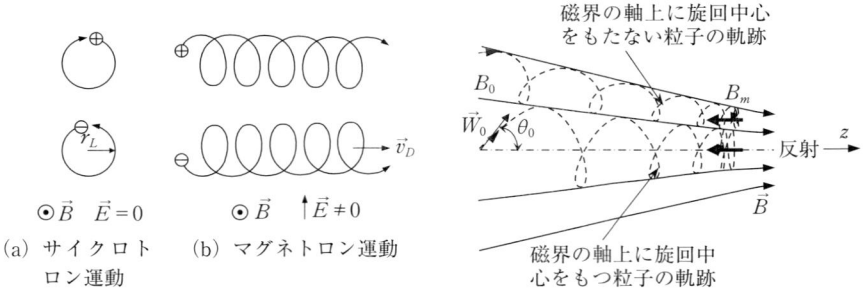

図 5.32 均一磁界に直角な面内の荷電粒子の運動軌跡

(a) サイクロトロン運動
(b) マグネトロン運動

図 5.33 不均一磁界中の荷電粒子の運動

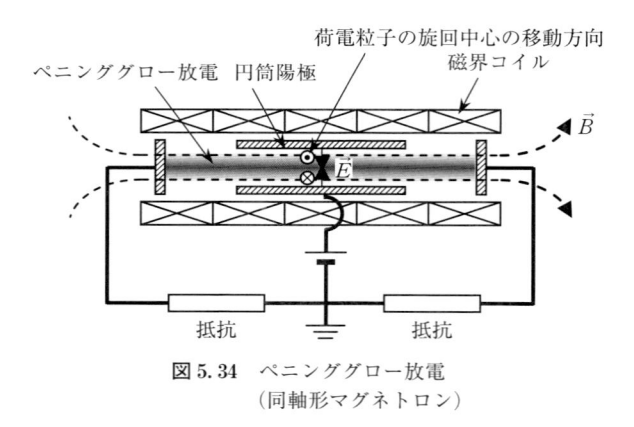

図 5.34 ペニンググロー放電（同軸形マグネトロン）

0 であるとき，同図 (b) のように

$$\vec{v} = \frac{\vec{E} \times \vec{B}}{B^2} - \frac{\vec{E} \times \vec{B}}{B^2} \exp(j\omega t) \tag{5.76}$$

の運動となる．この運動をマグネトロン運動と呼び，旋回中心のドリフト速度 $\vec{v}_D$ は荷電粒子の符号に無関係に

$$\vec{v}_D = \frac{\vec{E} \times \vec{B}}{B^2} \tag{5.77}$$

となる．

z 軸に対称軸をもつ不均一磁界中で荷電粒子が z 軸上を旋回中心にして運動する場合，出発位置の磁界を B_0，z 軸に対する運動方向を θ_0 とすると，粒子は図 5.33 に示すように B_0 と θ_0 で定まる高磁界 B_m の領域において反射される．この現象をミラー効果と呼ぶ．旋回中心が z 軸上にない場合も，ミラー効果が現れる．

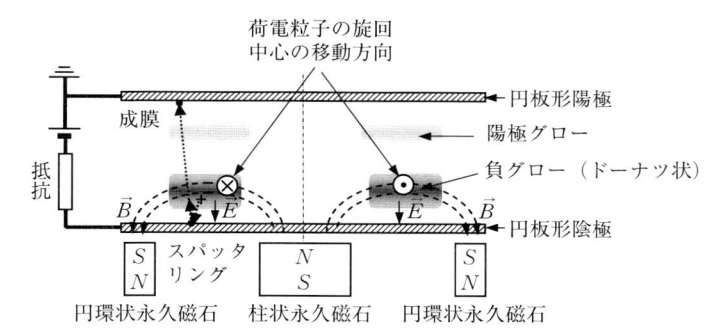

図 5.35 マグネトロン放電

　上記のマグネトロン運動やミラー効果を利用して低温プラズマを制御する例が図5.34と図5.35である．図5.34は円筒陽極を使ったペニングによって提案された方法（Penning, 1936）で，ペニンググロー（Penning glow）放電あるいはPIG（Penning ionization gauge）放電と呼ばれる．$10^{-6} \sim 10^{-2}$ mmHg程度の低気圧で放電させると円筒軸方向の電界は弱く，径方向の強い電界 $\vec{E}$ と $\vec{B}$ が直交するので電子はマグネトロン運動をする．このとき，ドリフト軌跡は円筒軸上に中心をもつ円になるので，マグネトロン運動中に衝突電離を起こすと同時に径方向の電子損失が抑制される．すなわち，陰極からの二次電子放出とプラズマ中での活発な電離作用により，磁界がないときより高い密度のプラズマが得られる．

　図5.35は，平行平板形のマグネトロン放電で，ギャップの大部分がグロー放電の陰極降下領域になるようにギャップ長を設定し，陰極側に円柱と円環状の永久磁石を置く．これにより，負グロー領域を通過するアーチ状のトンネル構造の磁界分布ができる．負グロー中の磁界は印加電界と直交するので，電子は図に示したようにドーナツ状負グローに沿った方向にドリフトするマグネトロン運動を起こす．ミラー効果とマグネトロン運動によって電子は負グロー領域にトラップされるので，プラズマ密度が上昇し，陰極前面に高い電界が形成される．Arガス中でこの放電を起こすと，イオンの陰極への衝突によって活発なスパッタリングが起こり，陽極側に置かれたターゲット物質面で成膜が起こる．実際のスパッタリング装置においては，電極形状と磁界配置を変えて成膜速度や膜質の向上を図る．

6

アーク放電

本章では,アーク放電の構成と特性を述べた後,陰極からの電子放出機構,陽光柱の特性と電磁流体方程式に基づくモデル,陽極降下領域の現象,動的アークの特性,ならびにアーク放電の応用について説明する.

6.1 アーク放電の定義と構成

6.1.1 アーク放電の定義

図 5.2 で説明したように,グロー放電の放電電流を増加させて 1 A 程度を超えると放電電圧が急に低下し,そのときの放電をアーク放電と呼んだ.水平に配置された電極系でアーク放電を起こさせると,高温の放電が気体の浮力によって上方に湾曲(アーチ)することから,"アーク"の名がつけられた.ここで改めて,グロー放電に対比させてアーク放電を定義すると次のようになる.グロー放電は,「陽光柱で電子,正イオン,中性粒子の温度が不平衡で,拡散光を放ち,陰極の主要な電子放出機構が γ-作用で,放電電流が約 0.5 A 程度以下,放電電圧が 100 V 程度以上の冷陰極放電」である.これに対し,アーク放電は,「放電電流が 0.5 A 程度以上,放電電圧が 100 V 程度以下で,陰極上に電流が集中する輝点を形成し,陰極からの電子放出機構が熱電子放出,電界放出あるいはそれらの複合である熱電界放出である放電」である.アーク放電で電流を増しても他の放電に移行することがないので,しばしば放電の最終段階といわれる.しかし,グロー放電とアーク放電の放電電流ならびに放電電圧の境界は,気体の種類と圧力,電極材料などに影響されるので一律に論ずることはできず,両放電の区別ないし定義が明瞭性を欠く結果となっている.少なくとも,陰極からの電子放出機構が異なり,グロー放電では γ-作用による二次電子放出で,衝突する正イオン,光子,準安定原子 1 個あたりの放出電子数 (γ_i, γ_{ph}, γ_m) が 1 以下であるのに対し,アーク放電では正イオンの衝突による陰極の加熱と陰極前面の空間電荷電界の効果で電子放出が起こり,正イオン 1 個あたりの実効電子放出数 γ_{eff} が 1 以上になっている.

なお，放電によって生成されたプラズマの応用では，プラズマパラメータやその制御法が大切になるので，上記の定義で表現できないような種々の放電形式が開発され，放電の名称にはグローやアークの名が便宜上冠せられている．例えば，グロー放電の安定化のところで述べたプラズマ陰極やマイクロホロー陰極を備えた放電，外部から強力な刺激で初期電子を多量に供給する放電などでは，陽光柱プラズマの非局所熱平衡に焦点が当てられてグロー放電の一種としているが，厳密には両放電の定義から外れる．

6.1.2 電圧・電流特性

図 5.2 は低気圧 Ne，図 6.1(a) は 5 atm の Xe，同図 (b) は大気圧空気中の静的な放電の電圧・電流特性である（Finkelnburg et al., 1956）．図 5.2，図 6.1(a) に示したように，異常グローの領域では正特性（$dU/dI>0$）であるが，電流が極大値を超えると気体の種類や圧力に関係なく，電流の増加に伴って放電電圧が低下する垂下特性になる．この場合，放電電圧が不安定な遷移領域を境に，陰極付近の拡散光が急に強烈な光を放つ光条に転換する．炭素（C）電極で電流をさらに増加させると，図 6.1(b) のように電圧・電流特性が不連続に変化する．この場合，低電流領域では安定なアークであるが，高電流領域では叱音を伴っているので叱音アークの名が付いている．電圧・電流特性の不連続な変化は，6.6 節で説明するように，陽極表面の温度と電流分布の急激な変化によって起こっている．

図には示していないが，放電電流が 100 A 程度以上になると，電圧・電流特性は正特性を示す．なお，後述する真空アークの場合は，図 6.2 に示すように低電流から正特性になる（Davis et al., 1969）．

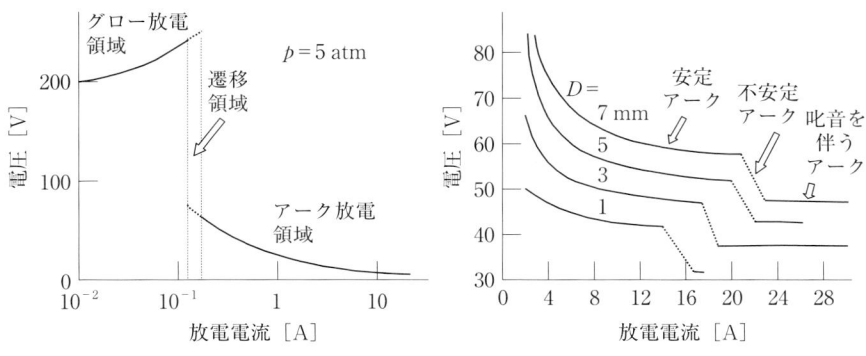

(a) Xe 中のグロー放電からアーク放電への移行

(b) 大気圧空気中の炭素電極アーク放電（D：電極間距離）

図 6.1 アーク放電の電圧対電流特性

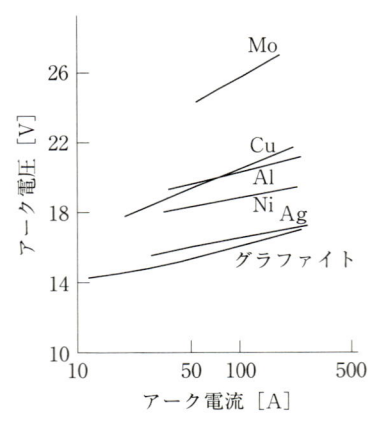

図 6.2 真空アークの電圧・電流特性
電極直径：1.27 cm，ギャップ長：0.5 cm．

垂下特性のアーク電圧 U [V] と電流 I [A] の関係として，次の実験式が提案されている．

エアトン（Ayrton）夫人の式（福田，1948）：

$$U = a + bl + \frac{c + dl}{I} \quad (6.1)$$

ただし，a, b, c, d：エアトンの定数と呼ばれ，気体の種類と圧力に依存する定数，l：アーク長である．

アーク長一定でのノッチンガム（Nottingham）の式（Nottingham, 1923）：

$$U = A_1 + \frac{A_2}{I^n} \quad (6.2)$$

ただし，A_1, A_2：定数．また，n は陽極材料の沸点 T_B [K] に依存する定数で，$n = 2.62 \times 10^{-4} T_B$ で与えられる．C電極では $n \approx 1$，Al, Fe電極では $n \approx 0.6$ である．

アーク電流が増大して正特性を示すときの特性（Seeliger, 1934）：

$$U = B_1 I + \frac{B_2}{I} + B_3 I^2 \quad (6.3)$$

ただし，B_1, B_2, B_3：定数．

6.1.3 アーク放電の構成

直流アーク放電の構成と各部の電位，電界，電流密度ならびに気体温度を模式的に示すと図6.3のようになる．構成は，大局的にみて，陰極降下領域，陽光柱，陽極降下領域よりなる．アークの電流路が電極に終わる狭い電流領域を電極点といい，陰極

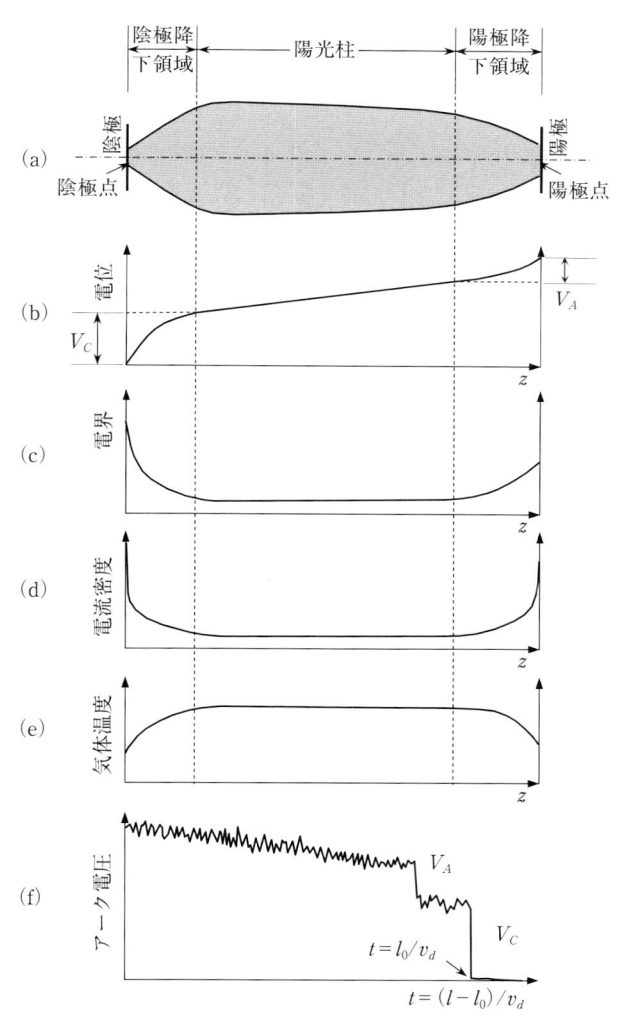

図 6.3 アーク放電の構成と各部の電位,電界,電流密度分布の概念図
(a) アーク放電の構成,(b) 電位分布,(c) 電界分布,(d) 電流密度分布,(e) 気体温度,(f) 電極間距離 l を一定速度 v_d で減少させたときのアーク電圧の変化(l_0 は l の初期値).

上を陰極点，陽極上を陽極点という．ただし，放電条件によっては，陽極表面の広い範囲に拡散して電流が流れる場合がある．

a. 陰極降下領域

陰極上では狭い陰極点に電流が集中し，陽光柱に近づくにしたがって電流路が拡大している．この領域は電圧降下が大きく，陰極表面近傍で高い電界と電流密度になっている．陰極降下領域の電圧を陰極降下電圧 V_C と呼ぶ．陰極近傍の温度は陽光柱の約 1/2 で，陽極近傍よりやや低く，熱流は陽光柱から陰極に向かっている．

b. 陽 光 柱

陽光柱は，中性のプラズマ状態で，電流は主に電子流によって輸送されている．電界，電流密度，気体温度は放電路に沿ってほぼ一定である．陽光柱の"陽"は，極性には無関係で，慣習上使用されている．

図 6.4 は，粒子温度（T_-：電子温度，T_+：イオン温度，T_0：中性粒子温度）を気体圧力 p の関数として示した図で（Hoyaux, 1968），$p<10^{-2}$ mmHg では $T_-\gg T_+>T_0$（非熱平衡：non-LTE），$10^{-2}<p<10^2$ mmHg では $T_-\gg T_+\cong T_0$（非熱平衡：non-LTE），$p>10^2$ mmHg では $T_-\cong T_+=T_0$（局所熱平衡：LTE）である．T_- と T_+ の差が大きい $p<5$ mmHg のアークを低気圧（低圧）アーク，$T_-\cong T_+$ となる $p>10^2$ mmHg のアークを高気圧（高圧）アークという．また，$p<10^{-6}$ mmHg の空間で発生させたアークを真空アークという．

c. 陽極降下領域

陽極降下領域の外観は，放電電流，陽極の材料と形状，気体の圧力などに依存し，低電流時には電流が陽極表面の広い範囲に拡散して流れるのに対し，電流が大きくなると図 6.3(a) に示したように狭い領域の陽極点に集中して流れる傾向がある．陽極点を形成する場合は，高温と強い輝点を伴う．陽極降下領域の電圧を陽極降下電圧

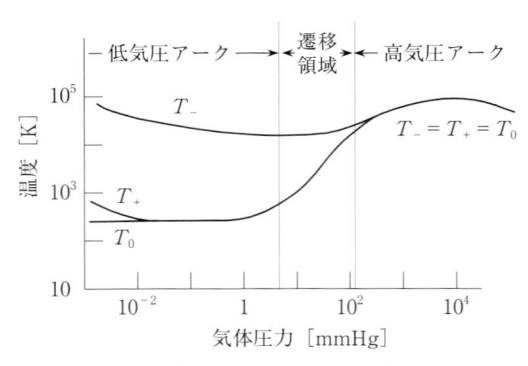

図 6.4 アーク放電中の粒子温度の気体圧力依存性
T_-：電子温度，T_+：イオン温度，T_0：中性粒子温度．

V_A と呼ぶ．

いま，放電電流を一定に保った状態で電極間距離 l を l_0 の値から縮めていくと，放電電圧は小さな脈動を伴って徐々に低下するが，電極が接触する直前には図 6.3(f) に示すように，二つのステップ状の変化を経由して急に零になる．最初のステップが V_A，第二のステップが V_C で，最後に接触抵抗による小さな電圧が残ることがある．

6.2 アーク放電の分類

アーク放電は，放電機構，応用，発生法，安定化法，電源の種類などの面から分類でき，それぞれに対して固有の名称が付されている．本章では，陰極降下領域と陽光柱における放電機構の面から分類して説明する．

a. 陰極降下領域の特性による分類

電子放出形態と陰極点の挙動は，陰極材料によって異なる．

熱電子放出形アーク　　沸点の高い C や W, Mo, Zr, Ta のような金属を陰極にすると，陰極点の温度が 3000 K 以上になる．陰極点は一般に 1 個でそこからの熱電子放出が陰極からの主な電子供給源になる．温度アーク，熱陰極（形）アークとも呼ばれる．

陰極の加熱が放電の自己電流によってなされる自己加熱陰極形と，外部電源でなされる外部加熱陰極形がある．後者の場合，陰極の加熱を止めるとアーク放電も休止する場合と，アークで生成されたイオンによる陰極加熱効果でアークが持続する場合とがある．外部加熱陰極形のアークはダイオードやサイラトロンなどで利用されている．主に数 mmHg 以下の Xe, Kr, Hg 中で発生させ，アーク電圧が 10 V 程度以下になる場合が多いので，低電圧アークとも呼ばれている．

電界（熱電界）放出形アーク　　Cu, Hg, Fe, Al は C, W に比べて沸点が低いために，熱電子放出機構でアーク放電を維持するのに必要な高い電流密度を達成することができない．この陰極点からは金属蒸気が高速度で噴出される．陰極からの高密度電子電流は，当初は電界放出によると考えられていたが，近年は高電界によるポテンシャル障壁の厚さの減少と高温による金属内の電子エネルギーの上昇効果による熱電界放出によっていると考えられている．このような電界（熱電界）放出形アークの陰極点における電流密度は，熱電子放出形より高く，陰極点は明滅しながら陰極表面上を運動する場合が多い．電界アーク，冷陰極（形）アークとも呼ばれる．

b. 陽光柱内のプラズマ状態による分類

陽光柱内のプラズマ状態は，気体圧力によって変わるので，図 6.4 で示したように低気圧アーク，高気圧アークならびに真空アークに分類される．

真空アーク　　真空中に置かれたギャップが絶縁破壊したり真空遮断器を開放したときに発生するアークで，高温の陰極点からジェット状に噴出する金属原子の電離に

表 6.1 グロー放電とアーク放電の放電パラメータの概略値

	グロー放電	アーク放電	
		高気圧アーク	低気圧アーク
ガス圧	$0.03 \sim 30$ [mmHg]	$0.1 \sim 100$ [atm]	$10^{-3} \sim 100$ [mmHg]
電流	$10^{-4} \sim 0.5$ [A]	30 [A] $\sim$ 30 [kA]	$1 \sim 30$ [A]
電圧	$100 \sim 1000$ [V]	$10 \sim 100$ [V]	$10 \sim 100$ [V]
電力	<10 [W/cm]	>1 [kW/cm]	<1 [kW/cm]
プラズマ温度	$T_- \gg T_+ \geq T_0$	$T_- \approx T_+ \approx T_0$	$T_- \gg T_+ \geq T_0$
電子温度（陽光柱）	$1 \sim 3$ [eV]	$1 \sim 10$ [eV]	$0.2 \sim 2$ [eV]
電子密度（陽光柱）	$10^9 \sim 10^{11}$ [cm^{-3}]	$10^{15} \sim 10^{19}$ [cm^{-3}]	$10^{14} \sim 10^{15}$ [cm^{-3}]
気体温度	$300 \sim 1000$ [K]	$1 \sim 10$ [eV]	$300 \sim 6000$ [K]

よって陽光柱プラズマが形成される．したがって，電流密度が下がって陰極の蒸発が止むとアークも高速に衰退する．後述するように，この機構が，真空遮断器における電流裁断現象に関わっている．

高気圧アーク　気体圧力が $0.1 \sim 0.5$ atm を超えると，陽光柱が局所熱平衡状態となって熱電離が起こる．プラズマパラメータは表 6.1 のとおりである．特に，$p > 10$ atm になると，陽光柱の入力エネルギーの $80 \sim 90\%$ が放射損になり，温度は 10000 K に達する．このために，Xe や Hg 中の高気圧アークは照明源に利用される．また，熱源として，金属の溶接や切断の加工技術，金属の溶融溶解および放射性廃棄物の溶融固化技術，放電化学における熱駆動力としての金属精錬やアセチレン生成などの技術，ならびに新物質の創製と環境浄化技術，電力システムにおけるガス遮断器動作時のアーク，雷アーク，気体の絶縁破壊の最終過程などに関連して広く研究されている．

低気圧アーク　$p = 10^{-3} \sim 1$ mmHg においては，電子の衝突電離が盛んで，グロー放電の陽光柱内と同様に非熱平衡である．プラズマパラメータは，表 6.1 に示したようにグロー放電における値に類似しているが，エネルギー密度と電離度がグロー放電のときより高い．

6.3　アーク放電の発生と消滅

アーク放電の発生を点弧，消滅を消弧，一度消弧して短時間後に再度点弧することを再点弧という．アークには陰極点の存在が不可欠であるので，その形成と消滅が点弧と消弧に関係する[*1]．

点弧と再点弧　点弧と再点弧には次のような形態がある．
 (1) 直流グロー放電の電源電圧と直列抵抗を調節して放電電流を増加させると，異常グローからアークに遷移する（第 5 章参照）．

(2) 電気回路に大きな電流が流れている状態で回路を開放すると，開放点間にアークが発生する．電力システムで故障大電流を切断することを遮断といい，その装置を遮断器という．真空遮断器のときには，真空アークになる．また，空気やSF_6ガスを使用した遮断器では気中アークに，また油を使用したときには油中アークになる．高圧水銀灯の点灯には，補助電極と水銀との接触を開放してアークを発生させる．

(3) 距離を隔てた電極間に高電圧を印加すると，第4章で述べたように初期電子から始まっていくつかの過程を経過して最終的にアークに至る．また，真空中では電極表面の突起や付着微粒子などが原因になって絶縁破壊が起こり，アークが発生する．この場合のアークは過渡アークである．真空破壊の場合，陰極表面の突起からの電界放出と突起の溶融蒸発，付着粒子の電極への衝突による高温ジェットの形成が点弧のトリガーと考えられている．

(4) 陰極を別電源で加熱して多量の熱電子を放出させた状態で高電圧パルスを印加すると，アークが発生する．一度点弧した後に加熱電源を取り除いても，アークで生成されたイオンの陰極への衝突によって加熱電源と同じ効果が得られ，低い電源電圧でアークが維持される．蛍光放電灯がこの例である．

(5) フューズのように大電流で金属線を溶断させると，アークが発生する．

(6) 帯電物体を接地物体に接近させたり，帯電電荷量が増えると自然の下でアークが発生することがある．落雷に伴うアーク，絶縁性液体や粉体の流動に伴う帯電電荷が放電するときのアーク，種々の生産ラインで起こる接触帯電に伴うアーク，冬季の室内で起こる接触火花のアークがこの範疇に入る．これらは，いずれも障災害の原因になるので，静電気の分野で古くから広く研究されている．

(7) 再点弧には，電極間の電圧変動によって先行のアークの陰極点あるいはその近傍で起こる場合と，電圧の極性変化によって反対電極に陰極点が形成されて起こる場合がある．前者の場合は，陰極点の高温状態が比較的長く続く熱電子放出形アークで起こりやすい．後者の場合は，先行のアークの陽極点の高温と残留プラズマの影響で再点弧が起こる環境が形成され，アーク電流が零になったときに電極間に逆

[*1] **大電流回路の開閉器**：　開閉器の名称は，利用分野と機能によって異なる．電力分野では，次のような開閉器がある．遮断器：電力システムの故障部を解離する目的で故障電流を開放できる性能をもつ開閉器．開閉装置：システム変更に必要な負荷電流を開放できる性能をもつ開閉器．負荷開閉器：負荷の近くに設置され，負荷を開放する機能をもつ開閉器．断路器：無負荷状態の電力システムを開放する開閉器で，充電電流を開放する機能をもつ．パルスパワー分野では，開閉器（スイッチ）が回路の特性を決める大切な技術の一つになる．誘導性回路の開放にオープニングスイッチ（開放スイッチ），容量性回路の閉成にクロージングスイッチ（閉路スイッチ）が使用される．これらのスイッチの性能は，アークの過渡現象に深く関係している（Guenther et al., 1967；Vitkovisky, 1987；原ら，1991；電気学会，1992）．

極性の電圧が出現する誘導性回路で起こりやすい．

消　弧　消弧には次のような形態がある．

(1)　図5.1の電源からみた負荷曲線とアークの電圧・電流特性が交点をもたなくなると，消弧する．その場合，電源からみた負荷曲線が変化することによる場合とアークの電圧・電流特性が変わることによる場合がある．電源からみた負荷曲線の変化は，電源電圧の変化，直列インピーダンスの変化，非線形素子（電力システムにおける避雷素子）の動作などによって起こる．

(2)　アークの電圧・電流特性の変化は，アーク長の変化およびアークへのエネルギー入力と損失の間の平衡が破れるときに起こる．アーク長の増加は，人為的な電極開放のほかに電極の消耗によっても自然に起こる．電力用開閉保護装置では，損失を人為的に増やすために，(i) 気流でアークを吹き消すかローレンツ力（$\vec{I} \times \vec{B}$）でアーク長を引き伸ばす．(ii) アークに接する媒質（消弧媒体）を変えて損失を増加させる．消弧媒体には，金属・磁器の細間隙，接触高分子材料・油の分解ガス，空気・SF_6ガス吹き付けなどがある．

(3)　陰極温度の低下によって陰極点の電子放出電流密度がアーク維持電流の最低値以下に低下して消弧する．外部冷却形アークで加熱電源を開放したときの消弧，陰極の冷却による消弧などの例がある．

(4)　陰極点に寿命があるので，アーク電流に高速パルス電流を重畳して電流零点を作ると，陰極点が消滅して消弧する．電流零点を作るために別置きのパルス電源を設ける場合がある．また，電力システムで遮断器を動作させたときには回路の振動現象で電流零点が現れ，自動的に消弧する場合がある．これを高周波消弧という．

6.4　陰極降下領域の現象

6.4.1　陰極降下領域の機能，構成，特性

a.　機能と構成

陰極降下領域は，アーク放電の維持に不可欠の構成要素で，その機能は，陽光柱に必要な多量の電子を供給することである．領域は図6.5に示すように，陰極点，空間電荷領域，電離領域，収縮領域に分けることができる．また，電離領域と収縮領域を合わせて収縮領域という場合もある．

陰極点は高温・高電界のもとで多量の電子を放出する．空間電荷領域は高電界を形成して電子と正イオンにエネルギーを供給するとともに，陰極点からの電子放出を促進する．加速されたイオンは陰極に衝突して運動エネルギーとポテンシャルエネルギーを放出して陰極を加熱する．加速された電子は電離領域に入って電離を起こして電子増殖する．広い断面の高温陽光柱と狭い陰極点を結ぶ放電路が収縮領域である．

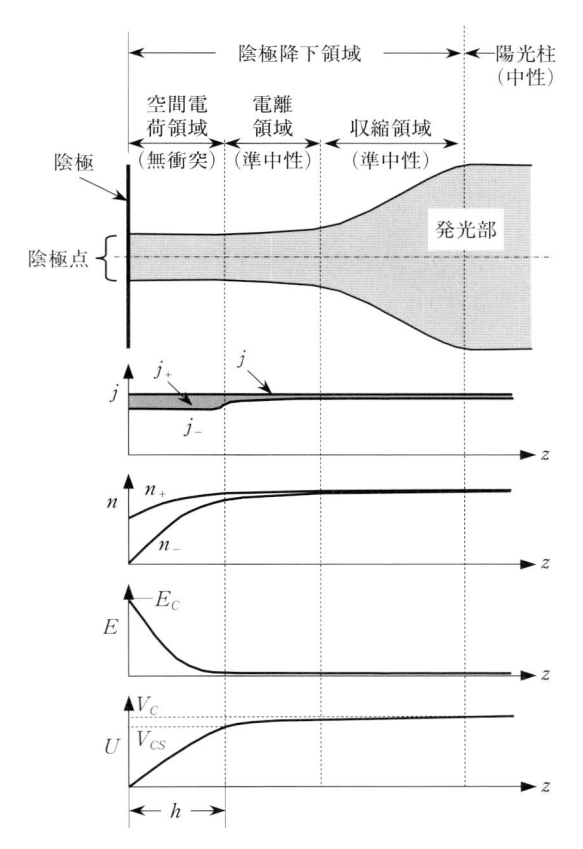

図 6.5 陰極降下部の構成と各部の電流密度 (j), 荷電粒子密度 (n), 電界 (E), 電位 (U) 分布の概念図

放電路の収縮には，高温陽光柱から低温の陰極への熱伝導も関係している．

b. 特　性

陰極降下領域の特性は，陰極材料と周囲の気体の条件に影響される．表 6.2 は，大気圧空気中と N_2 中における陰極点と陽極点における温度，電流密度および陰極降下電圧 V_C である（鳳ら，1969；Engel, 1973）．

V_C は，主に図 6.5 の空間電荷領域で発生し，気体と陰極材料の蒸発原子の電離電圧程度の値である．空間電荷領域の厚さは電子の平均自由行程程度であるとされているが，領域が狭いので正確な計測には困難を伴う．

陰極点の温度は，C, W などの熱電子放出形では 3000 K 以上になる．一方，Cu, Hg, Fe などの電界放出形では，C, W に比べて低い温度で蒸発が始まり，陰極温度の

上昇が制限されるために温度は低く，先に述べたように「冷陰極」の名が付されることがある．しかし，グロー放電の陰極温度に比べてアーク放電の陰極点温度はきわめて高い．陰極点は運動エネルギーをもった電子を放出するので，これが冷却作用をするため陽極点の温度より低い．

低電流アークの電流密度は表6.2のとおりで，アーク放電電流が増大すると沸点の低いCu，Fe，Hgなどの電界放出形では10^7 A/cm^{2}程度に達する．熱電子放出形は電界放出形より低く，C電極では$10^2 \sim 10^4$ A/cm^{2}程度である．

アーク放電が一度消滅したとき，熱電子放出形ではただちに再点弧できるが，電界放出形の再点弧にはCuで10^{-3}s以上，Hgで10^{-8}s以上の休止時間を伴う．電界放出形の陰極点は高速で陰極表面を運動する場合が多いが，熱電子放出形では最初に形成された位置に固定される．これを陰極点の膠着現象という．

真空アークの陰極点は，気中アークのそれに比べて次のような特徴をもつ（Lafferty et al., 1980；Raizer, 1997）．

陰極点の特性を表6.3に示す．複数の陰極点が同時に現れ，互いに独立に$10^3 \sim$

表6.2 $p=1$ atmにおける陰極および陽極の温度，電流密度および電圧降下

電極材料	気体	i [A]	T_C [K]	T_A [K]	陰極点の電流密度		V_C [V]	V_A [V]
					j_- [A/cm^2]	j_+ [A/cm^2]		
C	空気	1～10	3500	4200	470	65	9～11	11～12
C	N$_2$	4～10	3500	4000	500	70	−	−
Cu	空気, N$_2$	10～20	2200	2450	3000($\sim 10^6$)	600($\sim 10^3$)	8～9	2～6
Fe	空気	4～17	2400	2600	7000	−	8～12	2～6
Ni	空気	4～20	2370	2450	−	−	−	−
W	空気	2.4	3000	4250	−	−	−	−
Al	空気	9	3400	3400	−	−	−	−
Al	N$_2$	～5	～2500	～2500	−	−	−	−
Zn	空気	2	2350	2350	−	−	−	−
Zn	N$_2$	<10		1500	−	−	7～10	0～10

j_-：陰極点の電子電流密度，j_+：陰極点の正イオン電流密度，（ ）の値はEngel (1973)を参照．

表6.3 真空アークの陰極点の特性

電極材料	i_s [A]	$i_{\min}$ [A]	j [A/cm^2]	V_C [V]	T_C [K]	消耗量 [g/C]	ジェット速度 [km/s]
Cu	75～200	1.6	$10^4 \sim 10^8$	15～21	2400～3700	10^{-4}	15
Ag	60～100	1.2	−	12～16	2270	1.3×10^{-4}	9
Fe	60～100	1.5	10^7	17～18	−	−	9
Hg	0.5～2	0.07	$10^4 \sim 10^6$	8～9.5	700～2000	−	1～4
W	100～300	1.6	$10^4 \sim 10^6$	16～22	5210	1.3×10^{-5}	13～30
Zn	9	0.3	3×10^4	10～11	3000	−	3～5

i_s：陰極点あたりの電流，$i_{\min}$：陰極点維持電流の最小値，j：電流密度，消耗量は100～200Aのときの値．

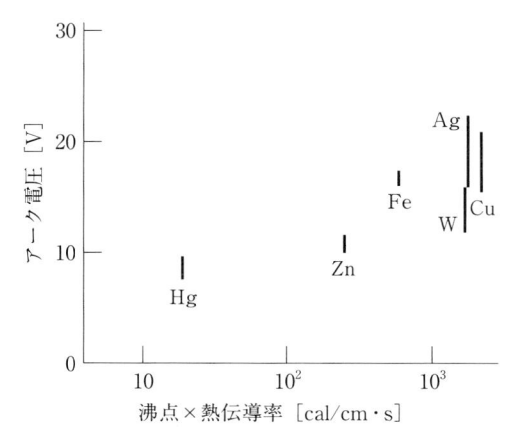

図 6.6 アーク電圧と陰極材料の熱的特性との相関
（横軸は，熱的特性の単なる指標）

10^4 cm/s の速度で運動する．陰極点は電流の増加に伴って分裂して個数が増え，個々の半径は $10^{-4} \sim 10^{-2}$ cm 程度，1 個の陰極点あたりの電流（i_s）は 1(Hg)〜300(W) A の範囲にある．また，陰極点の平均電流密度（j）は $10^4 \sim 10^6$ A/cm^2 で，陰極点を維持するためには最小の電流値（$i_{\min}$）が存在し，0.07(Hg)〜1.6(W, Cu) A である．陰極点の個数が変化するときの陰極点の平均寿命は $10 \sim 10^5$ μs である．真空遮断器で電流裁断現象が起こりやすいのは，真空アークの電流が $i_{\min}$ 以下になると，短時間内にアーク放電が消滅するためである．また，アーク電圧は 100 A 程度まではアーク電流に依存しないが，低電流になると図 6.6 に示すように陰極材料の熱的特性に依存する（電気学会，1998）．

陰極点の温度は陰極材料の沸点以上で，陰極材料が蒸発・電離してプラズマジェットを形成する．このときの電極消耗量は $10^{-4} \sim 10^{-5}$ g/C 程度で，ジェットの噴出速度は 30 km/s に達する．陰極点からのプラズマジェットに含まれる正イオンの挙動については，6.6.2 項の陽極現象と一緒に述べる．陰極点近傍の電離および電極消耗は定量的にも検討されている（Kimblin, 1973；Ecker, 1981）．

陰極点の運動はローレンツ力の影響を受けるが，Hg 蒸気中の運動方向はローレンツ力から推定される方向と逆になる場合がある．

6.4.2 陰極からの電子放出機構

陰極からの電子放出機構は，二次電子放出（γ-作用），熱電子放出，電界放出，熱電界放出，ショットキー効果の下での熱電子放出よりなる．二次電子放出はグロー放

電で起こり，それ以外がアーク放電で起こっている．ここではこれらをまとめて説明する．二次電子のポテンシャル放出機構については，2.4節も参照のこと．

a. 二次電子放出

仕事関数 φ の金属表面に電離電圧 I_i の正イオンが衝突するとし，金属内の許容帯の E_{el} の準位にある電子が正イオンのエネルギー準位 E_e に移って中和したとする．このとき，真空準位を χ とすると，$\chi - E_{el} = I_i - E_e$ の関係が成立する．中和されたイオンは E_e 準位のエネルギーを有する励起原子になっているので，このエネルギーによって金属内の E_{el} 準位にある電子を放出させたとすると，電子放出に $\chi - E_{el}$ のエネルギーを消費する．したがって，放出された電子の有する運動エネルギー E_f は，$E_f = E_e - (\chi - E_{el}) = I_i - 2(\chi - E_{el})$ となる．フェルミ準位の電子を放出する場合は，$\chi - E_{el} = \varphi$ であるから，$E_f = I_i - 2\varphi$ となり，電子放出のためには $E_f \geq 0$ でなければならないので，$I_i \geq 2\varphi$ が正イオンによる二次電子放出の必要条件になる．清浄表面からの正イオンによる二次電子放出係数 γ_i の実験式として次式が提案されている．

$$\gamma_i = 0.016(I_i - 2\varphi) \tag{6.4}$$

表面が汚れている場合は，これより低い値になり，また，正イオンエネルギーが大きいほど高くなる．

光子や準安定原子による二次電子放出の場合は中和過程がないので，それぞれの粒子の有するエネルギーが φ より大きいことが二次電子放出の必要条件になる．それぞれの1個の粒子による二次電子放出個数を γ_{ph}，γ_m と表す．図6.7, 6.8, 表6.4 は γ (γ_i, γ_{ph}, γ_m の複合値)，γ_{ph}, γ_m の実測値で，いずれも 0.1～0.01 の範囲にある．なお，古くは γ_i, γ_{ph}, γ_m の分離測定がなされなかったので，図6.7 は γ を表している．

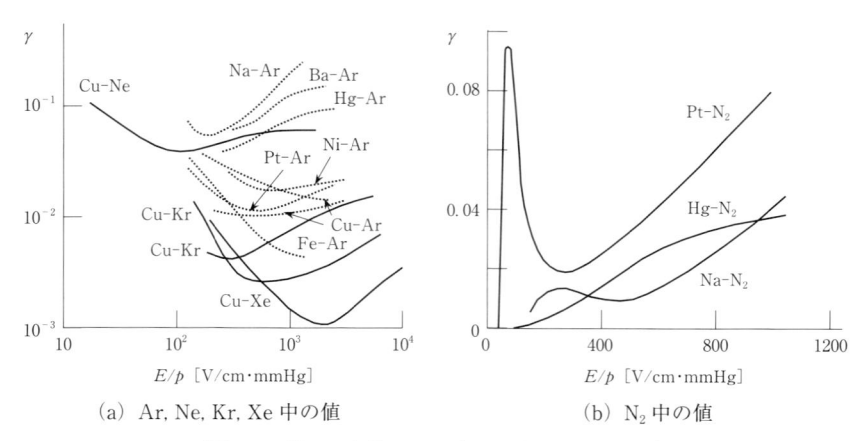

(a) Ar, Ne, Kr, Xe 中の値

(b) N_2 中の値

図 6.7 種々の条件下における γ ($\gamma = \gamma_i + \gamma_{ph} + \gamma_m$)
図中の記号は「電極材料-雰囲気ガス」を表す．

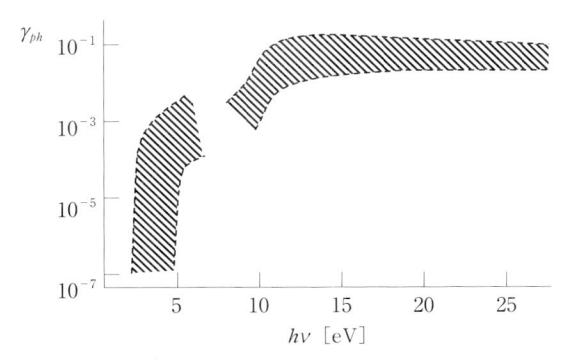

図 6.8 光子による二次電子放出特性
陰極材料：Ag, Al, Au, Ba, Be, Cd, In, K, Pd, Pt, Sn, W.
多数の特性曲線が斜線部の領域に入っている.

表 6.4 準安定原子による γ_m の値

準安定原子	電極材料	γ_m の値
He(2^3S)	Pt	~ 0.24
He(2^1S)	Pt	~ 0.4
Ar*	Cs	~ 0.4
Hg*	Ni	$\sim 10^{-2}$

　グロー放電の陰極における電子放出機構はγ-作用である．いま，$\gamma=0.02$と仮定すると，グロー放電の陰極における全電流に対する電子電流の割合Rは，$R=j_-/(j_+ + j_-)=j_+\gamma/j_+(\gamma+1)\approx 0.02$となり，電子電流の寄与は小さい．陽光柱の電流は，グロー，アーク両放電とも主に電子電流によっている．したがって，放電維持のためにグロー放電の陰極降下電圧V_Cは，$\exp\int_0^{d_C}\alpha dz=(\gamma+1)/\gamma\approx 50$を満たす値でなければならない．ただし，$d_C$：陰極降下領域の長さ（図5.3），$\alpha$：電離係数である．このために，グロー放電の陰極降下電圧は，後述のアーク放電のそれに比べて高くなっている．

b. 熱電子放出

　図6.9は，金属内の電子に対するポテンシャル障壁と電子の状態密度を表す概念図である．金属から距離xの位置まで電子が飛び出したとき，鏡像電荷との間に$e^2/16\pi\varepsilon_0 x^2$の引力が働き，ポテンシャル障壁は$-e^2/16\pi\varepsilon_0 x$となる．この障壁が図の曲線1である．なお，金属から十分に離れた位置の障壁の高さが，真空の準位である．

　金属内の電子の状態密度は，フェルミ-ディラックの分布則に従い，$T=0$〔K〕では，自由電子の最大エネルギーはフェルミエネルギーζで，温度上昇するとζ以上のエネルギーをもつようになる．真空準位はフェルミエネルギー準位よりφだけ高く，

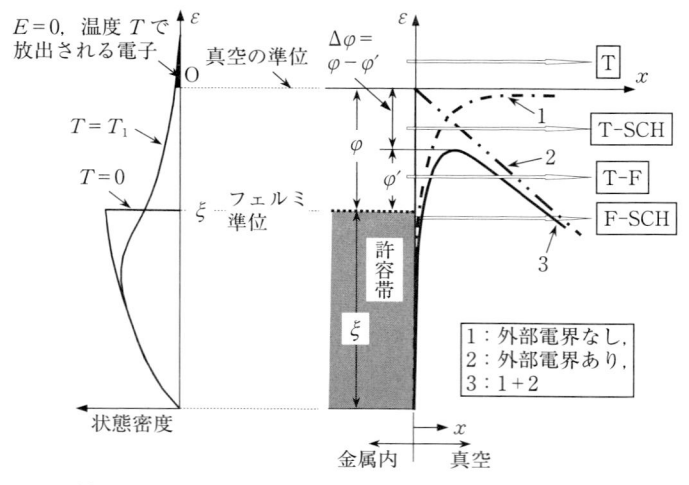

(a) 状態密度　　　　　　(b) ポテンシャル障壁と電子放出機構

図 6.9　金属表面近傍のポテンシャル障壁，金属内の電子の状態密度，および電子放出機構
T：熱電子放出，T-SCH：高電界下の熱電子放出（ショットキー効果），
T-F：熱電界放出，F-SCH：ショットキー効果の下での電界放出．

先に述べたように金属表面から自由電子を放出させるためには障壁 φ（仕事関数）を超えなければならない．

金属の温度上昇によって金属内の熱電子が表面から飛び出す現象を熱電子放出（図6.9の「T」で示した部分）という．温度 T [K] における熱電子電流密度 j_T は，次式で表される．

$$j_T = AT^2 \exp\left(-\frac{\varphi}{kT}\right) \ [\mathrm{A/cm^2}] \tag{6.5}$$

ただし，A は普遍定数（ダッシュマン定数）で，

$$A = \frac{4\pi m_- e k^2}{h^2} = 120.4 \ [\mathrm{A/cm^2 \, K^2}] \tag{6.6}$$

ただし，m_-：電子の質量，k：ボルツマン定数，h：プランク定数である．この式をリチャードソン-ダッシュマン（Richardson-Dushman）の式という．実際には A の値は一定とはならず，30～170 の値となる．

c.　電界放出および熱電界放出

金属表面に電界 E が存在すると，x の位置にある電子には陽極方向に eE の力が作用するので，電子のポテンシャルエネルギーは eEx となる．すなわち，ポテンシャ

ル障壁の変化は$-eEx$で，この障壁を図6.9では直線2で示した．したがって，電界が存在するときの電子に対する障壁は，図の1＋2の曲線のようになり，見かけ上，仕事関数が$\Delta\varphi = \varphi - \varphi'$だけ低下するとともに，障壁の厚さも減少する．この現象をショットキー（Schottky）効果という．

低温での電界による電子放出は，トンネル効果によってポテンシャル障壁を透過することによって起こる．低温では，フェルミ準位近傍にある自由電子の放出が主で，これを電界放出と呼び，図6.9では「F-SCH」で示した．電界放出電流密度$j_{F\text{-}SCH}$は次式で表される．

$$j_{F\text{-}SCH} = \frac{1.54 \times 10^{-6} E^2}{\varphi} \exp\left\{-\frac{6.83 \times 10^{-7} \varphi^{3/2} \theta(y)}{E}\right\} \quad [\text{A/cm}^2] \tag{6.7}$$

ただし

$$\theta(y) = 0.956 - 1.06 y^2$$

$$y = 3.8 \times 10^{-4} \frac{\sqrt{E}}{\varphi}$$

ここで，E [V/cm] は陰極表面の平均電界強度，φ [eV] は陰極材料の仕事関数である．これをファウラー－ノルドハイム（Fowler-Nordheim）の式という．なお，電極上に突起などがあり突起先端の電界が周囲電界Eのβ倍になるときには，(3.236)式で示したようにEの代わりにβEとおく．

高温で電界が印加されたときの放出電子電流密度$j_{T\text{-}SCH}$は，ショットキー効果による仕事関数の低下を考慮する図の「T-SCH」で表した場合，次式となる．この場合，真空準位以上のエネルギー状態にある電子の放出もあるが，$\Delta\varphi$の範囲にある電子の熱電子放出が主要な部分を占めるという意味で，図には$\Delta\varphi$の領域に「T-SCH」と記している．

$$j_{T\text{-}SCH} = AT^2 \exp\left(-\frac{\varphi'}{kT}\right)$$

$$= 1.2 \times 10^6 T^2 \exp\left(-\frac{\varphi}{kT}\right) \exp\left(\frac{0.438\sqrt{E}}{T}\right) \quad [\text{A/cm}^2] \tag{6.8}$$

温度と電界が著しく高い場合は，高電界下のポテンシャル障壁を透過するトンネル効果による電流密度が高くなり，アーク放電では図の「T-F」で示した部分の電界放出が主要な電子供給源になることが指摘された（Dolan et al., 1954；Lee, 1959）．Dolanらは，これを熱電界放出（temperature and field emission：T-F放出）と名づけた．熱電界放出電流密度$j_{T\text{-}F}$の一般式は次のとおりである．

$$j_{T\text{-}F} = e\int_\xi^\infty D(T,\varepsilon) N(T,\varepsilon) d\varepsilon \tag{6.9}$$

ここで，$D(T,\varepsilon)$：電子が準位εのポテンシャル障壁を透過する確率，$N(T,\varepsilon)$：準位εの自由電子の数である．

表 6.5 陰極からの放出電子電流密度

E [10^7 V/cm]	j_{T-SCH} [A/cm^2]	j_{F-SCH} [A/cm^2]	j_{T-F} [A/cm^2]
0	1.3×10^2	0	0
0.8	8.2×10^3	2.0×10^{-20}	1.2×10^4
2.3	1.4×10^5	1.3	2.1×10^5
3.3	6.0×10^5	4.7×10^3	2.1×10^6

熱電子放出電流 (j_{T-SCH}),電界放出電流 (j_{F-SCH}),熱電界放出電流 (j_{T-F}).
計算条件:$T = 3000$ K;$\varphi = 4$ eV,A $= 80$ A/cm^{2}K^2,$\xi = 7$ eV

j_{T-F} の一般に受け入れられている簡単な表式はなく,(6.9) 式の数値計算がなされる.

表 6.5 は,$T = 3000$ K における j_{T-SCH},j_{F-SCH},j_{T-F} の計算値で,高電界になると $j_{T-F} \gg j_{T-SCH}$,$j_{T-F} \gg j_{F-SCH}$ となり,j_{T-F} は陰極点で観測されている電子電流密度に近い.

アーク放電の場合,陰極に衝突するイオンのエネルギーは陰極の加熱に使われ,熱電界放出機構によって多量の電子が放出される.これによる正イオン 1 個あたりの実効電子放出個数 γ_{eff} は,$\gamma_{eff} = 2 \sim 9$ である.このとき,陰極表面における全電流に対する電子電流の割合 S は,$S = j_-/(j_- + j_+) = j_+\gamma_{eff}/(j_+\gamma_{eff} + j_+) \approx 0.7 \sim 0.9$ となり,陽光柱に必要な電子を陰極領域から供給するためには,1 個の電子が電離領域で 1 個の電子を生成すれば十分である.電子エネルギーは分布をもつので,陰極降下電圧が気体または陰極材料原子の電離電圧以下になっても,この条件が満たされる.

6.4.3　陰極降下領域の理論

6.4.1 項で述べた陰極点の特性すべてを合理的に説明できる,一般に認められた理論はみられない.ここでは,広く受け入れられつつある Lee らによる T-F 理論の概要を述べる (Lee, 1959; Lee et al., 1961).

a. 空間電荷領域

空間電荷領域の詳細構成は,図 6.5 に示したとおりである.全電流に占める電子電流の割合は $S \approx 0.7 \sim 0.9$ であるが,移動度に $\mu_- \gg \mu_+$ の関係があるので,正イオンと電子密度の比は $n_+/n_- = \mu_-/\gamma_{eff}\mu_+ \gg 1$ となり,正イオン密度がはるかに高い.また,厚さ h は狭く,この間で電子は無衝突である.

図 6.5 に示したように,座標系の原点を陰極とし,陽極方向に z 軸をとり,空間電荷領域の境界を $z = h$ とする.$z = 0 \sim h$ で無衝突で,境界条件は $z = 0$ で $U = 0$,$E = E_C$,$z = h$ で $E \approx 0$,$U = V_{CS}$ とする.無衝突領域であるので,電流密度は次のように与えられる.

$$j_- = Sj = n_- e v_- \tag{6.10}$$

$$j_+ = (1-S)j = n_+ e v_+ \tag{6.11}$$

6.4 陰極降下領域の現象

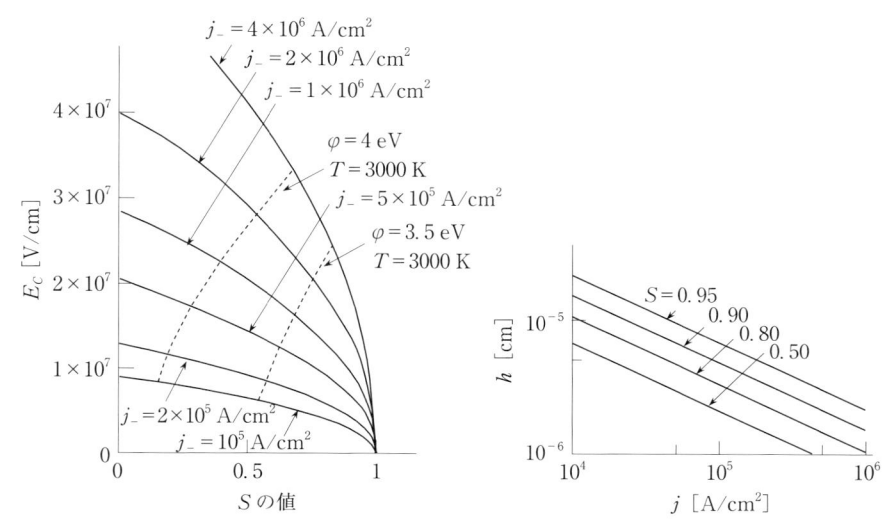

図 6.10 Mckeown の式による E_C の推定（実線）と T-F 理論による放出電子電流の推定（破線と実線の交点）．（電極材料：Cu）

図 6.11 空間電荷層の厚さ（電極材料：Cu, $V_{CS} = 10$ V）

$$j = j_- + j_+ = 一定 \tag{6.12}$$

$z=0$ と h で，電子と正イオンがそれぞれ初速度零で出発すると仮定すると，

$$v_- = \sqrt{2eU/m_-} \tag{6.13}$$
$$v_+ = \sqrt{2e(V_{CS}-U)/m_+} \tag{6.14}$$

このとき，空間電荷領域のポアソンの式は

$$\frac{d^2U}{dz^2} = -\frac{e}{\varepsilon_0}(n_+ - n_-) = \frac{j}{\varepsilon_0\sqrt{2e}}\left\{\frac{S\sqrt{m_-}}{\sqrt{U}} - \frac{(1-S)\sqrt{m_+}}{\sqrt{V_{CS}-U}}\right\} \tag{6.15}$$

ところで，$\frac{d^2U}{dz^2} = \frac{1}{2}\frac{dE^2}{dU}$ の関係があるので，これを使い，境界条件を考慮して (6.15) 式を積分すると，E_C は次のようになる．

$$E_C^2 = \frac{4j}{\varepsilon_0\sqrt{2e}}\{(1-S)\sqrt{m_+} - S\sqrt{m_-}\}\sqrt{V_{CS}} \tag{6.16}$$

これを Mckeown の式という (Mckeown, 1929)．なお，$z=h$ で $E \approx 0$ とおいたので，上式の V_{CS} は陰極降下電圧 V_C にほぼ等しい．また，h は次式で与えられる．

$$h = \left(\frac{\varepsilon_0\sqrt{2e}}{4j}\right)^{1/2}\int_0^{V_{CS}}\frac{dU}{\{(1-S)\sqrt{(V_{CS}-U)m_+} + S(\sqrt{U}-\sqrt{V_{CS}})\sqrt{m_-}\}^{1/2}} \tag{6.17}$$

(6.16) 式と (6.17) 式による E_C, h の推定結果が図 6.10, 6.11 で, $V_{CS}=10$ V, $j=10^6$ A/cm^2, $T=3000$ K, $S=0.7$, $\varphi=3.5$ eV のとき, $d\approx10^{-6}$ cm, $E_C\approx1.6\times10^7$ V/cm となり, h は大気圧 N_2 中の平均自由行程 6.28×10^{-6} cm より短く, 空間電荷領域が無衝突領域との仮定が成立している.

正イオン電流のみを考える場合は (6.16) 式で $S=0$ とおき,

$$j_+ = \frac{4\varepsilon_0}{9}\sqrt{\frac{2e}{m_+}}\frac{V_{CS}^{3/2}}{h^2} \tag{6.18}$$

$$E_C = \frac{4V_{CS}}{3h} \tag{6.19}$$

となり, 5.5.1 項の脚注 4 で述べた二極管の正イオンによる空間電荷制限電流の式になる.

b. エネルギー平衡

陰極蒸気中でアーク放電が起こっているとすると, 陰極におけるエネルギー平衡は, 次式で示される.

$$P_i = P_v + P_c + P_r + P_e \tag{6.20}$$

ただし, P_i:陰極点への入力電力, P_v:陰極材料の蒸発による熱損失, P_c:陰極内部への熱伝導損失, P_r:放射損失, P_e:電子放出に伴う陰極の冷却損失である.

電流密度が低いとしてオーム損を無視すると, P_i の主要な部分は正イオンの陰極への衝突による電力で, 次式で表される.

$$P_i = j_+(I_i + V_C - \varphi) = (1-S)j(I_i + V_C - \varphi) \tag{6.21}$$

ただし, I_i:陰極材料の原子の電離電圧, j_+:正イオン電流密度である.

P_v は, 蒸発原子の逆拡散を無視すると次式で与えられる.

$$\ln P_v = C' - \frac{1}{2}\ln T - \frac{B}{T} \tag{6.22}$$

ただし, C', B は定数.

P_e は, E_C, φ, T の複雑な関数になる (Lee, 1960).

P_r は他の項に比べて小さいので無視できる. 完全電離気体の黒体放射ではステファン-ボルツマンの法則より次式で与えられるが, 数千 K のアークでは, 種々の粒子による放射・吸収の効果を考慮した数値計算が必要になる.

$$P_r = d_i \sigma T^4 \tag{6.23}$$

ただし, d_i:陰極材料の全発散率, σ:ステファン-ボルツマン定数.

P_c は, 次の熱伝導の式を解いて求められる (Lee et al., 1961).

$$\frac{\partial T}{\partial t} = \kappa \nabla^2 T \tag{6.24}$$

ただし, κ:熱拡散係数.

P_v と P_c については，別に Boyle が簡単な表式を与えている（Boyle et al., 1955）．

ところで，金属イオンが陰極に衝突するときに放出するエネルギーは陰極降下によって加速された運動エネルギー V_C とイオンの中和過程のエネルギー（$I_i - \varphi$）の和である．このエネルギーがフェルミ準位にある電子の放出に消費され，放出電子の運動エネルギーが零で，放射損と上記の熱伝導損が無視できると仮定すると，エネルギー平衡式は次式となる．

$$j_- \varphi = j_+ (V_C + I_i - \varphi) \tag{6.25}$$

この式より，空間電荷領域における S の値は次式のようになる．

$$S = \frac{j_-}{j_- + j_+} = \frac{I_i + V_C - \varphi}{I_i + V_C} \tag{6.26}$$

Cu 陰極を考えて，$V_C = 10$ eV，$\varphi = 4.5$ eV，$I_i = 7.7$ eV と仮定すると，$S = 0.75$ となり，測定値に近い値となる．

c. 電流の式

陰極点の全電流 I は，半径 a の陰極点に均一に流れると仮定して，

$$I = \pi a^2 j \tag{6.27}$$

Lee らは，独立変数に V_C を選び，従属変数として j, S, E, T, a をとり，(6.9)式，(6.16)式，(6.20)式，(6.27)式を連立させ，陰極点における「蒸発原子と正イオン数の平衡」と「アーク内のガス圧と電磁自己収縮力の関係」を考慮して真空アークの小電流領域の自続条件を検討した（Lee et al., 1961）．その結果，電流があるレベル以下に低下すると，真空アーク自続のために必要な電子放出電流密度と陰極材料の蒸発が得られなくなって，連立方程式の解が存在しなくなることを見出している．真空遮断器の通電電流はそれが接続されている回路条件によって決まるが，電流値が真空アーク維持のための最小電流値（特性で述べた $i_{\min}$）以下になると，上記の機構によって，いわゆる電流裁断現象が起きる．

6.4.4 外部加熱陰極を有するアークの陰極現象

外部加熱陰極形のアークでは，外部加熱によって陰極から熱電子が放出されるので，イオン電流による陰極加熱の必要がない．陰極降下領域の主要な機能は，陽光柱プラズマの維持に必要な電離度を維持するための熱電子の加速である．

ところで，外部加熱陰極形アークは，数 mmHg 以下の低気圧 Ar, Hg, Xe と Kr の混合気体中に酸化物陰極をおいた二極管整流器やサイリスタに使用される．このとき，放電管のサイズがギャップ長より大きくなる場合が多い．このために，陽光柱のプラズマの外形が円柱状にならないので陽光柱部は単にプラズマと呼ばれる．このアークでは，プラズマの管壁への損失は小さいのでプラズマにおける熱電子の電離周波数が低くてよく，熱電子を加速するための陰極降下電圧は，累積電離も考慮すると気体の

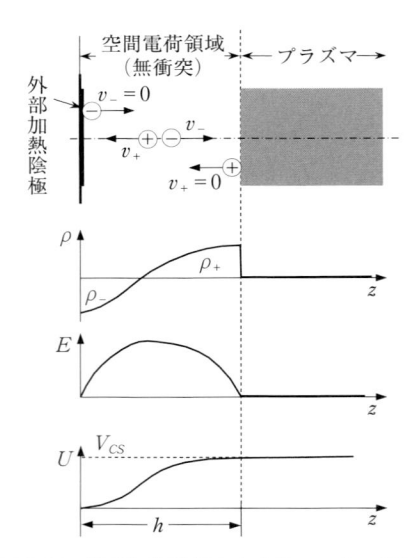

図 6.12 外部加熱陰極を有するアークの陰極降下部の構成と空間電荷密度（ρ），電界（E），電位（U）分布の概念図

電離電圧以下でよい．

陰極降下領域のプラズマ側では，自己加熱形の場合と同様に電界は零で，陰極に向かう正イオンの初速度は零と考えてよい．一方，陰極表面では熱電子が放出されるが，その電流密度は 5.5.1 項の脚注 4 で述べたのと同じ原理に基づく空間電荷制限電流になる．電子放出における電界の寄与は必要ないので，陰極表面の電界は零であり，陰極近傍には負空間電荷が形成される．これらをもとにした外部加熱陰極形アークの陰極降下領域の構造と空間電荷，電界，電位分布の概念図を図 6.12 に示す．

陰極降下領域の電界分布は，(6.15) 式で記述できる．(6.15) 式を $E(h)=0$，$U(h)=V_{CS}$ の境界条件の下で積分すると，陰極表面の電界 E_C は (6.16) 式で与えられる．外部加熱陰極形で $E_C=0$ になるためには，(6.16) 式より電子電流とイオン電流の間に次の関係が成立しなければならない．

$$\frac{j_+}{j_-} = \frac{1-S}{S} = \sqrt{\frac{m_-}{m_+}} \tag{6.28}$$

この条件と $E(0)=0$ を考慮して (6.15) 式を積分すると，

$$E = \frac{dU}{dz} = \left(\frac{4j}{\varepsilon_0}\sqrt{\frac{m_-}{2e}}\right)^{1/2} (\sqrt{V_{CS}-U} + \sqrt{U} - \sqrt{V_{CS}})^{1/2} \tag{6.29}$$

さらに，$U(0)=0$，$U(h)=V_{CS}$ の条件下で (6.29) 式を積分すると，

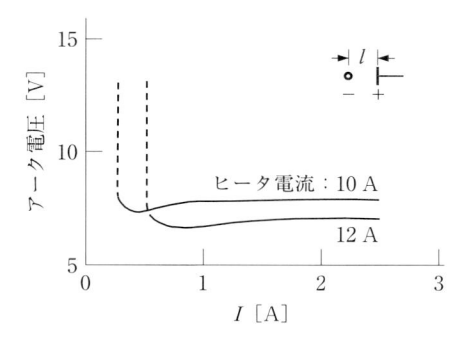

図 6.13 外部加熱陰極を有するアークの電圧・電流特性
数 mmHg の Ar, $l = 1$ cm, 酸化物陰極, Ni 陽極, 球形容器（半径：5 cm）.

$$j = \frac{4\varepsilon_0}{9}\sqrt{\frac{2e}{m_-}}\frac{V_{CS}^{3/2}}{h^2}\cdot\frac{9}{16}k^2$$
$$= 1.86\cdot\frac{4\varepsilon_0}{9}\sqrt{\frac{2e}{m_-}}\frac{V_{CS}^{3/2}}{h^2} \tag{6.30}$$

ただし，$k = \int_0^1 \frac{dx}{(\sqrt{1+x}+\sqrt{x-1})^{1/2}} \approx 1.82$.

すなわち，両極性空間電荷制限電流密度（熱放出電子電流密度）は，先に述べた単極性空間電荷制限電流密度の 1.86 倍になる．

ところで，アーク放電電流は，5.1 節で述べた原理によってアークが接続されている外部回路条件によって決まる．その電流値が大きくなると上式の V_{CS} が大きくなった状態でアークが維持される．しかし，熱電子放出電流には陰極温度によって定まる限界があるので，そのときにはアーク放電は自己加熱形に移行することになる．なお，外部加熱陰極形では空間電荷領域がプラズマに接しているので，$V_{CS} = V_C$ である．

図 6.13 は，数 mmHg の Ar 中の外部加熱陰極形アークの電圧・電流特性を外部加熱電源の電流をパラメータにして示した図である（Engel, 1973）．アーク電圧は，実線のアーク電流が小さい領域では 7〜8 V であるが，電流が大きくなるに従って上昇している．Ar の電離電圧は 15.76V であるので，アークは気体の電離電圧以下で維持されていることになる．

6.5 陽 光 柱

陽光柱のプラズマパラメータは，6.2 節 b で述べたように気体圧力 p に影響され，

$p = 10^{-3} \sim 100$ mmHg の低気圧アークでは，電子は電界からエネルギーを得て衝突電離を起こす．生成された電子は，両極性拡散によって管壁に向かって拡散し，主に壁での表面再結合によって消滅する．粒子温度の間には $T_- \gg T_+ > T_0$ の関係があり，グロー放電の陽光柱プラズマに比べて電離度と電子密度が高いことを除けば，表 6.1 に示したように本質的には同じプラズマ状態である．したがって，第 5 章のグロー放電で述べたショットキーの理論を適用できるが，電子密度が高くなると累積電離と体積再結合の考慮が必要になる．

一方，$p > 0.1$ atm の気体中における高気圧アークの場合は，電子は気体分子・原子との弾性衝突ならびに振動，回転励起などを伴う非弾性衝突を通して中性粒子と活発なエネルギー交換を行い，気体を高温に加熱する．荷電粒子は，この高温による熱電離によって生成される．プラズマは $T_- = T_+ = T_0$ の局所熱平衡になっているので，プラズマ温度 T（$T_- = T_+ = T_0 \equiv T$）一つで陽光柱プラズマの状態を記述できる．なお，$p = 1$ atm 程度の高気圧でも Ar などではアーク電流が 10 A 程度以下になると局所熱平衡が破れる．したがって，局所熱平衡の成立については，必要に応じて確認が必要である．

本節では，高気圧アークの陽光柱について述べる．

6.5.1 安定化法

陽光柱の軸方向電界を E_z，アーク電流を I とすると，単位長あたり $W = E_z I$ のジュール熱が発生する．W はおおよそ $0.1 \sim 0.5$ kW/cm である．アークを安定に維持するためには，陽光柱を冷却してこの熱を陽光柱の外に放出しなければならない．高気圧アークの安定化法は，熱放出法に関連して次の三つに大別される（図 6.14）．

器壁安定化　陽光柱が器壁に接しているとき，壁面への熱伝導で冷却される．この場合，壁を高温から守るために，壁は冷却されなければならない．

気流安定化　アークを気流中におくと，気流によって冷却される．気流に渦ができる場合は，渦によって高温気体が低温側に運ばれるので，冷却効果が大きくなる．開放大気中のアークの場合は，対流によって熱が大気中に拡散して，アークが冷却される．

電極安定化　アーク長が 1 mm 程度に短いときは，主に電極に向かう熱流によってアークが冷却される．

陽光柱の熱・電気的特性は，陽光柱の安定化に関する次のエネルギー平衡式で説明できる．次項ではこの式を使って，陽光柱の特性を定性的に説明し，定量的取り扱いは理論の項で行う．

$$E_z I = (\text{熱伝導損}) + (\text{放射損}) + (\text{拡散損，対流損，蓄積エネルギーの変化など}) \tag{6.31}$$

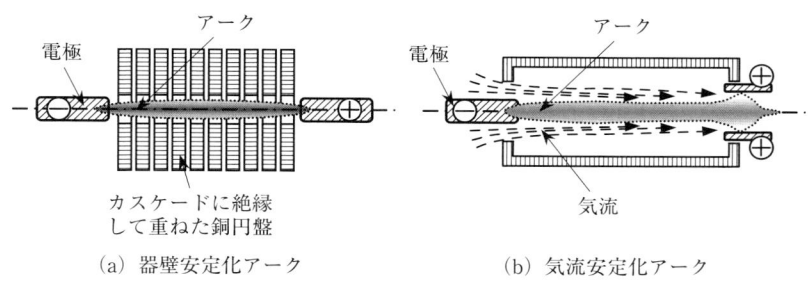

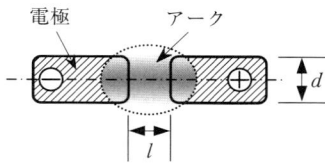

図6.14 アークの安定化法（概念図）

(a) 器壁安定化アーク
(b) 気流安定化アーク
(c) 電極安定化アーク（$l \leq d$）

6.5.2 特　　　性
a. 電流密度と導電率

陽光柱の電流は，電子電流と正イオン電流からなり，それぞれの電流密度は次式で表される．

$$j = j_+ + j_-$$
$$= e(n_+\mu_+ + n_-\mu_-)E_z \tag{6.32}$$

ただし，j：電流密度，j_+：正イオン電流密度，j_-：電子電流密度，n_+：正イオン密度，n_-：電子密度，μ_+：正イオンの移動度，μ_-：電子の移動度である．

一般に $\mu_- \gg \mu_+$ であるので

$$j \approx en_-\mu_- E_z = \sigma E_z \tag{6.33}$$

ただし，$\sigma = en_-\mu_-$：導電率．

電子の衝突過程の面から導電率をみると，次のように二つの成分の結合として表される．

$$\frac{1}{\sigma} = \frac{1}{\sigma_{-+}} + \frac{1}{\sigma_{-n}} \tag{6.34}$$

ただし，σ_{-+}：電子と正イオンの混合気体の導電率，σ_{-n}：電子と中性粒子の混合気体の導電率である．

理論的には，気体の圧力と温度から粒子組成を求めるとともに，第2章で述べたボルツマン方程式を使って電子の分布関数を求め，輸送係数の一つである σ を求める．

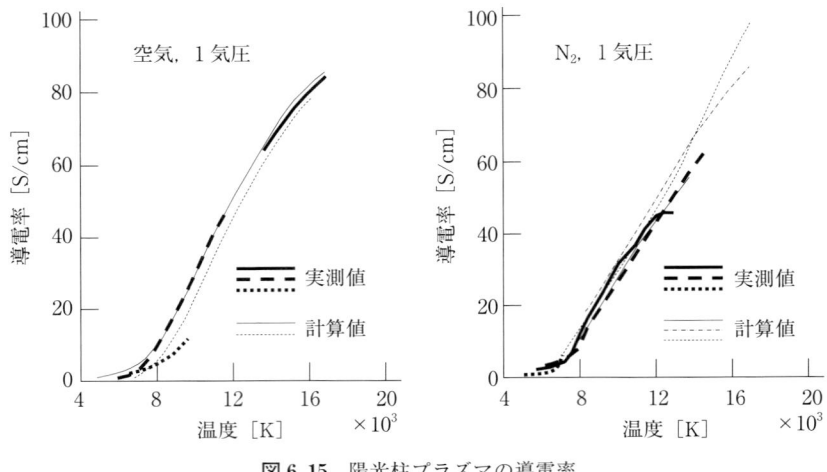

図 6.15 陽光柱プラズマの導電率

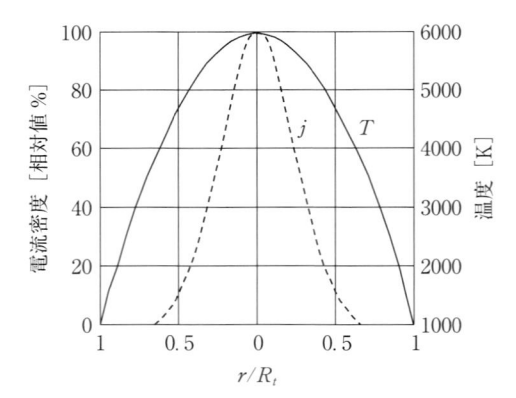

図 6.16 半径方向の温度分布と電流密度
(0.08 気圧 Hg)

　図 6.15 は，陽光柱プラズマの導電率の例で，4000 K 程度から上昇が始まり 8000 K 以上で急に上昇している（Raizer, 1997）．

　図 6.16 は，水銀アーク陽光柱の径方向温度分布と電流密度分布で，σ の温度に対する急激な上昇特性のために，温度分布が緩やかでも電流密度分布は細く絞られた状態になる（Finkelnburg et al., 1956）．圧力が高くなると収縮効果が大きくなり，電流密度分布の半値幅 D_c は，$D_c \propto p^{-\gamma_j}$ で表される．γ_j は電流値に依存する定数である．

b. 熱伝導率と温度分布

導電率と同様に，理論的には，気体の圧力と温度から粒子組成を求めるとともに，ボルツマン方程式を使って電子の分布関数を求め，輸送係数の一つである熱伝導率 χ を求める．プラズマの熱伝導率は三つの成分からなり，次式で表される．

$$\chi = \chi_{tr} + \chi_{int} + \chi_{re} \tag{6.35}$$

ただし，χ_{tr}：衝突によって起こる運動エネルギーをもった粒子の移動に伴う熱移動の成分，χ_{int}：高い内部エネルギーをもった粒子の移動に伴う熱移動の成分，χ_{re}：解離や電離のような反応エネルギーに伴う熱移動の成分である．

図 6.17 は，陽光柱プラズマの熱伝導率の例で，二原子分子気体の場合は図 (c) の H_2 の熱伝導率で示したように温度に対して二つのピークが現れる（Raizer, 1997）．図中の $+\chi_d$ の部分は分子の解離，$+\chi_i$ の部分は電離に伴う熱伝導率のピークである．単原子分子気体の Ar では解離反応がないので，$+\chi_d$ のピークが存在しない．χ は 2000 K あたりから上昇が始まり，温度に対して指数関数的に増加する．一般に二原

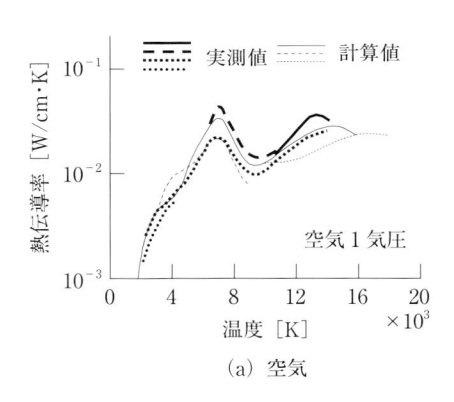

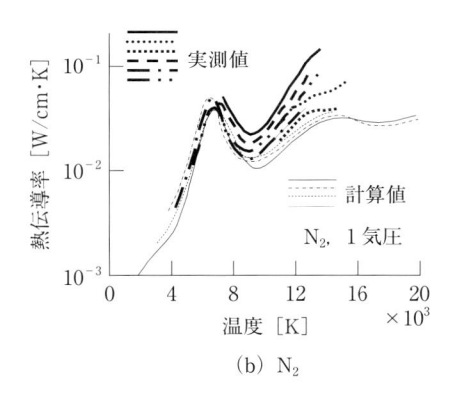

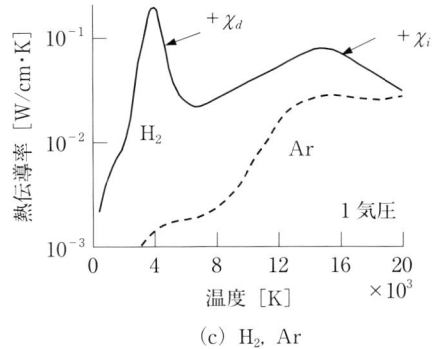

(a) 空気

(b) N_2

(c) H_2, Ar

図 6.17 陽光柱プラズマの熱伝導率

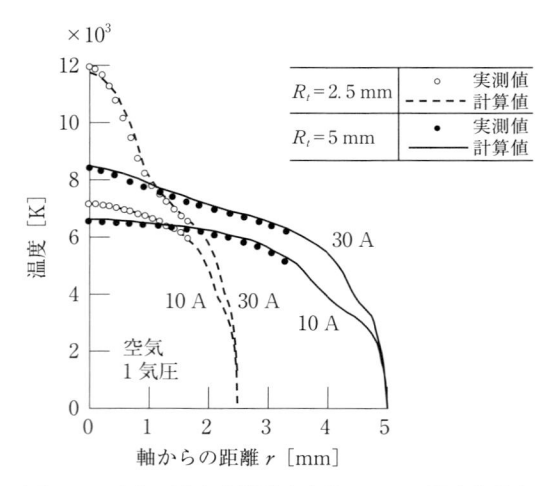

図 6.18 大気圧空気中器壁安定化アークの陽光柱温度の径方向分布

子分子気体では軽い気体の方が χ が大きく，例えば，H_2 の値は空気より 1 桁大きい．

図 6.18 は，大気圧空気中の器壁安定化アークの径方向温度分布特性の実測例で，管壁の冷却によって壁近傍で温度が急に低下している．計算値は後述のエレンバス-ヘラーの式に基づいて求めた値である（鬼頭，1978）．

c. 軸方向電界

図 6.3(b) で説明したように，アーク電圧 U は正，負電極近傍の電圧降下 V_A，V_C と陽光柱における電圧降下の和である．アーク長 l が $l > 0.5 \sim 1 \, \text{cm}$ のとき，両電圧降下領域の厚さは l に比べて小さく，陽光柱の軸方向電界 E_z はほぼ均一とみなされる．このとき，U は次のように近似できる．

$$U = V_A + V_C + E_z l \tag{6.36}$$

したがって，l を変化させつつ U を測定することにより，次式で E_z を求めることができる．

$$E_z = \frac{dU}{dl} \tag{6.37}$$

p が一定の下で得られた E_z-I 特性あるいは E_z-p 特性の例が図 6.19～6.23 で，特徴を列挙すると以下のようになる．

（1） $I < 10 \, \text{A}$ の小電流域では，$E_z \propto I^{-\alpha_e}$ が成立する．ただし，α_e は気体の種類と圧力，電極材料によって定まる定数．小電流領域で垂下特性になるのは，I の増加とともに電離度と電子密度が上昇し，アークを維持するのに必要な電界が低くなる

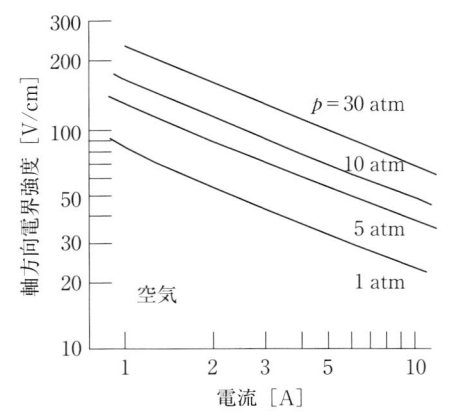

図 6.19 空気中の軸方向電界強度に対する気体圧力の影響

図 6.20 Hg 蒸気中の軸方向電界強度に対する気体圧力の影響

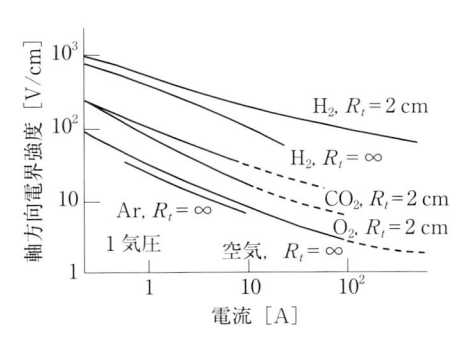

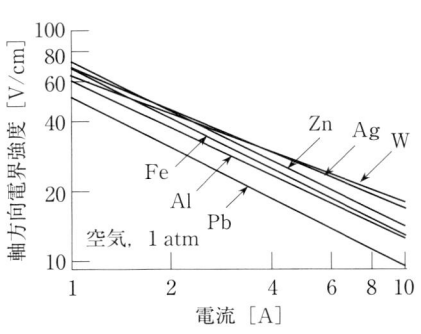

図 6.21 軸方向電界強度に対する気体の種類と管径の影響

図 6.22 軸方向電界強度に対する電極材料の影響

ためである（図 6.19）．

(2) アーク電流 I を大きな値まで増加させると，E_z - I 特性はU字形特性となる（図 6.20）(Gerthsen et al., 1955)．

(3) 軽い二原子分子気体 (H_2) の E_z は高く，単原子気体 (Ar) の E_z は低い（図 6.21）(Engel, 1973)．これは，軽い二原子分子気体の χ が単原子気体に比べて大きいために熱伝導損が大きくなり，(6.31) 式により軽い二原子分子気体の E_z が高くなるためである．

(4) 管半径 R_t が小さいほど E_z は高くなる．R_t が小さくなると，プラズマ単位体積あたりの壁への熱伝導損が大きくなるために，(6.31) 式により E_z が大きくなる．

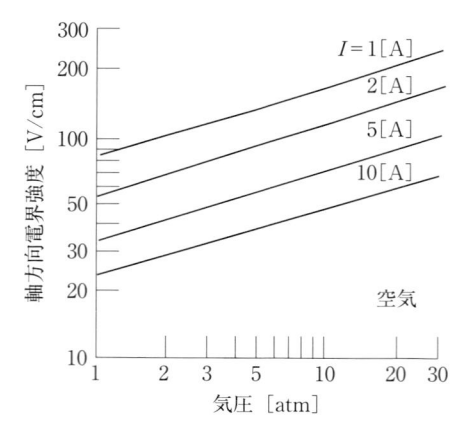

図 6.23 軸方向電界強度に対する電流の影響

表 6.6 β_e の値

気体の種類	空気	N_2	H_2	He	Ar
β_e の値	0.21	0.31	0.32	0.2	0.16

(5) E_z-I 特性は，電極材料にも影響されるが，いずれの材料においても (1) 項で述べた関係式が成立する（図 6.22）(Suits, 1931).

(6) I をパラメータとして E_z-p を測定すると，$E_z \propto p^{\beta_e}$ の関係が見出される（図 6.23）．β_e の値は，表 6.6 のとおりである．p を上昇させると，χ が上昇するので，(6.31) 式により E_z が増える．また，$p>10$ atm になると，放射損を無視できなくなり，E_z の上昇に繋がる．

(1) 項で述べた $dE_z/dI<0$ の領域を小電流域，$dE_z/dI>0$ の領域を大電流域，$dE_z/dI\approx0$ の領域を中間域と呼んでいる．先に述べたように，小電流域では電流の増加とともに電離度と電子密度が上昇するのに対し，大電流域では，高温のために電離度，電子密度，導電率が高く，I に対してそれらが飽和するためにプラズマは定抵抗特性になり，E_z は I とともに上昇する．中間域は両者間の遷移領域である．

ところで，アーク放電の応用においては，アークの安定な維持が大切になるが，電界の特性が $dE_z/dI<0$ のときにはアーク電圧の変動が増幅されやすく，反対に $dE_z/dI>0$ の大電流域では変動が自動的に抑制されるのでアークの安定化制御の面からは大電流域が適している．

6.5.3 理　　論

粒子間衝突頻度が高い高気圧アークの陽光柱プラズマの記述法には，巨視的な近似

としての電磁流体方程式による方法と，構成粒子の速度分布関数まで遡って微視的な性質を取り扱うボルツマン方程式による方法がある．工学的応用の観点からアーク放電の特性を検討する場合は，電子・イオン・中性粒子を含む一つの流体として取り扱う電磁流体方程式で現象を記述する場合が多い．この場合，電磁流体方程式に出てくる導電率や熱伝導率などの輸送係数を物質定数として実測値で与えるのではなく，理論的に導出したい場合は，図6.15や図6.17のところで触れたようにボルツマン方程式の使用が必要になる．

一つの流体として取り扱う場合，局所熱平衡（$T_-= T_+ = T_0 \equiv T$）を仮定して，状態量をプラズマ温度 T で代表させるが，工学的応用における現実のアークでは，時空的に温度や構成粒子組成が一様になるとは限らないので，詳細な理論展開においては種々の非平衡性の考慮が必要になる．問題となる非平衡性として，熱的非平衡性，反応非平衡性，励起準位間の非ボルツマン分布，電子の非マクスウェル速度分布則が挙げられ，これらを取り入れたシミュレーションもなされている（田中，2005）．また，長ギャップの火花破壊におけるアーク形成過程においては，4.3.3項の長ギャップ放電モデルで述べたように，アークに至る直前に温度が2000～3000 Kのリーダ放電が存在し，その取り扱いは非局所熱平衡モデルによる．

a. 局所熱平衡と電離度

局所熱平衡　局所熱平衡（local thermal equilibrium：LTE）とは，構成粒子はそれぞれがマクスウェル速度分布則に従い，互いに温度が等しく，電磁界や重力場の影響を受けていない状態をいう．この成立条件を調べよう．

いま，電子が電界 E_z の中で平均自由行程 λ_- の間に得るエネルギーは，次式で表される．

$$eE_z\lambda_- = eE_z v_- \tau = \frac{e^2 E_z^2 \tau^2}{m_-} \tag{6.38}$$

ただし，$v_- = \mu_- E_z = e\tau E_z/m_-$，$\tau$：衝突間の時間．

定常状態では，このエネルギーは中性粒子との衝突によって失われる．失われるエネルギーが電子と中性粒子の熱運動エネルギーの差の κ 割であるとすると，平衡状態では次式が成立する．

$$\frac{e^2 E_z^2 \tau^2}{m_-} = \frac{3}{2}k\kappa(T_- - T_0) \tag{6.39}$$

ところで，$\tau = \lambda_-/w$，$m_- w^2/2 = 3kT_-/2$ であるから，

$$\frac{\tau^2}{m_-} = \frac{\lambda_-^2}{m_- w^2} = \frac{\lambda_-^2}{3kT_-} \tag{6.40}$$

ただし，w：電子の熱運動速度．

ゆえに，(6.39)式と(6.40)式より，

$$\frac{T_- - T_0}{T_-} = \frac{2}{9}\frac{1}{\kappa}\left(\frac{eE_z\lambda_-}{kT_-}\right)^2 \tag{6.41}$$

中性粒子が原子で,電子-中性粒子間の衝突が弾性衝突であるとすると,$\kappa = 2m_-/m_0$ で,10^{-3} オーダの小さな値である.ただし,m_0:原子の質量.また,大気圧気体中の λ_- は 10^{-6} m のオーダである.$k = 1.38 \times 10^{-23}$ J/K であるので,$(T_- - T_0)/T_-$ が常に小さいとは限らない.特性の項で述べた実測値から高気圧アークに対して,例えば,$T_- = 8000$ K,$E_z = 8000$ V/m,$\lambda_- = 10^{-6}$ m,$\kappa = 10^{-3}$ を仮定すると,$(T_- - T_0)/T_- \approx 0.029$ となり,局所熱平衡が成立する.気圧が高くなると λ_- が小さくなり,アーク電流が大きくなると E_z が小さくなるとともに T_- が高くなるので,(6.41) 式より局所熱平衡が達成されやすくなる.逆に気圧が低くなって陽光柱内で衝突電離が起こる低気圧アークの場合は,λ_- と E_z が大きくなるので,局所熱平衡が崩れる.

電離度　温度 T の熱平衡状態にある気体中で電子,イオン,中性の各粒子は $3kT/2$ の運動エネルギーを有する.このエネルギーが大きくなると,中性粒子間の衝突によって電離が起こるようになる.このような現象は高温の気体中で起こるので,熱電離と呼ばれる.

熱電離による電離度 $x (= n_-/n)$ は,統計力学の方法で求められ,次式のようになる.

$$\frac{x^2}{1-x^2} = \frac{2kT}{p}\left(\frac{2\pi m_- kT}{h^2}\right)^{3/2} \exp\left(-\frac{E_i}{kT}\right) \tag{6.42}$$

ここで,n_-:電子密度,n:電離が起こっていないときの中性粒子密度,p:気体の全圧力,m_-:電子の質量,h:プランク定数,E_i:電離エネルギーである.これをサハ(Saha)の式という.

b. 電磁流体方程式 (Ferraro et al., 1963;Cambel, 1963)

局所熱平衡状態にある温度 T の陽光柱プラズマに対する電磁流体方程式[*2]は,寄与の小さい項を省略すると次のようになる.

連続の方程式:

$$\frac{\partial \rho_m}{\partial t} + \vec{\nabla}(\rho_m \vec{v}) = 0 \tag{6.43}$$

運動方程式:

$$\rho_m\left\{\frac{\partial \vec{v}}{\partial t} + (\vec{v}\cdot\vec{\nabla})\vec{v}\right\} = -\vec{\nabla}p + \vec{j}\times\vec{B} + \rho\vec{E} + \vec{F}(\eta_b) + \rho_m\vec{F}_g \tag{6.44}$$

[*2] **電磁流体方程式**:　電磁界が存在する場における流体の運動を記述するには,電磁場の基礎方程式(マクスウェルの方程式とオームの法則)と流体の支配方程式(質量保存式,運動方程式,エネルギー保存式)を組み合わせる必要がある.導電性流体の場合は,マクスウェルの方程式のうちの $\vec{\nabla}\times\vec{B} = \vec{j} + \partial\vec{D}/\partial t$ における時間微分を無視でき,磁場が卓越する.このときの連立方程式が電磁流体方程式である.一方,誘電体流体の場合は,$\vec{\nabla}\times\vec{E} = -\partial\vec{B}/\partial t$ の時間微分を無視でき,電場が卓越する.このときの連立方程式が,電気流体方程式である.

オームの法則：
$$\sigma(\vec{E}+\vec{v}\times\vec{B})=\vec{j} \tag{6.45}$$

エネルギー保存の式：
$$\frac{\partial}{\partial t}\left\{\rho_m\left(\frac{1}{2}|\vec{v}|^2+u\right)\right\}+\vec{\nabla}\cdot\left\{\rho_m\vec{v}\left(\frac{1}{2}|\vec{v}|^2+u\right)\right\}$$
$$=\vec{j}\cdot(\vec{E}+\vec{v}\times\vec{E})+\vec{\nabla}\cdot\vec{j}_h-\vec{\nabla}\cdot(p\vec{v})-C(T)-S(T) \tag{6.46}$$

マクスウェルの方程式：
$$\left.\begin{aligned}&\vec{\nabla}\times\vec{B}=\mu\vec{j}\left(\frac{\partial\vec{D}}{\partial t}\text{の項は，導電性流体の仮定より無視された}\right)\\&\vec{\nabla}\times\vec{E}=-\frac{\partial\vec{B}}{\partial t}\\&\vec{\nabla}\cdot\vec{E}=\frac{\rho}{\varepsilon}\\&\vec{\nabla}\cdot\vec{B}=0\end{aligned}\right\} \tag{6.47}$$

なお，電荷保存の式である $\partial\rho/\partial t+\vec{\nabla}\cdot\vec{j}=0$ は，マクスウェルの方程式から導出できる．

気体の状態方程式：
$$\rho_m=\rho_m(p,T) \tag{6.48}$$

ただし，ρ_m：質量密度，$\vec{v}$：流速，p：圧力，T：温度，$\vec{j}_h$：熱流，ρ：電荷密度，$\vec{j}$：電流密度，$\vec{E}$：電界，$\vec{B}$：磁束密度，$\vec{F}(\mu_b)$：粘性抵抗力，$\vec{F}_g$：その他の体積力の単位重量あたりの合計，$\vec{J}_h$：熱流，u：単位重量あたりの内部エネルギー，$S(T)$：放射による熱損失，$C(T)$：粘性抵抗による熱損失，σ：導電率，μ：透磁率，η_b：粘性係数である．また，$\rho_m(|\vec{v}|^2/2+u)$ は単位体積あたりのプラズマエネルギーである．

電磁流体方程式で取り扱えるアークプラズマには，遮断アーク，故障点アーク，溶接アーク，アーク灯，アークプラズマトーチなどがあり，解析結果に対する興味の内容が検討対象によって異なるので，実際に特性を検討する場合には，場合に応じて新たな項の追加や種々の簡略化が行われる（鬼頭，1978；Ushio et al., 1982；Hsu, 1983；松村ら，1984a；Ikeda et al., 1986；牛尾，1987；電気学会ガス遮断器の小形化技術調査専門委員会，1996；横水，2005；電気学会アーク・グロー放電現象基礎技術調査専門委員会，2006）．連立方程式の取り扱いは，時間微分項を含む動的過渡アークと時間微分項を無視できる定常アークに大別される．以下では定常アークを述べ，時間微分項を含む過渡アークの取り扱いは 6.7.2 項の遮断アークのところで触れる．

いま，プラズマの挙動に対する流れと磁界の寄与が小さく，プラズマ全体が静止して定常状態にあると仮定するとき，上式は次のように簡単になる．

$$\vec{j}=\sigma\vec{E} \tag{6.49}$$
$$\vec{j}\cdot\vec{E}=\vec{\nabla}\cdot\vec{j}_h+S(T) \tag{6.50}$$

この式は，エレンバス-ヘラー (Elenbaas-Heller) の式と呼ばれる．

以下では，解析的にこの方程式を解く問題を取り扱った後に，定常状態の電磁流体方程式の数値解析モデルに触れる．

静止気体中で発生している局所熱平衡アークの円柱状無限長陽光柱に対する電磁流体モデルを考える．また，$\vec{J}_h$ は径方向のみの熱伝導損失であるとする．このとき，エレンバス-ヘラーの式は円柱座標系を使って，次のように書ける．

$$\sigma E_z^2 = -\frac{1}{r}\frac{d}{dr}\left(r\chi\frac{dT}{dr}\right) + S(T) \tag{6.51}$$

ただし，χ：熱伝導率である．

σ, χ は，図 6.15 と図 6.17 に示したように，温度 T に対して複雑な関数であるので，これらの値を使ってエレンバス-ヘラーの式を解析的に解くのは困難である．これまで，σ, χ に単純化の仮定をおき，陽光柱の温度分布と軸方向電界が検討されてきた．次にそれらの一部を紹介する．

c. 定常アークの陽光柱モデル

放物モデル（parabolic model）　　放射損を無視して $S(T)=0$ とおき，σ と χ が T に独立，すなわち r に独立であると仮定する．境界条件として，温度分布の軸対称性より，$r=0$ で $dT/dr=0$，また $T=T_m$ とおき，(6.51) 式を 1 回積分すると

$$\chi\frac{dT}{dr} = -\frac{r}{2}\sigma E_z^2 \tag{6.52}$$

さらにこれを積分して

$$T = T_m - \frac{\sigma E_z^2}{4\chi}r^2 \tag{6.53}$$

また，陽光柱が半径 R_t，管壁温度 T_w の壁に接しているとして，$r=R_t$ で $T=T_w$ とおくと

$$T_m = T_w + \frac{\sigma E_z^2}{4\chi}R_t^2 \tag{6.54}$$

ゆえに

$$T = T_w + \frac{\sigma E_z^2}{4\chi}(R_t^2 - r^2) \tag{6.55}$$

本来 σ, χ は図 6.15 と図 6.17 に示したように T に対して敏感に変化するので，それらを一定とする仮定は受け入れがたい．それにもかかわらず，得られた T の r 依存性は図 6.16 の実測特性をよく表現している．

対数モデル（logarithmic model）　　放射損を無視し，放物モデルとは対照的に軸上でのみ $\sigma \neq 0$ で，軸上以外で $\sigma=0$ と仮定する．このとき，$r \neq 0$ におけるエレンバス-ヘラーの式は

6.5 陽光柱

$$\frac{1}{r}\frac{d}{dr}\left(r\chi\frac{dT}{dr}\right)=0 \tag{6.56}$$

1回積分すると，

$$r\chi\frac{dT}{dr}=-A \tag{6.57}$$

ただし，A は軸方向電界とアーク電流の積に依存する積分定数．ここで，簡単に $\chi=$ 一定を仮定して積分すると

$$T=-\frac{A}{\chi}\ln r+B \tag{6.58}$$

$r=R_t$ で $T=T_w$ であるから，$B=T_w+A\ln R_t/\chi$ となる．ゆえに

$$T=T_w-\frac{A}{\chi}\ln\left(\frac{r}{R_t}\right) \tag{6.59}$$

この解は，$r=0$ で $T=\infty$ となり，非現実的であるが，管壁近傍の温度分布をよく表現している．

また，$\chi=CT^n$ と仮定すると，次の結果が得られる．

$$T^{n+1}-T_w^{n+1}=\frac{n+1}{C}A\ln\left(\frac{r}{R_t}\right) \tag{6.60}$$

この場合も，$r=0$ で $T=\infty$ となる．

チャネルモデル（channel model） σ は，図 6.15 に示したように $T<2000$ K では $\sigma\approx 0$ で，$T>4000$ K で指数関数的に増加する．そこで，図 6.24 に示すように，$0<r<r_c$ では $\sigma=\sigma_c$，$r_c<r<R_t$ で $\sigma=0$ のチャネルを仮定し，温度の境界条件として $r=r_c$ で $T=T_c$，$r=R_t$ で $T=T_w$ とおく．

χ の仮定には，いくつかの方法が提案されている．ここでは，(1) $0<r<r_c$ で $\chi(T)=\chi_c$，$r_c<r<R_t$ で $\chi(T)=\chi$ とする方法と，(2) $\chi(T)$ より決まる熱伝達関数を導入

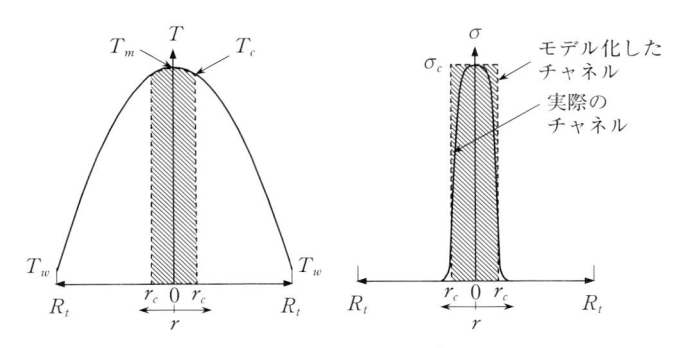

図 6.24 陽光柱の径方向の温度分布と導電度分布およびそれらのチャネルモデル

する方法を述べる.

(1) の場合, $0 < r < r_c$ では放物モデルの温度分布, $r_c < r < R_t$ では対数モデルの温度分布になる. $r = r_c$ の境界では, dT/dr がチャネルの内と外で等しいので, (6.52)式と (6.57) 式より次式を得る.

$$\left.\frac{dT}{dr}\right|_{r=r_c} = -\frac{\sigma_c E_z^2 r_c}{2\chi_c} = -\frac{A}{\chi r_c} \tag{6.61}$$

これより

$$A = \frac{\sigma_c E_z^2 r_c^2 \chi}{2\chi_c} \tag{6.62}$$

となる.

したがって r_c を決定できれば, 積分定数 A を決定できる. r_c の決定に Steenbeck の電力最小の原理, すなわち, 陽光柱は常に $W = E_z I$ を最小にするように変化するという原理の適用が提案されている. アーク電流 $I (= \pi r_c^2 \sigma_c E_z)$ は外部回路条件によって制御できるので, W を最小にすることは E_z を最小にすることと等価である.

(2) の場合は, エレンバス-ヘラーの式を $r_c < r < R_t$ の範囲で積分すると対数モデルの場合と同じ次式となる.

$$r\chi \frac{dT}{dr} = -A \tag{6.63}$$

いま, $T_m \gg T_w$ であるので, $T(r = R_t) = T_w \approx 0$ とおき, $\chi = \chi(T)$ として上式を積分すると

$$\int_0^{T_m} \chi dT = -A[\ln r]_{R_t}^{r_c} \equiv \theta_c \tag{6.64}$$

θ_c を熱伝達関数と呼ぶ. ところで, $r = r_c$ における熱流は

$$\left.\chi \frac{dT}{dr}\right|_{r=r_c} = -\frac{A}{r_c} = \frac{E_z I}{2\pi r_c} \tag{6.65}$$

であるから, 積分定数 A は次式となる.

$$A = -\frac{E_z I}{2\pi} = \frac{W}{2\pi} \tag{6.66}$$

したがって

$$\theta_c = \frac{W}{2\pi} \ln \frac{R_t}{r_c} \tag{6.67}$$

$$W = E_z I = \frac{I^2}{\pi r_c^2 \sigma_c} \tag{6.68}$$

先にも述べたように I は放電条件として与えられるので, 未知数は T_m, E_z, r_c の三つであり, 方程式は (6.67) 式, (6.68) 式の二つである. 問題を解くには, もう一つの式が必要である. この場合も Steenbeck の電力最小の原理を導入し, 次式を使

用する.

$$\frac{dE_z}{dr_c}=0, \quad \text{または} \quad \frac{dE_z}{dT}=0 \tag{6.68}$$

図 6.25 は, N_2 アークの E_z-I 特性の実測値とチャネルモデルによる計算値の比較である (Schulz et al., 1944).

放射損を無視するその他のモデル 以上のほかに, σ を温度の関数として式で与える方法, σ と χ を変数 r でテーラ-マクローリン展開する方法, 陽光柱プラズマを完全電離気体と仮定してその σ と χ を使用する方法などが提案されている (Hoyaux, 1968).

放射損を考慮するモデル 気圧が 1 atm 程度, 電流が数 A 程度のアークでは, 放射損が全損失の 1% 程度であるが, 気圧が 10 atm 程度以上で放電電流が大きくなると, 放射損 $S(T)$ を無視できなくなる. 放射損は, 光学的に薄いプラズマからの放射損 P_{r1} と光学的に厚いプラズマからの放射損 P_{r2} の 2 種類からなる.

$$S(T) = P_{r1} + P_{r2} \tag{6.70}$$

ところで, P_{r2} は拡散によってプラズマの表面から放出されるので, 等価的に熱伝導率の増加分 χ_r として置き換えることができる (Eddington の方法). このとき, エレンバス-ヘラーの式は次のようになる.

$$\sigma E_z^2 - P_{r1} = -\frac{1}{r}\frac{d}{dr}\left\{r(\chi+\chi_r)\frac{dT}{dr}\right\} \tag{6.71}$$

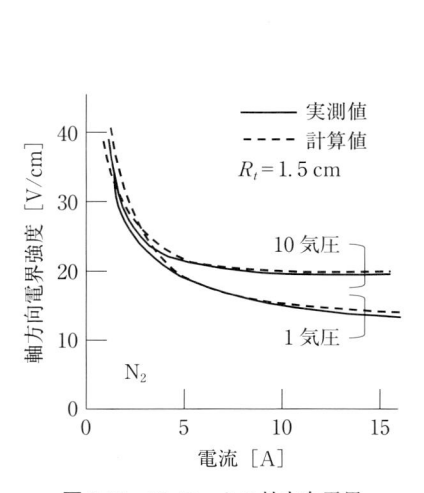

図 6.25 N_2 アークの軸方向電界

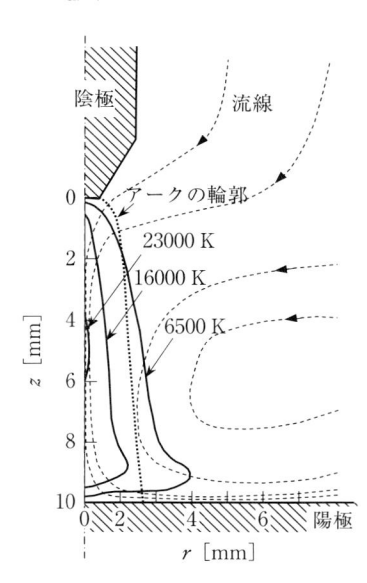

図 6.26 溶接アークのシミュレーション結果

しかし，多くの場合 P_{r1} と χ_r の計算は，複雑になる（Hoyaux, 1968）．

電磁流体方程式に基づく数値解析モデル　定常状態の電磁流体方程式の数値解析は，種々の分野で行われている．溶接アークについて，牛尾らは上記の電磁流体方程式に流体の応力テンソル，乱流などの項を付加するとともに電流と電界分布をあらかじめ仮定し，境界条件としてガス流入速度分布，両電極の温度を与える数値解析モデルを提案している（Ushio et al., 1987；2004）．図 6.26 はそれによって求めた温度分布と気体の流線である（牛尾，1987）．遮断アークについては鬼頭・稲葉ら，松村らによって陽光柱内の径方向温度分布，電流密度分布ならびに電界の電流依存性などが求められている（図 6.18）（稲葉ら，1972；鬼頭，1978；松村ら，1984b）．遮断アークについては，6.7.2 項 b も参照のこと．

6.6　陽極降下領域の現象

陰極は，高温と空間電荷領域によって作られる高電界の作用によって多量の電子を放出し，アーク放電の維持に不可欠である．一方，陽極は特別な場合を除いて正イオンを放出することはなく，陽光柱からの電子の受け手の働きをするだけである．ところが，(6.2) 式のノッチンガムの式に含まれる係数 n が陽極材料に依存することからわかるように，アーク放電の電圧・電流特性は陽極材料に深くかかわっており，また，アークに注入される全エネルギーの約 80% が陽極に流入して熱と光に変換される．このように，陽極降下領域の現象は，高温，高輝度を伴い，金属の加工，溶解，精錬ならびに照明の分野で広く応用されるが，現象がきわめて複雑で，陰極降下領域に比べて理論の体系化は遅れている．ここでは，基礎的事項を述べるにとどめる．

6.6.1　陽極降下領域の機能，構成，特性

a.　機　　能

陽極降下領域は，陽極電界によって陽光柱から電子を受け取るとともに陽極に向かう正イオンを陰極方向に跳ね返す．このために，陽極前面には電子が優勢な負空間電荷領域が形成され，陽極降下電圧 V_A が発生する．すなわち，電気的には陽光柱と陽極間の電気伝導をつなぐ機能をもつ．

b.　構　　成

陽極降下領域は，外観から拡散モードと陽極点モードに大別される．拡散モードは，陽極近傍での収縮がない場合で，アーク電流が小さく，陰極点からのプラズマジェットの噴出が活発なときや陽極が外部から冷却される場合などに発生しやすく，陽極材料の蒸発はほとんどない．一方，陽極点モードは，図 6.27 に示すように陽極降下領域が，陽極点，空間電荷領域，収縮領域よりなり，アーク電流が大きいとき，陽極面

6.6 陽極降下領域の現象

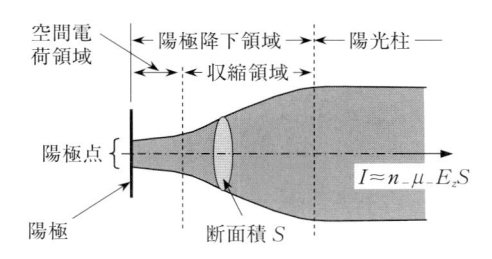

図 6.27 陽極点モード時の陽極降下領域の構成概念図

積が狭くて電流密度が高くなるとき，ならびに周囲から冷気が侵入しやすいときなどに現れやすい．陰極からのプラズマジェットが陽極近傍に達するときには，アーク電流が kA オーダに大きくなっても，拡散モードになることがある．

図 6.27 では，各部を誇張して図示しているが，空間電荷領域の厚さは $10^{-4} \sim 10^{-5}$ cm 程度と薄い．

c. 陽極降下電圧

陽極降下電圧は二つの成分よりなっていると考えられている．一つは，上記の空間電荷領域における電圧降下である．陽極近傍から正イオンを陽光柱に供給することが必要な場合は，熱電離のほかにこの電圧降下による電子の衝突電離が寄与することもある．もう一つの成分は，図 6.27 に示すように陽極点が形成されたり，陽極寸法が小さいために収縮領域が形成されるときに発生する電圧降下である．収縮領域の電流路の断面積を S とすると，放電電流は $I \approx j_z S = n_- \mu_- E_z S$ であるから，S が小さいところで E_z が大きくなり，これによって電子密度が増えるとともに大きな電圧降下発生の原因になる．

表 6.2 に示したように，大気圧アークの陽極降下電圧の実測値は気体の電離電圧程度以下であるが，比較的新しい研究によると，アーク電圧の増加に伴って過剰な熱電子が陽極に流入するときには，V_A が次第に零に近づき (Dzimikanski et al., 1954)，場合によっては負になるとされている (Sander et al., 1984)．Dinulescu ら (Dinulescu et al., 1980) および Morrow ら (Morrow et al., 1993) は，負の陽極降下電圧が出現するときのモデルを検討している．

6.6.2 真空中の陽極現象 (Kimblin, 1974)

真空アークの形成初期過程は複雑で，理論的に取り扱った文献は少ない．形成後の陽極現象は，気体中の陽極現象の理解の基礎にもなるので，ここでは気中より先に真空中の陽極現象について述べる．

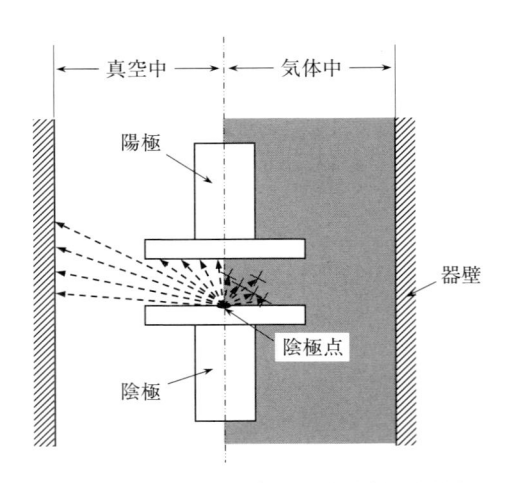

◀---：イオンの運動方向　×：気体粒子と衝突

図 6.28　陽極点形成前の陰極点からの正イオン流の概念図

a. 陰極点からのプラズマジェット

図 6.28 は，陰極点で蒸発した金属蒸気がプラズマになって放出されているときの概念図で，左半分が真空中，右半分が気体中の様子を表している．

真空中では，気体原子との衝突がないので，プラズマは壁と陽極に向かって直進する．電子はそのまま陽極と壁に流入し，正イオンは壁に衝突して表面再結合で消失し，陽極に向かった正イオンは陽極前面の負空間電荷を中和する．陽極に流入するプラズマ量は，陰極に対面する陽極の面積が広くギャップ長が短いほど多くなる．

気体中では，途中で気体原子に衝突するので，プラズマジェットが陽極近傍に到達するためには，後述するように磁気圧の助けが必要になる．

b. 電圧・電流特性と陽極現象

図 6.29 は，二つの電極系の電圧・電流特性で，プローブで実測した陰極降下電圧を破線で示している．陰極降下電圧はアーク電流には無関係にほぼ一定である．

小電流領域ではいずれの電極でも拡散モードで，拡散モードから陽極点モードへの転換は，陽極電極の直径が小さい電極系 A と直径の大きい電極系 B において，それぞれ 0.4 kA と 2.1 kA で起こっている．これらの電圧・電流特性とプラズマジェットの陽極への流入量特性の実測から，真空中の陽極現象は，次のようであると考えられている．① 電流に伴うアーク電圧の変化は，主に陽極降下電圧の変化によっている．② 陽極点の形成は，陽極降下電圧の顕著な低下をもたらす．③ 陰極点で発生したプラズマの陽極降下領域への流入量が多くなるにしたがって，プラズマ中の正イオンに

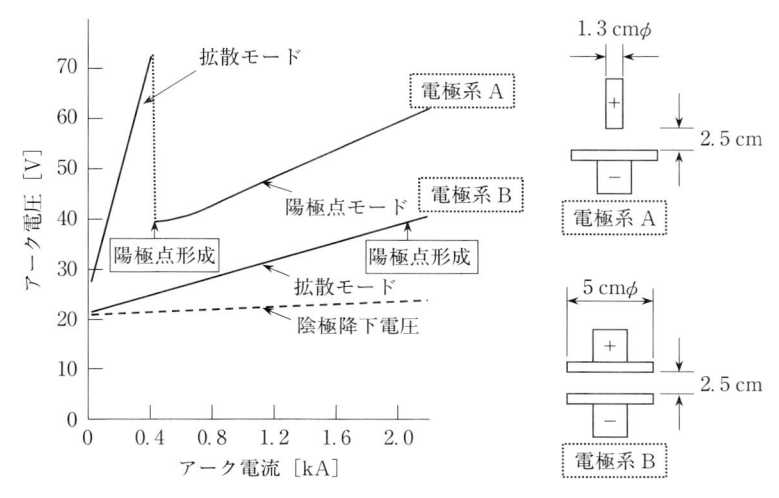

図 6.29 真空アークの電圧・電流特性（Cu 電極）

よる負空間電荷の中和が促進されるために，陽極降下電圧は低下する．④ 軸方向磁界（縦磁界）を印加すると，陽極点の形成が抑制され，アーク電圧が下がってアークの安定化につながる（Moriyama et al., 1973）．

c. 陽極点の形成と陽極点温度

拡散モードから陽極点モードへの移行は，陽極に流入するエネルギーによって電極が融点まで加熱され，蒸気ジェットが噴出することによって始まる．このとき，陽極からの金属蒸気はそこに入射する高エネルギーの電子によって電離され，電流路の収縮が始まり，陽極点が形成される．Ecker はこの収縮過程を解析している（Ecker, 1974）．

陽極点の温度は，陽極点への入力パワー密度 P_i と損失パワー密度 P_l の平衡条件によって推定され（Cobine et al., 1955），実測も行われている（Mitchell, 1970；Grissom et al., 1974）．P_i, P_l は，次式で与えられる．

$$P_i = (V_A + \varphi + V_T)j + P_n + P_{ri} \tag{6.72}$$

$$P_l = P_{ev} + P_c + P_{rl} \tag{6.73}$$

ただし，j：陽極点の電流密度（$8 \times 10^3 \sim 5 \times 10^4$ A/cm^2），V_A：陽極降下電圧（0〜7.5 V），V_T：電子によって陽光柱から運ばれる熱エネルギー密度（1〜2 V），φ：陽極金属の仕事関数（4.5 V），P_n：中性粒子の運動エネルギーに伴う入力密度（0〜0.13×10^4 W/cm^2），P_{ri}：アークプラズマからの放射パワー入力密度（$0.75 \times 10^4 \sim 3 \times 10^5$ W/cm^2），P_{ev}：電極の蒸発損，P_c：熱伝導損，P_{rl}：陽極点からの放射損である．

上記のただし書きで示したようにそれぞれのパラメータに実際に起こりえる範囲を

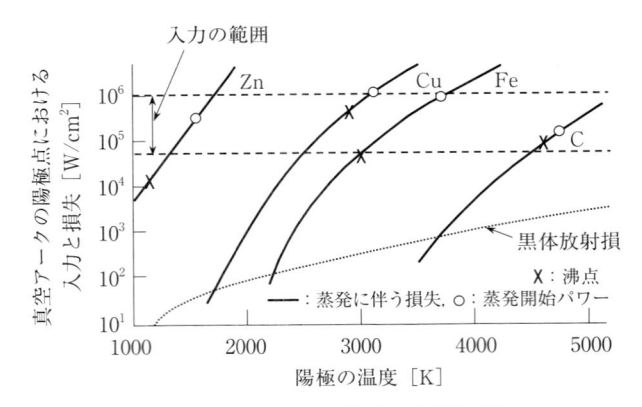

図 6.30 真空アークの陽極点の温度決定要因

与えると，$P_i = 5.28 \times 10^4 \sim 10^6$ W/cm² になる．P_l は陽極材料と温度に依存する．P_i と P_l を陽極点温度の関数として示すと，図 6.30 のようになる．図中にプロットしたように，陽極点の沸点および蒸発開始温度は，$P_i = P_l$ の式より推定できる．これらの値は，陽極点温度の実測値に近い．(6.72) 式と (6.73) 式には雰囲気条件が含まれていないので，気体中のアークにも適用できる．

6.6.3　気体中の陽極現象
a. 陰極点からのプラズマ流と電圧・電流特性

図 6.28 の右半分に示したように，気体中では陰極から噴出したプラズマは気体原子と衝突する．このために，プラズマ中の正イオンの直進距離は気圧とともに短くなり，陽極近傍の空間電荷領域に到達できなくなる．

Cu 円柱陰極の軸と同軸に円筒形のイオンコレクタを設置し，コレクタに流入する電流の測定から，陰極点で放出された正イオンの直進距離が推定されている．真空中ではコレクタ直径に関係なく 100 A のアーク電流のうち 8 A がコレクタに達するが，ヘリウムガス圧が 30 mmHg を超えると，直径 1 cm のコレクタに達する正イオン電流は観測できなくなり，直進距離は 0.5 cm 以下になる（Kimblin, 1974）．

大気圧になると，直進する正イオン流は陽極近傍の空間電荷領域に到達できないが，アーク電流が大きいと磁気圧の効果でプラズマ流は陽極近傍に達することができる．このために，気体中でも陰極からのプラズマ流は陽極近傍の負空間電荷の中和を促進するとともに収縮を抑制し，陽極降下電圧を下げるように作用する．例えば，先端の尖った C 陰極の場合，10 kA の大気圧空気アークでも拡散モードが維持される．

先に述べた図 6.1(b) の大気圧アークの場合，$j = 40$ A/cm² までは拡散モードで，$V_A = 36$ V のうち 20 V は空間電荷領域における電圧降下．残りの 16 V は電流路の収

縮に伴う電圧降下である（Raizer, 1997）．$I=15\sim 20$ A で電流密度が 5×10^4 A/cm^2 程度になると陽極点モードに転換し，V_A が急に 10 V 程度まで減少する．

b. エネルギー配分

大気圧アークに注入されたエネルギーの約 8% が電気エネルギーの形で直接に陽極に流入し，約 60% が陰極の蒸気ジェットによって陽極表面に運ばれる．さらに約 15% が放射エネルギーとして陽極面に向かう．陰極ジェットがある場合，陽極は全アークエネルギーの約 80% を受ける．このエネルギーが熱に変換されるときには，金属の加工，溶解，精錬に応用される．また，C 陽極の芯に塩やセシウムの酸化物を混ぜると演色性のよい高輝度の光に変換され，サーチライトなどの照明に利用される．

c. 磁気圧による陰極蒸気ジェットの発生

図 6.31(a) に示すように，半径 R_t の陽光柱プラズマが定常状態にあるとする．このとき，(6.44) 式の運動方程式より，次式を得る．

$$\vec{j}\times\vec{B}=\vec{\nabla}p \quad \text{または} \quad \frac{dp}{dr}=jB \tag{6.74}$$

ただし，p はプラズマに作用する圧力である．この圧力は熱による陽光柱の膨張力と平衡している．これを Bennett ピンチと呼ぶ（Bennett, 1934）．

ところで，半径 r における磁束密度は，マクスウェルの (6.47) 式の最初の式より，$2\pi rB=\pi r^2\mu_0 j$ であるので

$$B=\frac{1}{2}\mu_0 rj \tag{6.75}$$

ただし，μ_0：真空透磁率．

プラズマ表面外側で磁気圧が零であるので，これを境界条件として，(6.74) 式に (6.75) 式を代入して積分すると，磁気圧は次式となる．

$$p=\frac{1}{4}\mu_0 j^2(R_t^2-r^2) \tag{6.76}$$

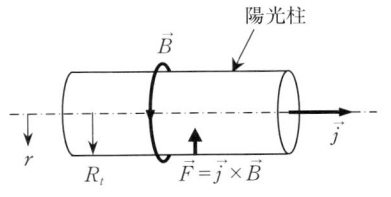

(a) 陽光柱に働く自己ピンチ力

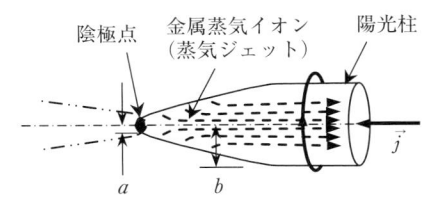

(b) 電流路にテーパがあるときの軸方向磁気圧

図 6.31 磁気圧による金属蒸気の加速

陽光柱の軸上では,

$$p_{r=0} = \frac{1}{4}\mu_0 j^2 R_t^2 = \frac{\mu_0 I^2}{4\pi^2 R_t^2} \tag{6.77}$$

ただし,$I = \pi R_t^2 j$.

いま,$R_t = 0.5$ cm,$I = 10$ kA とおくと,$p_{r=0} \approx 1.25$ atm となる.この圧力は,プラズマに対する軸方向の推進力にはならない.

次に図6.31(b) に示すように放電電流路が収縮している状態を考えるとき,半径 a と b の2点間の圧力差 Δp は

$$\Delta p = p_a - p_b = \frac{\mu_0 I^2}{4\pi^2}\left(\frac{1}{a^2} - \frac{1}{b^2}\right) \tag{6.78}$$

となる.$a \ll b$,プラズマジェットの速度を v_{jet},プラズマ質量密度を ρ_m とすると,

$$\Delta p \approx \frac{\mu_0 I^2}{4\pi^2 a^2} = \frac{1}{2}\rho_m v_{jet}^2 \tag{6.79}$$

となり,

$$v_{jet} = \frac{I}{\pi a}\sqrt{\frac{\mu_0}{2\rho_m}} \tag{6.80}$$

気中アーク放電の典型的なパラメータから,磁気圧によるプラズマジェットは $v_{jet} = 3 \sim 300$ m/s と推定される.

6.7 動的アーク

アークの特性は,電源電圧や電極間距離の時間的変化に伴って複雑に変わる.パルス電圧による気中アークや気体の絶縁破壊に伴うアークは,3.8.2項,3.8.3項および 4.3.3項 b で取り扱った.ここでは,実用上大切な交流アーク,遮断アーク,走行アークについて述べる.

6.7.1 交流アーク

図6.32 に示すように,インダクタンス L と抵抗 R の直列インピーダンスよりなる気中交流アークを考える.$L = 0$ の場合を抵抗性回路,$R = 0$ の場合を誘導性回路と呼ぶ.交流アークも機構そのものは,これまでに述べた直流アークと変わらないが,電源電圧の反転に伴って点弧と消弧を繰り返し,電圧・電流特性に特異な性質が現れる.

図6.32(a) の回路方程式は,次式となる.

$$L\frac{dI(t)}{dt} + RI(t) + U(t) = V(t) \tag{6.81}$$

ただし,$V(t)$:電源電圧,$I(t)$:アーク電流,$U(t)$:アークの逆起電力である.

いま,50 Hz または 60 Hz の抵抗性回路で C 電極を数 mm 離したときは,アーク

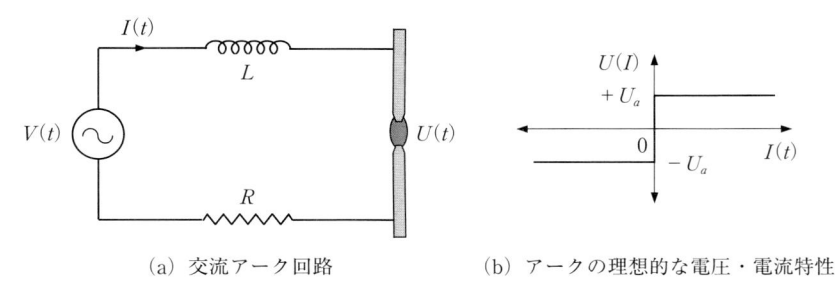

(a) 交流アーク回路　　　　　(b) アークの理想的な電圧・電流特性

図 6.32　交流アーク回路

電流 I は $L=0$ とおいて

$$I(t) = \frac{V(t) - U(t)}{R} \tag{6.82}$$

となる．再点弧と消弧時の電極間電圧 $U(t)$ をそれぞれ再点弧電圧 U_r と消弧電圧 U_e，定常状態のアーク電圧を一定とすると，アーク電流は図 6.33(b) のようになる．

ところで，一方の電極を熱電子放出形の W とし，他方を電界放出形の Cu にしたことを考える．W が陰極になったときには電極の高温が比較的長く保持されているので再点弧電圧が低く，Cu が陰極になったときには陰極温度が低く陰極前面の速い消弧イオン作用のために再点弧電圧が高くなる．このために，電源電圧を適当な値にすると，W 電極が陰極になったときにのみ再点弧が起こり，同図 (c) のような整流作用が現れる．

抵抗性回路に C-C 電極を接続して周波数を変えたときの電圧・電流特性は，図 6.34 (a) のようになる．図の破線は，直流アークの静特性である．50 Hz または 60 Hz の交流アークの場合，再点弧電圧 U_r に達した後，$U(I)$ は静特性より高くなる．これは，電流が零の期間に電極が冷却されるとともに陽光柱の正イオンの一部が消滅するためである．また，電流が極大値を示した後の $U(I)$ は静特性より低くなる．これは，それ以前の期間における大きな電流によって充分に電離が行われているためである．周波数が kHz オーダの高周波になると，アーク内の熱的現象が周波数に追随できなくなるために，$U(I)$ は正特性になる．

アーク電流が直流と交流の重畳になり，かつ交流成分の最大値が直流電流成分より小さいときは，同図 (b) のように周波数の上昇に伴って $U(I)$ 特性はヒステリシスを示しつつ負特性から正特性に移行する．

次に，誘導性回路におけるアーク電圧と電流波形を考える．簡単のために，アークの電圧・電流特性 $U(I)$ を図 6.32(b) のように電流が零になったとき，電圧が $+U_a$ と $-U_a$ の間でステップ状に変化すると仮定する．

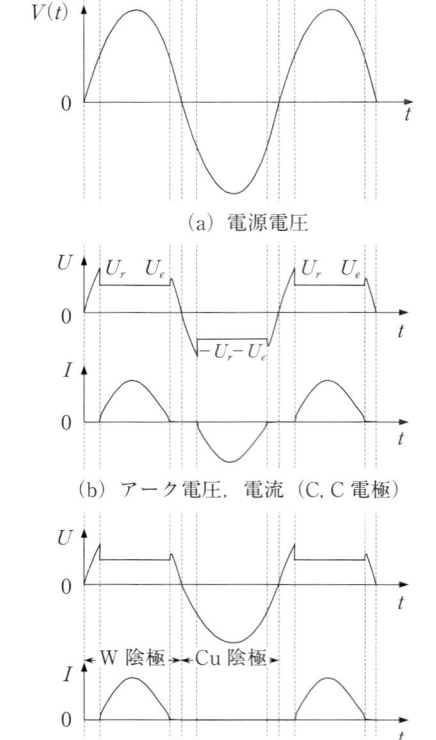

(a) 電源電圧

(b) アーク電圧，電流（C, C 電極）

(c) アーク電圧，電流（W, Cu 電極）

図 6.33 交流気中アークの電圧・電流特性に対する電極の影響

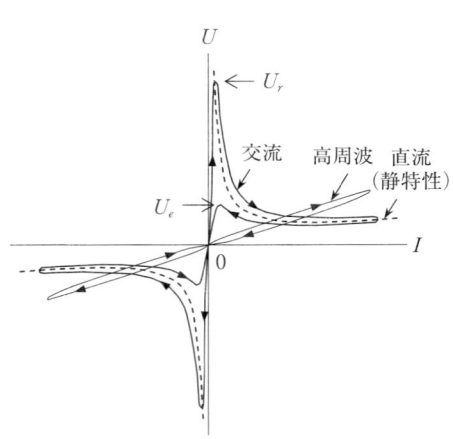

(a) 交流アークの電圧・電流特性

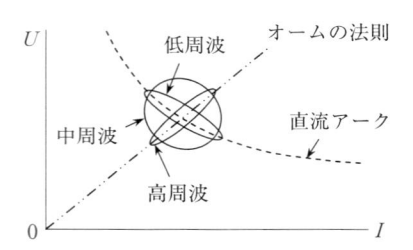

(b) 直流に交流が重畳するときのアークの電圧・電流特性

図 6.34 交流アークの電圧・電流特性

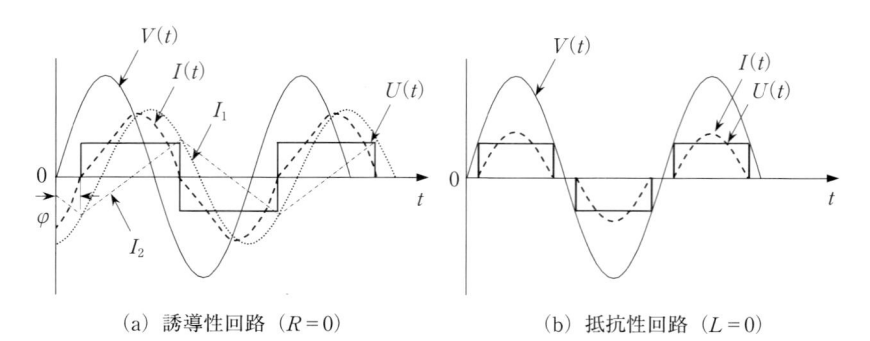

(a) 誘導性回路（$R = 0$）

(b) 抵抗性回路（$L = 0$）

図 6.35 抵抗性と誘導性回路の交流アークの電圧・電流波形

電源電圧を $V(t) = V_m \sin(\omega t + \varphi)$ とし，$R = 0$ とすると，回路方程式は

$$L\frac{dI}{dt} + U(t) = V_m \sin(\omega t + \varphi) \tag{6.83}$$

これを積分すると

$$I(t) = \frac{V_m}{L}\int_0^t \sin(\omega t + \varphi)\,dt - \frac{U_a}{L}\int_0^t dt$$

$$= -\frac{V_m}{\omega L}\cos(\omega t + \varphi) + \frac{V_m}{\omega L}\cos\varphi - \frac{U_a}{\omega L}\omega t \tag{6.84}$$

$t = \pi/\omega$ の半周期の時刻においては $I(t) = 0$ であるから

$$-V_m\{\cos(\pi + \varphi) - \cos\varphi\} = \pi U_a \tag{6.85}$$

ゆえに電流が零になる位相角 φ は

$$\varphi = \cos^{-1}\left(\frac{\pi U_a}{2V_m}\right) \tag{6.86}$$

すなわち，$R = 0$ で $U_a = 0$ なら電流は電圧より 90° 遅れるが，上記の $U_a \neq 0$ のときは，$R = 0$ でも電流 $I(t)$ の電圧 $V(t)$ からの遅れは 90° とならず，電流が零になる位相角は 90° より小さい φ となる．

（6.86）式を（6.84）式に代入すると

$$I(t) = -\frac{V_m}{\omega L}\cos(\omega t + \varphi) + \frac{U_a}{\omega L}\left(\frac{\pi}{2} - \omega t\right) \tag{6.87}$$

となり，$I(t)$ は（6.87）式の第 1 項の 90° 遅れの成分 I_1 と，第 2 項の時間に関して直線的に増減する成分 I_2 よりなる．図 6.35(a) に $I_1, I_2, I(t)$ を図示した．

アークの電圧・電流特性 $U(I)$ が図 6.32(b) のときの抵抗性回路の場合は，$U(t)$ と $I(t)$ は（6.82）式より図 6.35(b) のようになる．

6.7.2 遮断アーク

a. エネルギー平衡に基づくモデル

電極を開放したときに発生する過渡状態にあるアークの動特性は，陽光柱が熱平衡状態にあると仮定して，次の単位長あたりのエネルギー平衡式を出発点として解析される．

$$EI = \frac{dQ}{dt} + C \tag{6.88}$$

ただし，E：アークの軸方向平均電界強度，I：アーク電流，Q：アークの保有エネルギー，C：熱損失である．

Cassie のモデル　　アークのコンダクタンスを G，アークの断面積を S として，G, C, Q を次のように近似する．

$$G = S\sigma, \quad C = S\alpha, \quad Q = Sc \tag{6.89}$$

ただし，σ：導電率，α：熱損失率，c：比熱である．

(6.89) 式を (6.88) 式に代入すると，次の Cassie の動的アーク方程式を得る（Cassie, 1939）．

$$\frac{1}{G}\frac{dG}{dt} = \frac{1}{\theta_c}\left(\frac{EI}{C} - 1\right) \tag{6.90}$$

ただし，$\theta_c = c/\alpha$：Cassie のアーク時定数．

さらに，$E_{dc}^2 = \alpha/\sigma$，$I = GE$ とおけば，次式を得る．

$$\frac{1}{G}\frac{dG}{dt} = \frac{1}{\theta_c}\left\{\left(\frac{E}{E_{dc}}\right)^2 - 1\right\} \tag{6.91}$$

定常アークの場合，(6.88) 式で時間微分の項を無視できるので $\sqrt{\alpha/\sigma} = E \equiv E_{dc}$ となり，E_{dc} は定常アークの電界を意味する．

Mayr のモデル　(6.88) 式で $C = C_s$ (= 一定) とし，G が Q に関して次のように書けると仮定する．

$$G = K\exp\left(\frac{Q}{Q_s}\right) \tag{6.92}$$

ただし，K：定数，Q_s：周囲温度を基準にとった気体の保有エネルギー．

(6.90) 式と (6.92) 式より，次の Mayr の動的アーク方程式を得る（Mayr, 1943）．

$$\frac{1}{G}\frac{dG}{dt} = \frac{1}{\theta_m}\left(\frac{EI}{C_s} - 1\right) \tag{6.93}$$

ただし，$\theta_m = Q_s/C_s$：Mayr のアーク時定数．

これらの動的モデルを使用して，電流零点後のアーク電流波形が検討されている（Mayr, 1943）．

b. 電磁流体方程式に基づく数値解析モデル

高速気流を考慮した電磁流体方程式に基づく数値計算によって陽光柱内の温度分布，電流の時間経過などが検討されている．この場合，先のエレンバス-ヘラーの式 ((6.51) 式) で考慮しなかった電磁流体方程式の時間微分項，粘性抵抗や乱流による熱伝導などの考慮が必要になる．解析モデルは，(i) 空間を同軸円筒状に区切るシリンダモデルと，(ii) 空間をアーク内部と周囲気体領域に分割し，各領域の物理量を平均化して表す2層モデルに大別される（電気学会ガス遮断器の小形化技術調査専門委員会, 1996）．前者は，Kinsinger (Kinsinger, 1974)，鬼頭・松村ら（鬼頭ら, 1981；松村ら, 1984a；1984b；1986；横水ら, 2003）および Hermann ら（Hermann et al., 1977）によって解析され，後者は，Hermann らおよび Ikeda らによって解析されている (Hermann et al., 1974；Ikeda et al., 1986)．

6.7.3 溶接アーク

溶接アークについて，6.5.3項で述べた定常状態の電磁流体方程式に加えて，時間微分項を含む動的アークの数値解析も行われている．図6.26に示したように溶接アークは回転対称の二次元で取り扱う必要があり，解析に当たって溶接母材である陽極の溶融条件，気体の乱流，および電子と電流の連続の式における電子の二次元的拡散などが考慮される（Ushio et al., 2004；Tanaka et al., 2003；Hsu et al., 1983）．

6.7.4 走行アーク

アークは，種々の力を受けてしばしば電極系内を走行する．この走行現象は，電極構造，気流の存在，磁界分布などに影響されるとともに，先に述べた電極点における膠着(こうちゃく)現象があるときには，不連続に跳躍しながら走行する．ここでは，工学的に大切で比較的簡単な電極系における走行現象を説明する．

図6.36(a)に示したように，長い平行電極系で点弧したとする．電極間距離に比べて電極が長く，単位長あたりのインダクタンスがL，アーク電流がIのとき，平行導体間に蓄えられる磁気エネルギーWは，次式となる

$$W = \frac{1}{2} L z I^2 \tag{6.94}$$

したがって，電流一定のアークに作用するローレンツ力F_{EM}は

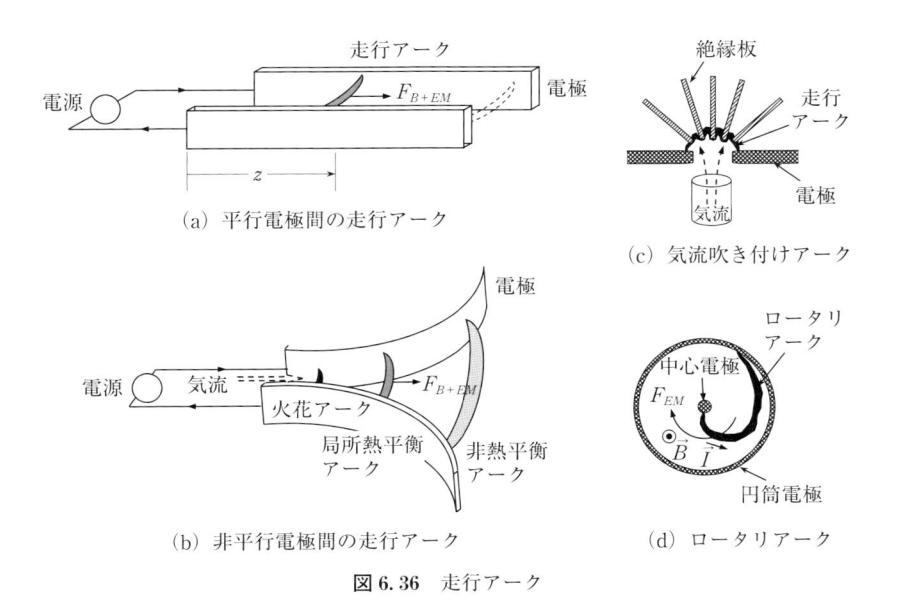

図 6.36　走行アーク

(a) 平行電極間の走行アーク
(b) 非平行電極間の走行アーク
(c) 気流吹き付けアーク
(d) ロータリアーク

$$F_{EM} = \left.\frac{dW}{dz}\right|_{\text{アーク電流一定}} = \frac{1}{2}LI^2 \tag{6.95}$$

となる.アークが高温であることによる浮力を無視すると,アークは常に電源から遠ざかる方向のローレンツ力を受けて走行する.このような現象は,室内変電設備や大容量受電設備などの母線で短絡アークが発生したときにも起こり,高温のアークが母線間を走行して機器の焼損を招くとともに火災の原因にもなる.

図 6.36(b) は,非平行電極系において,電極間の狭い位置で火花アークが誘発され,ローレンツ力と浮力 F_{B+EM} によって広い方向に走行するときの概念図である.このとき,走行の初期には局所熱平衡のアークであるが,電極間距離が長くなると気体の冷却作用によって非熱平衡アークに転移する.プラズマ化学反応で大容積・高密度の非平衡プラズマを得たい場合ならびに気体中で非平衡プラズマを発生させて液体や固体の表面に接触させたい場合などには,この走行アークが有用である (Fridman et al., 2004).

図 6.36(c)(d) は,気流吹き付け遮断器とロータリアーク遮断器における遮断アークの概念図である.気流吹き付けアークの場合,気流によってアークを磁器などの絶縁板間隙に閉じ込めて,冷却促進とアーク長の増大を利用して消弧させる.特に,高気圧 SF_6 ガスをアークに吹き付けて遮断するガス遮断器については,ガス流解析,アークプラズマ解析,電界解析,磁界解析,電力システム解析などが基礎技術として総合的に展開されている.ロータリアークは,同軸円筒電極系の外部に設けたコイルで軸方向に磁界を発生させ,交差磁界によるローレンツ力 F_{EM} でアークを図のように回転させ,アーク長を伸ばすことにより消弧する.磁気駆動による高温アークの運動解析は,Benenson らの研究が参考になる (Malghan et al., 1973).

6.8 アーク放電の応用と熱プラズマ流の生成

6.8.1 アーク放電の形態と応用

アークの形態は,大別して雷アークのように自然現象によるもの,遮断アークや絶縁破壊時のアークのように電気回路の開閉や絶縁破壊故障に伴って不可避的に発生するもの,および応用のために人工的に発生させるものまで,広範囲にわたっている.

雷アークについては,落雷点を決めるアークチャネルの形成過程,アーク電流の上昇率と最大値などの特性に関する多くの研究がある (例えば,Uman, 1963 ; Rakov et al., 2003).開閉操作に伴う大電流アーク現象には,電力システムの開閉保護操作に伴うアークとパルスパワーシステムのスイッチ動作に伴うアークなどがあり,前者は電力システムの大容量化の限界や系統信頼性に関わるので,コンパクト大容量遮断器開発に関連して多数の研究がなされてきた (電気学会, 1984 ; 電気学会ガス遮断器

の小形化技術調査専門委員会，1996)．後者に関しては，スイッチの特性がパルスパワー発生装置の出力電圧と電流の波形に直接影響するので，これに関する研究も多い (Guenther et al., 1967；Vitkovisky, 1987)．絶縁破壊に伴うアーク放電は本書の第3,4章で述べた．

応用のために人工的に発生させるアークは，照明光源用アーク，熱源および化学反応の駆動媒体用のアークに大別される．光源への応用は，1802年のハンフリーデービー (Humphrey Davy) のアーク灯の発明と1876年のヤブロホコフ (Jablochkoff) によるパリの街路照明への適用に始まり，その後，発光効率，演色性，輝度，アークの安定性の検討が続けられている (電気学会, 1973)．

熱・化学反応分野への応用は，従来からの製鋼アーク炉，アーク溶接，アーク反応炉のような金属の溶融，精錬，溶接，熱分解，加工などのほかに，廃棄物処理，有害物質の分解，有用金属の回収など環境問題対策，従来にない形態，結晶構造，化学組成の材料合成，超微粒子の生成，薄膜形成および表面処理などの新物質創製や材料科学分野ならびに医療・生物分野への展開が試みられている．

熱・化学反応分野へアークを応用する場合，アーク放電による熱平衡プラズマを利用することになるので，アークを熱プラズマと呼ぶことが多い．これに対して，5.7節で述べたように非平衡プラズマを低温プラズマと呼んだ．

熱プラズマは，熱・化学反応の面において次のような特徴をもっている．

(1) 温度とエネルギー密度が，他の熱源に比べて桁違いに高く，被加熱物質を短時間で高温に加熱できる．このために，高温のみで進行する化学反応，高融点物質の融解，精錬などのための高温熱源になる．

(2) 熱プラズマ中に存在する電子と正イオンを熱・化学反応に利用できる．また，磁界を使ってプラズマ流の制御が可能である．

(3) 熱プラズマ中には容易に生成できるラジカルが存在し，化学反応，材料科学ならびに医療分野への利用が期待できる．

(4) 雰囲気を，真空，不活性雰囲気，還元性雰囲気，酸化性雰囲気の中から自由に選択できる．

なお，ここでは取り扱わないが，超高温の熱プラズマ中で起こる核融合反応による発電は，エネルギー分野における将来の大切な応用分野である．

6.8.2 熱プラズマ流の生成

熱プラズマの生成法には，大別してこれまでに述べてきた電極間のアーク放電による方法の他に，誘導コイルによる高周波電磁場 (数 MHz) で気体を誘導加熱する方法 (無電極放電)，マイクロ波 (2.54 GHz) の強電場で気体を加熱する方法がある．ここでは，アーク放電による熱プラズマの生成を簡単にまとめておく．

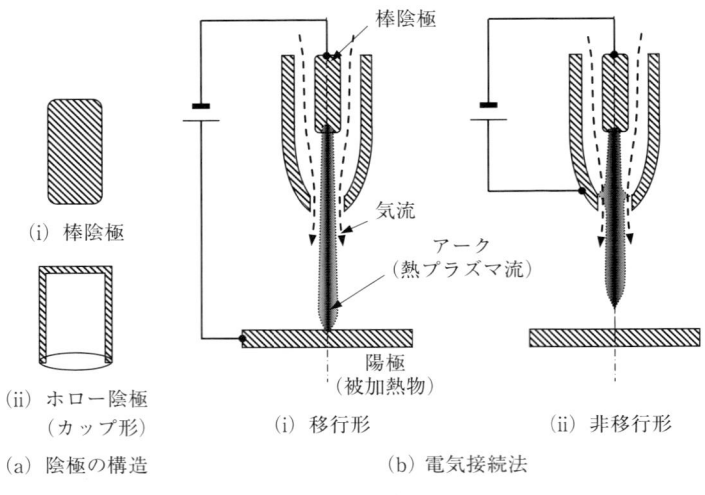

図6.37 プラズマトーチ

(a) 陰極の構造: (i) 棒陰極, (ii) ホロー陰極(カップ形)
(b) 電気接続法: (i) 移行形, (ii) 非移行形

　熱・化学反応分野では，電極間に発生させたアークプラズマを作動流体で流して熱プラズマ流にする場合が多い．この熱プラズマ流，あるいはその発生装置をプラズマトーチと呼ぶ．作動流体がない場合は，単なるアーク放電である．

　熱プラズマ流を発生させる電極として，図6.37(a)に示すように棒陰極とホロー陰極が使用される．先に述べたように，陰極は高温になって多量の電子を放出するとともに，陰極材料が蒸発してジェット状に噴出される．これによる電極の消耗量は，Cu, Fe, Agのような低沸点金属で大きく，W, Zr, Moのような耐熱金属では小さい．このために，耐熱金属では構造が簡単で設備コストが低い棒陰極が，低沸点金属では陰極面上に電流路を広げて電流密度を抑えるホロー陰極が使用される．

　電源の接続法は，図6.37(b)に示すように被加熱物体を陽極とする移行形と熱プラズマを電極系内で形成した後に系外に噴出させる非移行形がある．したがって，プラズマトーチの形としては，棒陰極移行形，棒陰極非移行形，ホロー陰極移行形，ホロー陰極非移行形の四つになる．

　雰囲気としては，真空，外部から所望のガスを噴射させる方法，アーク放電の高温を利用してガスを発生させて噴射させる方法などがある．最後の例は，溶接棒を被覆しておき，被覆材の蒸発ガスで溶接部の酸化と窒化を防ぐ溶接アーク放電ならびに油遮断器の油の気化ガス噴射による遮断アークの消弧でみられる．気流の速度と流線は，応用対象によって異なる．ガス遮断器では先に述べたように空気やSF$_6$の圧縮ガスをノズルから高速で陽光柱にクロスするように吹き付ける．化学反応炉の場合は，陽光柱に対して平行流，同軸渦流など，目的に応じて種々のパターンが採用され

る（Fridman, 2008）．

　熱プラズマの流れの制御には，磁界も使用される．横磁界を印加するとロータリアーク放電で述べたようにローレンツ力がアークチャネル長を伸ばすように作用する．縦磁界のときは，アークチャネルの縊れを防ぐとともに陰極点の発生を抑制するので，アーク放電の安定化に繋がる．磁界の発生法としては，外部コイルによる方法，永久磁石による方法，平板電極にスパイラルの溝を設けてアーク電流で縦磁界を発生させる方法などがある（宅間ら，1988）．

7

放電のシミュレーション

本章では,放電プラズマのモデリング概要を述べた後,7.2節で電子なだれからストリーマ,リーダへと進展する過程のシミュレーション,7.3節で交流放電プラズマの例としてエキシマランプに利用される大気圧誘電体バリアLF(低周波)放電のシミュレーションについて示す.

7.1 放電のモデリングとシミュレーション概要

気体放電を微視的観点から眺めると,電子の発生に始まって,電子,イオン,光子,励起粒子ならびに基底状態粒子の間の衝突現象として捉えることができる.これらの粒子は,外部電界からエネルギーを得た電子・イオンが,そのエネルギーを衝突をとおして中性粒子に移行させることにより生成,維持される.エネルギーの移行確率は衝突断面積により決定される(詳細は第2章を参照).

電子が発生し,電子なだれに成長する段階では,衝突現象が確率的であるため,なだれの大きさに統計変動を伴うことにもなる(坂本・田頭,1974).この段階での放電特性は,換算電界 E/p (p は気圧)に対してただ一つの電子エネルギー分布 $F(\varepsilon)$ が決まる.その結果一連の電子スオームパラメータは E/p の関数として与えられる.この状態を流動平衡という[*1].

図7.1に放電プラズマシミュレーションの概要を示す.A領域は,電子やイオンの素過程(その反応の大きさは衝突断面積として与えられる)と電子エネルギー分布関数 $F(\varepsilon)$ や電子スオームパラメータの関係がボルツマン方程式(BE)やモンテカルロシミュレーション(MCS)で結びつけられることを示す. $F(\varepsilon)$ は原子や分子の有

[*1] 相似則が成立する流動平衡状態の下では,唯一の電子スオーム特性が E/p の関数として決まるが,このとき気圧 p は温度 T に依存するので実際には0℃の圧力 p_0 で換算した E/p_0 [V cm^{-1} Torr^{-1}],または気体数密度 N で換算した E/N [V cm^2] が用いられる. E/p_0 と E/N は, $E/N = 2.828 \times 10^{-17} E/p_0$ なる関係で換算される.ここで, $E/N = 10^{-17}$ V cm^2 を 1 Td と呼ぶ.流動平衡状態が得られるためには,電子は気体粒子と十分多数回衝突を繰り返す必要がある(4.2.4項の脚注も参照のこと).

7.1 放電のモデリングとシミュレーション概要

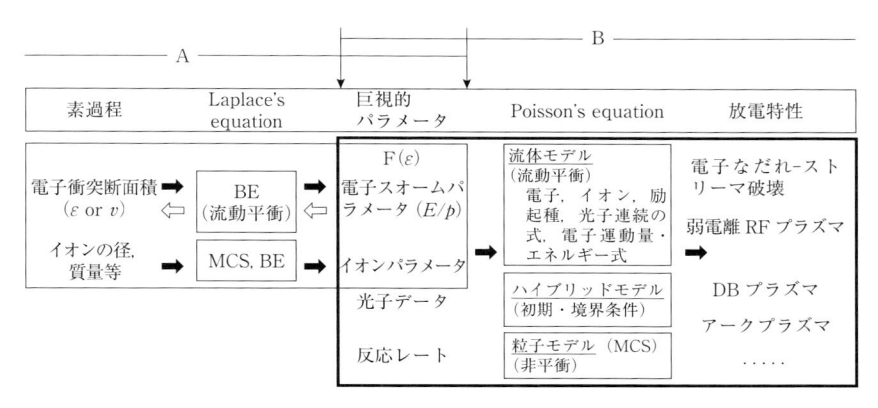

```
┌─────────── A ───────────┐┌─────────── B ───────────┐
                     Laplace's    巨視的
   素過程            equation   パラメータ   Poisson's equation    放電特性

┌──────────┐  ┌──────┐  ┌─────────────┐  ┌──────────────┐  ┌──────────┐
│電子衝突断面積│⇒│  BE  │⇒│  F(ε)       │  │流体モデル    │⇒│電子なだれ-スト│
│ (ε or v) │⇐│(流動平衡)│ │電子スオームパ│  │(流動平衡)    │  │リーマ破壊    │
│          │  │      │  │ラメータ(E/p)│  │電子,イオン,励│  │              │
│イオンの径,│⇒│MCS,BE │  │              │  │起種,光子連続の│  │弱電離RFプラズマ│
│ 質量等   │  │      │  │イオンパラメータ│ │式,電子運動量・│  │              │
└──────────┘  └──────┘  │              │  │エネルギー式  │  │DBプラズマ    │
                        │光子データ    │  ├──────────────┤  │              │
                        │              │  │ハイブリッドモデル│ │アークプラズマ│
                        │反応レート    │  │(初期・境界条件)│  │              │
                        │              │  ├──────────────┤  │  ‥‥‥     │
                        │              │  │粒子モデル(MCS)│  │              │
                        │              │  │(非平衡)      │  │              │
                        └─────────────┘  └──────────────┘  └──────────┘
```

図7.1 放電モデリングの概要

する一組の電子衝突断面積が与えられれば，あるE/pに対してただ一つ決定される（図中，➡過程）．一方，この逆過程（図中，⇐方向）によっては唯一の電子衝突断面積の一組が決まるわけではない．しかし，一組の実効断面積を推定する上で，重要な過程である（スオーム法による断面積の推定）．

MCSを採用した場合には，衝突が確率現象であるため得られた電子・イオンの巨視量には統計変動を伴う．これを小さくするためには大量の衝突過程を追跡しなくてはならず，計算時間はBEに比べ膨大になる．しかし，この方法では必ずしも流動平衡状態にはない．放電の初期過程や境界近傍における電子スオーム特性も得ることができる．

電子・イオン密度が高くなると，外部印加電界と同時に空間電荷のつくる電界を無視することができなくなる．すなわち，放電モデルはB領域に移り，ポアソンの式を含めて扱わなくてはならない．この領域では，A領域で与えられた電子スオームパラメータならびにイオン，光子，励起粒子等の反応データを組み込んだ基本式に基づき，これらの式を自己矛盾なく数値解析する流体モデルを採用するのが一般である．このとき，任意の時空間$(t, \vec{r})$において放電プラズマは流動平衡状態にあるものと仮定する．これを局所電界近似と呼ぶ．流体モデルは，数値解を安定に得る計算技術が必要になるが，計算時間が比較的短くて済む特徴がある．

一方，流動平衡状態が必ずしも満足されてはいない電子源や境界近傍の放電プラズマを扱う際には，MCS法が有効である．この方法は，A領域に戻り荷電粒子の衝突素過程からスタートし，ポアソンの式の制約の下でシミュレートすることになる．個々の電子を大量に追跡することが必要になるので，膨大な計算時間が必要となる．そこで，実際には数千・数万個の電子を代表させたものを追跡する，いわゆるスケーリング法が採用される（Date et al., 1992）．いずれにせよ統計変動を抑えた解を得るため

には長時間の計算を必要とするが，流動平衡状態にはない状況下においても放電の性質を知ることが可能となる．

両者の利点を取り上げた，流動平衡領域では流体モデルを，また非平衡領域では粒子モデルを採用する，ハイブリッドモデルも検討されている．

以上に述べたシミュレーションモデルに対して，実空間をどこまで区別するかによって，零次元，一次元，二次元（準二次元），三次元（軸対象三次元）等のモデルが採用される．当然低次元モデルほどシミュレーションモデルも簡単で計算時間が短くて済む．しかし，結果は現実からは離れたものとなる．

放電のシミュレーションは，電子計算機の出現と進歩により可能になった．それ以前においては電子衝突過程をいかに忠実に BE に反映するかという研究や，個々の放電現象を BE 上で大胆に近似し，それを解析的に解くことの研究がなされていた．1960 年代に入ると MCS において電子が気体粒子と衝突する過程やその判定法，また電離や励起過程を反映した BE の電子計算機を用いた数値解析に関する研究が始まった（例えば，Ito et al., 1960；Thomas et al., 1969；Thomas, 1969）．1970 年代に入ると，これまで提案されてきたシミュレーションモデルをさらに発展させ，電離や電子付着による電子なだれの成長や消滅過程を反映した詳細モデル（例えば，Sakai et al., 1977；Tagashira et al., 1977）のもとで電子なだれから空間電荷電界が支配するストリーマ，リーダへと放電が進展する過程のシミュレーションを可能にした（例えば，Yoshida et al., 1976a；1976b；Morrow et al., 1997；Morrow et al., 2002）．

また最近では，ナノ材料加工や材料表面改質技術の開発と関連して低気圧ラジオ周波（RF）・マイクロ波（MW）・誘導結合型（ICP）放電プラズマ（例えば，Kushner, 2009），大気環境改善技術の開発を目指した過渡放電プラズマ（例えば，Kogelschatz, 2003）や大気圧放電プラズマ（例えば，Golubovskii et al., 2003；Oda et al., 1999；2000），誘電体表面処理（例えば，Wagner et al., 2003；Boef et al., 2005）やPDP 用誘電体バリアプラズマ（例えば，Boeuf, 2003），溶接用アークプラズマ（例えば，Tanaka et al., 2007）等のモデルの提案ならびにシミュレーション結果が数多く報告されている．現在，放電プラズマ装置の開発にはシミュレーション技術が不可欠のものとなっている．

7.2　放電進展過程のシミュレーション

7.2.1　平行平板モデル

ここでは，圧力 300 Torr の窒素ガス中の平行平板電極間に，静的破壊電圧を超える過電圧を印加した後の放電進展過程を準二次元流体モデルでシミュレーションした例（Yoshida et al., 1976a；1976b）について紹介する．電子の発生源としては，光電

離と電極からの二次電子放出を考慮し，電子・イオン・励起粒子の連続の式に反映させる．放電の支配方程式には，

$$\frac{\partial n_e}{\partial t} + \vec{\nabla} \cdot (n_e \vec{W}_e) = \alpha W_e n_e + Q_p \tag{7.1}$$

$$\frac{\partial n_+}{\partial t} - \vec{\nabla} \cdot (n_+ \vec{W}_+) = \alpha W_e n_e + Q_p \tag{7.2}$$

$$\frac{\partial n_{ex}^j}{\partial t} = \alpha_{ex}^j W_e n_e - \frac{n_{ex}^j}{\tau^j} \tag{7.3}$$

を採用する．ここで，n_e, n_+, n_{ex}^j はそれぞれ電子，正イオン，j-準位の励起粒子の数密度，また $\vec{W}_e$ と $\vec{W}_+$ はそれぞれ電子と正イオンの移動速度，α は電離係数，α_{ex}^j は励起係数，Q_p は光電離によって単位時間あたり発生する電子・イオン対数密度，τ^j は励起粒子の寿命である．

空間電荷の影響は，次のポアソンの式により与えられる．

$$\vec{\nabla} \cdot \vec{E} = \frac{\rho(t, \vec{r})}{\varepsilon_0} \tag{7.4}$$

ここで，$\vec{E}$ は電界強度，ρ は電荷密度（$\rho = e(n_+ - n_e)$；e は素電荷量），ε_0 は真空中の誘電率である．

(7.1)～(7.3) 式までの粒子数連続の式と (7.4) 式のポアソンの式を連立させ自己矛盾なく数値計算することになる．図 7.2 に示す半径 r_d の円筒チャネル内では一様な放電が維持されるモデルを採用し，チャネル内の荷電粒子数密度は陰極に平行な断面では一定とし，その外では零とした．また，電界も断面内では不変であり，放電中

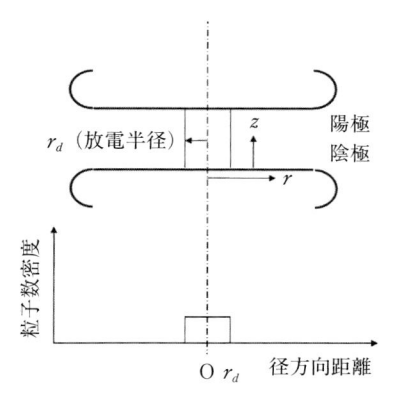

図 7.2 放電モデル

放電は z-軸方向に関し変化するが，径方向に関しては $r \leq r_d$ では一様となる準二次元モデル．

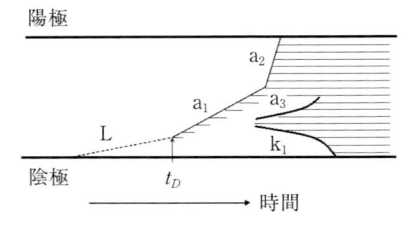

図 7.3 窒素ガス中平行平板電極間に過電圧率 20% の電圧印加後の発光端（ストリーマ進展過程）の流し撮り写真像の概念図

L は一次なだれの先端，a_1 は発光端が低速で移動する段階，a_2 はこれが高速移動する段階，a_3 は陽極向け発光端，k_1 は陰極向け発光端．t_D は発光端の観測開始時間．

心軸上の電界に等しいとする仮定の下に一次元の連続の式を採用した．また，電界計算には電荷重畳法を用いた．仮想電荷としては，平行平板ギャップでは空間電荷に対する影像が容易に求まることから，影像電荷を考える．すなわち，陽・陰両極によって影像電荷は無限個生じ，これら電荷の作る軸上の電界 $E(z, t)$ を，

$$E(z, t) = E_0(t) + \frac{1}{2\varepsilon_0} \int_{-\infty}^{\infty} \rho(z', t) \left[\frac{z'-z}{|z'-z|} - \frac{z'-z}{\{r_d^2 + (z'-z)^2\}^{1/2}} \right] dz' \quad (7.5)$$

として与える．ただし，E_0 は外部印加電界，$\rho(z, t)$ は実電荷および影像電荷に対する総電荷量である．

シミュレーション結果を評価するため，Koppitz（1973）がイメージコンバーターインテンシファイア撮影装置を用いて流し撮り観測した窒素ガス中平行平板間の過渡放電を参考にした．図 7.3 に示すように，平行平板ギャップ間（1 cm）に過電圧率 20% の電圧を印加，陰極面に紫外線を照射した後，電子なだれが成長しストリーマへと進展していく過程を観測したものと同じ条件でシミュレーションを行った．まず，電子なだれの成長（L 段階）から発光が t_D で現れ，陽極向け発光端が進展（a_1）さらに速度を増し陽極へ向けて進展（a_2）していく様子が示された．シミュレーションによって得られた発光端の流し写真対応図は，20〜100% 過電圧率の条件のもとで，観測結果と非常によく一致した．Koppitz の観測のなかで定性的にではあるが電子とイオン数密度ならびに電界の時空間的変化を予測してきたが，シミュレーション結果はこれらを定量的に裏づけることとなった．また，本結果は，電子なだれからストリーマへの転換条件に関して，ミークのストリーマ理論（Meek, 1940）が半定量的にではあるが一致することを示した．

7.2.2 針-平板モデル

Georghiou et al. (1999) は大気中の短ギャップ針対平板電極（ギャップ長1 mm）において放電が形成される過程を軸対象三次元モデルにより検討した．また，Morrow et al. (2002) や Georghiou et al. (2005) は針電極先端の静電界を新たに開発された FE-FCT (finite-element flux-corrected transport) 法を用いて評価し，より長ギャップの放電進展過程のシミュレーションを可能にした[*2]．

ここでは，大気中に設置した針-平板電極（ギャップ長50 mm）の針電極側に+20 kV を印加した下でストリーマが進展していく様子のシミュレーション結果 (Morrow et al., 1997) を紹介する．放電シミュレーションの支配方程式としては，電子衝突と光による電離，電子付着，再結合，電子の拡散過程を考慮した基本式，(7.1)～(7.4) 式を用いた．

結果の例を図 7.4～7.6 に紹介する．図 7.4 は電圧印加後の等電位面を示すが，針

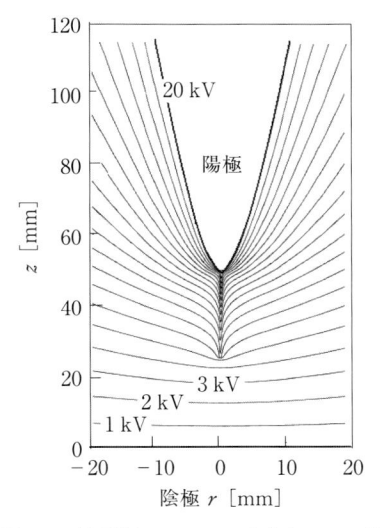

図 7.4 針電極に+20 kV を印加54 ns 後における等電位線分布 $\phi(z, r)$
電位間隔は1 kV に対応．

[*2] 従来の FD-FCT (finite-difference flux-corrected transport) では，荷電粒子密度が急激に変化するストリーマ先端を二次元連続の式で解析する際に数値的不安定性が生じ，シミュレーションが困難であった．Georghiou et al. (2000) は，この問題をストリーマ先端付近の空間を構造化しないグリッドを採用する FE-FCT (finite-element flux-corrected transport) 法を導入し克服した．詳細は Georghiou et al. (2000) を参照．

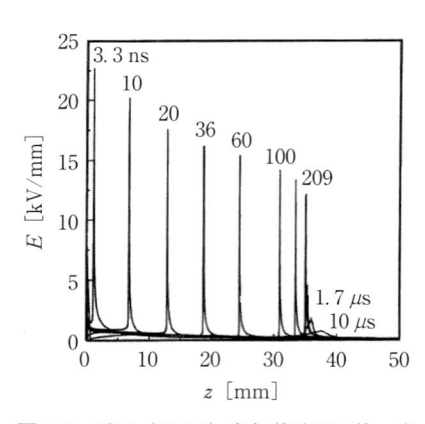

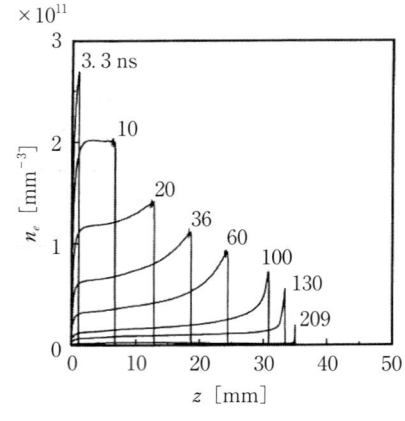

図 7.5 電圧（20 kV）印加後時間に伴い変化する電界分布 $E(t, z, r=0)$
針先端は $z=0$，陰極は $z=50$ mm．

図 7.6 いくつかの時間帯における針（$z=0$）-平板電極（$z=50$ mm）間の電子数密度分布 $n(t, z, r=0)$

先端部に進展するストリーマ（高電界部）が際立つことがわかる．図 7.5 からもいえるが，ストリーマは，電圧印加後 3.3 ns に針先端部に現れ，54 ns 後には約 23 mm 進展する．その後 200 ns には 35 mm まで成長するが，次の 7.5 μs では 2 mm 程度しか進展せず，正の空間電荷を残し消滅したことを示す．

図 7.5 は図 7.4 をもとに $\vec{E} = -\nabla \phi$ なる関係から得たものである．ストリーマ先端の高電界部の進展は 209 ns まで続き，～μs 程度に達すると高電界部（ストリーマ）は消失し始める．これらの傾向は，図 7.6 に示す電子密度の空間分布からも理解されよう．

7.3 大気圧バリア放電のシミュレーション

近年大気圧あるいはそれ以上の圧力で動作する放電プラズマが，材料表面プロセス，大気環境の改善，真空紫外光源等の技術分野で利用されている．このような技術では，誘電体バリア電極や予備電離（Kakizaki et al., 2006）を導入して放電プラズマを空間的に一様に維持することが不可欠になる．誘電体バリア放電一般は Eliasson et al.（1991）や Kogelschatz（2003）等のレビュー論文に詳述されている．また，ArF*や Xe_2^* エキシマから発する真空紫外光を得る高気圧バリア放電（例えば，Oda et al., 1999；2000；Akashi et al., 2005）や PDP（プラズマディスプレイパネル）用短ギャップバリア放電（例えば，Muller et al., 1999）のモデルの検討やそのシミュレーションが報告されている．

7.3 大気圧バリア放電のシミュレーション

本節では、Xeエキシマランプに用いられる誘電体バリアで覆われた電極系を取り上げ、その間に交流電圧を印加した放電プラズマのモデルとシミュレーション結果（Akashi et al., 2009）について述べる。本例では、各周期ごとに同じ数値結果が得られなければならないので、モデルの物理的厳密性と数値計算上の安定性を十分確保する必要がある。したがって、7.2節で示した放電の支配方程式（粒子数密度連続の式とポアソンの式）のみでは十分ではなく、さらに電子とイオンのエネルギー保存の式、ガス温度の式を含め連立させる必要がある。また、境界条件として誘電体バリア表面上の空間電荷を適切に考慮する必要がある。粒子数 n_j 連続の式は、

$$\frac{\partial n_j}{\partial t} = -\vec{\nabla}\cdot\vec{\Gamma}_j + S_j$$
$$\vec{\Gamma}_j = -\mu_j n_j \vec{E} - \vec{\nabla}(D_j n_j) \tag{7.6}$$

ここで、μ_j, D_j, S_j, $\vec{E}$ はそれぞれ j-粒子の移動度、拡散係数と発生項、および電界を表す。D_j と S_j は平均電子エネルギー $\bar{\varepsilon}_e$ ($=(3/2)k_B T_e$, ここで k_B はボルツマン定数、T_e は電子温度）の関数として与えられる。$\bar{\varepsilon}_e$ は次に示すエネルギー保存の式

$$\frac{\partial(n_e \bar{\varepsilon}_e)}{\partial t} = -\vec{\nabla}\cdot\left(\frac{5}{3}\vec{\Gamma}_e\bar{\varepsilon}_e + \vec{Q}_e\right) - e\vec{\Gamma}_e\cdot\vec{E} - S_e$$
$$\vec{Q}_e = -\frac{5}{3}n_e D_e \vec{\nabla}\bar{\varepsilon}_e$$
$$S_e = k_{e,l} n_e H_l \tag{7.7}$$

に基づいて決まる。ここで、$k_{e,l}$ と H_l はそれぞれ電子の l-種の衝突周波数とその閾値エネルギーである。

次に、イオン (i) とガス (g) の温度 T_i と T_g は次のイオン温度とガス温度保存の式から決める（真壁, 1999；Jaeger et al., 1976）。

$$\frac{\partial T_i}{\partial t} + \frac{1}{n_i}\vec{\nabla}\cdot\left(\frac{2}{3}\vec{Q}_i\right) + \vec{v}_i\cdot\vec{\nabla}T_i + \frac{2}{3}T_i\vec{\nabla}\cdot\vec{v}_i = \nu_{i,n}\left\{\frac{1}{2}(T_i - T_g) - \frac{1}{6}m_i v_i^2\right\}$$
$$\vec{Q}_i = -\frac{10}{3}n_i D_i \vec{\nabla}T_i + \frac{5}{6}n_i(T_i - T_g)\vec{v}_i \tag{7.8}$$

ここで、$\vec{v}_i$ はイオンの速度、$\nu_{i,n}$ はイオンと中性粒子との衝突周波数である。また、ガス温度 T_g は

$$\frac{5}{2}k_B N\left(\frac{\partial T_g}{\partial t} + \vec{\nabla}\cdot(\vec{v}_g T_g)\right) = -\vec{\nabla}\cdot\vec{\Gamma}_g + n_j e\mu_j E^2$$
$$\vec{\Gamma}_g = -\kappa_g \vec{\nabla}T_g \tag{7.9}$$

ここで、N はガス数密度、κ_g は熱伝導率である。また、電位 $\phi(r,t)$ はポアソン方程式

$$\vec{\nabla}^2 \phi(r,t) = -\frac{\rho(r,t)}{\varepsilon} \tag{7.10}$$

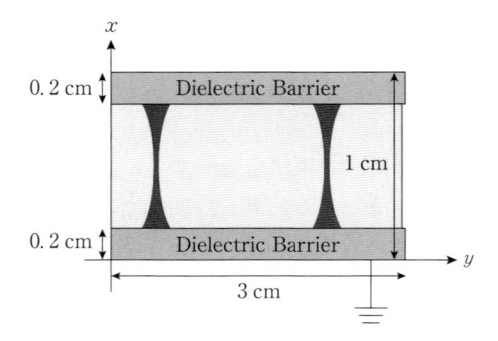

図 7.7 バリア放電中のストリーマ形成概念図

ここで，誘電体バリアの比誘電率 $\varepsilon_r = 4$, $y = 3$ cm ごとの周期境界条件を採用．印加電圧は交流台形の $V_a = 10$ kV$_{p-p}$, $f_D = 50$ ～400 kHz．Xe ガス圧は 300 Torr．初期条件として放電空間中心位置（$x = 0.5$ cm, $y = 1.5$ cm）に電子・イオン密度を 10^{11} cm^{-3} 与える．

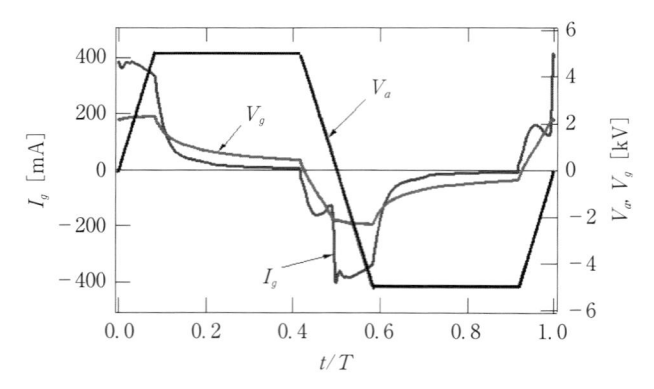

図 7.8 定常放電に達した後 1 周期（T）間での印加電圧波形 V_a，ならびに放電電圧波形 V_g と放電電流波形 I_g

から決まる．粒子としては電子，イオン（Xe$^+$, Xe$_2^+$, Xe$_3^+$）ならびに Xe の各種励起種を考慮した．一連の式の数値計算は Sharffeter et al. (1969) のスキームに従う．

本シミュレーションでは図 7.7 に示すように電極と垂直方向（x-方向）と電極面方向（y-方向）の二次元モデルを，また y-方向に対しては周期的境界条件を採用した．$x = 0.2$ と 0.8 cm においては放電空間と誘電体境界面での電荷の蓄積を考慮すると同時に正イオンと光子による二次電子放出（それぞれ $\gamma_i = 1 \times 10^{-1}$ と $\gamma_p = 2 \times 10^{-2}$）を考慮した（Oda et al., 1999；Akashi et al., 2005）．

7.3 大気圧バリア放電のシミュレーション

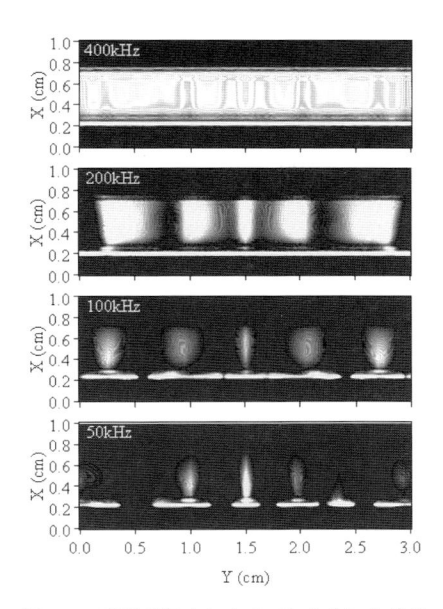

図 7.9 密度が最大になる $T=0.5$ におけるエキシマ（Xe_2^+）密度の空間分布 $f_D=50$, 100, 200 ならびに 400 kHz に対して示す．

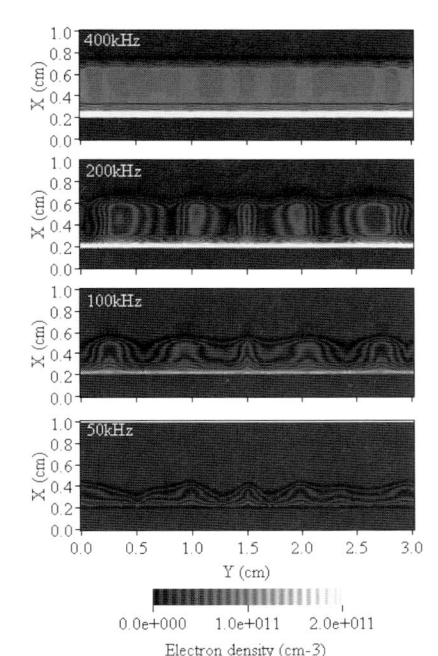

図 7.10 電子なだれが成長しきった終端時点における電子数密度の空間分布 $f_D=50$, 100, 200 ならびに 400 kHz に対して示す．

この電極間に図 7.8 に示す交流台形型電圧 V_a を印加する．本図には放電電流 I_g と放電電圧 V_g 波形を示してある．

ここで，I_g と V_g 波形と図 7.9 と図 7.10 に示すエキシマ密度ならびに電子密度の空間分布を比べてみる．図 7.8 の $T=0.4$ と $T=0.9$ にみられる I_g の急速な立ち上がりは電子なだれの急成長，また $T=0$ と $T=0.5$ でみられる I_g の急増はなだれからストリーマ放電へと成長する期間に対応する．その後，$T=0\sim0.1$ と $T=0.5\sim0.6$ に平坦部が現れるが，これはストリーマ先頭がバリアに到達し，バリア表面上を流れることに対応する．f_D を下げるとこの平坦部は狭くなり，$f_D=50$ kHz では現れなくなる．I_g に平坦部が現れることが，後に論ずるストリーマ構造が周期に依存しない，いわゆる自己組織化現象を説明する上で重要なポイントとなる．

図 7.9 は $f_D=50\sim400$ kHz において，エキシマ密度が最大を与える位相 $T\approx0.5$ での空間分布を示す．このパターンは図 7.10 に示す電子なだれの最終段階（スト

リーマへ転換する直前）における，電子密度の空間分布に類似している．特に，$f_D =$ 400 kHz においてはフィラメント放電は存在するが，電子は V_a にすみやかに追従してギャップ間を運動するのでフィラメントの間隔はより狭くなる．その結果，荷電粒子密度空間分布はほぼ一様になる．すなわち，エキシマは空間的に均一に供給され，密度も高いものが得られる．

図 7.10 のパターンに現れるように $f_D = 100 \sim 400$ kHz では，なだれ先端は放電空間の中程まで伸び，フィラメント放電への移行に十分な量の電子が供給され，その結果，生じたフィラメントの空間分布模様は周期によらない構造を示すことに繋がったものと思われる．一方，$f_D = 50$ kHz の場合には，バリア表面では電子数密度が 10^9 cm^{-3} に達するが，放電空間では 10^8 cm^{-3} 以下でフィラメント放電の形成には十分ではない．

f_D が高くなるほどフィラメント放電が密になり，バリア表面 $X = 0.2$ cm でフィラメント先端から表面放電が生じた．その結果，次の半周期で生じたフィラメントが中間で融合しあい，フィラメントの空間分布が周期によらない一様な構造，すなわち，Stollenwerk et al.（2006）によって観測された自己組織化現象と同等なものが現れた．I_g 波形と併せ検討すると，自己組織化は放電空間の残留電荷がある値以上になれば次の半周期でフィラメント形成が容易になり出現すると判断された．Xe$^+$ と電子との再結合レートが 2×10^{-7} [cm^3/s] 程度である（Chang et al., 1982）ことから概算すると，$f_D = 100$ kHz では半周期あたり 1×10^{12} cm^{-3} であった電子密度は 4.5×10^7 cm^{-3} までしか減少しないが，一方 $f_D = 50$ kHz では 1×10^{12} cm^{-3} が 2×10^3 cm^{-3}（自己組織化が出現する閾残留電荷以下に対応）に減少したため，$f_D = 50$ kHz では自己組織化が現れなかったものと考えられる．

$f_D = 200$ kHz になると，自己組織化フィラメント放電模様が明瞭に現れ，これが $Y = 1.5$ cm を中心に対称になることがわかる．

付　　　録

付録 1　SI 基本単位と 10 の整数乗倍を表す SI 接頭語

SI 基本単位

長さ	メートル	m
質量	キログラム	kg
時間	秒	s
電流	アンペア	A
熱力学温度	ケルビン	K
光度	カンデラ	cd
物質量	モル	mol

10 の整数乗倍を表す SI 接頭語

10^{24}	ヨタ	yotta	Y	10^{-1}	デシ	deci	d
10^{21}	ゼタ	zetta	Z	10^{-2}	センチ	centi	c
10^{18}	エクサ	exa	E	10^{-3}	ミリ	milli	m
10^{15}	ペタ	peta	P	10^{-6}	マイクロ	micro	μ
10^{12}	テラ	tera	T	10^{-9}	ナノ	nano	n
10^{9}	ギガ	giga	G	10^{-12}	ピコ	pico	p
10^{6}	メガ	mega	M	10^{-15}	フェムト	femto	f
10^{3}	キロ	kilo	k	10^{-18}	アト	atto	a
10^{2}	ヘクト	hecto	h	10^{-21}	ゼプト	zepto	z
10^{1}	デカ	deca	da	10^{-24}	ヨクト	yocto	y

付録 2 物 理 定 数

電気素量	$e = 1.602 \times 10^{-19}$ C
電子の質量	$m_- = 9.109 \times 10^{-31}$ kg
電子の比電荷	$e/m_- = 1.759 \times 10^{11}$ C/kg
陽子の質量	$m_p = 1.673 \times 10^{-27}$ kg
中性子の質量	$m_n = 1.675 \times 10^{-27}$ kg
陽子と電子の質量比	$m_p/m_- = 1836$
ボーア半径	$r_B = \varepsilon_0 h^2/\pi m_- e^2 = 5.292 \times 10^{-11}$ m
水素原子の断面積	$\sigma_H = \pi r_B^2 = 0.8795 \times 10^{-20}$ m^2
電子の古典半径	$r_e = e^2/4\pi\varepsilon_0 m_- c^2 = 2.818 \times 10^{-15}$ m
光の速さ	$c = 2.9979 \times 10^8$ m/s
真空の誘電率	$\varepsilon_0 = 1/c^2\mu_0 = 8.854 \times 10^{-12}$ F/m
真空の透磁率	$\mu_0 = 4\pi \times 10^{-7}$ H/m
万有引力定数	$G = 6.673 \times 10^{-11}$ N·m^2·kg^{-2}
プランク定数	$h = 6.626 \times 10^{-34}$ J·s
ボルツマン定数	$k = 1.381 \times 10^{-23}$ J/K
気体定数	$R = 8.3145$ J/K·mol
アボガドロ数	$N_A = 6.02214 \times 10^{23}$ mol^{-1}

付録 3 単 位 の 換 算

長さ

メートル［m］： クリプトン 86 の原子の準位 $2p_{10}$ と $5d_5$ との間の遷移に対応する光の，真空中における波長の 1650763.73 倍．

換算表

	メートル［m］	インチ［in］	フィート［ft］
1［m］=	1	39.3701	3.28084
1［in］= 1［″］	0.0254	1	0.08333
1［ft］= 1［′］	0.3048	12	1

質量

キログラム［kg］： 国際キログラム原器の質量．

換算表

	キログラム［kg］	グラム［g］	ポンド［lb］
1［kg］=	1	10^3	2.20462
1［g］=	10^{-3}	1	2.20462×10^{-3}
1［lb］=	0.45359	453.59	1

力

ニュートン [N]： 1キログラム [kg] の質量の物体に1メートル毎秒毎秒 [m/s^2] の加速度を与える力：$1\,\mathrm{N} = 1\,\mathrm{m\cdot kg\cdot s^{-2}}$.

換算表

	ニュートン [N]	重量キログラム [kgf]	重量ポンド [lbf]
1 [N] =	1	1/9.80665	0.224809
1 [kgf] =	9.80665	1	2.20462
1 [lbf] =	4.44822	0.453592	1

圧力

パスカル [Pa]： 1 [m^2] につき 1 [N] の力が作用する圧力.

換算表

	パスカル [Pa]	バール [bar]	気圧 [atm]
1 [Pa] =	1	10^{-5}	1/101,325
1 [bar] =	10^5	1	$10^5/101,325$
1 [atm] =	101,325	1.01325	1
1 [mmHg] = 1[Torr] =	133.3224	1.333224×10^{-3}	1/760
1 [PSI] = 1[lbf/in^2] =	6.8948×10^3	6.8948×10^{-2}	6.8046×10^{-2}

温度

ケルビン [K]： 水の三重点の熱力学的温度の 273.16 分の 1.

換算表

	ケルビン [K]	セルシウス度 [℃]	カ氏度 [°F]
T [K] =	T	$T - 273.15$	$\dfrac{9}{5}(T-273.15)+32$
T [℃] =	$T + 273.15$	T	$\dfrac{9}{5}T + 32$
T [°F] =	$\dfrac{5}{9}(T-32)+273.15$	$\dfrac{5}{9}(T-32)$	T

（例）T [°F] を [K] で表すには，カ氏度の欄の T から横に引いてケルビンの欄の $\dfrac{5}{9}(T-32)+273.15$ を得る．これを T [°F] $=\dfrac{5}{9}(T-32)+273.15$ [K] という換算式で表している．

付録 4　ベクトル算法の記号

a) x, y, z 方向の単位ベクトル： $\vec{i}, \vec{j}, \vec{k}$
b) 直角座標によるベクトル表示： $\vec{A} = (A_x, A_y, A_z) = \vec{i}A_x + \vec{j}A_y + \vec{k}A_z$

c) ベクトル和： $\vec{A}+\vec{B}=(A_x, A_y, A_z)+(B_x, B_y, B_z)=(A_x+B_x, A_y+B_y, A_z+B_z)$

d) スカラ積： $\vec{A}\cdot\vec{B}=AB\cos\theta=A_xB_x+A_yB_y+A_zB_z$, $\theta=\vec{A}\vec{B}$ 間の角

e) ベクトル積： $\vec{A}\times\vec{B}=\begin{vmatrix} \vec{i} & \vec{j} & \vec{k} \\ A_x & A_y & A_z \\ B_x & B_y & B_z \end{vmatrix}$

f) 発散： $\operatorname{div}\vec{A}=\vec{\nabla}\cdot\vec{A}=\dfrac{\partial}{\partial x}A_x+\dfrac{\partial}{\partial y}A_y+\dfrac{\partial}{\partial z}A_z$

$\operatorname{div}(\phi\vec{A})=\vec{\nabla}\cdot(\phi\vec{A})=\vec{A}\cdot(\vec{\nabla}\phi)+\phi(\vec{\nabla}\cdot\vec{A})$

g) 回転： $\operatorname{rot}\vec{A}=\vec{\nabla}\times\vec{A}=\operatorname{curl}\vec{A}$

$=\vec{i}\left(\dfrac{\partial A_z}{\partial y}-\dfrac{\partial A_y}{\partial z}\right)+\vec{j}\left(\dfrac{\partial A_x}{\partial z}-\dfrac{\partial A_z}{\partial x}\right)+\vec{k}\left(\dfrac{\partial A_y}{\partial x}-\dfrac{\partial A_x}{\partial y}\right)$

$=\begin{vmatrix} \vec{i} & \vec{j} & \vec{k} \\ \dfrac{\partial}{\partial x} & \dfrac{\partial}{\partial y} & \dfrac{\partial}{\partial z} \\ A_x & A_y & A_z \end{vmatrix}$

$\operatorname{rot}(\phi\vec{A})=\vec{\nabla}\times(\phi\vec{A})=\phi(\vec{\nabla}\times\vec{A})+(\vec{\nabla}\phi)\times\vec{A}$

h) 勾配： $\operatorname{grad}\phi=\vec{\nabla}\phi=\vec{i}\dfrac{\partial\phi}{\partial x}+\vec{j}\dfrac{\partial\phi}{\partial y}+\vec{k}\dfrac{\partial\phi}{\partial z}$

i) ラプラシアン： $\operatorname{div}\operatorname{grad}\phi=\vec{\nabla}^2\phi=\dfrac{\partial^2\phi}{\partial x^2}+\dfrac{\partial^2\phi}{\partial y^2}+\dfrac{\partial^2\phi}{\partial z^2}$

j) 円柱座標 (r, φ, z)：

$(\operatorname{grad}\phi)_r=(\vec{\nabla}\phi)_r=\dfrac{\partial\phi}{\partial r}$, $(\operatorname{grad}\phi)_\varphi=(\vec{\nabla}\phi)_\varphi=\dfrac{1}{r}\dfrac{\partial\phi}{\partial\varphi}$, $(\operatorname{grad}\phi)_z=(\vec{\nabla}\phi)_z=\dfrac{\partial\phi}{\partial z}$

$$\begin{cases} (\operatorname{rot}\vec{A})_r=(\vec{\nabla}\times\vec{A})_r=\dfrac{1}{r}\dfrac{\partial A_z}{\partial\varphi}-\dfrac{\partial A_\varphi}{\partial z} \\ (\operatorname{rot}\vec{A})_\varphi=(\vec{\nabla}\times\vec{A})_\varphi=\dfrac{\partial A_r}{\partial z}-\dfrac{\partial A_z}{\partial r} \\ (\operatorname{rot}\vec{A})_z=(\vec{\nabla}\times\vec{A})_z=\dfrac{1}{r}\left\{\dfrac{\partial}{\partial r}(rA_\varphi)-\dfrac{\partial A_r}{\partial\varphi}\right\} \end{cases}$$

$\operatorname{div}\vec{A}=\vec{\nabla}\cdot\vec{A}=\dfrac{1}{r}\dfrac{\partial}{\partial r}(rA_r)+\dfrac{1}{r}\dfrac{\partial A_\varphi}{\partial\varphi}+\dfrac{\partial A_z}{\partial z}$

$\vec{\nabla}^2\phi=\dfrac{1}{r}\dfrac{\partial}{\partial r}\left(r\dfrac{\partial\phi}{\partial r}\right)+\dfrac{1}{r^2}\dfrac{\partial^2\phi}{\partial\varphi^2}+\dfrac{\partial^2\phi}{\partial z^2}$

k) 極座標 (r, θ, φ)：

$(\operatorname{grad}\phi)_r=(\vec{\nabla}\phi)_r=\dfrac{\partial\phi}{\partial r}$, $(\operatorname{grad}\phi)_\theta=(\vec{\nabla}\phi)_\theta=\dfrac{1}{r}\dfrac{\partial\phi}{\partial\theta}$, $(\operatorname{grad}\phi)_\varphi=(\vec{\nabla}\phi)_\varphi=\dfrac{1}{r\sin\theta}\dfrac{\partial\phi}{\partial\varphi}$

$$\begin{cases} (\mathrm{rot}\,\vec{A})_r = (\vec{\nabla}\times\vec{A})_r = \dfrac{1}{r\sin\theta}\left\{\dfrac{\partial}{\partial\theta}(A_\varphi\sin\theta) - \dfrac{\partial A_\theta}{\partial\varphi}\right\} \\[6pt] (\mathrm{rot}\,\vec{A})_\theta = (\vec{\nabla}\times\vec{A})_\theta = \dfrac{1}{r\sin\theta}\dfrac{\partial A_r}{\partial\varphi} - \dfrac{1}{r}\dfrac{\partial}{\partial r}(rA_\varphi) \\[6pt] (\mathrm{rot}\,\vec{A})_\varphi = (\vec{\nabla}\times\vec{A})_\varphi = \dfrac{1}{r}\left\{\dfrac{\partial}{\partial r}(rA_\theta) - \dfrac{\partial A_r}{\partial\theta}\right\} \end{cases}$$

$$\mathrm{div}\,\vec{A} = \vec{\nabla}\cdot\vec{A} = \frac{1}{r^2}\frac{\partial}{\partial r}(r^2 A_r) + \frac{1}{r\sin\theta}\frac{\partial}{\partial\theta}(A_\theta\sin\theta) + \frac{1}{r\sin\theta}\frac{\partial A_\varphi}{\partial\varphi}$$

$$\vec{\nabla}^2\phi = \frac{1}{r^2}\frac{\partial}{\partial r}\left(r^2\frac{\partial\phi}{\partial r}\right) + \frac{1}{r^2\sin\theta}\frac{\partial}{\partial\theta}\left(\sin\theta\frac{\partial\phi}{\partial\theta}\right) + \frac{1}{r^2\sin^2\theta}\frac{\partial^2\phi}{\partial\varphi^2}$$

参 考 文 献

【1章】

Chang J. S., Hobson R. M., 市川幸美, 金田輝男 (1982)：電離気体の原子・分子過程, 東京電機大学出版局, p. 17.

Druyvesteyn M. J. and Penning F. M. (1940)：*Rev. Mod. Phys.*, **12**, p. 87.

奥田孝美 (1970)：気体プラズマ現象, コロナ社, p. 21.

徳永正晴, 和田　宏 (2002)：理工系の物理学, 学術図書出版社, p. 190.

【2章】

Bates D. R. and Massey H. S. W. (1943)：*Phil. Trans. Roy. Soc. A*, **239**, p. 269.

Chang J. S., Hobson R. M., 市川幸美, 金田輝男 (1982)：電離気体の原子・分子過程, 東京電機大学出版局.

Christophorou L. G., Olthoff J. K. and Rao M. V. V. (1996)：*J. Phys. Chem. Ref. Data*, **25**, p. 1341.

電気学会 (1974)：放電ハンドブック (改訂新版), 電気学会.

電気学会 (1982)：気体放電シミュレーション技法, 電気学会技術報告 (Ⅱ部), 第140号.

電気学会 (1998a)：放電ハンドブック (上巻：気体・プラズマ), 電気学会.

電気学会 (1998b)：低エネルギー電子・イオンダイナミックスとシミュレーション技法, 電気学会技術報告, 第691号.

電気学会 (2001)：低エネルギー電子・イオンダイナミックスとシミュレーション技法Ⅱ, 電気学会技術報告, 第853号.

Dutton J. (1975)：*J. Phys. Chem. Ref. Data*, **4**, p. 577.

Ellis H. W., Pai R. Y., McDaniel E. W., Mason E. A. and Viehland L. A. (1976)：*Atomic Data and Nuclear Data Tables*, **17**, p. 177.

Ellis H. W., McDaniel E. W., Albritton D. L., Viehland L. A., Lin S. L. and Mason E. A. (1978)：*Atomic Data and Nuclear Data Tables*, **22**, p. 179.

Ellis H. W., Thackston M. G., McDaniel E. W. and Mason E. A. (1984)：*Atomic Data and Nuclear Data Tables*, **31**, p. 113.

Gallagher J. W., Beaty E. C., Dutton J. and Pitchford L. C. (1983)：*J. Phys. Chem. Ref. Data*, **12**, p. 109.

Hagstrum H. D. (1954a)：*Phys. Rev.*, **96**, p. 325.

Hagstrum H. D. (1954b)：*Phys. Rev.*, **96**, p. 336.

Hagstrum H. D. (1961): *Phys. Rev.*, **122**, p. 3.
Holstein T. (1946): *Phys. Rev.*, **70**, p. 367.
http://dbshino.nifs.ac.jp
http://gaphyor.lpgp.u-psud.fr
http://physiccs.nist.gov/
Huxley L. G. H. and Crompton R. W. (1974): *The Diffusion and Drift of Electrons in Gases*, Wiley-International.
Kieffer L. J. (1969): *Atomic Data and Nuclear Data Tables*, **1**, p. 19, p. 121.
Kieffer L. J. (1970): *Atomic Data and Nuclear Data Tables*, **2**, p. 293.
Mason E. A. and McDaniel E. W. (1973): *The Mobility and Diffusion of Ions in Gases*, John Wiley & Sons, New York.
Massey H. S. W. and Burhop E. H. S. (1969): *Electronic and Ionic Impact Phenomena*, Vol. 1, Oxford Univ. Press.
McDaniel E. W. and Mason E. A. (1988): *Transport Properties of Ions in Gases*, Wiley, New York.
森口繁一，宇田川銈久，一松　信（1960）：岩波数学公式Ⅲ，岩波書店．
Motoyama Y., Matsuzaki H. and Murakami H. (2001): *IEEE Trans. on Electron Devices*, **48**, p. 568.
Motoyama Y., Hirano Y., Ishii K., Murakami Y. and Sato F. (2004): *J. Appl. Phys.*, **95**, p. 8419.
Nakamura Y. (1995): *Aust. J. Phys.*, **48**, p. 357.
Ohmori Y., Shimozuma M., and Tagashira H. (1988): *J. Phys. D: Appl. Phys.*, **21**, p. 724.
奥田孝美（1970）：気体プラズマ現象，コロナ社．
Sakai Y. (2002): *Applied Surface Sciences*, **192**, p. 327.
Sakai Y., Sawada S. and Tagashira H. (1989): *J. Phys. D: Appl. Phys.*, **22**, p. 276.
Sakai Y., Tagashira H. and Sakamoto S. (1977): *J. Phys. D: Appl. Phys.*, **10**, p. 1035.
Sawada S., Sakai Y. and Tagashira H. (1989): *J. Phys. D: Appl. Phys.*, **22**, p. 282.
Spence D. and Schulz G. J. (1972): *Phys. Rev.*, A, **5**, p. 724.
Tagashira H., Sakai Y. and Sakamoto S. (1977): *J. Phys. D: Appl. Phys.*, **10**, p. 1051.
高柳和夫（1972）：電子・原子・分子の衝突（新物理学シリーズ），培風館．
玉虫文一ほか編（1971）：岩波理化学辞典 第3版，岩波書店，p. 446.
Taniguchi T., Tagashira H., Okada I. and Sakai Y. (1978a): *J. Phys. D: Appl. Phys.*, **11**, p. 2281.
Taniguchi T., Tagashira H. and Sakai Y. (1978b): *J. Phys. D: Appl. Phys.*, **11**, p. 1757.
Thomson J. J. and Thomson G. P. (1933): *Conduction of Electricity through Gases*, Cambridge Univ. Press.
Viehland L. A. and Mason E. A. (1995): *Atomic Data and Nuclear Data Tables*, **60**, p. 37.
ワイリー C. R.（富久泰明訳）(1964)：工業数学，ブレイン図書出版社，p. 500.
Yoshizawa T., Sakai Y., Tagashira H. and Sakamoto S. (1979): *J. Phys. D: Appl. Phys.*, **12**, p. 1839.

【3章】
Auer P. L. (1958): *Phys. Rev.*, **3**, p. 671.
Badaloni S. and Gallimberti I. (1972): *Padova University Report*, UPee-72/03.

Bluhm H. (2006)：*Pulsed Power Systems*, Springer.
Bruce F. M. (1947)：*J. IEE*, **94**, p. 138.
Chalmers I. D., Deffy H. and Tedford D. J. (1972)：*Proc. Roy. Soc.*, **A329**, p. 171.
Davidson P. M. (1953)：*Brit. J. Appl. Phys.*, **4**, p. 170.
Davies A. J. and Penn G. W. (1978)：*Phys. Rev.*, A, **17**, p. 1483.
電気学会 (1974)：放電ハンドブック (改訂新版), 電気学会.
電気学会 (1987)：気体絶縁への混合ガスの応用, 電気学会技術報告 (II部), 第248号.
Doran A. A. (1968)：*Z. Phys.*, **208**, p. 427.
Engel A. and Steenbeck M. (1934)：*Electrische Gasentladungen*, Vol. II, Springer, Berlin, p. 178.
Gallimberti I. (1973)：*J. de Phys.*, Colloque C7, Suppl. au No. 7, **40**, C7-193.
Geballe R. and Reeves M. L. (1953)：*Phys. Rev.*, **92**, p. 867.
Gerhold J. (1987)：CIGRE Symposium, No. S05-87.
Germer L. H. (1959)：*J. Appl. Phys.*, **30**, p. 46.
Hara M., Shigematsu H., Yano S., Yamafuji K., Takeo M. and Funaki K. (1989)：*Cryogenics*, **29**, p. 448.
Harrison J. A. (1967)：*Brit. J. Appl. Phys.*, **18**, p. 1617.
Köhrmann W. (1955)：*Z. angew. Phys.*, **7**, p. 183.
Korolev Yu. D. and Mesyats G. A. (1998)：*Physics of Pulsed Breakdown in Gases*, URO-Press.
河野照哉, 宅間 董 (1980)：数値電界計算法, コロナ社.
Kremnev V. V., Mesyats G. A. and Yankelevich Yu. B. (1970)：*Izv. Vyssh. Ucheben, Zaved. Fizika*, **2**, p. 81 (in Russian).
Laue M. von (1926)：*Ann. Physik*, **76**, p. 261.
Legler W. (1961)：*Naturforsch*, **16a**, p. 253.
Loeb L. B. and Meek J. M. (1940a)：*J. Appl. Phys.*, **11**, p. 438.
Loeb L. B. and Meek J. M. (1940b)：*J. Appl. Phys.*, **11**, p. 459.
Loeb L. B. (1965)：*Science*, **148**(3676), p. 1417.
Malik N. H. and Qureshi A. H. (1980)：*IEEE Trans. on EI*, **15**(5), p. 413.
Martin T. H., Guenther A. H. and Kristiansen M. (1996)：*J. C. Martin, on Pulsed Power*, Plenum, New York.
Meek J. M. (1940a)：*J. Frank. Inst.*, **230**, p. 229.
Meek J. M. (1940b)：*Phys. Rev.*, **57**, p. 722.
Meek J. M. and Craggs J. D. (1953)：*Electrical Breakdown of Gases*, Clarendon Press.
Meek J. M. (堀井憲爾訳) (1971)：電気学会雑誌, **91**, p. 1.
Miyoshi Y. (1956)：*Phys. Rev.* **103**, p. 1609.
三好保憲 (1957)：火花放電理論入門, 電気書院.
Nitta T. and Shibuya G. (1970)：70 TP 582-PWR, IEEE Summer Meeting.
Noguchi T. and Horii K. (1969)：*Bulletin of the Elctrotechnical Laboratory*, **33**(9), p. 975.
岡部成光, 千葉政邦, 河野照哉 (1983)：電気学会論文誌 B, **103**, p. 507.
岡部成光, 河野照哉 (1985)：電気学会論文誌 A, **105**, p. 283.
Pedersen A. (1967)：*IEEE Trans. on PAS*, **86**, p. 200.
Pedersen A. (1970)：*IEEE Trans. on PAS*, **89**, p. 2043.

参 考 文 献

Reather H. (1937a)：*Z. Phys.*, **107**, p. 91.
Raether H. (1937b)：*Z. tech. Phys.*, **12**, p. 564.
Raether H. (1939)：*Z. Phys.*, **112**, p. 464.
Raether H. (1941a)：*Z. Phys.*, **117**, p. 375.
Raether H. (1941b)：*Z. Phys.*, **117**, p. 524.
Raether H. (1953)：*Z. angew. Phys.*, **5**, p. 211.
Raether H. (1964)：*Electron Avalanches and Breakdown in Gases*, Butterworths.
Rogowski W. and Rengier H. (1926)：*Arch. Electrotech.* **16**, p. 73.
Sanders F. H. (1933)：*Phys. Rev.* **44**, p. 1020.
Schumann W. O. (1923)：*Electriche Durchbruchfeldstarke von Gases*, Springer-Verlag, Berlin.
Strizke P., Sander I. and Raether H. (1977)：*J. Phys. D：Appl. Phys.*, **10**, p. 2285.
Suzuki T. (1971)：*J. Appl. Phys.*, **142**, p. 3766.
Suzuki T. (1975)：*IEEE Trans. on PAS*, **94**, p. 1381.
Takuma T., Watanabe T. and Kita K. (1972)：*Proc. IEE*, **119**, p. 927.
Wieland A. (1973)：*ETZ-A*, **94**, p. 370.
Wijsman R. A. (1949)：*Phys. Rev.*, **75**, p. 833.
Winn W. P. (1965)：*J. Geophys. Res.*, **70**, p. 3265.
Yoshida K. and Tagashira H. (1976)：*J. Phys.*, *D：Appl. Phys.*, **9**, p. 491.
Young D. R. (1950)：*J. Appl. Phys.*, **21**, p. 222.

【4章】

Авруцкий В. А., Кужекин П. И Чернов Е. Н. (1983)：*Ислытательиые и Электрофические Установки Техника Эксслеримента*, Московский Энергетический Институт.
相原良典，原田達哉 (1987)：昭和62年電気学会全国大会，S3-5.
赤塚 洋 (2005)：基礎講座 放電プラズマの分光計測 (第1回)，放電研究, **48**(3), p. 19.
Aleksandrov G. N. (1966)：*Soviet Phys., Tech. Phys.*, **10**, p. 949.
Aleksandrov G. N. (1969)：*Soviet Phys., Tech. Phys.*, **14**, p. 560.
Allibone T. E. and J. Schonland B. E. (1934)：*Nature*, **10**, p. 736.
Allibone T. E. and Meek J. M. (1938a)：*Proc. Roy. Soc.*, **A116**, p. 97.
Allibone T. E. and Meek J. M. (1938b)：*Proc. Roy. Soc.*, **A246**, p. 246.
Amin M. R. (1954a)：*J. Appl. Phys.*, **25**, p. 210.
Amin M. R. (1954b)：*J. Appl. Phys.*, **25**, p. 358.
Amin M. R. (1954c)：*J. Appl. Phys.*, **25**, p. 627.
Baatz H. (1966)：*CIGRE Report*, No. 425.
Badaloni S. and Gallimberti I. (1972)：*Padova University Report*, UPee-72/03.
Badaloni S. and Gallimberti I. (1973)：*XI th Int. Conf. on Phen. in Ionized Gases*, Praha, p. 196.
Bandel A. W. (1951)：*Phys. Rev.*, **84**, p. 92.
Bastien F. (1981)：Spectroscopic Diagnostics in Gas Discharge, In Kunhart E. E. and Lussen L. H. (eds)：*Electrical Breakdown and Discharge in Gases, Macroscopic Processes and Discharges*, Plenum Press, New York & London , Pt. B, p. 267.
Bohne E. W. and Carrara G. (1964)：*CIGRE Report*, No. 415.

Bradly C. B. and Snoddy L. B. (1934): *Phys. Rev.*, **45**, p. 432.
長ギャップ放電における空間電荷効果調査専門委員会 (1988):長ギャップ放電の特性と理論の進歩,電気学会技術報告 (II 部),第 289 号.
長ギャップ放電モデリング調査専門委員会 (1992):長ギャップ放電のモデリング,電気学会技術報告 (II 部),第 417 号.
Cobine J. D. (1941): *Gaseous Conductors : Theory and Engineering Applications*, Dover Publications, New York, p. 261.
Dawson G. A. and Winn W. P. (1965): *Z. Phys.*, **183**, p. 159.
電気学会 (1974):放電ハンドブック,電気学会.
電気学会 (1998):放電ハンドブック,電気学会.
電気学会 (2001):電気工学ハンドブック,電気学会,p. 525.
電気学会送電専門委員会 (1960):送電線のコロナ損の計算について,電気学会技術報告,第 40 号.
Deutsch W. (1933): *Annalen der Physik*, **5**(16), p. 588.
Eliasson B., Kogelschatz U. and Baessler P. (1984): *J. Phys., B : At. Mol. Phys.*, **17**, L797.
Eliasson B. and Kogelschatz U. (1986): *J. Chem. Phys.*, **83**, p. 279.
Eliasson B., Hirth M. and Kogelschatz U. (1987): *J. Phys., D : Appl. Phys*, **20**, p. 1421.
円城寺博 (1960):電気学会雑誌,80, p. 463.
Fridman A. and Kennedy L. A. (2004): *Plasma Physics and Engineering*, Taylor & Francis, New York.
Gallimberti I. (1972): *Padova University Report*, UPee-72/04.
Gallimberti I. (1979): *J. de Phys.*, Colloque C7, Suppl. au No. 7, **40**, C7-193.
Gallimberti I. (1981): Physical Models of Long Air Gap Breakdown Processes, In Kunhart E. E. and Lussen L. H. (eds): *Electrical Breakdown and Discharge in Gases*, Pt. B, p. 265, Plenum Press, New York & London.
Gallimberti I., Goldin M. and Poli E. (1983): *Proc. of 4th ISH*, Athens, No.42.08.
Griem H. R. (1964): *Plasma Spectroscopy*, McGraw-Hill.
原 雅則,林 則行,汐月慶士,赤崎正則 (1981):電気学会論文誌 A, **101-A**, p. 387.
Hara M., Hayashi N., Shiotsuki K. and Akazaki M. (1982): *IEEE Trans. on PAS*, **101**, p. 803.
Hara M., Yashima M., Tsutsumi T. and Akazaki M. (1985): *Proc. IEE*, **132**, Pt. A, p. 59.
原 雅則,金子正光,末廣純也,中村裕二,赤崎正則 (1987):電気学会論文誌 A, **107**, p. 233.
Hara M., Suehiro J. and Matsumoto H. (1990): *Cryogenics*, **30**, p. 787.
原田達哉 (1964):電力中央研究所報告,**14**, p. 11.
林 則行,原 雅則,八島政史,赤崎正則 (1982):九大工学集報,**55**, p. 43.
Hegeler F. and Akiyama H. (1997): *IEEE Trans. on PS*, **25**, p. 1158.
Hermstein W. (1960a): *Arch. Electrotech.* Band XLV, **Heft**. 4, p. 209.
Hermstein W. (1960b): *Arch. Electrotech.* Band XLV, **Heft**. 5, p. 279.
放電学会 (1970):長間隙気中放電特集,放電研究,No. 40, p. 39.
放電における電界計測法調査専門委員会 (1986):電界計測法,電気学会技術報告 (II 部),第 219 号.
細川辰三,石原準一郎,西坂公一,三好保憲 (1971):電気学会論文誌,**96-A**, p. 9.
細川辰三,三好保憲 (1973):電気学会論文誌,**93-A**, p. 420.
細川辰三,三好保憲 (1975):電気学会論文誌,**96-A**, p. 365.

生田信浩，牛田富之，石黒美種（1970）：電気学会雑誌，**90**, p. 1816.
Itikawa Y., Hayashi M., Ichimura A., Onda K., Sakimoto K., Takayanagi K., Nakamura M., Nishikawa H. and Takayanagi T. (1986)：*J. Phys. Chem., Ref. Data*, **15**, p. 985.
Itikawa Y., Ichimura A., Onda K., Sakimoto K., Takayanagi K., Hatano Y., Hayashi M., Nishikawa H. and Tsuruhashi S. (1989)：*J. Phys. Chem., Ref. Data*, **18**, p. 23.
Kanazawa S., Ito T., Shuto Y., Okubo T., Nomoto Y. and Mizeraczy J. (2001)：*IEEE Trans. on IA*, **37**, p. 1663.
Kawasaki M., Hara M. and Akazaki M. (1987)：*J. of Electrostatics*, **19**, p. 65.
Kekez M. M. and Savic P. (1974)：*J. Phys. D : Appl. Phys.*, **7**, p. 620.
Kim H. Ha., Wu C., Kinoshita Y., Takashima K., Katsura S. and Mizuno A. (2001)：*IEEE Trans. on IA*, **37**, p. 34.
Kim H. Ha., Prieto G., Takashima K., Katsura S. and Mizuno A. (2002)：*J. Electrostatics*, **55**, p. 25.
Kishijima T., Matsuo K. and Watanabe Y. (1984)：*IEEE Trans. on PAS*, **103**, p. 1211.
北嶋　武（2005）：基礎講座 放電プラズマの分光計測（第2回），放電研究，**48**(4), p. 1.
Kondo K. and Miyoshi Y. (1978)：*Japan J. Appl. Phys.*, **17**, p. 643.
Kossyi I. A., Kostinsky A. Yu., Matveyaev A. A. and Silakov V. P. (1992)：*Plasma Sources Sci. Technol.*, **1**, p. 207.
河野照哉，宅間　董（1980）：数値電界計算法，コロナ社．
Les Renardieres Group (1972)：*Electra*, **23**.
Les Renardieres Group (1973)：*Electra*, **35**.
Les Renardieres Group (1977)：*Electra*, **53**.
Les Renardieres Group (1981)：*Electra*, **74**.
増田閃一（1989）：燃料協会誌，**68**, p. 934.
Martin T. H., Guenther A. H. and Kristiansen M. (1996)：*J. C. Martin, on Pulsed Power*, Plenum, New York.
水野　彰（1994）：プラズマ・核融合学会誌，**70**, p. 343.
水野　彰（1995）：静電気学会誌，**19**, p. 289.
Mosch W. and Lemke E. (1974)：*Electrotech. Z.*, **A95**, p. 256.
中野俊樹（2006）：基礎講座 放電プラズマの分光計測（第3回），放電研究，**49**(1), p. 15.
Nakaya U. and Yamasaki F. (1934)：*Nature*, **134**, p. 486.
Nasser E. (1971)：*Fundamentals of Gaseous Ionization and Plasma Electronics*, John Wiley.
Ono R. and Oda T. (2003)：*J. Phys. D : Appl. Phys.*, **36**, p. 1952.
Ono R., Doita H. and Oda T. (2007a)：Proc. of Int. Symp., New Plasma and Electrical Discharge Applications and on Dielectric Materials, Tahiti, 17.
Ono R. and Oda T. (2007b)：*International J. of Plasma Science & Technology*, **1**, p. 123.
Ono R. and Oda T. (2008)：*J. Phys. D : Appl. Phys.*, **41**, p. 1.
Ono R. and Oda T. (2009a)：*Plasma Sources Sci. Technol.*, **18**, 035006 (7pp).
Ono R., Tobaru C., Teramoto Y. and Oda T (2009b)：*Plasma Sources Sci. Technol.*, **18**, 025006 (8pp).
Orville R. E., Uman M. A. and Sletten M. A. (1967)：*J. Appl. Phys.*, **38**, p. 895.
Peek, F. W. (1929)：*Dielectric Phenomena in High Voltage Engineering*, McGraw-Hill, New York.

Pigini A., Rizzi G., Brambilla R. and Garbagnati E. (1979)：Proc. of ISH, Milan, No. 52-15.
プラズマリアクタにおける活性種の反応過程とその応用調査専門委員会 (1994)：電気学会技術報告，481号．
Raether H. (1937a)：*Z. Phys.*, **107**, p. 90.
Raether H. (1937b)：*Z. tech. Phys.*, **12**, p. 564.
Raether H. (1939)：*Z. Phys.*, **112**, p. 464.
酒井長武，細川辰三，三好保憲 (1958)：電気学会雑誌，**78**, p. 1413.
酸素・窒素プラズマ反応とその応用調査専門委員会 (1990)：電気学会技術報告 (II 部)，第340号．
Sarma M. P. and Janichewskyj W. (1969a)：*IEEE Trans. on PAS*, **88**, p. 718.
Sarma M. P. and Janichewskyj W. (1969b)：*IEEE Trans. on PAS*, **88**, p. 1476.
Sarma M. P. and Janichewskyj W. (1970)：*IEEE Trans. on PAS*, **89**, p. 860.
Sarma M. P. and Janichewskyj W. (1971)：*IEEE Trans. on PAS*, **90**, p. 1055.
Selim E. O. and Waters R. T. (1980)：*IEEE Trans. on IA*, **IA-16**, p. 458.
Shecherherbakov Yu. V. and Sigmond R. S. (2007)：*J. Phys. D：Appl. Phys.*, **40**, p. 460.
Shindo T. and Suzuki T. (1985)：*IEEE Trans. on PAS*, **104**, p. 1556.
Spyrou N., Held B., Peryrrous R., Manassis Ch. and Pignolet P. (1992)：*J. Phys. D：Appl. Phys.* **25**, p. 211.
Stekolnikov I. S. and Shkilev A. V. (1961)：*Soviet Phys., Doklady*, **7**, p. 139.
須田知孝，須永孝隆 (1988)：電力中央研究所報告，T87036.
須永孝隆 (1993)：電力中央研究所報告，T30.
Suzuki T., Kishijima I., Ohuchi Y. and Anjo K. (1969)：*IEEE Trans. on PAS*, **88**, p. 1814.
Suzuki T. (1971)：*J. Appl. Phys.*, **142**, p. 3766.
Suzuki T. and Miyake M. (1977)：*IEEE Trans. on PAS*, **96**, p. 227.
Takuma T., Ikeda T. and Kawamoto T. (1981)：*IEEE Trans. on PAS*, **100**, p. 4082.
Tassicker O. J. (1974)：*Proc. IEE*, **121**, p. 213.
Toriyama Y. (1961)：*Dust Figure of Surface Discharge and Its Applications*, Kinokuniya, Tokyo.
Trichel G. W. (1938)：*Phys. Rev.*, **54**, p. 1078.
常安 暢 (1980)：空気中不平等電界ギャップにおけるインパルスフラッシオーバ現象に関する研究，博士論文（九州大学）．
角田美弘 (1960)：電気学会雑誌，**80**, p. 301.
牛田富之，生田信浩，矢束充保 (1968)：電気学会雑誌，**88**, p. 137.
和田 敏 (1965)：電気試験所彙報，**29**, p. 523.
Waters R. T. (1972)：*J. Phys. E：Scientific Instruments*, **5**, p. 475.
Waters R. T., Ricard T. E. S. and Stark W. B. (1972)：*Proc. IEE*, **119**, p. 717.
Waters R. T. and Stark W. B. (1975)：*J. Phys. D：Appl. Phys.*, **8**, p. 416.
Waters R. T. (1981)：Diagnostic Techniques for Discharges and Plasma, In Kunhart E. E. and Lussen L. H. (eds)：*Electrical Breakdown and Discharge in Gases, Macroscopic Processes and Discharges*, Plenum Press, New York & London, Pt. B, p. 203.
Wang D., Yashida S., Jikuya M., Narihira T., Katsuki S. and Akiyama H. (2005)：Proc. of IEEE Pulsed Power Conf., p. 1001.
Wang D., Yashida S., Jikuya M., Narihira T., Katsuki S. and Akiyama H. (2007)：*IEEE*

Trans., *Plasma Science*, **35**, p. 1098.
Wright J. K.（1964）：*Proc. Phys. Soc.*, **A280**, p. 29.
山形幸彦，内野喜一郎（2006）：基礎講座 放電プラズマの分光計測（第4回），放電研究，**49**（3），p. 2.

【5章】

Akiyama H., Takamatsu T., Yamabe C. and Horii K.（1984）：*J. Phys. E*：*Sci. Instrum.*, **17**, p. 1014.
Baranov V. Yu. and Ul'yanov K. N.（1969）：*Soviet Phys. Tech. Phys.*, **14**, p. 176.
Beaulieu A. J.（1970）：*Appl. Phys. Lett.*, **16**, p. 505.
Boeuf J. P., Pitchford L. C. and Schoenbach K. H.（2005）：*Appl. Phys. Lett.*, **86**, 071501.
電気学会（1974）：放電ハンドブック，電気学会.
電気学会（1998）：放電ハンドブック，電気学会.
Frances G（1956）：The Glow Discharges at Low Pressure, In Flugge S.（ed）：*Encyclopedia of Physics*, Vol. XXII, *Gas Discharges II*, Springer-Verlag, p. 53.
Fridman A. and Kennedy L. A.（2004）：*Plasma Physics and Engineerings*, Taylor & Francis, New York.
Golubovskii Yu. B., Zinchenko A. K. and Kagan Yu. M.（1977）：*Soviet Phys. Tech. Phys.*, **22**（7），p. 851.
Harris N. W., Neill F. O. and Whitney W. T.（1974）：*Appl. Phys. Lett.*, **25**, p. 148.
Hatta A., Sumitomo T., Inamoto H. and Hiraki A.（1991）：*IEICE Trans. Electron*, E86-C, p. 825.
八田章光，藤森洋行（2003）：電気学会雑誌，**123**，p. 656.
Heinlin J., Morfill G., Landthaler M., Stolz W., Isbary G., Zimmermann J. L., Shimizu T. and Karrer S.（2010）：*JDDG*, **8**, p. 1.
Kanazawa S., Kogoma M., Moriwaki T. and Okazaki S.（1988）：*J. Phys. D*：*Appl. Phys.*, **21**, p. 838.
Kenty C.（1962）：*Phys. Rev.*, **126**, p. 1235.
Kunhardt E. E., Becker K. and Amorer L.（1997）：*Proc. XII Int. Conf. on Gas Discharges and Their Applications*, Germany, p. 87.
Kunhardt E. E.（2000）：*IEEE Trans. on PS*, **28**, p. 189.
Laroussi M., Alexeff A., Richardson J. P. and Dyer F. F.（2002）：*IEEE Trans. on PS*, **30**, p. 158.
Lee D. A., Bletzinger P. and Garscadden A.（1966）：*J. Appl. Phys.*, **37**, p. 377.
Massines F., Segur P., Gherardi N., Khamphan C. and Richard A.（2003）：*Surface and Coatings Technology*, **174–175**, p. 8.
Moselhy M., Petzenhauser I., Frank K. and Schoenbach K. H.（2003）：*J. Phys. D*：*Appl. Phys.*, **36**, p. 2922.
Nakamura K., Yukawa N., Mochizuki T., Horiguchi S. and Nakaya T.（1986）：*Appl. Phys. Lett.*, **49**, p. 1493.
日本オゾン協会編（2004）：オゾンハンドブック，サンユー書房.
Okazaki S. J., Kogoma M., Uehara M. and Kimura Y.（1993）：*J. Phys. D*：*Appl. Phys.*, **26**, p. 889.

Penning F. M. (1936) : *Physica*, **3**, p. 873.
Raizer Y. R. (1997) : *Gas Discharge Physics*, Springer.
Schoenbach K. H., El-Habachi A., Shi W. and Ciocca M. (1997) : *Plasma Sources Sci. Technol.*, **6**, p. 467.
静電気学会編 (1998) : 静電気ハンドブック (新版), オーム社.
Stark R. H. and Schoenbach K. H. (1999) : *J. Appl. Phys.*, **85**, p. 2075.
Sugawara M., Murata K., Ohshima T. and Kobayashi K. (1981) : *J. Phys. D : Appl. Phys.*, **14**, L137.
Trader E. I. (1959) : *Int. J. Electronics*, **26**, p. 553.
Velikhov E. P., Golubev S. A., Zemtsov Y. K., Pal A. F., Persiantsrv I. G., Pis'mennyi V. D. and Rakhimov A. T. (1974) : *Soviet Phys.*, JETP, **38**, p. 267.
Veriens L., M.Smeets A. H. and Cornelissen H. J. (1981) : Medeling of a Grow Discharge, In Kunhart E. E. and Lussen L. H. (eds) : *Electrical Breakdown and Discharges in Gases*, Pt. B, Plenum Press, New York & London.
Wojaczek K. (1962) : *Beitrage Plasma Physik*, **2**, p. 1.
Yamashita Y. (1967) : *J. Phys. Soc. Japan*, **23**, p. 662.
Yamashita Y. and Yoshimoto H. (1968) : *J. Phys. Soc. Japan*, **25**, p. 1203.
Yokoyama T., Kogoma M., Kanazawa S., Moriwaki T. and Okazaki S. J. (1990) : *J. Phys. D : Appl. Phys.*, **23**, p. 374.

【6章】

Bennett W. H. (1934) : *Phys. Rev.*, **45**, p. 890.
Boyle W. S. and Germer L. H. (1955) : *J. Appl. Phys.*, **26**, p. 571.
Cambel A. B. (1963) : プラズマ物理学と電磁流体力学 (橘 藤雄監修, 棚澤一郎ら訳 (1966) : 好学社).
Cassie A. M. (1939) : *CIGRE*, **102**.
Cobine J. D. and Burger E. E (1955) : *J. Appl. Phys.*, **26**, p. 895.
電気学会 (1973) : 放電ハンドブック, 電気学会.
電気学会 (1984) : 電力用しゃ断器, 電気学会.
電気学会 (1992) : 大電流ハンドブック, コロナ社.
電気学会 (1998) : 放電ハンドブック, 電気学会.
電気学会アーク・グロー放電現象基礎技術調査専門委員会 (2006) : アーク・グロー放電の基礎技術, 電気学会技術報告, 第1066号.
電気学会ガス遮断器の小形化技術調査専門委員会 (1996) : ガス遮断器の小形化技術, 電気学会技術報告, 第590号.
Davis W. D. and Miller H. C. (1969) : *J. Appl. Phys.*, **40**, p. 2212.
Dinulescu H. A. and Pfender E. (1980) : *J. Appl. Phys.*, **51**, p. 3149.
Dolan W. W. and Dyke W. P. (1954) : *Phys. Rev.*, **95**, p. 327.
Dzimikanski J. W. and Jones T. B. (1954) : *AIEE Trans.*, **73**, Part I, p. 665.
Ecker G. (1974) : *IEEE Trans. on PS*, **2**, p. 130.
Ecker G. (1981) : Arc Discharge Electrode Phenomena, In Kunhardt E. E. and Lussen L. H. (eds) : *Electrical Breakdown and Discharge in Gases, Macroscopic Processes and Discharges*, Pt. B, Plenum Press, New York & London, p. 167.

Engel A. von (1973)(山本賢三，奥田孝美訳)：電離気体，コロナ社．
Ferraro V. C. A. and Plumpton C. (1963)：電磁流体力学・プラズマ入門（桜井 明ら訳（1963）：東京電機大学出版部）．
Finkelnburg W. und Meacker H. (1956)：Electriche Bogen und Thermische Plasma, In Flugge S. (ed)：*Encyclopedia of Physics*, Vol. XXII, *Gas Discharges II*, Springer-Verlag, p. 254.
Fridman A. and Kennedy L. A. (2004)：*Plasma Physics and Engineering*, Taylor and Francis, New York.
Fridman A. (2008)：*Plasma Chemistry*, Cambridge Univ. Press.
福田節雄 (1948)：電弧，河出書房．
Gerthsen P. und Schultz P. (1955)：*Zeit. Physik*, **140**, p. 510.
Grissom J. T. and Newton J. C. (1974)：*J. Appl. Phys.*, **45**, p. 2885.
Guenther A., .Kristiansen M. and Martin T. (1967)：*Opening Switches*, Plenum Press.
原　雅則・秋山秀典 (1991)：高電圧パルスパワー工学，森北出版．
Hermann W., Kogelschhatz U., Niemeyer L., Rageller K. and Schade E. (1974)：*J. Phys. D : Appl. Phys.*, **7**, p. 1703.
Hermann W. and Ragaller K. (1977)：*IEEE Trans. on PAS*, **96**, p. 1546.
鳳 誠三郎，関口　忠，河野照哉 (1969)：電離気体，電気学会．
Hoyaux M. F. (1968)：*Arc Physics*, Springer-Verlag, Berlin.
Hsu K. H. and Pfender E. (1983)：*J. Appl. Phys.*, **54**, p. 4359.
Ikeda H., Ishikawa M. and Yanabu S. (1986)：*IEEE Trans. on PS*, **14**, p. 395.
稲葉次紀，鬼頭幸生，宮地　巖 (1972)：電気学会論文誌 A, **92-A**, p. 457.
Kimblin C. W. (1973)：*J. Appl. Phys.*, **44**, p. 3074.
Kimblin C. W (1974)：*IEEE Trans. on PS*, **2**, p. 310.
Kimblin C. W. (1974)：*J. Appl. Phys.*, **45**, p. 5236.
Kinsinger R. E. (1974)：*IEEE Trans. on PAS*, **74**, p. 1143.
鬼頭幸生 (1978)：放電研究，**73**, p. 7.
鬼頭幸生・松村年郎・浅野光康 (1981)：電気学会開閉保護装置研究会資料，No. SPD-81-7.
Lafferty J. M. (ed)(1980)：*Vacuum Arcs : Theory and Application*, A-Wiley-Interscience Publication.
Lee T. H. (1959)：*J. Appl. Phys.*, **30**, p. 166.
Lee T. H. (1960)：*J. Appl. Phys.*, **31**, p. 924.
Lee T. H. and Greenwood A. (1961)：*J. Appl. Phys.*, **32**, p. 916.
Malghan V. R. and Benenson D. M. (1973)：*IEEE Trans. on PS*, **1**, p. 38.
松村年郎・鬼頭幸生 (1984a)：電気学会論文誌 A, **104-A**, p. 5.
松村年郎・鬼頭幸生 (1984b)：電気学会論文誌 A, **104-A**, p. 241.
松村年郎・鬼頭幸生 (1986)：電気学会論文誌 A, **106-A**, p. 23.
Mayr O. (1943)：*Arch. Electrotech.*, **37**, p. 588.
Mckeown S. S. (1929)：*Phys. Rev.*, **34**, p. 611.
Mitchell G. R. (1970)：*Proc. IEE*, **117**, p. 2315.
Moriyama O., Sohma S., Sugawara T. and Mizutani H. (1973)：*IEEE Trans. on PAS*, **PAS-92**, p. 1723.
Morrow R. and Lowke J. (1993)：*J. Phys. D : Appl. Phys.*, **26**, p. 634.

Nottingham W. B. (1923): *AIEE Trans.*, **42**, p. 302.
Raizer Y. P. (1997): *Gas Discharge Physics*, Springer.
Rakov V. A. and Uman M. A. (2003): *Lightning: Physics and Effects*, Cambridge Univ. Press.
Sander N. A. and Pfender E. (1984): *J. Appl. Phys.*, **55**, p. 714.
Schulz P. und Weizel W. (1944): *Z. Phys.*, **122**, p. 697.
Seeliger R. (1934): *Der Physik der Gasentladungen*, J. A. Barth, Leipzig.
Suits C. G. (1931): *Phys. Rev.*, **55**, p. 561.
宅間 董, 柳父 悟 (1988): 高電圧大電流工学, 電気学会.
Tanaka M., Terasaki H., Ushio M. and Lowke J. J. (2003): *Plasma Chemistry and Plasma Processing*, **23**, p. 585.
田中康規 (2005): 放電研究, **48**, p. 70.
Uman M. A. (1963): *Lightning*, MacGraw-Hill.
牛尾誠夫 (1987): 放電研究, **115**, p. 1.
Ushio M. and Masuda F. (1982): *Trans. JWRI*, **11**, p. 7.
Ushio M., Tanaka M. and Lowke J. J. (2004): *IEEE Trans. on PS*, **32**, p. 108.
Vitkovisky L. (1987): *High Power Switching*, Van Nostrand Reinhold Company.
横水康伸・伊藤一将・松村年郎 (2003): 電気学会論文誌 B, **123-B**, p. 450.
横水康伸 (2005): 放電研究, **48**, p.76.

【7章】

Akashi H., Oda A. and Sakai Y. (2005): *IEEE Trans. Plasma Sci.*, **33**(2), p. 308.
Akashi H., Oda A. and Sakai Y. (2009): Proc. of Conf. on the Phenomena in Ionized Gases, 12th-17th July, Cancun, Mexico, 12-17 July, PA5-5.
Boeuf J. P. (2003): *J. Phys. D: Appl. Phys.*, **36**, p. R53.
Boeuf J. P. and Pitchford L. C. (2005): *J. Appl. Phys.*, **97**, 103307.
Chang J. S., Hobson R. M., 市川幸美, 金田輝男 (1982): 電離気体の原子・分子過程, 東京電機大学出版局, p. 187.
Date A., Kitamori K., Sakai Y. and Tagashira H. (1992): *J. Phys. D: Appl. Phys.*, **25**, p. 442.
Eliasson B. and Kogelschatz U. (1991): *IEEE Trans. on Plasma Science*, **19**, p. 1063.
Georghiou G. E., Papadakis A. P., Morrow R. and Metaxas A. C. (2005): *J. Phys. D: Appl. Phys.*, **38**, p. R303.
Georghiou G. E., Morrow R. and Metaxas A. C. (1999): *J. Phys. D: Appl. Phys.*, **32**, p. 1370.
Georghiou G. E., Morrow R. and Metaxas A. C. (2000): *J. Phys. D: Appl. Phys.*, **33**, p. L27.
Golubovskii Yu, Maiorov V. A., Behnke J. and Behnke J. F. (2003): *J. Phys. D: Appl. Phys.*, **36**, p. 39.
Ito T. and Musha T. (1960): *J. Phys. Soc. Japan*, **15**, p. 1675.
Jaeger E. F., Oster L. and Phelps V. (1976): *Phys. Fliuds*, **19**(6), p. 819.
Kakizaki K., Sasaki Y., Inoue T. and Sakai Y. (2006): *Rev. of Sci. Inst.*, **77**(3), 035109.
Kogelschatz U. (2003): *Plasma Chemistry and Plasma Processing*, **23**, p. 1.
Koppitz J. (1973): *J. Phys. D: Appl. Phys.*, **6**, p. 1494.
Kushner M. J. (2009): *J. Phys. D: Appl. Phys.*, **42**, 194013.
真壁利明 (1999): プラズマエレクトロニクス, 培風館, p. 209.

Meek J. M. (1940): *Phys. Rev.*, **57**, p. 722.
Morrow R. and Blackburn T. R. (2002): *J. Phys. D: Appl. Phys.*, **35**, p. 3199.
Morrow R. and 0Lowke J. J. (1977): *J. Phys. D: Appl. Phys.*, **30**, p. 614.
Muller I., Punset C., Ammelt E., Purwins H.-G. and Boeuf J. P. (1999): *IEEE Trans. Plasma Sci.*, **27**, p. 20.
Oda A., Sakai Y., Akashi H. and Sugawara H. (1999): *J. Phys. D: Appl. Phys.*, **32**, p. 2726.
Oda A., Sugawara H., Sakai Y. and Akashi H. (2000): *J. Phys. D: Appl. Phys.*, **33**, p. 1507.
Sakai Y., Tagashira H. and Sakamoto S. (1977): *J. Phys. D: Appl. Phys.*, **10**, p. 1035.
坂本三郎，田頭博昭 (1974)：新高電圧工学，朝倉書店，p. 58.
Sharffeter D. L. and Gummel H. K. (1969): *IEEE Trans. Electron Devices*, ED-16, p. 64.
Stollenwerk L., Amiranashvili Sh., Boeuf J.-P. and Purwins H.-G. (2006): *Phys. Rev. Lett.*, **96**, 255001.
Tagashira H., Sakai Y. and Sakamoto S. (1977): *J. Phys. D: Appl. Phys.*, **10**, p. 1051.
Tanaka M. and Lowke J. J. (2007): *J. Phys. D: Appl. Phys.*, **40**, p. R1.
Thomas R. W. L. and Thomas W. R. L. (1969): *J. Phys. B: Atom Molec. Phys.*, **2**, p. 562.
Thomas W. R. L. (1969): *J. Phys. B: Atom Molec. Phys.*, **2**, p. 551.
Wagner H.-E., Brandenburg R., Kozlov K. V., Sonnenfeld A., Michel P. and Behnke J. F. (2003): *Vacuum*, **71**, p. 417.
Yoshida K. and Tagashira H. (1976a): *J. Phys. D: Appl. Phys.*, **9**, p. 485.
Yoshida K. and Tagashira H. (1976b): *J. Phys. D: Appl. Phys.*, **9**, p. 491.

索　引

欧　文

α 作用　12

γ 作用　44

η 作用　12
η-シナジズム　115

Aleksandrov のモデル　200

Bennett ピンチ　305

Cassie のモデル　309

Deutsch の仮定　183

EHD 流線　176
EHV 送電　187

Goldstein の法則　256

Lemke らのモデル　202

Mayr のモデル　310
Mckeown の式　281

PIG 放電　263
Pupp の限界電流　256

Steenbeck の電力最小の原理　232, 298

T-F 理論　280
time of flight 法　43
Toepler の不連続　106

U 特性　190
UHV 送電　187

v-t 特性　127

ア　行

アインシュタインの関係　14
アーク放電　264
アストン暗部　225
アフターグロー　26
暗流　70, 71

イオン対生成　27
イオン流場　143, 175
異常グロー　233
移動縞　255
移動速度　13, 36
移動度　13
陰極暗部　226
陰極グロー　226
陰極降下電圧　229, 268
陰極降下領域　225, 229, 268, 272
陰極点　268
インパルス電圧　117

運動量変換断面積　19, 40, 41
運動量保存の式　35

エアトン夫人の式　266
エキソ電子　124
エネルギー分布関数　7
エネルギー保存の式　35
エレンバス-ヘラーの式　296

オージェ遷移　44, 46
オージェ脱励起　44

索引　　　345

オージェ中和　44, 45
オージェ中和過程　45
オージェ励起解消　47

カ 行

ガイガーカウンタ領域　143
回転エネルギー　21
回転量子数　22
回転励起　21
外部光電効果　48
開閉インパルス電圧　118
解離エネルギー　21
解離再結合　29
解離電離　23
解離付着　27
拡散　13
拡散係数　14, 42
拡散方程式　14
過電圧率　120
換算質量　16
換算電界　12, 167, 316
慣性モーメント　21

基底状態　22
ギブスの自由エネルギー　4
ギャップファクタ　190
吸収係数　24
協合離脱　26
協合離脱反応　26
共鳴中和　44
局所電界近似　317
局所熱平衡　293
局部破壊　141
許容遷移帯　19
禁制遷移帯　19

空間電荷制限電流　247
クルックス暗部　226
グローコロナ　149, 151
グロー放電　83, 223

形成遅れ　119

高気圧アーク　270
光電効果　48
交流アーク　306
コロナ開始条件　105, 108, 153
コロナ開始電圧　143, 147, 148, 153, 208

コロナ開始電界　153
コロナ損　164
コンダクタンス時間　119

サ 行

最確速度　7, 8
再結合　12, 27
再点弧　270
再発光　194
サハの式　294
三体再結合　29
三体衝突　28
三体付着　27

紫外線吸収法　138
自己組織化現象　325
仕事関数　45
二乗平均速度　6, 8, 33
自続条件　76, 81
自続放電　81
実効電離係数　12
実在気体　1, 2
──の状態方程式　2
自動電離　23
収縮不安定　254
シューマンの条件式　108
準安定励起原子　24
準安定励起粒子　19
消弧　270
状態方程式　1, 2
衝突断面積　15
衝突付着　27
衝突離脱　26
初期電子　120, 209
ショットキー効果　279
ショットキーの理論　239
真空アーク　269
振動量子数　21
振動励起　21

ストリーマ　92, 146, 206, 316, 322
ストリーマ開始電圧　209
ストリーマ機構　71
ストリーマコロナ　150
ストリーマ放電　92
ストリーマ理論　92, 320

正規グロー　231

正コロナ 145
世代機構 71
絶縁協調 191
絶縁破壊 70
前期グロー 232
全断面積 18
全路破壊 141

走行アーク 311
相似則 91, 316
相似パラメータ 91
速度分布関数 5
阻止グロー 228

タ　行

対数モデル 296
体積再結合 12
耐電圧 188
タウンゼント 167
　　——の第一電離係数 12
　　——の方程式 53
　　——の放電理論 71
タウンゼント機構 71
タウンゼント放電 73
　　——の確立過程 74
タウンゼント放電電流 76
単一等価電子なだれモデル 208
単極性空間電荷制限電流密度 285
弾性衝突 10, 15, 32

チャネルモデル 216, 297
長ギャップ 187, 97
調和振動子 21
直接電離 23

低温プラズマ 259
低気圧アーク 270
定在縞 255
低電圧アーク 269
電圧崩壊時間 119
電界アーク 269
電界放出 48, 279
電界（熱電界）放出形アーク 269
電荷図 135
電気的負性気体 12
電極点 266
電気流体方程式 294
点弧 270

電子エネルギー分布 316
電子衝突断面積 41, 317
電子親和力 12, 26, 27
電子数密度連続の式 35
電子スオーム 29, 31
電子スオームパラメータ 316
電子なだれ 60, 316
　　——の臨界長 99
電子付着 12, 27, 318
電子付着係数 12, 27
電子付着衝突 33
電磁流体方程式 294
電子励起 21
電子励起断面積 41
電離 23, 318
電離エネルギー 22, 23
電離係数 12, 66
電離指数 60
電離衝突 32
電離振動 256
電離断面積 40
電離電圧波 128, 194
電離度 294
電離波 128, 194

統計遅れ 119
等面積則 127
トムソンの理論 29
トリチェルパルス 151
ドリフト速度 66
ドリュベステン分布 7

ナ　行

二次電子放出 44, 276, 319, 324
二次電子放出係数 47
二重電子再結合 28
二体衝突再結合 28

熱陰極アーク 269
熱電界放出 279
熱電子 48
熱電子放出 44, 48, 277
熱電子放出形アーク 269
熱電離 294
熱プラズマ 171, 313

ノッチンガムの式 266

ハ 行

バイアスプローブ法　178
ハイブリッドモデル　318
破壊機構 I　106
破壊機構 II　106
破壊電圧　70
バックディスチャージ　135
パッシェンの法則　85
バリア放電　173, 316
パルスストリーマ放電　173
パルスタウンゼント放電　41
パルスパワー電圧　118
反応速度定数　167

光電離　24, 318
光電離断面積　24
光離脱　26
非局所熱平衡モデル　216
非弾性衝突　10, 15
ヒットルフ暗部　226
火花遅れ　119
火花形成時間　100
火花条件　76, 81, 105
火花電圧　70, 81, 96
火花破壊　70
火花放電　49, 133
微分断面積　17, 18
非平衡プラズマ　171, 259
標準状態　1
表面再結合　12

ファイナルジャンプ　194, 221
ファラデー暗部　227
ファン・デル・ワールスの式　3
ファン・デル・ワールス力　1
負イオン　27
負グロー　227
負コロナ　145, 150
付着係数　66
付着断面積　40
ブラシコロナ　150
プラズマジェット　302
プラズマトーチ　314
フラッシオーバ　188
フラッシオーバ過程　192
フラッシオーバ電圧　70
フラッシオーバ率　188

フランク-コンドンの原理　22
平均自由行程　10, 11
平均自由時間　10
ペニンググロー放電　263
ペニング電離　25
偏向角　16, 19

放射再結合　27
放射付着　27
放電率　188
放物モデル　296
飽和電流　70
払子コロナ　150
ポテンシャル曲線　22, 166
ボルツマン方程式　30, 316
ホロー陰極　235

マ 行

膜状コロナ　150
マクスウェル分布　1, 4, 5, 6
マグネトロン放電　263
マクロ衝突断面積　11, 13
マルタ効果　124

ミークの理論　94
ミクロ衝突断面積　11
ミラー効果　262

モース関数　21
モンテカルロシミュレーション　316

ヤ 行

遊離基　143

陽極暗部　227
陽極グロー　227
陽極降下電圧　245, 268, 301
陽極降下領域　268, 300
陽極点　268, 303
陽極領域　225, 245
陽光柱　227, 237, 243, 268, 285
予備電離　322

ラ 行

雷インパルス電圧　118

ラウエプロット　121
ラジカル　143
ラムザウア効果　19
ラムザウア-タウンゼント効果　19
ランジュバンの方程式　13

理想気体　1
リーダ　192, 213, 316
リーダコロナ　192
離脱　26
リターンストローク　193, 221
リヒテンベルグ図　136
流体モデル　318
流動平衡状態　316, 317
両極性拡散　238
両極性空間電荷制限電流密度　285
臨界圧力　3
臨界温度　3

臨界点　3
累積電離　25
ルジャンドルの方程式　36

冷陰極アーク　269
励起エネルギー　24
励起準位　19
励起衝突　32
励起断面積　19, 40
レーザ吸収法　138
レーザ誘起蛍光法　138
レータの理論　99
連続の式　35, 51, 319

ロシュミット数　24
ローレンツ近似　39

著者略歴

原　雅則（はら　まさのり）

- 1942年　香川県に生まれる
- 1972年　九州大学大学院工学
研究科博士課程修了
九州大学大学院システム情報
科学研究院教授等を経て,
- 現　在　九州大学名誉教授
工学博士

酒井洋輔（さかい　ようすけ）

- 1944年　北海道に生まれる
- 1973年　北海道大学大学院工学
研究科博士課程修了
北海道大学大学院情報科学
研究科教授等を経て,
- 現　在　北海道大学名誉教授
工学博士

朝倉電気電子工学大系 1
気 体 放 電 論

定価はカバーに表示

2011年9月25日　初版第1刷

著　者	原　　　雅　則
	酒　井　洋　輔
発行者	朝　倉　邦　造
発行所	株式会社 朝　倉　書　店

東京都新宿区新小川町 6-29
郵便番号　162-8707
電　話　03(3260)0141
ＦＡＸ　03(3260)0180
http://www.asakura.co.jp

〈検印省略〉

© 2011 〈無断複写・転載を禁ず〉

印刷・製本 東国文化

ISBN 978-4-254-22641-6　C 3354

Printed in Korea

九大 岡田龍雄・九大 船木和夫著
電気電子工学シリーズ1
電磁気学
22896-0　C3354　　　　A5判 192頁 本体2800円

学部初学年の学生のためにわかりやすく，ていねいに解説した教科書。静電気のクーロンの法則から始めて定常電流界，定常電流が作る磁界，電磁誘導の法則を記述し，その集大成としてマクスウェルの方程式へとたどり着く構成とした

九大 柁川一弘・九大 金谷晴一著
電気電子工学シリーズ17
ベクトル解析とフーリエ解析
22912-7　C3354　　　　A5判 180頁 本体2900円

電気・電子・情報系の学科で必須の数学を，初学年生のためにわかりやすく，ていねいに解説した教科書。〔内容〕ベクトル解析の基礎／スカラー場とベクトル場の微分・積分／座標変換／フーリエ級数／複素フーリエ級数／フーリエ変換

東北大 安藤 晃・東北大 犬竹正明著
電気・電子工学基礎シリーズ5
高電圧工学
22875-5　C3354　　　　A5判 192頁 本体2800円

広範な工業生産分野への応用にとっての基礎となる知識と技術を解説。〔内容〕気体の性質と荷電粒子の基礎過程／気体・液体・固体中の放電現象と絶縁破壊／パルス放電と雷現象／高電圧の発生と計測／高電圧機器と安全対策／高電圧・放電応用

前理科大 大森俊一・前工学院大 根岸照雄・
前工学院大 中根 央著
基礎電気・電子計測
22046-9　C3054　　　　A5判 192頁 本体2800円

電気計測の基礎を中心に解説した教科書，および若手技術者のための参考書。〔内容〕計測の基礎／電気・電子計測器／計測システム／電流，電圧の測定／電力の測定／抵抗，インピーダンスの測定／周波数，波形の測定／磁気測定／光測定／他

広島大 高橋勝彦・群馬大関　庸一・理科大 平川保博・
上智大 伊呂原隆・広島大 森川克己著
電気・電子工学テキストシリーズ4
シミュレーション工学
22834-2　C3354　　　　B5判 148頁 本体3000円

工科系学生向けのテキスト。シミュレーション工学の基礎から応用までを丁寧に解説。〔内容〕モデルの構築／ダイナミックなモデルのシミュレーション方法／システムダイナミクス／在庫システム／生産システム／最適化／ランダム探索／他

首都大 岡部 豊著
朝倉物理学選書4
熱・統計力学
13759-0　C3342　　　　A5判 152頁 本体2400円

広範な熱力学・統計力学をコンパクトに解説。対象は理工系学部生以上。〔内容〕歴史と意義／熱力学第1法則／熱力学第2法則／ボルツマンの原理／量子統計／フェルミ統計／ボース統計／ブラウン運動／線形応答／雑音／ボルツマン方程式／他

前岡山大 東辻浩夫著
物理の考え方4
プラズマ物理学
13744-6　C3342　　　　A5判 200頁 本体3200円

基礎・原理をていねいに記述し，放電から最近の応用まで理工学全般の学生を対象とした教科書。〔内容〕物質の四態／放電とプラズマの生成／電磁界中の荷電粒子の運動／核融合／プラズマの統計力／物質中の電磁界の波動／ダストプラズマ／他

前理大 高柳和夫著
朝倉物理学大系14
原子衝突
13684-5　C3342　　　　A5判 472頁 本体8800円

本大系第11巻の続編。基本的な考え方を網羅。〔内容〕ポテンシャル散乱／内部自由度をもつ粒子の衝突／高速荷電粒子と原子の衝突／電子-原子衝突／電子と分子の衝突／原子-原子，イオン-原子衝突／分子の関与する衝突／粒子線の偏極

前東京電機大 宅間 董・前電中研 高橋一弘・
東京電機大 柳父 悟編
電力工学ハンドブック
22041-4　C3054　　　　A5判 768頁 本体26000円

電力工学は発電，送電，変電，配電を骨幹とする電力システムとその関連技術を対象とするものである。本書は，巨大複雑化した電力分野の基本となる技術をとりまとめ，その全貌と基礎を理解できるよう解説。〔内容〕電力利用の歴史と展望／エネルギー資源／電力系統の基礎特性／電力系統の計画と運用／高電圧絶縁／大電流現象／環境問題／発電設備（水力・火力・原子力）／分散型電源／送電設備／変電設備／配電・屋内設備／パワーエレクトロニクス機器／超電導機器／電力応用

上記価格（税別）は2011年8月現在